高等职业教育"十二五"规划教材

计算机应用数学

JISUANJI YINGYONG SHUXUE

◎主　编　陈艳平
◎副主编　黄开健

重庆大学出版社

内容提要

本书按照教育部制定的《高职高专高等数学课程教学基本要求》，从当前高职高专教育的实际情况出发，贯彻"必需、够用"的原则，结合编者多年的教学实践和探索编写而成。

内容包括：函数极限与连续、导数与微分、不定积分、定积分及其应用、线性代数、概率初步、统计初步、图论、二元关系与数理逻辑、数学软件包 MATLAB 及其应用等 10 个项目（书中标 * 的为选学内容）。本书每项目各任务后都配有一定的习题，并在书后附有参考答案。

本书可作为高职高专、成人高校的计算机及相关专业的数学教材或自学用书，其他专业也可参考使用。

图书在版编目（CIP）数据

计算机应用数学/陈艳平主编.—重庆：重庆大学出版社,2013.12（2022.7 重印）
高等职业教育"十二五"规划教材
ISBN 978-7-5624-7837-9

Ⅰ.①计… Ⅱ.①陈… Ⅲ.①电子计算机—应用数学—高等职业教育—教材 Ⅳ.①TP301.6

中国版本图书馆 CIP 数据核字（2013）第 273027 号

计算机应用数学

主 编 陈艳平
副主编 黄开健
策划编辑：范 莹

责任编辑：文 鹏 版式设计：范 莹
责任校对：邬小梅 责任印制：张 策

*

重庆大学出版社出版发行
出版人：饶帮华
社址：重庆市沙坪坝区大学城西路 21 号
邮编：401331
电话：(023) 88617190 88617185（中小学）
传真：(023) 88617186 88617166
网址：http://www.cqup.com.cn
邮箱：fxk@ cqup.com.cn（营销中心）
全国新华书店经销
重庆市联谊印务有限公司印刷

*

开本：720mm×960mm 1/16 印张：25.25 字数：413 千
2013 年 12 月第 1 版 2022 年 7 月第 6 次印刷
ISBN 978-7-5624-7837-9 定价：49.00 元

编写委员会

主 任：林 彬　　福建商业高等专科学校党委书记

副主任：黄克安　　福建商业高等专科学校校长、教授、硕士生导师、政协福建省
　　　　　　　　　委常委、国务院政府特殊津贴专家、国家级教学名师

　　　　吴贵明　　福建商业高等专科学校副校长、教授、博士后、硕士生导师、
　　　　　　　　　省级教学名师

秘书长：刘莉萍　　福建商业高等专科学校教务处副处长、副教授

委　员：（按姓氏笔画排序）

　　　　王　瑜　　福建商业高等专科学校旅游系主任、教授、省级教学名师

　　　　叶林心　　福建商业高等专科学校商业美术系副教授、福建省工艺美术
　　　　　　　　　大师、高级工艺美术师

　　　　庄惠明　　福建商业高等专科学校经济贸易系党总支书记兼副主任（主
　　　　　　　　　持工作）、副教授、博士后、硕士生导师

　　　　池　玫　　福建商业高等专科学校外语系主任、教授、省级教学名师

　　　　池　琛　　中国抽纱福建进出口公司总经理

　　　　张荣华　　福建冠福家用现代股份有限公司财务总监

　　　　陈增明　　福建商业高等专科学校教务处长、副教授、省级教学名师

　　　　陈建龙　　福建省长乐力恒锦纶科技有限公司董事长

　　　　陈志明　　福建商业高等专科学校信息管理工程系主任、副教授

　　　　陈成广　　东南快报网站主编

　　　　苏学成　　北京伟库电子商务科技有限公司中南大区经理

　　　　林　娟　　福建商业高等专科学校基础部主任、副教授

　　　　林　萍　　福建商业高等专科学校思政部主任、副教授、省级教学名师

　　　　林常青　　福建永安物业公司董事长

　　　　林军华　　福州最佳西方财富大酒店总经理

　　　　洪连鸿　　福建商业高等专科学校会计系主任、副教授、省级教学名师

　　　　章月萍　　福建商业高等专科学校工商管理系主任、副教授、省级教学名师

　　　　黄启儒　　福建海峡服装有限公司总经理

　　　　董建光　　福建交通（控股）集团副总经理（副厅级）

　　　　谢盛斌　　福建锦江科技有限公司人力行政副总经理

　　　　廖建国　　福建商业高等专科学校新闻传播系主任、副教授

序

胡锦涛同志在清华大学百年校庆讲话中提出,人才培养、科学研究、服务社会、文化传承创新是现代大学的四大功能。高校是人才汇集的高地、智力交汇的场所,在这里,古今中外的思想、理论、学说相互撞击、相互交融,理论实践相互充实、相互升华,百花齐放、百家争鸣,并以其强大的导向功能辐射影响全社会,堪称社会新思想、新理论、新观念的发源地和集散中心。教师扮演着人类知识传承者和社会责任担当者的角色,更应践行"立德、立功、立言"人生三不朽。

当下许多教师,特别是青年教师尚未脱离从家门到校门、从校门再到校门的"三门学者"的路径依赖,致使教学内容单调、研究成果片面。要在教学上有所成绩、学术上有所建树、事业上有所成就,不仅要做"出信息、出对策、出思想"的"三出学者",更要从"历史自觉"的高度有效克服自身存在的"历史不足",勇于探索出一条做一名"出门一笑大江横""出类拔萃显气度""出人头地见风骨"的"三出学者"路径。作为高职高专院校的教师,要培养学生成为"应用型""高端技能型"人才,更要亲密接触社会、基层获取实践经验,做到既博览群书又博采众长,既"书中学"更"做中学",成为既有理论又有实践经验的综合型人才。

百年商专形成了"铸造做人之行,培育做事之品"的"品行教育"特色。学校在做强硬实力的同时,不遗余力致力于软实力建设。要求教师一要敢于接触社会,不能"两耳不闻窗外事,一心只读圣贤书",要广泛接触社会,了解社情民意,与企事业单位"亲密接触";二要勇于深入基层,唯有对基层、对实际有深入的了解,才能做到"春江水暖鸭先知",才能适时将这些知识与信息传播给学生;三要勤于实践锻炼,教师只有自觉增强实践能力,接受新信息、新知识、新概念,了解新理念,跟踪新技术,不断更新自身的知识体系和能力结构,才能更加适应外界环境变化和学生发展的需求。俗话说:"要给学生一杯水,自己就要有一桶水",现在看来,教师拥有"一桶水"远远不够了,教师应该是"一条奔腾不息的河流"!教师要有"绝知此事要躬行"的手、要有"留心处处皆学问"的眼、要有"跳出庐山看庐山"的胆,在"悬思—苦索—顿悟"之后,以角色自信和历史自觉,厚积薄发,沉淀思想、观点、经验、体悟。

百年商专,在数代前贤和师生的共同努力下,取得了无数的荣誉,形成了自己的特色和性格,拥有了自己的尊严和声誉,奠定了自己的地位和影响,也创出了自己的品牌和名气。不同时代的商专人都应为丰富商专的内涵作出自己的贡献。当下的"商专人"更应以"商专人"为荣,靠精神、靠文化、靠人才、靠团结、靠拼搏,敬业精业、齐心协力、同舟共济,强基固础、争先创优,攻艰克难、奋发有为。在共同感受学生成长、丰富自己人生、铸就学校未来的同时,服务社会、奉献社会,为我国的高职教育作出自己一份贡献。

源于此,学校在长乐企业鼎力支持下建立"校本教材出版基金",鼓励和支持有丰富教学与企业经验、较高学术水平与教材编写能力的教师和相关行业企业专家共同编写校本教材。本系列校本教材在编写过程中,力求实现体现"校企合作、工学结合"的基本内涵;符合高职教育专业建设和课程体系改革的基本要求,以"基于工作过程或以培养学生实际动手能力"为主线设计教材总体架构;符合实施素质教育和加强实践教学的要求;反映科学技术、社会经济发展和教育改革的要求;体现当前教学改革和学科发展的新知识、新理念、新模式。

斯言不尽,代以为序。

福建商业高等专科学校党委书记 林 彬

2011 年 12 月

前言

　　根据高职高专的培养目标,计算机数学教学的任务不仅仅是满足计算机类各专业后续课程对数学的需要,培养学生应用数学的意识、兴趣和能力,满足学生自主学习能力的培养和形成的需求,还要具有把社会生活问题转化为数学问题,并能借助于计算机与数学软件求解实际问题的能力。

　　本书是编者在多年教学的基础上,本着"应用为主,够用为度,学有所用,用有所学"的定位原则,遵循"拓宽基础、培养能力、重在应用"的宗旨,结合高职高专学生特殊层次的实际情况编写的。内容包括函数极限与连续、导数与微分、不定积分、定积分及其应用、线性代数、概率初步、统计初步、图论、二元关系与数理逻辑,数学软件包 MATLAB 及其应用等各项目,书中标"＊"的为选学内容。

　　本书力求体现以下几点特色:

　　1.分项目,用任务驱动,链接相关专业知识需要等,明确每个项目学习的必要性。

　　2.精选例题与习题,贯彻由浅入深的原则,让教材"读得进,用得上"。

　　3.在科学性的原则下,尽量借助于几何直观,力求使抽象的概念形象化,帮助学生理解。

　　4.强化图形与实例的结合,降低学生掌握同等程度知识的难度。

　　5.多用一题多解、类比迁移等方法,有效沟通知识间的联系,突破教学难点,有利于学生消化所学的内容,培养与提高学生自主学习的能力。

　　6.强调重要数学思想方法的突出作用。例如,在极值问题、图论的最短路径、最优支撑树等内容强调最优化思想;在积分中强调极限思想。

　　7.注重数学建模思想、方法的渗透.通过应用实例引入数学概念,培养学生用数学知识解决实际问题的意识与能力。

　　8.弱化复杂的及技巧性很强的计算内容,引入了交互性好、功能强大、易于掌握的 MATLAB 数学软件,让学生养成借助计算机及数学软件求解数学模型的能力。

　　本书由陈艳平担任主编,负责拟订全书的框架、统稿、定稿等;福建富士通信息软件有限公司的高级工程师黄开健任副主编,参与商讨大纲、体例、编写项目及任务。全书的编写分工如下:项目1至项目7和项目9由陈艳平编写,项目8由陈黎钦编写,项目10由庄金洪编写。林娟教授对本书的部分内容的编写提出了许多有益的建议,在此表示感谢。

本书在编写过程中,得到福建商业高等专科学校的领导及重庆大学出版社的鼎力支持,在此深表谢意!

由于编者水平有限、编写时间仓促,书中难免存在疏漏和不妥之处,恳请读者批评指正。

编　者

2013 年 8 月

目 录

项目1 函数、极限与连续

【知识目标】

1.理解函数概念;了解反函数和复合函数的概念;掌握基本初等函数的性质.

2.知道函数极限及左、右极限的概念;了解无穷小与无穷大的概念,知道无穷小的性质;掌握极限的四则运算法则;知道两个重要极限.

3.理解函数在一点连续的概念,知道闭区间上连续函数的性质.

【技能目标】

1.会求函数的定义域并能用区间表示;会求函数值及函数表达式;能作简单的函数图像;能列出简单的实际问题中的函数关系.

2.会判定无穷大、无穷小;会进行极限的运算,会用两个重要极限求函数的极限,会用极限求解简单的应用题.

3.会判定函数在一点的连续性,会求函数的间断点并判定其类型.

4.会应用"有限到无限"极限的思想方法.

【相关链接】

计算机学科最初来源于数学学科与电子学学科.计算机硬件制造的基础是电子科学和技术,计算机系统设计、算法设计的基础是数学,所以数学与电子学知识是计算机学科重要的基础知识.计算机学科在基本的定义、公理、定理和证明技巧等很多方面都要依赖数学知识和数学方法.

软件工程学导师北京工业大学应用数理学院的王仪华教授曾经教导过他的弟子们,数学系的学生到软件企业中大多做软件设计与分析工作,而计算机系的学生做程序员的居多,原因就在于数学系学生受到的分析推理能力的训练远远超过他们.

由于分析研究的问题解决方案是连续的,因而微分(项目 1、项目 2)、积分(项目 3、项目 4)是必需的知识与工具.

【推荐资料】

1.华罗庚.高等数学引论[M].北京:高等教育出版社,2009.

这本书的最大优点并不在于理论的阐述,而是在于他的理论完全实例化,在生活中去找模型.正因为理论是从实践当中抽象出来的,所以理论的研究才能够更好地指导实践.

2.张筑生.数学分析新讲[M].北京:北京大学出版社,1990.

这本书不仅是在传授数学知识,而且是在让读者体会科学的方法与对事物的认识方法.

3.陈为.计算机中的数学[05]_《数学分析(五):隐函数》[OL].

http://v.youku.com/v_show/id_XNTgyNjQ0NTY4.html?f=19476662

指出电影《终结者》中水银人变形的动画,是采取变形球曲面生成的方法将球的势能函数表达为隐函数来做成的;在讲到隐函数可以用于图形分割时,指出二维图形中分割心脏的两个门腔,其核心是隐函数表达不同物质之间的界面.

注:"计算机中的数学"系列视频[OL].

http://www.youku.com/playlist_show/id_19476662.html

由浙江大学计算机学院庄越挺院长总策划、8 位老师、10 讲内容,生动地介绍了微积分和线性代数基本概念在计算机学科中的各种有趣应用!

【案例导入】气温与时间的关系

将一盆 80 ℃的热水放在一间室温为 20 ℃的房间里,如何准确地表示水温随时间变化的关系呢?

任务 1.1　认知函数

1.1.1　函数的概念

1)函数的定义

定义 1　设 x 和 y 是同一变化过程中的两个变量,D 是一个给定的非空数集.如果对于每个数 $x \in D$,y 按一定的法则总有一个确定的数值和它对应,则称

y 是 x 的**函数**,记作 $y=f(x)$. 这里,x 称为**自变量**,y 称为**因变量**. 自变量的取值范围 D 称为函数的**定义域**,记为 D_f. 相应地,因变量的取值范围称为函数的**值域**,记作 R_f.

称 $y_0=f(x_0)$ 为函数在 $x=x_0$ 处的**函数值**.

对于自变量的每一个取值,函数 y 有唯一确定的一个值与之对应,这样的函数称为**单值函数**,否则称为**多值函数**.例如,函数 $y=x^3$ 是单值函数,而 $x^2+y^2=r^2$ 是多值函数.

注 在讨论函数时,经常会用到邻域的概念.称开区间 $(x_0-\delta, x_0+\delta)$ 为点 x_0 的 δ 邻域,简称为**点 x_0 的邻域**;称 $(x_0-\delta, x_0) \cup (x_0, x_0+\delta)$ 为**点 x_0 的去心邻域**,其中 δ 为正数,称为**邻域的半径**.

2)函数的两个要素

定义域 D_f 和对应法则 f 是函数的两大要素.两个函数相同的充要条件是定义域和对应法则分别一致.

(1)对应法则 f

函数 $f(x)$ 中的 f 反映了自变量与因变量之间的对应规则.对应规则也常常用 φ, h, g, F 等表示,那么相应的函数也就记作 $\varphi(x), h(x), g(x), F(x)$ 等.有时为简化符号,函数关系也可记作 $y=y(x)$,此时等号左边的 y 表示函数值,右边的 y 表示对应规则.

例 1 $f(x)=x^2 \cdot \sin x$, 求 $f\left(\dfrac{\pi}{2}\right)$.

解 f 的对应规则为 $f(\quad)=(\quad)^2 \cdot \sin(\quad)$,

所以
$$f\left(\frac{\pi}{2}\right)=\left(\frac{\pi}{2}\right)^2 \cdot \sin\left(\frac{\pi}{2}\right)=\frac{\pi^2}{4}.$$

例 2 $f(x-1)=x^2+3x$,求 $f(x)$.

解 令 $x-1=t$,则 $x=t+1$,从而
$$f(t)=(t+1)^2+3(t+1)=t^2+5t+4.$$

所以
$$f(x)=x^2+5x+4.$$

例 3 判断函数 $y=x$ 和 $y=\dfrac{x^2}{x}$ 是否是相同的函数关系.

解 函数 $y=x$ 的定义域为 $(-\infty, +\infty)$.而函数 $y=\dfrac{x^2}{x}$ 的定义域为 $(-\infty, 0) \cup (0, +\infty)$.它们的定义域不同,所以这两个函数是不同的函数关系.

例 4　判断函数 $y=1$ 和 $y=\sin^2 x+\cos^2 x$ 是否是相同的函数关系.

解　函数 $y=1$ 与 $y=\sin^2 x+\cos^2 x$ 的定义域都是 $(-\infty,+\infty)$，而 $\sin^2 x+\cos^2 x=1$，由于它们的定义域相同，对应规则也相同，所以它们是相同的函数.

（2）定义域

对于由数学解析表达式所表示的函数，其定义域就是使函数的表达式有意义的自变量所取的一切实数组成的集合.在求解过程中我们通常要注意以下几点：

①在分式 $\dfrac{f(x)}{g(x)}$ 中，分母 $g(x)\neq 0$；

②在根式 $\sqrt[n]{f(x)}$ 中，当 n 为偶数时，$f(x)\geqslant 0$；当 n 为奇数时，$f(x)\in\mathbf{R}$；

③在对数 $\log_a f(x)$ 中，真数 $f(x)>0$，底数 $a>0$ 且 $a\neq 1$；

④在反三角函数（见附录 1）中，应满足反三角函数的定义要求；

⑤如果函数的解析表达式中含有分式、根式、对数式和反三角函数式中的两者或两者以上的，求定义域时应取各部分定义域的交集.

例 5　求函数 $y=\sqrt{x-2}+\dfrac{1}{3-x}$ 的定义域.

解　要使函数有意义，必须满足

$$\begin{cases} x-2\geqslant 0 \\ 3-x\neq 0 \end{cases}，解得 \begin{cases} x\geqslant 2 \\ x\neq 3 \end{cases}，$$

所以该函数的定义域为 $D=[2,3)\cup[3,+\infty)$.

在实际问题中，函数的定义域应根据实际意义来确定.例如，圆的面积 $S=\pi\cdot r^2$，其定义域为 $r\in(0,+\infty)$；设某种书籍的单价为 8.5 元，订购此种书籍 x 本，需要的总费用为 y 元，则有 $y=8.5x$，其定义域为 $x\in\mathbf{N}$，其中 $\mathbf{N}$ 为非负整数.

3）函数的表示法

常用的函数表示法有表格法、图形法和公式法.

例 6　某一时期中国银行人民币整存整取定期储蓄的存期与年利率如表 1.1 所示.

表 1.1

存期	三个月	半年	一年	二年	三年	五年
年利率/%	2.85	3.05	3.25	3.75	4.25	4.75

这是用表格表示的函数.

例7 案例导入中的水温与时间的关系,可用图 1.1 表示.

例8 某市出租车的收费标准为:3 km 内收费 10 元,超过 3 km 后每 km 收费 2 元. 该市出租费与千米数的函数关系如图 1.2 所示.

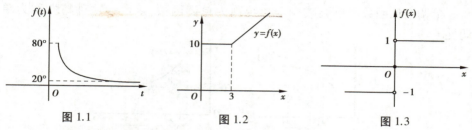

图 1.1   图 1.2   图 1.3

图 1.2 所示的函数关系,也可用解析表达式表示为

$$f(x) = \begin{cases} 10, & 0 \leq x \leq 3 \\ 10+2x, & x>3 \end{cases}$$

容易看出,上述函数 $f(x)$ 的定义域是 $[0,+\infty)$,但它在定义域的不同区间上是用不同的解析式来表示的,这样的函数称为**分段函数**.分段函数是定义域上的一个函数,不是多个函数. 分段函数需要分段求值、分段作图.

例9 设 $f(x) = \begin{cases} -1, & x<0 \\ 0, & x=0 \\ 1, & x>0 \end{cases}$,求:(1)$f(-2)$,$f(0)$,$f(2)$;(2)$f(x)$ 的定义域;(3)作出函数图.

解 (1)$f(-2)=-1$,$f(0)=0$,$f(2)=1$;

(2)$f(x)$ 的定义域为:$(-\infty,+\infty)$;

(3)函数图如图 1.3 所示.

1.1.2 函数的几个特性

1)单调性

定义2 设函数 $y=f(x)$ 的定义域为 D,区间 $I \subseteq D$.若对于区间 I 内任意两点 x_1,x_2,当 $x_1<x_2$ 时,总有 $f(x_1)<f(x_2)$,则称函数 $f(x)$ 在区间 I 内**单调增加**,区间 I 称为**单调增区间**;若当 $x_1<x_2$ 时,有 $f(x_1)>f(x_2)$,则称函数 $f(x)$ 在区间 I 内**单调减少**,区间 I 称为**单调减区间**. 若当 $x_1<x_2$ 时,有 $f(x_1) \leq f(x_2)$,则称函数 $f(x)$ 在区间 I 内**单调不减**;若当 $x_1<x_2$ 时,有 $f(x_1) \geq f(x_2)$,则称函数 $f(x)$ 在区间 I 内**单调不增**.

由定义易知,单调增加函数的图形当自变量从左向右变化时,函数的图像是逐渐上升的[图 1.4(a)],单调减少函数的图形当自变量从左向右变化时,函数的图像是逐渐下降的[图 1.4(b)]. 单调不增的图形见图 1.1,单调不减的图形见图 1.2.

单调增加函数和单调减少函数统称为**单调函数**,函数的这种特性称为**单调性**.

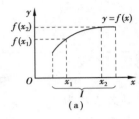
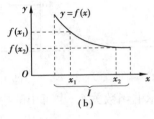

图 1.4

在项目 2 任务 2.4 中,将专门研究函数单调性的判定.

2)奇偶性

定义 3　设函数 $y=f(x)$ 的定义域 D 关于原点对称,若对任意 $x \in D$,恒有 $f(-x)=-f(x)$,则称 $f(x)$ 为**奇函数**;若对于任意 $x \in D$,恒有 $f(-x)=f(x)$,则称 $f(x)$ 为**偶函数**.

奇函数的图形关于坐标原点对称,如图 1.5 所示;偶函数的图形关于 y 轴对称,如图 1.6 所示.

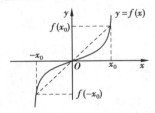
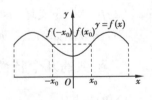

图 1.5　　　　　　　　　　　　图 1.6

例 10　判断 $f(x)=\lg \dfrac{1-x}{1+x}$ 的奇偶性.

解　函数的定义域为 $D_f=(-1,1)$,D_f 关于原点对称.

因为　　　$f(-x)=\lg \dfrac{1-(-x)}{1+(-x)}=\lg \dfrac{1+x}{1-x}=\lg \left(\dfrac{1-x}{1+x}\right)^{-1}=-\lg \dfrac{1-x}{1+x}=-f(x)$,所以

$f(x)=\lg \dfrac{1-x}{1+x}$ 为 $(-1,1)$ 内的奇函数.

例 11 判断函数 $f(x) = x \cdot \sin x$ 的奇偶性.

解 函数的定义域为 $(-\infty, +\infty)$.

因为 $f(-x) = (-x) \cdot \sin(-x) = x \cdot \sin x = f(x)$,

所以函数 $f(x) = x \cdot \sin x$ 为 $(-\infty, +\infty)$ 上的偶函数.

例 12 判断函数 $f(x) = x^2 + 2x + 3$ 的奇偶性.

解 函数的定义域为 $(-\infty, +\infty)$.

因为 $f(-x) = (-x)^2 + 2(-x) + 3 = x^2 - 2x + 3 \neq f(x)$ 且 $f(-x) \neq -f(x)$, 则函数 $f(x) = x^2 + 2x - 1$ 既非奇函数又非偶函数.

容易证明, 两个奇(偶)函数之和仍是奇(偶)函数, 两个奇(偶)函数之积是偶函数, 一个奇函数与一个偶函数之积是奇函数.

3) 有界性

定义 4 设函数 $f(x)$ 在某区间 (a, b) 内有定义, 若存在一个正数 M, 使得对任意的 $x \in (a, b)$, 都有 $|f(x)| \leq M$, 则称 $f(x)$ 在 (a, b) 内**有界**, 也称 $f(x)$ 是 (a, b) 内的**有界函数**. 否则, 称 $f(x)$ 在 (a, b) 内**无界**, 也称 $f(x)$ 是 (a, b) 内的**无界函数**.

如果 $f(x)$ 为有界函数, 其图形介于直线 $y = M$ 和直线 $y = -M$ 之间, 如图 1.7 所示.

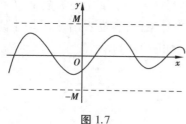

图 1.7

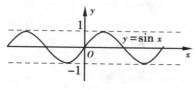

图 1.8

例如, $y = \sin x$ 对任意 $x \in (-\infty, +\infty)$, 都有 $|\sin x| \leq 1$, 所以, 它是 $(-\infty, +\infty)$ 上的有界函数, 其图形如图 1.8 所示.

但应注意, 函数的有界性与 x 的取值区间有关. 如: $y = \dfrac{1}{x}$ 在 $(0, 1)$ 内是无界的, 但它在 $[1, +\infty)$ 上或在 $(-\infty, -1]$ 上却是有界的, 如图 1.9 所示.

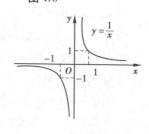

图 1.9

4) 周期性

定义 5 设函数 $y=f(x)$ 的定义域为 D，如果存在一个正数 l，使得对于任一 $x\in D$，有 $(x\pm l)\in D$ 并且 $f(x\pm l)=f(x)$ 恒成立，则称 $y=f(x)$ 为**周期函数**，l 称为函数 $y=f(x)$ 的**周期**. 通常，周期是指最小正周期. 例如，$y=\sin x$，$y=\cos x$ 的周期为 2π.

周期函数的图像每隔一个周期重复出现，如图 1.8 所示.

1.1.3 反函数

定义 6 设函数 $y=f(x)$，其定义域为 D，值域为 R. 若对于值域 R 内任一 y，都可以从函数关系式 $y=f(x)$ 中确定唯一的 x 值与之对应，则称 x 为定义在 R 上关于 y 的函数，记作：$x=f^{-1}(y)$，且称为函数 $y=f(x)$ 的**反函数**. 这时，原来的函数 $y=f(x)$ 称为**直接函数**.

注 （1）函数 $y=f(x)$，x 为自变量，y 为因变量，定义域为 D，值域为 R；函数 $x=f^{-1}(y)$，y 为自变量，x 为因变量，定义域为 R，值域为 D.

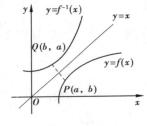

图 1.10

（2）习惯上用 x 表示自变量，用 y 表示因变量，因此函数 $y=f(x)$ 的反函数 $x=f^{-1}(y)$ 改写成 $y=f^{-1}(x)$.

（3）把直接函数 $y=f(x)$ 和其反函数 $y=f^{-1}(x)$ 的图形画在同一坐标系内，容易看出，这两个图形关于直线 $y=x$ 对称，如图 1.10 所示.

1.1.4 初等函数

1) 基本初等函数

定义 7 下面六类函数统称为**基本初等函数**：

① 常数函数 $y=C$（C 为常数）；

② 幂函数 $y=x^{\mu}$（μ 为实数）；

③ 指数函数 $y=a^x$（a 为常数，$a>0$ 且 $a\neq 1$）；

④ 对数函数 $y=\log_a x$（a 为常数，$a>0$ 且 $a\neq 1$）；

⑤ 三角函数 $y=\sin x$，$y=\cos x$，$y=\tan x$，$y=\cot x$，$y=\sec x$，$y=\csc x$；

⑥ 反三角函数 $y=\arcsin x$，$y=\arccos x$，$y=\arctan x$，$y=\text{arccot } x$.

以上六类函数的性质、图形在中学时就已经学过（表 1.2），今后要经常用到.

表 1.2

函　数	图　像	性　质
常数函数 $y=C$		定义域为$(-\infty,+\infty)$，值域为$\{C\}$，偶函数.
幂函数 $y=x^{\mu}$ （μ 为实数）	$\mu>0$	图像都过点$(0,0)$，$(1,1)$；在$[0,+\infty]$上单调增加.
	$\mu<0$	图像都过点$(1,1)$；在$(0,+\infty)$内单调减少.
指数函数 $y=a^{x}$ （$a>0,a\neq1$）		图像均在 x 轴上方，都过点$(0,1)$， $a>1$ 时，$y=a^{x}$ 单调增加； $0<a<1$ 时，$y=a^{x}$ 单调减少.
对数函数 $y=\log_{a}x$ （$a>0,a\neq1$）		图像均在 y 轴右侧，都过点$(1,0)$， $a>1$ 时，$y=\log_{a}x$ 单调增加； $0<a<1$ 时，$y=\log_{a}x$ 单调减少.

续表

函　数	图　像	性　质
正弦函数 $y = \sin x$		奇函数，周期为 2π，有界． 在 $\left[2k\pi - \dfrac{\pi}{2}, 2k\pi + \dfrac{\pi}{2}\right]$ $(k \in \mathbf{Z})$ 单调增加； 在 $\left[2k\pi + \dfrac{\pi}{2}, 2k\pi + \dfrac{3\pi}{2}\right]$ $(k \in \mathbf{Z})$ 单调减少．
余弦函数 $y = \cos x$		偶函数，周期为 2π，有界． 在 $[2k\pi, 2k\pi + \pi]$ $(k \in \mathbf{Z})$ 单 调减少；在 $[2k\pi - \pi, 2k\pi]$ $(k \in \mathbf{Z})$ 单调增加．
正切函数 $y = \tan x$		奇函数，周期为 π．在 $\left(k\pi - \dfrac{\pi}{2}, k\pi + \dfrac{\pi}{2}\right)$ $(k \in \mathbf{Z})$ 单 调增加．
余切函数 $y = \cot x$		奇函数，周期为 π．在 $(k\pi,$ $k\pi + \pi)$ $(k \in \mathbf{Z})$ 单调减少．
反正弦函数 $y = \arcsin x$		定义域为 $[-1, 1]$，值域为 $\left[-\dfrac{\pi}{2}, \dfrac{\pi}{2}\right]$，奇函数，有界． 在定义域内单调增加．

续表

函　数	图　像	性　质
反余弦函数 $y=\arccos x$		定义域为 $[-1,1]$,值域为 $[0,\pi]$,有界. 在定义域内单调减少.
反正切函数 $y=\arctan x$		定义域为 $(-\infty,+\infty)$,值域为 $\left(-\dfrac{\pi}{2},\dfrac{\pi}{2}\right)$,奇函数,有界.在定义域内单调增加.
反余切函数 $y=\operatorname{arccot} x$		定义域为 $(-\infty,+\infty)$,值域为 $(0,\pi)$,有界.在定义域内单调减少.

2)复合函数

定义8　如果 $y=f(u)$ 的定义域与 $u=\varphi(x)$ 的值域的交集非空,则 $y=f[\varphi(x)]$ 是 x 的一个函数,这个函数称为由函数 $y=f(u)$ 和 $u=\varphi(x)$ 复合而成的**复合函数**,u 称为中间变量.

例13　试求函数 $y=u^2$ 与 $u=\cos x$ 复合而成的复合函数.

解　将 $u=\cos x$ 代入 $y=u^2$,得 $y=\cos^2 x$.

注　①并非任意两个函数都能构成一个复合函数.例如,$y=\ln u$ 与 $u=-x^2-2$ 不能复合成一个函数,因为 $u=-x^2-2$ 的值域为 $(-\infty,-2]$,而 $y=\ln u$ 的定义域为 $(0,+\infty)$,交集为空,因此不能复合.

②复合函数不仅可以有一个中间变量,还可以有多个中间变量,这些中间

变量是经过多次复合产生的.

例 14　试求函数 $y = \sin u, u = e^v$ 与 $v = x^2 + 3x - 2$ 复合而成的函数.

解　由 $y = \sin u, u = e^v$ 与 $v = x^2 + 3x - 2$ 复合成 $y = \sin e^{x^2 + 3x - 2}$.

3) 初等函数

由基本初等函数经过有限次四则运算和有限次复合运算构成,且能用一个解析式表示函数关系的函数,称为**初等函数**.

例如, $y = \sin(e^x + 3) \cdot \sqrt{x}$ 和 $y = 5^{\cot \frac{1}{x}}$ 等都是初等函数.

一般而言,分段函数不是初等函数,如例 8、例 9 都不是初等函数;但是 $y = \begin{cases} -x, & x < 0 \\ x, & x \geqslant 0 \end{cases}$ 是初等函数,因为它可以表示成 $y = |x| = \sqrt{x^2}$.

例 15　指出 $y_1 = \ln(x+3)$, $y_2 = e^{\sin(x^2+1)}$ 是由哪些函数复合而成.

解　$y_1 = \ln(x+3)$ 是由 $y_1 = \ln u, u = x+3$ 复合成的;$y_2 = e^{\sin(x^2+1)}$ 是由 $y_2 = e^u$, $u = \sin v, v = x^2 + 1$ 复合成的.

例 15 中, $u = x + 3$ 与 $v = x^2 + 1$ 虽不是基本初等函数,但其结构已十分简单.像这种由基本初等函数和整式函数或它们的数乘、和、差所得到的式子称为**简单函数**.

注　拆解复合函数时,要求以最少的步骤使得每一步都是基本初等函数或简单函数.

例 16　写出 $y = \sqrt{\sin(x^2+1)}$ 的复合过程.

解　$y = \sqrt{\sin(x^2+1)}$ 是由 $y = \sqrt{u}, u = \sin v, v = x^2 + 1$ 复合而成.

习题 1.1

1. 研究函数 $f(x) = x$ 与 $g(x) = \sqrt{x^2}$ 是不是相同的函数关系.

2. 求下列函数的定义域.

(1) $f(x) = \dfrac{1}{x+2} + \sqrt{4 - x^2}$; (2) $f(x) = \dfrac{\ln(x+1)}{\sqrt{x-1}}$;

(3) $y = \lg(x^2 - 1)$; (4) $y = \dfrac{\sqrt{x^2 - 5x + 6}}{x - 1}$.

3. 已知 $f(x) = \dfrac{1-x}{1+x}$, 求 $f(0)$, $f(-3)$, $f\left(\dfrac{1}{a}\right)$, $f(x+1)$.

4.设 $f(x)=\dfrac{1}{1-x}$,求 $f[f(x)]$, $f\{f[f(x)]\}$.

5.判断下列函数的奇偶性.

$(1)f(x)=x^2+\cos x$, $(2)f(x)=\ln\dfrac{2-x}{2+x}$, $(3)f(x)=\mathrm{e}^x+1$.

6.指出下列函数的复合过程.

$(1)y=\mathrm{e}^{x^2}$; $(2)y=\sqrt{1+x}$; $(3)y=(\arcsin\sqrt{x})^2$;

$(4)y=\mathrm{e}^{\sqrt{\sin(x+1)}}$; $(5)y=\cos^3(2x+6)$.

任务 1.2　探究函数的极限

极限是描述变量在一定变化过程中的终极状态的概念,是微积分的重要基本概念之一.后面介绍的函数的连续、导数、定积分等概念都是用极限来描述的.

1.2.1　数列的极限

数列是定义在正整数集合上的函数
$$x_n=f(n)\quad(n=1,2,\cdots \text{ 或 } n\in\mathbf{N}^+).$$
数列中的每一个数称为**数列的项**, x_n 称为数列 $\{x_n\}$ 的**通项**或**一般项**.

数列的几何表示:

①数列可以用数轴上的一个动点表示.例如,数列 $\left\{\dfrac{(-1)^n}{n}\right\}$,它在数轴上依

次取值 $-1,\dfrac{1}{2},-\dfrac{1}{3},\cdots,\dfrac{(-1)^n}{n},\cdots$,如图 1.11(a)所示.

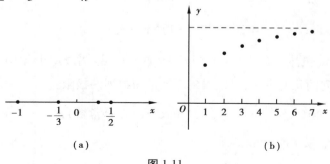

(a)　　　　　　　　(b)

图 1.11

②数列也可以用直角坐标系中的一个动点来表示. 例如, 数列 $\{x_n\}$: $x_n = \dfrac{n}{n+1}$, 随着 n 无限增大, 动点 (n, x_n) 无限接近于直线 $y = 1$, 如图 1.11(b) 所示.

下面讨论当 n 无限增大时(记为 $n \to \infty$, 读作"n 趋向无穷大"), 数列 $\{x_n\}$ 的通项 x_n 的变化趋势.

观察当 n 无限增大时, 下列数列的项 x_n 的变化趋势:

① $\dfrac{1}{2}, \dfrac{2}{3}, \dfrac{3}{4}, \cdots, \dfrac{n}{n+1}, \cdots$

② $\dfrac{1}{2}, -\dfrac{1}{2^2}, \dfrac{1}{2^3}, -\dfrac{1}{2^4}, \cdots, \dfrac{(-1)^{n+1}}{2^n}, \cdots$

③ $-1, \dfrac{1}{2}, -\dfrac{1}{3}, \cdots, \dfrac{(-1)^n}{n}, \cdots$

以上三个数列的共同特性是: 不论这些变化趋势如何, 随着项数 n 的无限增大, 数列的项 x_n 无限地趋近于某个常数 A.

定义 1 对于无穷数列 $\{x_n\}$, 如果当项数 n 无限增大时, x_n 无限地趋近于某个常数 A, 即 $|x_n - A|$ 无限地接近于 0, 则称当 n 趋于无穷大时, 数列 $\{x_n\}$ 以 A 为**极限**, 记作

$$\lim_{n \to \infty} x_n = A \quad \text{或} \quad x_n \to A \, (n \to \infty).$$

此时, 称数列 $\{x_n\}$ **收敛**于 A, 也称数列 $\{x_n\}$ 为**收敛数列**. 否则, 称数列 $\{x_n\}$ **极限不存在**, 或称数列 $\{x_n\}$ **发散**.

需要指出的是, 收敛数列一定是有界数列, 且其极限是唯一的.

例 1 求下列数列的极限:

(1) $\lim\limits_{n \to \infty} \dfrac{(-1)^n}{3n}$; (2) $\lim\limits_{n \to \infty} (-1)^n$; (3) $\lim\limits_{n \to \infty} 3n$.

解 (1) $\lim\limits_{n \to \infty} \dfrac{(-1)^n}{3n} = 0$; (2) $\lim\limits_{n \to \infty} (-1)^n$ 不存在;

(3) $\lim\limits_{n \to \infty} 3n$ 虽然不存在, 但是当 $n \to \infty$ 时, $3n$ 无限增大, 可记作 $\lim\limits_{n \to \infty} 3n = \infty$.

根据数列的几何意义, 可以得到下列**常用数列的极限**:

(1) $\lim\limits_{n \to \infty} \dfrac{1}{n} = 0$;   (2) $\lim\limits_{n \to \infty} C = C$ (C 是常数);

(3) 当 $|a| < 1$ 时, $\lim\limits_{n \to \infty} a^n = 0.$

1.2.2 函数的极限

函数极限是数列极限的推广.根据自变量变化的过程,分成两种情形讨论.

1)当 $x \to \infty$ 时,函数 $f(x)$ 的极限

若 $x>0$,且 $|x|$ 无限增大,则称 x 趋向于正无穷大,记为 $x \to +\infty$;若 $x<0$,且 $|x|$ 无限增大,则称 x 趋向于负无穷大,记为 $x \to -\infty$;若 $|x|$ 无限增大,则称 x 趋向于无穷大,记为 $x \to \infty$.显然,$x \to \infty$ 包含 $x \to +\infty$ 及 $x \to -\infty$ 两种过程.

定义 2 设函数 $y=f(x)$ 在 $|x|>M$(M 为某一正数)时有定义,如果当 $|x|$ 无限增大时,函数 $f(x)$ 无限地接近于一个常数 A,则称**当 $x \to \infty$ 时,A 是函数 $f(x)$ 的极限**.记作

$$\lim_{x \to \infty} f(x)=A \quad 或 \quad f(x) \to A \ (x \to \infty).$$

上述定义的几何意义:曲线 $y=f(x)$ 沿着 x 轴的正向或负向无限延伸时,与直线 $y=A$ 越来越接近,即以直线 $y=A$ 为水平渐近线,如图 1.12 所示.

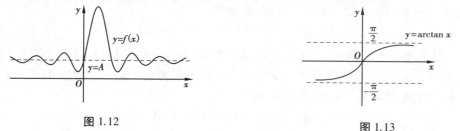

图 1.12 图 1.13

定义 3 设函数 $y=f(x)$ 在 $(a,+\infty)$ 内有定义(a 为常数),如果当 x 无限增大时,$f(x)$ 无限接近于某个常数 A,则称当 $x \to +\infty$ 时,A 是函数 $f(x)$ 的**极限**,记作

$$\lim_{x \to +\infty} f(x)=A \quad 或 \quad f(x) \to A \ (x \to +\infty).$$

定义 4 设函数 $y=f(x)$ 在 $(-\infty,a)$ 内有定义(a 为常数),如果当 $x<0$ 且 $|x|$ 无限增大时,$f(x)$ 无限接近于某个常数 A,则称当 $x \to -\infty$ 时,A 是函数 $f(x)$ **极限**.记作

$$\lim_{x \to -\infty} f(x)=A \quad 或 \quad f(x) \to A \ (x \to -\infty).$$

定理 1 极限 $\lim_{x \to \infty} f(x)=A$ 的充要条件是 $\lim_{x \to -\infty} f(x)=\lim_{x \to +\infty} f(x)=A$.

例 2 求 $\lim_{x \to -\infty} \arctan x$,$\lim_{x \to +\infty} \arctan x$ 及 $\lim_{x \to \infty} \arctan x$.

解 观察函数 $y=\arctan x$ 的图形(图 1.13).

由图像知，$\lim\limits_{x\to-\infty}\arctan x=-\dfrac{\pi}{2}$，$\lim\limits_{x\to+\infty}\arctan x=\dfrac{\pi}{2}$.

由于 $\lim\limits_{x\to-\infty}\arctan x\neq\lim\limits_{x\to+\infty}\arctan x$，根据定理1，极限 $\lim\limits_{x\to\infty}\arctan x$ 不存在.

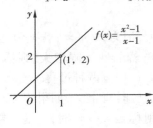

图 1.14

2) 当 $x\to x_0$ 时，函数 $f(x)$ 的极限

例 3 观察函数 $f(x)=\dfrac{x^2-1}{x-1}$ 的图形（图1.14）.

虽然 $f(x)$ 在 $x=1$ 点没有定义，但是 x 无限接近于 1 时，$f(x)$ 就无限接近于 2.

例 3 说明：当自变量 x 无限接近于某个值 x_0 时，函数值无限接近于某个确定数 A 与函数在点 x_0 有无定义无关.

定义 5 设函数 $y=f(x)$ 在点 x_0 的某个邻域（x_0 点本身可以除外）内有定义，如果当 x 无限接近于 x_0（但 $x\neq x_0$）时，函数 $f(x)$ 无限接近于某一个常数 A，则称当 $x\to x_0$ 时，A 是函数 $f(x)$ 的**极限**.记作

$$\lim\limits_{x\to x_0}f(x)=A \quad \text{或} f(x)\to A \ (x\to x_0).$$

定义 6 设函数 $y=f(x)$ 在点 x_0 的左侧附近（x_0 点本身可以除外）有定义，如果当 $x<x_0$ 且 x 无限接近于 x_0 时，函数 $f(x)$ 无限接近于某一个常数 A，则称当 $x\to x_0^-$ 时，A 是函数 $f(x)$ 的**左极限**.记作

$$\lim\limits_{x\to x_0^-}f(x)=A \text{ 或 } f(x_0-0)=A$$

定义 7 设函数 $y=f(x)$ 在点 x_0 的右侧附近（x_0 点本身可以除外）有定义，如果当 $x>x_0$ 且 x 无限接近于 x_0 时，函数 $f(x)$ 无限接近于某一个常数 A，则称当 $x\to x_0^+$ 时，A 是函数 $f(x)$ 的**右极限**.记作

$$\lim\limits_{x\to x_0^+}f(x)=A \text{ 或 } f(x_0+0)=A$$

函数的左极限与右极限统称为**单侧极限**.

由定义 5 结合函数图像可得出以下结论：

（1）$\lim\limits_{x\to x_0}C=C$（$C$ 为常数）；　（2）$\lim\limits_{x\to x_0}x=x_0$；

进一步，当 $P(x),Q(x)$ 是多项式时（可以用任务 1.3 中的极限的运算性质证明），可以得到：

（3）$\lim\limits_{x\to x_0}P(x)=P(x_0)$，$\lim\limits_{x\to x_0}\dfrac{Q(x)}{P(x)}=\dfrac{Q(x_0)}{P(x_0)}$（$P(x_0)\neq 0$）.

定理 2 极限 $\lim\limits_{x\to x_0}f(x)=A$ 的充分必要条件是 $\lim\limits_{x\to x_0^-}f(x)=\lim\limits_{x\to x_0^+}f(x)=A$.

例 4 已知 $f(x) = \begin{cases} \dfrac{x^2-1}{x-1}, & x \neq 1 \\ 500, & x = 1 \end{cases}$，求：$\lim\limits_{x \to 1} f(x), \lim\limits_{x \to 2} f(x)$.

解 $\lim\limits_{x \to 1} f(x) = \lim\limits_{x \to 1} \dfrac{x^2-1}{x-1} = \lim\limits_{x \to 1} (x+1) = 2$；

$\lim\limits_{x \to 2} f(x) = \lim\limits_{x \to 2} \dfrac{x^2-1}{x-1} = \lim\limits_{x \to 2} (x+1) = 3$ 或 $\lim\limits_{x \to 2} f(x) = \lim\limits_{x \to 2} \dfrac{x^2-1}{x-1} = \dfrac{2^2-1}{2-1} = 3$.

例 5 已知 $f(x) = \begin{cases} x^2+1, & x<1 \\ 500, & x=1 \\ \dfrac{x^2-1}{x-1}, & x>1 \end{cases}$，求：$\lim\limits_{x \to -1} f(x), \lim\limits_{x \to 1} f(x), \lim\limits_{x \to 2} f(x)$.

解 $\lim\limits_{x \to -1} f(x) = \lim\limits_{x \to -1} (x^2+1) = 1^2+1 = 2, \lim\limits_{x \to 1^-} f(x) = \lim\limits_{x \to 1^-} (x^2+1) = 1^2+1 = 2,$

$\lim\limits_{x \to 1^+} f(x) = \lim\limits_{x \to 1^+} \dfrac{x^2-1}{x-1} = \lim\limits_{x \to 1^+} (x+1) = 2$

由 $\lim\limits_{x \to 1^-} f(x) = \lim\limits_{x \to 1^+} f(x) = 2$，得 $\lim\limits_{x \to 1} f(x) = 2.$

$\lim\limits_{x \to 2} f(x) = \lim\limits_{x \to 2} \dfrac{x^2-1}{x-1} = \lim\limits_{x \to 2} (x+1) = 3$ 或 $\lim\limits_{x \to 2} f(x) = \lim\limits_{x \to 2} \dfrac{x^2-1}{x-1} = \dfrac{2^2-1}{2-1} = 3.$

例 6 若 $f(x) = \begin{cases} x+b, & x \leq 0 \\ 3x+2, & x>0 \end{cases}$，问 b 取何值时，$\lim\limits_{x \to 0} f(x)$ 存在，并求其值.

解 因为 $\lim\limits_{x \to 0^-} f(x) = \lim\limits_{x \to 0^-} (x+b) = b; \lim\limits_{x \to 0^+} f(x) = \lim\limits_{x \to 0^+} (3x+2) = 2;$

因为 $\lim\limits_{x \to 0} f(x)$ 存在，所以 $\lim\limits_{x \to 0^+} f(x) = \lim\limits_{x \to 0^-} f(x)$，得 $b = 2.$

习题 1.2

1.利用函数图像求极限：

$(1) \lim\limits_{x \to +\infty} e^x; (2) \lim\limits_{x \to -\infty} e^x; (3) \lim\limits_{x \to \infty} \sin x; (4) \lim\limits_{x \to 0^+} \ln x; (5) \lim\limits_{x \to 0^-} \dfrac{1}{x}.$

2.试求 $f(x) = \dfrac{|x|}{x} = \begin{cases} -1, & x<0 \\ 1, & x>0 \end{cases}$ 在点 $x=0$ 和 $x=1$ 处的极限.

3.已知 $f(x) = \dfrac{x^2-4}{x-2}$，求 $\lim\limits_{x \to 2} f(x), \lim\limits_{x \to 3} f(x).$

4. 已知 $f(x) = \begin{cases} \dfrac{x^2-4}{x-2}, & x \neq 2 \\ 15, & x = 2 \end{cases}$，求 $\lim\limits_{x \to 2} f(x)$，$\lim\limits_{x \to 3} f(x)$.

5. 已知 $f(x) = \begin{cases} 3x+2, & x < 2 \\ 4, & x = 2 \\ \dfrac{x^2-4}{x-2}, & x > 2 \end{cases}$，求 $\lim\limits_{x \to 2} f(x)$，$\lim\limits_{x \to 3} f(x)$.

任务 1.3 用无穷小量与极限性质计算极限

无穷小量与无穷大量是两个具有重要地位的特殊变量. 本任务先认知无穷小量与无穷大量, 然后结合具体的例子介绍求极限的最基本运算方法——极限的四则运算法则.

1.3.1 无穷小量

1)无穷小量的定义

定义 1 对于函数 $y=f(x)$, 如果自变量 x 在某个变化过程中, 函数 $f(x)$ 的极限为 0, 则称在该变化过程中, $f(x)$ 为**无穷小量**, 简称**无穷小**, 记作 $\lim y = 0$.

这里所说的"自变量 x 在某个变化过程中"是指 $x \to x_0^-$, 或 $x \to x_0^+$, 或 $x \to x_0$, 或 $x \to \infty$, 或 $x \to -\infty$, 或 $x \to +\infty$ 中的某种变化.

注 在理解无穷小量的概念时, 应当注意以下几点:

①无穷小量是一个变量, 是一个以零为极限的变量;

②它不是一个很小的数, 一个不论多么小的数均不能作为无穷小量;

③数 0 可以看作特殊的无穷小量;

④无穷小量与自变量的变化过程有关.

例如, 当 $x \to \infty$ 时, $\dfrac{1}{x}$ 是无穷小量; 而当 $x \to 1$ 时, $\dfrac{1}{x}$ 就不是无穷小量.

定理 1 函数 $f(x)$ 以 A 为极限的充分必要条件是 $f(x)$ 可以表示为常数 A 与一个无穷小量之和. 即

$$\lim f(x) = A \Leftrightarrow f(x) = A + \alpha(x), \text{其中} \lim \alpha(x) = 0$$

2）无穷小量的性质

性质 1　有限个无穷小的代数和仍为无穷小.

注　"有限"是不可以去掉的，即无穷多个无穷小的代数和未必是无穷小.
例如 n 个 $\dfrac{1}{n}$ 的和，当 $n \to \infty$ 时的极限，

$$\lim_{n \to \infty}\left(\frac{1}{n}+\frac{1}{n}+\cdots+\frac{1}{n}\right) = \lim_{n \to \infty}\left(n \cdot \frac{1}{n}\right) = \lim_{n \to \infty} 1 = 1.$$

如果我们不加考虑应用这个性质就会出现问题：

$$\lim_{n \to \infty}\left(\frac{1}{n}+\frac{1}{n}+\cdots+\frac{1}{n}\right) = \lim_{n \to \infty}\frac{1}{n}+\lim_{n \to \infty}\frac{1}{n}+\cdots+\lim_{n \to \infty}\frac{1}{n} = 0+0+\cdots+0 = 0.$$

性质 2　有限个无穷小的积仍为无穷小.

性质 3　有界函数与无穷小的乘积仍为无穷小.

推论　常数与无穷小的积仍为无穷小，即 $\lim_{x \to 0} Cx = 0$（C 为常数）.

例 1　求 $\lim\limits_{x \to 0} x\sin\dfrac{1}{x}$.

解　因为 $\left|\sin\dfrac{1}{x}\right| \leqslant 1$，所以 $\sin\dfrac{1}{x}$ 是有界变量；又因为 $\lim\limits_{x \to 0} x = 0$，所以当 $x \to 0$

时，x 是无穷小.由性质 3 得，当 $x \to 0$ 时，$x\sin\dfrac{1}{x}$ 也是无穷小，即 $\lim\limits_{x \to 0} x\sin\dfrac{1}{x} = 0$.

1.3.2　无穷大量

1）无穷大量的定义

定义 2　对于函数 $y = f(x)$，如果自变量 x 在某个变化过程中，$|f(x)|$ 无限
地增大，则称在该变化过程中，$f(x)$ 为**无穷大量**，简称**无穷大**，记作 $\lim y = \infty$.

如果 $f(x)$ 只取正值（或只取负值），就称变量 $f(x)$ 为**正无穷大**（或**负无穷
大**），记作 $\lim y = +\infty$（或 $\lim y = -\infty$）.

注　在理解无穷大量的概念时，应当注意以下几点：

①在无穷大量的定义中，虽然使用了极限符号，但并不表示 $f(x)$ 的极限存
在，它只代表函数的变化趋势；

②无穷大量是一个变化的量，一个无论多大的数均不能作为无穷大量；

③函数在变化过程中绝对值越来越大且可以无限增大时，才能称为无穷
大量；

④说某个函数是无穷大量时,必须同时指出它的极限过程(即 x 的变化趋势).

2)无穷大量与无穷小量的关系

定理2 在自变量的同一变化过程中,无穷大的倒数为无穷小,恒不为零的无穷小的倒数为无穷大.

例2 自变量 x 在怎样的变化过程中,下列函数为无穷小或无穷大:

$(1)y=\dfrac{1}{x+1}$;$(2)y=x-1$;$(3)y=\dfrac{x-1}{x+1}$;$(4)y=\sqrt{x+1}$;$(5)y=\ln(x+1)$.

解 (1)当 $x\to\infty$ 时,$\dfrac{1}{x+1}$ 为无穷小,当 $x\to-1$ 时,$\dfrac{1}{x+1}$ 为无穷大;

(2)当 $x\to1$ 时,$x-1$ 为无穷小,当 $x\to\infty$ 时,$x-1$ 为无穷大;

(3)当 $x\to1$ 时,$\dfrac{x-1}{x+1}$ 为无穷小,当 $x\to-1$ 时,$\dfrac{x-1}{x+1}$ 为无穷大;

(4)当 $x\to-1^{+}$时,$\sqrt{x+1}$ 为无穷小,当 $x\to+\infty$ 时,$\sqrt{x+1}$ 为无穷大;

(5)当 $x\to0$ 时,$\ln(x+1)$ 为无穷小,当 $x\to-1^{+}$ 或 $x\to+\infty$ 时,$\ln(x+1)$ 为无穷大.

1.3.3 极限的四则运算

定理3 若 $\lim u(x)=A,\lim v(x)=B$,则

$(1)\lim[u(x)\pm v(x)]=\lim u(x)\pm\lim v(x)=A\pm B$;

$(2)\lim[u(x)\cdot v(x)]=\lim u(x)\cdot\lim v(x)=A\cdot B$;

(3)当 $\lim v(x)=B\neq0$ 时,$\lim\dfrac{u(x)}{v(x)}=\dfrac{\lim u(x)}{\lim v(x)}=\dfrac{A}{B}$.

上述运算法则不难推广到有限多个函数的代数和及乘积的情况.

推论 设 $\lim u(x)$存在,C 为常数,n 为正整数,则有

$(1)\lim[C\cdot u(x)]=C\cdot\lim u(x)$;

$(2)\lim[u(x)]^{n}=[\lim u(x)]^{n}$.

在使用这些法则时,必须注意两点:

(1)法则要求每个参与运算的函数的极限存在;

(2)商的极限的运算法则有个重要前提,即分母的极限不能为零.

例3 求 $\lim\limits_{x\to0}\dfrac{x^{2}-1}{x^{2}+2x+3}$.

解　$\lim\limits_{x\to 0}\dfrac{x^2-1}{x^2+2x+3}=\dfrac{\lim\limits_{x\to 0}(x^2-1)}{\lim\limits_{x\to 0}(x^2+2x+3)}=\dfrac{\lim\limits_{x\to 0}x^2-1}{\lim\limits_{x\to 0}x^2+\lim\limits_{x\to 0}(2x)+\lim\limits_{x\to 0}3}=-\dfrac{1}{3}.$

例 4　求 $\lim\limits_{x\to -3}\dfrac{x^2-1}{x^2+2x-3}$ （" $\dfrac{a}{0}$ "型，$a\neq 0$）.

解　由 $\lim\limits_{x\to -3}(x^2+2x-3)=0$，而 $\lim\limits_{x\to -3}(x^2-1)\neq 0.$

根据无穷小与无穷大的关系得，$\lim\limits_{x\to -3}\dfrac{x^2-1}{x^2+2x-3}=\infty.$

例 5　求 $\lim\limits_{x\to 1}\dfrac{x^2-1}{x^2+2x-3}.$ （" $\dfrac{0}{0}$ "型）

说明　在 x 的同一个变化过程中，如果 $\lim u=0,\lim v=0$，则称 $\lim\dfrac{u}{v}$ 为 " $\dfrac{0}{0}$ "型未定式极限；在 x 的同一个变化过程中，如果 $\lim u=\infty,\lim v=\infty$，则称 $\lim\dfrac{u}{v}$ 为" $\dfrac{\infty}{\infty}$ "型未定式极限.

例 5 中的极限属于" $\dfrac{0}{0}$ "型未定式，且分子和分母均为多项式时，通常可通过因式分解先约去分子分母中的含零因子，再求极限.

解　$\lim\limits_{x\to 1}\dfrac{x^2-1}{x^2+2x-3}=\lim\limits_{x\to 1}\dfrac{(x-1)(x+1)}{(x-1)(x+3)}=\lim\limits_{x\to 1}\dfrac{x+1}{x+3}=\dfrac{1}{2}.$

例 6　求 $\lim\limits_{x\to \infty}\dfrac{x^2-1}{x^2+2x-3}$ （" $\dfrac{\infty}{\infty}$ "型）.

说明　这类" $\dfrac{\infty}{\infty}$ "型未定式，且分子和分母均为多项式时，先将分子、分母同除以 x 的最高次幂，然后求极限.

解　$\lim\limits_{x\to \infty}\dfrac{x^2-1}{x^2+2x-3}=\lim\limits_{x\to \infty}\dfrac{1-\dfrac{1}{x^2}}{1+\dfrac{2}{x}-\dfrac{3}{x^2}}=\dfrac{1-\lim\limits_{x\to \infty}\dfrac{1}{x^2}}{1+\lim\limits_{x\to \infty}\dfrac{2}{x}-\lim\limits_{x\to \infty}\dfrac{3}{x^2}}=1.$

例 3~例 6 的计算极限的方法与结果可以推广到一般情形. 设 $R(x)$ 是有理分式，

$$R(x)=\dfrac{P_n(x)}{Q_m(x)}=\dfrac{a_nx^n+a_{n-1}x^{n-1}+\cdots+a_1x+a_0}{b_mx^m+b_{m-1}x^{m-1}+\cdots+b_1x+b_0}.$$

① "$\dfrac{b}{a}$" 型 ($a \neq 0$, b 任意), 即 $Q_m(x_0) \neq 0$, 则

$$\lim_{x \to x_0} R(x) = \frac{P_n(x_0)}{Q_m(x_0)} = R(x_0) ;$$

② "$\dfrac{a}{0}$" 型 ($a \neq 0$), 即 $Q_m(x_0) = 0$, 而 $P_n(x_0) \neq 0$, 则

$$\lim_{x \to x_0} R(x) = \infty ;$$

③ "$\dfrac{0}{0}$" 型, 即 $Q_m(x_0) = 0$, 且 $P_n(x_0) = 0$, 则 $P_n(x)$ 与 $Q_m(x)$ 一定有公因子 $(x - x_0)$, 将 $P_n(x)$ 与 $Q_m(x)$ 因式分解, 约去公因子后, 再求极限;

④ "$\dfrac{\infty}{\infty}$" 型,

$$\lim_{x \to \infty} R(x) = \begin{cases} 0, & n < m, \\ \dfrac{a_n}{b_m}, & n = m \quad (a_n \neq 0, b_m \neq 0). \\ \infty, & n > m. \end{cases}$$

例 7　求 $\lim\limits_{x \to \infty} \dfrac{(2x+1)^{30}(3x+5)^{20}}{(7x+4)^{50}}$ ("$\dfrac{\infty}{\infty}$" 型).

解　$\lim\limits_{x \to \infty} \dfrac{(2x+1)^{30}(3x+5)^{20}}{(7x+4)^{50}} = \dfrac{2^{30} 3^{20}}{7^{50}}.$

例 8　求 $\lim\limits_{x \to \infty} \dfrac{2^{n+1} + 3^n}{3^{n+1} - 2^n}$ ("$\dfrac{\infty}{\infty}$" 型).

说明　此极限虽属于 "$\dfrac{\infty}{\infty}$" 型未定式, 但分子和分母不为多项式, 所以不能用例 6 的方法求极限, 通常分子、分母同除以取值最大的项.

解　$\lim\limits_{x \to \infty} \dfrac{2^{n+1} + 3^n}{3^{n+1} - 2^n} = \lim\limits_{x \to \infty} \dfrac{\left(\dfrac{2}{3}\right)^{n+1} + \dfrac{1}{3}}{1 - \left(\dfrac{2}{3}\right)^n \cdot \dfrac{1}{3}} = \dfrac{0 + \dfrac{1}{3}}{1 - 0} = \dfrac{1}{3}.$

例 9　求 $\lim\limits_{x \to 4} \dfrac{\sqrt{x} - 2}{x - 4}$ ("$\dfrac{0}{0}$" 型).

说明　这种 "$\dfrac{0}{0}$" 型未定式, 分式的分子 (或分母) 含根号, 可先将该分式的

分子与分母同乘以分子(或分母)的共轭根式,再求极限.

解 $\lim\limits_{x \to 4} \dfrac{\sqrt{x}-2}{x-4} = \lim\limits_{x \to 4} \dfrac{(\sqrt{x}-2)(\sqrt{x}+2)}{(x-4)(\sqrt{x}+2)} = \lim\limits_{x \to 4} \dfrac{x-4}{(x-4)(\sqrt{x}+2)}$

$\qquad = \lim\limits_{x \to 4} \dfrac{1}{\sqrt{x}+2} = \dfrac{1}{4}.$

例 10 $\lim\limits_{x \to 2}\left(\dfrac{1}{x-2} - \dfrac{4}{x^2-4}\right)$ ("$\infty - \infty$"型).

说明 此极限属于"$\infty - \infty$"型未定式,可采用先通分后约去零因子的方法解决.

解 $\lim\limits_{x \to 2}\left(\dfrac{1}{x-2} - \dfrac{4}{x^2-4}\right) = \lim\limits_{x \to 2} \dfrac{(x+2)-4}{(x-2)(x+2)} = \lim\limits_{x \to 2} \dfrac{x-2}{(x-2)(x+2)} = \dfrac{1}{4}.$

习题 1.3

1. 下列函数在什么变化过程中为无穷大?什么变化过程中为无穷小?

(1) $y = \dfrac{x^2-1}{x}$;　(2) $y = \dfrac{x-5}{x+3}$;　(3) $y = \log_2 x$;　(4) $y = e^{3x}$.

2. 证明 $\lim\limits_{x \to \infty} \dfrac{\sin 6x}{x^2} = 0$.

3. 求下列极限:

(1) $\lim\limits_{x \to 1} \dfrac{x^2-3x+2}{x-1}$;　　　(2) $\lim\limits_{x \to 1} \dfrac{x^2-1}{x^2+x-2}$;　　　(3) $\lim\limits_{x \to \infty} \dfrac{4x^4-3x^3+1}{2x^4+5x^2-6}$;

(4) $\lim\limits_{x \to \infty} \dfrac{x^2-27}{3x^3-x^2+9}$;　　　(5) $\lim\limits_{x \to 2} \dfrac{2-\sqrt{x+2}}{2-x}$;　　　(6) $\lim\limits_{x \to 3} \dfrac{x^2-3x}{\sqrt{x+1}-2}$;

(7) $\lim\limits_{x \to 2} \dfrac{x+5}{x^2-4}$;　　　(8) $\lim\limits_{x \to 4} \dfrac{\sqrt{2x+1}-3}{\sqrt{x-2}-\sqrt{2}}$;　　　(9) $\lim\limits_{x \to 1}\left(\dfrac{1}{x-1} - \dfrac{3}{x^2+x-2}\right)$.

4. 求 $\lim\limits_{x \to \infty}\left[\dfrac{1}{1 \times 2} + \dfrac{1}{2 \times 3} + \cdots + \dfrac{1}{n \times (n+1)}\right]$.

任务 1.4　用两个重要极限与等价无穷小计算极限

1.4.1　两个重要极限

1）$\lim\limits_{x \to 0} \dfrac{\sin x}{x} = 1$

列表观察 $\dfrac{\sin x}{x}$ 的变化趋势（表 1.3）.

表 1.3

x	± 0.5	± 0.1	± 0.05	± 0.01	⋯
$\sin x$	0.958 85	0.998 33	0.999 58	0.999 98	⋯

从表 1.3 可以看出，当 $|x|$ 无限接近于 0 时，函数 $\dfrac{\sin x}{x}$ 的变化趋势.可以证明，当 $x \to 0$ 时，$\dfrac{\sin x}{x}$ 无限接近于 0，即

$$\lim_{x \to 0} \frac{\sin x}{x} = 1 \quad \left(\text{“} \frac{0}{0} \text{”型} \right)$$

我们称之为**第 I 重要极限**.

这个重要极限可以推广为

$$\lim_{\square \to 0} \frac{\sin \square}{\square} = 1$$

式子中的"□"既可以是自变量 x，也可以是 x 的函数.只要当 $x \to x_0$（或 ∞）时，□$\to 0$.

例 1　求 $\lim\limits_{x \to 0} \dfrac{\sin 3x}{x}$.

解　$\lim\limits_{x \to 0} \dfrac{\sin 3x}{x} = \lim\limits_{x \to 0} \left(\dfrac{\sin 3x}{3x} \cdot 3 \right) = 3 \cdot \lim\limits_{x \to 0} \dfrac{\sin 3x}{3x} = 3 \cdot 1 = 3$.

例 2　求 $\lim\limits_{x \to \infty} x \sin \dfrac{3}{x}$.

解　$\lim\limits_{x\to\infty}x\sin\dfrac{3}{x}=\lim\limits_{x\to\infty}\left(x\cdot\dfrac{\sin\dfrac{3}{x}}{\dfrac{3}{x}}\cdot\dfrac{3}{x}\right)=3\cdot\lim\limits_{x\to\infty}\dfrac{\sin\dfrac{3}{x}}{\dfrac{3}{x}}=3\cdot1=3.$

例3　求$\lim\limits_{x\to0}\dfrac{1-\cos x}{x^2}$.

解　$\lim\limits_{x\to0}\dfrac{1-\cos x}{x^2}=\lim\limits_{x\to0}\dfrac{2\sin^2\left(\dfrac{x}{2}\right)}{x^2}=\dfrac{1}{2}\lim\limits_{x\to0}\dfrac{\sin^2\left(\dfrac{x}{2}\right)}{\left(\dfrac{x}{2}\right)^2}=\dfrac{1}{2}\lim\limits_{x\to0}\left[\dfrac{\sin\left(\dfrac{x}{2}\right)}{\dfrac{x}{2}}\right]^2=$

$\dfrac{1}{2}\left[\lim\limits_{x\to0}\dfrac{\sin\left(\dfrac{x}{2}\right)}{\dfrac{x}{2}}\right]^2=\dfrac{1}{2}\cdot1^2=\dfrac{1}{2}.$

2) $\lim\limits_{x\to\infty}\left(1+\dfrac{1}{x}\right)^x$

列表观察$\left(1+\dfrac{1}{x}\right)^x$的变化趋势(表1.4).

表1.4

x	900	2 900	5 000	10 000	100 000	1 000 000	…
$\left(1+\dfrac{1}{x}\right)^x$	2.716 77	2.717 81	2.718 01	2.718 15	2.718 27	2.718 28	…
x	−1 000	−3 000	−5 000	−10 000	−100 000	−1 000 000	…
$\left(1+\dfrac{1}{x}\right)^x$	2.719 64	2.718 74	2.718 55	2.718 42	2.718 43	2.718 28	…

从表1.4可以看出,当$x\to\infty$时,函数$\left(1+\dfrac{1}{x}\right)^x$变化的大致趋势.可以证明,

当$x\to\infty$时,$\left(1+\dfrac{1}{x}\right)^x$的极限确实存在,并且是一个无理数,其值为

e=2.718281828…,即

$$\lim\limits_{x\to\infty}\left(1+\dfrac{1}{x}\right)^x=e\qquad(\text{“}1^\infty\text{”型})$$

我们称之为**第Ⅱ重要极限**.

若令 $x=\dfrac{1}{t}$,则 $t\to0$ 时,上式可等价地表示为

$$\lim_{t\to0}(1+t)^{\frac{1}{t}}=\mathrm{e}.$$

例 4 求 $\lim\limits_{x\to\infty}\left(1-\dfrac{1}{x}\right)^{x}$.

解 $\lim\limits_{x\to\infty}\left(1-\dfrac{1}{x}\right)^{x}=\lim\limits_{x\to\infty}\left(1+\dfrac{1}{-x}\right)^{-(-x)}=$

$\lim\limits_{x\to\infty}\left[\left(1+\dfrac{1}{-x}\right)^{(-x)}\right]^{-1}=\left[\lim\limits_{x\to\infty}\left(1+\dfrac{1}{-x}\right)^{(-x)}\right]^{-1}=\mathrm{e}^{-1}.$

第Ⅱ重要极限可以推广为:

$$\lim_{\square\to\infty}\left(1+\dfrac{1}{\square}\right)^{\square}=\mathrm{e}\quad\text{或}\quad\lim_{\square\to0}(1+\square)^{\frac{1}{\square}}=\mathrm{e}$$

$$\lim_{\square\to\infty}\left(1-\dfrac{1}{\square}\right)^{\square}=\mathrm{e}^{-1}\quad\text{或}\quad\lim_{\square\to0}(1-\square)^{\frac{1}{\square}}=\mathrm{e}^{-1}.$$

例 5 求 $\lim\limits_{x\to\infty}\left(1+\dfrac{2}{x}\right)^{x}$.

解 $\lim\limits_{x\to\infty}\left(1+\dfrac{2}{x}\right)^{x}=\lim\limits_{x\to\infty}\left(1+\dfrac{2}{x}\right)^{\frac{x}{2}\cdot2}=\lim\limits_{x\to\infty}\left[\left(1+\dfrac{2}{x}\right)^{\frac{x}{2}}\right]^{2}=\left[\lim\limits_{x\to\infty}\left(1+\dfrac{2}{x}\right)^{\frac{x}{2}}\right]^{2}=\mathrm{e}^{2}.$

例 6 求 $\lim\limits_{x\to0}(1+3x)^{\frac{1}{x}+1}$.

解 $\lim\limits_{x\to0}(1+3x)^{\frac{1}{x}+1}=\lim\limits_{x\to0}(1+3x)^{\frac{1}{3x}\cdot3+1}=\lim\limits_{x\to0}\left\{\left[(1+3x)^{\frac{1}{3x}}\right]^{3}(1+3x)\right\}=$

$\lim\limits_{x\to0}\left[(1+3x)^{\frac{1}{3x}}\right]^{3}\cdot\lim\limits_{x\to0}(1+3x)=\mathrm{e}^{3}\cdot1=\mathrm{e}^{3}.$

小提示 $a^{n}\cdot a^{m}=a^{n+m}$, $a^{n}\div a^{m}=a^{n-m}$, $(a^{n})^{m}=a^{n\cdot m}$.

例 7 求 $\lim\limits_{x\to\infty}\left(1-\dfrac{2}{x}\right)^{x}$.

解 $\lim\limits_{x\to\infty}\left(1-\dfrac{2}{x}\right)^{x}=\lim\limits_{x\to\infty}\left(1-\dfrac{2}{x}\right)^{\frac{x}{2}\cdot2}=\left[\lim\limits_{x\to\infty}\left(1-\dfrac{2}{x}\right)^{\frac{x}{2}}\right]^{2}=(\mathrm{e}^{-1})^{2}=\mathrm{e}^{-2}.$

例 8 求 $\lim\limits_{x\to\infty}\left(\dfrac{x-1}{x+1}\right)^{x}$.

解 $\lim\limits_{x\to\infty}\left(\dfrac{x-1}{x+1}\right)^x = \lim\limits_{x\to\infty}\left(\dfrac{1-\dfrac{1}{x}}{1+\dfrac{1}{x}}\right)^x = \lim\limits_{x\to\infty}\dfrac{\left(1-\dfrac{1}{x}\right)^x}{\left(1+\dfrac{1}{x}\right)^x} = \dfrac{\lim\limits_{x\to\infty}\left(1-\dfrac{1}{x}\right)^x}{\lim\limits_{x\to\infty}\left(1+\dfrac{1}{x}\right)^x} = \dfrac{e^{-1}}{e} = e^{-2}.$

1.4.2 无穷小的比较

我们知道两个无穷小的和、差、积仍然为无穷小,但两个无穷小之商,却不一定是无穷小. 例如,当 $x\to0$ 时,$\alpha=2x$,$\beta=x^2$,$\gamma=\sin x$ 都是无穷小,但是 $\lim\limits_{x\to0}\dfrac{x^2}{x}=0$,$\lim\limits_{x\to0}\dfrac{2x}{x}=2$,$\lim\limits_{x\to0}\dfrac{x}{x^2}=\infty$,$\lim\limits_{x\to0}\dfrac{\sin x}{x}=1$,即当 $x\to0$ 时,$\dfrac{x^2}{x}$ 是无穷小,而 $\dfrac{2x}{x}$,$\dfrac{x}{x^2}$,$\dfrac{\sin x}{x}$ 都不是无穷小. 两个无穷小之比的极限不同,反映了无穷小接近于 0 的"速度"的差异.为比较无穷小接近于 0 的快慢,引进无穷小的阶的概念.

定义 设 α 与 β 是同一过程中的无穷小量,即 $\lim\alpha=0$,$\lim\beta=0$.

如果 $\lim\dfrac{\alpha}{\beta}=0$,则称 α 是比 β **高阶的无穷小**,记作 $\alpha=o(\beta)$;

如果 $\lim\dfrac{\alpha}{\beta}=\infty$,则称 α 是比 β **低阶的无穷小**;

如果 $\lim\dfrac{\alpha}{\beta}=C$($C$ 为常数且 $C\neq0$),则称 α 与 β 是**同阶无穷小**. 特别地,当 $C=1$ 即 $\lim\dfrac{\alpha}{\beta}=1$,则称 α 与 β 是**等价无穷小**,记作 $\alpha\sim\beta$.

等价无穷小在求两个无穷小之比的极限时,有重要作用. 对此,有如下定理:

定理(无穷小代换定理) 在自变量的同一变化过程中,$\alpha(\alpha\neq0)$,$\alpha'(\alpha'\neq0)$,β 与 β' 都是无穷小,如果

(1)$\alpha\sim\alpha'$,$\beta\sim\beta'$;

(2)$\lim\dfrac{\beta}{\alpha}=A$(或 ∞),

则 $$\lim\dfrac{\beta}{\alpha}=\lim\dfrac{\beta'}{\alpha'}=\lim\dfrac{\beta}{\alpha'}=\lim\dfrac{\beta'}{\alpha}.$$

可以通过第 I、第 II 重要极限证明以下几个常用的等价无穷小:

当 $\square\to0$ 时,有

$$\sin\square\sim\square,\ \tan\square\sim\square,\ \arcsin\square\sim\square,\ \arctan\square\sim\square,$$

$$1-\cos\square\sim\frac{1}{2}\square^2,\ \ln(1+\square)\sim\square,\ e^{\square}-1\sim\square,\ \sqrt[n]{1+\square}-1\sim\frac{1}{n}\square.$$

例 9 (例 1, 另解)　求 $\lim\limits_{x\to0}\dfrac{\sin 3x}{x}$.

解　因为 $x\to0$ 时, $\sin 3x\sim 3x$, 所以

$$\lim\limits_{x\to0}\frac{\sin 3x}{x}=\lim\limits_{x\to0}\frac{3x}{x}=3.$$

例 10 (例 2, 另解)　求 $\lim\limits_{x\to\infty}x\sin\dfrac{3}{x}$.

解　因为 $x\to\infty$, $\dfrac{3}{x}\to0$ 时, $\sin\dfrac{3}{x}\sim\dfrac{3}{x}$, 所以

$$\lim\limits_{x\to\infty}x\sin\frac{3}{x}=\lim\limits_{x\to\infty}\left(x\cdot\frac{3}{x}\right)=3.$$

例 11　求 $\lim\limits_{x\to0}\dfrac{\sin x^2}{x(e^x-1)}$.

解　因为 $x\to0$ 时, $\sin x^2\sim x^2$, $e^x-1\sim x$, 所以

$$\lim\limits_{x\to0}\frac{\sin x^2}{x(e^x-1)}=\lim\limits_{x\to0}\frac{x^2}{x\cdot x}=1.$$

例 12　$\lim\limits_{x\to0}\dfrac{\tan x-\sin x}{\sin^3 x}$.

解　当 $x\to0$ 时, $\tan x-\sin x=\tan x(1-\cos x)\sim x\cdot\dfrac{1}{2}x^2$, $\sin^3 x\sim x^3$, 于是

$$\lim\limits_{x\to0}\frac{\tan x-\sin x}{\sin^3 x}=\lim\limits_{x\to0}\frac{\dfrac{1}{2}x^3}{x^3}=\frac{1}{2}.$$

此题如果如下求解: 当 $x\to0$ 时, $\sin x\sim x$, $\tan x\sim x$, $\sin^3 x\sim x^3$

$$\lim\limits_{x\to0}\frac{\tan x-\sin x}{\sin^3 x}=\lim\limits_{x\to0}\frac{x-x}{x^3}=0$$

这是错误的解法, 因为 $\tan x-\sin x$ 与 $x-x$ 不是等价无穷小.

　　说明　在求极限时, 两个等价的无穷小可以互相代换. 但要记住, 无穷小代换定理只适用于积、商, 且商式中只能代换分子或分母的某个因式, 不能代替其加、减式中的某一项.

习题 1.4

1.求下列极限：

$(1)\lim\limits_{x\to 0}\dfrac{\sin 5x}{\sin 3x}$； $(2)\lim\limits_{x\to 0}\dfrac{x}{\tan 2x}$； $(3)\lim\limits_{x\to 0}\dfrac{\tan x^3}{x\cdot \sin x^2}$； $(4)\lim\limits_{x\to \infty}\left(1+\dfrac{4}{x}\right)^x$；

$(5)\lim\limits_{x\to \infty}\left(1+\dfrac{1}{4x}\right)^{x+2}$； $(6)\lim\limits_{x\to 0}(1+2x)^{\frac{1}{x}+3}$； $(7)\lim\limits_{x\to \infty}\left(\dfrac{x-2}{x+2}\right)^x$； $(8)\lim\limits_{x\to \infty}\left(1-\dfrac{1}{x}\right)^{\sqrt{x}}$.

2.试证 $x\to 0$ 时，$\sin x^2$ 是比 $\tan x$ 高阶的无穷小.

3.试证 $x\to 0$ 时，$e^{x^2}-1$ 与 $x\cdot \sin x$ 是等价无穷小.

任务 1.5 探究函数的连续性

函数的连续性是函数的重要性质之一. 函数的连续性在几何上表现为：连续函数的图形是一条连续不间断的曲线. 在现实世界中，有许许多多连续变化的现象.例如，本项目导入案例中的水温与时间的关系、植物的生长等，这些现象反映到数学上就形成了连续的概念.

1.5.1 函数的连续性

假设函数 $y=f(x)$ 在点 x_0 的某个邻域内有定义，自变量 x 由初值 x_0 变化到终值 x_1 时，称 $\Delta x=x_1-x_0$ 为**自变量的增量**. 简单起见，记终值 $x_1=x_0+\Delta x$.

相应地，函数 $f(x)$ 从 $f(x_0)$ 变化到 $f(x_0+\Delta x)$，则称 $\Delta y=f(x_0+\Delta x)-f(x_0)$ 为**函数的增量**.

说明 Δx 可以是正的，也可以是负的.如果 Δx 是正的，说明终值 $x_1=x_0+\Delta x$ 在初值 x_0 的右边，否则在左边.同理，Δy 可正可负.

观察下列函数图形，分析它们有何特征？

如图 1.15（a）所示，曲线 $f(x)$ 在点 $x=x_0$ 处是连续的.当 Δx 趋近于 0 时，Δy 也趋近于 0，即 $\lim\limits_{\Delta x\to 0}\Delta y=0$.

如图 1.15（b）所示，曲线 $f(x)$ 在点 $x=x_0$ 处是间断的.当 Δx 趋近于 0 时，Δy

不趋近于 0，即 $\lim\limits_{\Delta x \to 0} \Delta y \neq 0$.

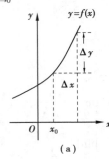
（a）

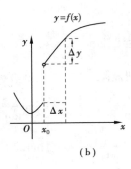
（b）

图 1.15

定义 1　设函数 $f(x)$ 在点 x_0 的某邻域内有定义，如果自变量在点 x_0 处取得的增量 Δx 趋近于 0 时，函数相应的增量 Δy 也趋近于 0，即

$$\lim_{\Delta x \to 0} \Delta y = 0$$

则称函数 $f(x)$ **在点 x_0 处连续**，点 x_0 称为函数 $f(x)$ 的**连续点**.

令 $x = x_0 + \Delta x$，当 $\Delta x \to 0$ 时，$x \to x_0$，$\Delta y = f(x) - f(x_0)$，于是

$$\lim_{\Delta x \to 0} \Delta y = \lim_{\Delta x \to 0} [f(x) - f(x_0)] = 0$$

等价于 $\lim\limits_{x \to x_0} [f(x) - f(x_0)] = 0$，即 $\lim\limits_{x \to x_0} f(x) = f(x_0)$. 于是，函数在点 x_0 处连续又可以等价地定义为：

定义 2　设函数 $f(x)$ 在点 x_0 的某邻域内有定义，如果

$$\lim_{x \to x_0} f(x) = f(x_0)$$

则称函数 $f(x)$ **在点 x_0 处连续**.

这个定义揭示了函数 $f(x)$ 在点 x_0 处连续必须同时满足三个条件：

①$f(x)$ 在点 x_0 处有定义；

②$\lim\limits_{x \to x_0} f(x)$ 存在（或 $\lim\limits_{x \to x_0^-} f(x) = \lim\limits_{x \to x_0^+} f(x)$）；

③$\lim\limits_{x \to x_0} f(x) = f(x_0)$（或 $\lim\limits_{x \to x_0^-} f(x) = \lim\limits_{x \to x_0^+} f(x) = f(x_0)$）.

例 1　判断函数 $f(x) = \begin{cases} x^2 - 1, & 0 \leq x \leq 1 \\ x + 1, & x > 1 \end{cases}$ 在 $x = 1$ 处的连续性.

解　在点 $x = 1$ 处，

$$\lim_{x \to 1^-} f(x) = \lim_{x \to 1^-} (x^2 - 1) = 0,$$

$$\lim_{x \to 1^+} f(x) = \lim_{x \to 1^+} (x + 1) = 2,$$

所以 $\lim_{x \to 1} f(x)$ 不存在,故所给函数在 $x = 1$ 处不连续.

如果函数 $f(x)$ 在开区间 (a, b) 内每一点都连续,则称 $f(x)$ 在**开区间** (a, b) **内连续**.

如果函数 $f(x)$ 满足 $\lim_{x \to x_0^-} f(x) = f(x_0)$,则称函数在点 x_0 处**左连续**;如果函数 $f(x)$ 满足 $\lim_{x \to x_0^+} f(x) = f(x_0)$,则称函数在点 x_0 处**右连续**.

如果函数 $f(x)$ 在 (a, b) 内连续,且在左端点 a 处右连续,在右端点 b 处左连续,则称 $f(x)$ 在**闭区间** $[a, b]$ **上连续**.

函数 $f(x)$ 在某个区间内(上)连续,则此区间称为函数 $f(x)$ 的**连续区间**.

定理 一切基本初等函数在其定义域内是连续的,一切初等函数在其定义区间内是连续的.

注 初等函数仅在其定义区间内连续,在其定义域内不一定连续. 例如,$y = \sqrt{x^2 (x-1)^3}$,定义域为 $D = \{x \mid x = 0 \text{ 或 } x \geqslant 1\}$. 而函数在点 $x = 0$ 的邻域内没有定义,所以函数在 $[1, +\infty)$ 上连续.

该定理表明:

①求初等函数的连续区间就是求其定义区间.

②求初等函数在其定义区间内某点的极限值,就是求函数在该点处的函数值,即

$$\lim_{x \to x_0} f(x) = f(x_0), \quad x_0 \in \text{定义区间}.$$

③初等函数在其定义区间内的极限运算与函数运算可以互换次序,即

$$\lim_{x \to x_0} f[\varphi(x)] = f\left[\lim_{x \to x_0} \varphi(x)\right].$$

④关于分段函数的连续性,除了按上述结论考虑每一分段上函数的连续性外,还必须讨论分界点的连续性.

例2 $\lim_{x \to 0} \dfrac{\ln(1+x)}{x}$.

解 $\lim_{x \to 0} \dfrac{\ln(1+x)}{x} = \lim_{x \to 0} \ln(1+x)^{\frac{1}{x}} = \ln\left[\lim_{x \to 0}(1+x)^{\frac{1}{x}}\right] = \ln \mathrm{e} = 1.$

例3 求 $f(x) = \begin{cases} x \sin \dfrac{1}{x}, & x \neq 0 \\ 0, & x = 0 \end{cases}$ 的连续区间.

解 $f(x)$ 的定义域为 $(-\infty, +\infty)$. 由初等函数的连续性知,$f(x)$ 在 $(-\infty, 0), (0, +\infty)$ 内连续.

在分界点 $x=0$ 处：因为 $\lim\limits_{x\to0}x=0$，$\left|\sin\dfrac{1}{x}\right|\leqslant1$，所以 $\lim\limits_{x\to0}f(x)=\lim\limits_{x\to0}x\sin\dfrac{1}{x}=0=f(0)$. 由连续的定义 2 知，所给函数在点 $x=0$ 处连续.

于是，所求的连续区间为 $(-\infty,+\infty)$.

1.5.2 函数的间断点

如果函数 $y=f(x)$ 在点 x_0 处不连续，则称 $f(x)$ 在点 x_0 处**间断**，称点 x_0 为 $f(x)$ 的**间断点**.

由定义 2 可知，如果函数满足下列情形之一，则点 x_0 是 $f(x)$ 的一个间断点：

①$f(x)$ 在点 x_0 处没有定义；

②$f(x)$ 在点 x_0 处有定义，但 $\lim\limits_{x\to x_0}f(x)$ 不存在；

③$f(x)$ 在点 x_0 处有定义，且 $\lim\limits_{x\to x_0}f(x)$ 存在，但 $\lim\limits_{x\to x_0}f(x)\neq f(x_0)$.

设点 x_0 为 $f(x)$ 的间断点，如果当 $x\to x_0$ 时，$f(x)$ 的左、右极限都存在，则称点 x_0 为 $f(x)$ 的**第一类间断点**；否则，称点 x_0 为 $f(x)$ 的**第二类间断点**. 在第一类间断点中，还有：

①当 $\lim\limits_{x\to x_0^-}f(x)$ 与 $\lim\limits_{x\to x_0^+}f(x)$ 均存在但不相等时，称点 x_0 为 $f(x)$ 的**跳跃间断点**；

②当 $\lim\limits_{x\to x_0}f(x)$ 存在，但 $\lim\limits_{x\to x_0}f(x)\neq f(x_0)$，或 $f(x)$ 在点 x_0 处没有定义时，称点 x_0 为 $f(x)$ 的**可去间断点**.

例 4 求函数 $f(x)=\begin{cases}x-1,x<0\\0,\quad x=0\\x+1,x>0\end{cases}$ 的间断点.

解 因为 $\lim\limits_{x\to0^-}f(x)=\lim\limits_{x\to0^-}(x-1)=-1$，$\lim\limits_{x\to0^+}f(x)=\lim\limits_{x\to0^+}(x+1)=1$，得 $\lim\limits_{x\to0^-}f(x)\neq\lim\limits_{x\to0^+}f(x)$，所以 $f(x)$ 在点 $x=0$ 处不连续且点 $x=0$ 为函数 $y=f(x)$ 的跳跃间断点，如图 1.16 所示.

例 5 求函数 $f(x)=\begin{cases}2x+1,x\neq-1\\1,\quad\quad x=-1\end{cases}$ 的间断点.

解 因为 $\lim\limits_{x\to-1}f(x)=\lim\limits_{x\to-1}(2x+1)=-1$，$f(-1)=1$，得 $\lim\limits_{x\to-1}f(x)\neq f(-1)$，所以函数 $f(x)$ 在点 $x=-1$ 处不连续，点 $x=-1$ 为 $f(x)$ 的可去间断点，如图 1.17 所示.

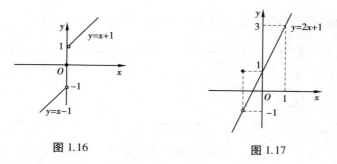

图 1.16　　　　　　　　　　　图 1.17

1.5.3　闭区间上连续函数的性质

下面不加证明给出闭区间上连续函数的性质.

定理 1（最值定理）　闭区间上的连续函数一定存在最大值和最小值.

如图 1.18(a)所示,闭区间 $[a,b]$ 上的连续函数 $f(x)$ 的图像是包括端点 A、B 的一条不间断的曲线.从几何直观上可以看出,曲线必有最高点和最低点,即 $f(x)$ 在 $[a,b]$ 上存在最大值和最小值,因而 $f(x)$ 也是 $[a,b]$ 上的有界函数.

注　①若区间是开区间,定理不一定成立.例如,函数 $y=x,0<x<1$,如图 1.18(b)所示.

②若区间内有间断点,定理不一定成立.例如,函数 $y=\begin{cases}-x+1,0\le x<1\\1,\quad\quad x=1\\-x+3,1<x\le 2\end{cases}$,如图 1.18(c)所示.

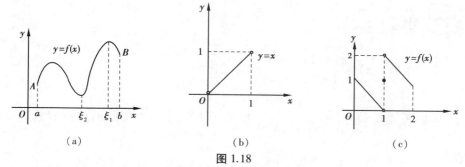

（a）　　　　　　　　　（b）　　　　　　　　　（c）

图 1.18

定理 2（零点定理）　若函数 $f(x)$ 在闭区间 $[a,b]$ 上连续,且 $f(a)$ 与 $f(b)$ 异号,那么在开区间 (a,b) 内至少存在一点 ξ,使得 $f(\xi)=0$.

如图 1.19 所示,从几何直观上可以看出,如果点 $(a,f(a))$ 与点 $(b,f(b))$ 位于 x 轴的上下两侧,那么连接两点的曲线一定要穿越 x 轴,且至少与 x 轴有一个交点.

注 若区间是开区间,定理不一定成立. 例如,函数 $f(x) = \begin{cases} 3, & 0 < x \le 5 \\ -2, & x = 0 \end{cases}$,如

图1.20所示. $f(x)$ 在 $(0,5)$ 内连续, $f(0) \cdot f(5) = -6 < 0$,但 $f(x)$ 在 $(0,5)$ 内无零点.

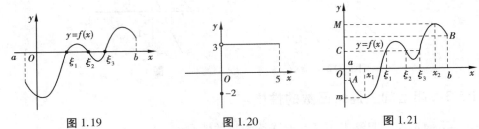

| 图 1.19 | 图 1.20 | 图 1.21 |

定理3(介值定理) 如果函数 $f(x)$ 在闭区间 $[a,b]$ 上连续,且其最大值和最小值分别是 M 和 m ,对于 M 和 m 之间的任何常数 C ,至少存在一点 $\xi \in (a,b)$,使得 $f(\xi) = C$.

如图 1.21 所示, $m = f(x_1)$, $M = f(x_2)$,连续曲线 $f(x)$ 与直线 $y = C$ 有 3 个交点,其横坐标分别为 $\xi_1 \cdot \xi_2 \cdot \xi_3$,且 $f(\xi_1) = f(\xi_2) = f(\xi_3) = C$,其中 $\xi_1 \cdot \xi_2 \cdot \xi_3 \in (a,b)$.

例6 证明方程 $x^5 - 3x = 1$ 至少有一个根介于 1 和 2 之间.

证明 设 $f(x) = x^5 - 3x - 1$,则 $f(x)$ 在其定义域 $(-\infty, +\infty)$ 内连续,因而在 $[1,2]$ 上连续. 又因为 $f(1) = -3 < 0$, $f(2) = 25 > 0$,根据零点定理,至少存在一点 $\xi \in (1,2)$ 使得 $f(\xi) = 0$,即方程 $x^5 - 3x = 1$ 至少有一个根介于 1 和 2 之间.

 **习题 1.5**

1.求函数 $f(x) = \begin{cases} 2x+1, & x < 0 \\ 1-3x, & x \ge 0 \end{cases}$ 的连续区间.

2.设函数 $f(x) = \begin{cases} 2x+3, & x < 0 \\ \dfrac{1}{x}\sin kx, & x > 0 \end{cases}$. 如果 $f(x)$ 在点 $x = 0$ 处的极限存在,求 k 的值.

3.求下列函数的间断点并判断间断点的类型:

(1) $f(x) = \dfrac{x+1}{x^2-x-2}$;(2) $f(x) = \dfrac{x^2-1}{(x-1)x}$.

4.证明方程 $x^4 + 1 = 3x^3$ 在 $(0,1)$ 内至少有一个实根.

项目1 任务关系结构图

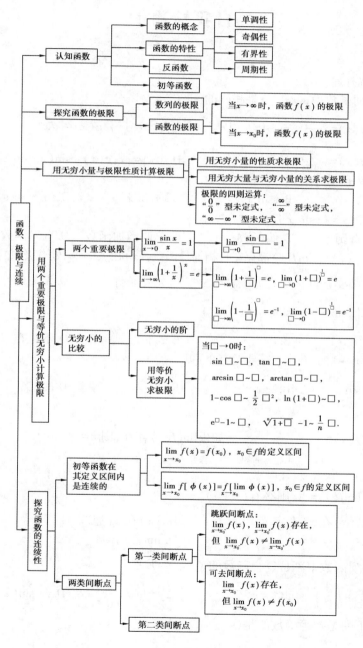

自我检测 1

一、选择题

1.下列函数中,( )是相同的函数.

A.$f(x)=\dfrac{x^2-1}{x-1}, g(x)=x+1$ B.$f(x)=|x|, g(x)=\sqrt{x^2}$

C.$f(x)=x, g(x)=(\sqrt{x})^2$ D.$f(x)=x, g(x)=\sin(\arcsin x)$

2.下列函数中,( )是奇函数.

A.$2+\sin^3 x$ B.$x\sin x$ C.$x+\sin x$ D.$\sin x-\cos x$

3.函数 $y=1+\sin x$ 是( ).

A.奇函数   B.偶函数   C.单调增加函数   D.有界函数

4.$\lim\limits_{x\to x_0^-}f(x)$ 与 $\lim\limits_{x\to x_0^+}f(x)$ 都存在且相等是函数 $f(x)$ 在点 $x=x_0$ 处有极限的( ).

A.必要条件   B.充分条件   C.充要条件   D.无关条件

5.$\lim\limits_{x\to 0}\left(x\sin\dfrac{1}{x}+\dfrac{1}{x}\sin x\right)=$( ).

A.0   B.1   C.2   D.不存在

6.当 $x\to 0$ 时,( )是无穷小量.

A.$\sin x$ B.$2+x$ C.$\dfrac{\sin x}{x}$ D.$\cos 2x$

7.设 $f(x)=\begin{cases}\dfrac{\sin 2x}{x}, & x<0 \\ k+1, & x>0\end{cases}$,如果 $\lim\limits_{x\to 0}f(x)$ 存在,则 $k=$( ).

A.1   B.0   C.2   D.4.

8.若 $\lim\limits_{x\to x_0}f(x)=A$,则必有( ).

A.$f(x)$ 在 x_0 有定义   B.$f(x)$ 在 x_0 连续

C.$f(x_0)=A$ D.$\lim\limits_{x\to x_0^+}f(x)=A$

9.下列函数中不是复合函数的是( ).

A.$y=\left(\dfrac{1}{3}\right)^x$ B.$y=e^{1+x^2}$ C.$y=\ln\sqrt{1-x}$ D.$y=\sin(2x+1)$

10.下列是初等函数的是( ).

A. $x=1$, x 是自变量

B. $y=\sqrt{\sin x-2}$

C. $y=e^2+\sin\dfrac{\pi}{5}$

D. $y=\begin{cases}-1, & x<0 \\ 0, & x=0 \\ 1, & x>0\end{cases}$

二、填空题

1. 设 $y=f(x)$, $x\in[0,4]$,则 $f(x^2)$ 的定义域是_____.

2. 设函数 $f(x)=\dfrac{1}{1+x}$,则 $f[f(x)]=$_____.

3. 函数 $y=(2x+3)^2$ 是由_____和_____复合而成的.

4. 设函数 $f(x)=\begin{cases}x+1, & x<0 \\ 2-x^3, & x>0\end{cases}$,则 $\lim\limits_{x\to 0^+}f(x)$_____.

5. $\lim\limits_{x\to\infty}\dfrac{3x^k-2x+5}{4x^7-6x^2-5x+9}=\dfrac{3}{4}$,则 $k=$_____. 6. $\lim\limits_{n\to\infty}\dfrac{3n^2+1}{4n^2+2n+1}=$_____.

7. $\lim\limits_{x\to\infty}\dfrac{\sin x}{x}=$_____. 8. 函数 $y=x^2-2x+3$ 单调增加的区间是_____.

9. 函数 $y=\dfrac{x}{x}$ 的连续区间是_____. 10. $\lim\limits_{x\to\infty}\left(1+\dfrac{2}{x}\right)^{2x}=$_____.

三、解答题

1. 求函数极限.

(1) $\lim\limits_{x\to 1}\dfrac{x^2-1}{x^2+x-2}$

(2) $\lim\limits_{x\to 3}\dfrac{x^2-3x}{\sqrt{x+1}-2}$

(3) $\lim\limits_{x\to 2}\left(\dfrac{1}{x-2}-\dfrac{12}{x^3-8}\right)$

(4) $\lim\limits_{x\to\infty}\dfrac{2x^3+7x-\sin x}{3x^3-6x^2+\sin x}$

(5) $\lim\limits_{n\to\infty}\left(\dfrac{3n^2-1}{4n^2+1}\right)^2$

(6) $\lim\limits_{x\to\infty}\left(1+\dfrac{2}{x}\right)^{x+3}$

(7) $\lim\limits_{x\to 0}(1-3x)^{\frac{1}{x}+1}$

(8) $\lim\limits_{x\to 0}\dfrac{\ln(1+3x^2)}{x\cdot\sin x}$

(9) $\lim\limits_{x\to 0}\dfrac{x\arctan 8x}{1-\cos 2x}$

(10) $\lim\limits_{x\to 0}\dfrac{x^3-x}{x^2+3x-4}\sin\dfrac{1}{x}$

2. 讨论下列函数的连续性,如有间断点,指出其类型.

(1) $f(x)=\dfrac{\sin 3x}{2x}$

(2) $f(x)=\dfrac{x+1}{x^2-x-2}$

(3) $f(x)=\begin{cases}3x^2+2, & x\leq 0 \\ \dfrac{e^{2x}-1}{x}, & x>0\end{cases}$

3. 已知 $\lim\limits_{x\to 2}\dfrac{x^2+ax+b}{x^2-x-2}=2$,求 a,b 的值.

项目2 导数与微分

【知识目标】

1.理解导数的概念,了解导数的几何意义及函数的可导性与连续性的关系.

2.熟练掌握导数运算法则以及导数的基本公式;了解高阶导数的概念,能熟练地求初等函数的一阶、二阶导数;掌握隐函数的求导方法.

3.理解函数微分的概念,了解微分在近似计算中的应用.

4.了解罗尔定理和拉格朗日定理,掌握用洛必达法则求极限的方法;理解函数的极值概念,掌握求函数单调区间与极值的方法.

【技能目标】

1.会应用导数概念及几何意义,并能用导数的方法描述一些简单的实际问题.

2.会求初等函数的导数;会求函数的微分,会利用微分进行近似计算.

3.会利用中值定理求解简单的应用问题;会求未定式的极限;会利用导数求函数的单调区间、极值与最值;能运用导数和微分知识解决简单的实际问题.

4.会将实际问题抽象为数学模型.

【相关链接】

应用数学和计算机的编程有很大关系,编程能力强的人,数学思维一般都很严密,数学基础都比较扎实,可以说学好数学是程序员编好一个程序的基础.

计算机各专业的学生学习应用数学,重要的是数学思想的建立,知其然更要知其所以然.学习的目的应该是:将抽象的理论再应用于实践,不但要掌握题目的解题方法,更要掌握解题思想.对于定理的学习,不是简单的应用,而是掌握证明过程即掌握定理的由来,训练自己的推理能力,只有这样才达到了学习这门科学的目的.

【推荐资料】

1.刘国元.计算机与数学的关系[OL].

http://lgy-047.blog.163.com/blog/static/6134656520091092145842/

2.黄劲.计算机中的数学[01]_《数学分析(一):导数》.

http://www.boosj.com/4600994.html

3.游文杰.计算机科学中的数学——谈计算机专业数学的学习[J].福建师范大学福清分校学报,2004(64)2:16-18.

【案例导入】切线斜率

已知曲线方程,如何求过曲线上某一定点的切线的斜率,以及过这点的切线方程? 如果给定该曲线方程上某一点的自变量的增量,如何求相应函数的增量及近似值?

任务2.1 认知导数

2.1.1 问题的提出

在平面几何里,与圆只相交于一点的直线是切线,而在与曲线只相交于一点的直线不一定是切线,如图2.1所示.

定义1 设 M 是曲线 L 上的一个定点(图2.2),在曲线上另取一点 N 作割线 MN,当动点 N 沿曲线 L 向点 M 移动时,若割线 MN 的极限位置存在,则称这个极限位置 MT 为曲线 L 在点 M 处的**切线**.

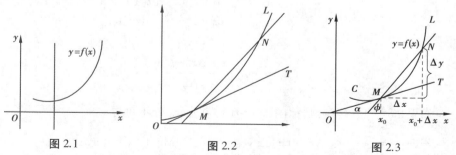

图2.1　　　　　图2.2　　　　　图2.3

设函数 $y=f(x)$ 的图像为曲线 L,如图2.3所示,如何求曲线 L 在某一定点 M (x_0,y_0) 处的切线 MT 的斜率?

不妨设动点 N 的坐标为 $(x_0+\Delta x, y_0+\Delta y)$, 则割线 MN 的斜率为:

$$\tan \varphi = \frac{\Delta y}{\Delta x} = \frac{f(x_0+\Delta x) - f(x_0)}{\Delta x}$$

其中, φ 是割线 MN 与 x 轴正向的倾斜角.

当 $\Delta x \to 0$ 时, 点 N 沿着曲线 L 无限趋近于点 M, $\varphi \to \alpha$ (α 即切线 MT 的倾斜角), 得到切线 MT 的斜率为:

$$\tan \alpha = \lim_{\Delta x \to 0} \frac{\Delta y}{\Delta x} = \lim_{\Delta x \to 0} \frac{f(x_0+\Delta x) - f(x_0)}{\Delta x}.$$

求曲线在某点处的切线斜率问题归结为计算函数增量与自变量增量之比, 当自变量增量趋近于 0 时的极限. 实际上, 研究这种形式的极限 $\lim\limits_{\Delta x \to 0} \dfrac{\Delta y}{\Delta x}$, 在自然科学和工程技术领域中是必不可少的. 为此, 引入导数的概念.

2.1.2　导数的概念

1) 导数的定义

定义 2　设函数 $y = f(x)$ 在点 x_0 的某个邻域内有定义, 当自变量 x 在点 x_0 处取得增量 Δx (点 $x_0 + \Delta x$ 仍在该领域内)时, 函数 $y = f(x)$ 取得相应的增量 $\Delta y = f(x_0+\Delta x) - f(x_0)$. 如果当 $\Delta x \to 0$ 时,

$$\lim_{\Delta x \to 0} \frac{\Delta y}{\Delta x} = \lim_{\Delta x \to 0} \frac{f(x_0+\Delta x) - f(x_0)}{\Delta x}$$

存在, 则称函数 $y = f(x)$ 在点 x_0 处**可导**. 该极限值称为函数 $y = f(x)$ 在点 x_0 的**导数**, 记作

$$f'(x_0), \text{ 或 } y'\Big|_{x=x_0}, \text{ 或 } \frac{\mathrm{d}y}{\mathrm{d}x}\Big|_{x=x_0}, \text{ 或 } \frac{\mathrm{d}f(x)}{\mathrm{d}x}\Big|_{x=x_0}$$

即

$$f'(x_0) = \lim_{\Delta x \to 0} \frac{f(x_0+\Delta x) - f(x_0)}{\Delta x} \tag{1}$$

如果 $\lim\limits_{\Delta x \to 0} \dfrac{\Delta y}{\Delta x}$ 不存在, 则称函数 $y = f(x)$ 在点 x_0 处**不可导**.

若记 $\Delta x = x - x_0$, 则 $\Delta x \to 0$ 时, $x \to x_0$, (1)式等价于以下形式:

$$f'(x_0) = \lim_{x \to x_0} \frac{f(x) - f(x_0)}{x - x_0} \tag{2}$$

或
$$f'(x_0) = \lim_{\square \to 0} \frac{f(x_0+\square)-f(x_0)}{\square}$$

类似于左、右极限的概念,若 $\lim\limits_{\Delta x \to 0^-} \dfrac{\Delta y}{\Delta x}$ 存在,则称之为函数 $y=f(x)$ 在点 x_0 的

左导数,记为 $f'_-(x_0)$;若 $\lim\limits_{\Delta x \to 0^+} \dfrac{\Delta y}{\Delta x}$ 存在,则称之为函数 $y=f(x)$ 在点 x_0 的**右导数**,

记为 $f'_+(x_0)$,即

$$f'_-(x_0) = \lim_{\Delta x \to 0^-} \frac{\Delta y}{\Delta x} = \lim_{\Delta x \to 0^-} \frac{f(x_0+\Delta x)-f(x_0)}{\Delta x}$$

$$f'_+(x_0) = \lim_{\Delta x \to 0^+} \frac{\Delta y}{\Delta x} = \lim_{\Delta x \to 0^+} \frac{f(x_0+\Delta x)-f(x_0)}{\Delta x}$$

由 $y=f(x)$ 在点 x_0 处左、右极限与极限 $\lim\limits_{\Delta x \to 0} f(x)$ 的关系,可得:

定理 1　函数 $y=f(x)$ 在点 x_0 处可导的充要条件是函数 $y=f(x)$ 在点 x_0 的左、右导数存在且相等.

定义 3　若函数 $y=f(x)$ 在区间 (a,b) 内任意一点处都可导,则称函数 $y=f(x)$ 在**区间 (a,b) 内可导**.

若 $y=f(x)$ 在区间 (a,b) 内可导,则对于区间 (a,b) 内的每一个 x 值,都有一个导数值 $f'(x)$ 与之对应,所以 $f'(x)$ 也是 x 的函数,称为 $f(x)$ 的**导函数**,简称**导数**,记作

$$f'(x),\text{或 } y',\text{或 } \frac{\mathrm{d}y}{\mathrm{d}x},\text{或 } \frac{\mathrm{d}f(x)}{\mathrm{d}x}.$$

即

$$f'(x) = \lim_{\Delta x \to 0} \frac{f(x+\Delta x)-f(x)}{\Delta x}.$$

显然,函数 $y=f(x)$ 在点 x_0 处的导数 $f'(x_0)$,就是导函数 $f'(x)$ 在点 $x=x_0$ 处的函数值,即

$$f'(x_0) = f'(x) \Big|_{x=x_0}.$$

根据导数的定义,求函数的导数的一般步骤如下:

①求增量 $\Delta y = f(x+\Delta x)-f(x)$;

②算比值 $\dfrac{\Delta y}{\Delta x} = \dfrac{f(x+\Delta x)-f(x)}{\Delta x}$;

③取极限 $y' = \lim\limits_{\Delta x \to 0} \dfrac{\Delta y}{\Delta x}$.

例 1 设 $f(x) = C$（C 为常数），求 $f'(x)$.

解 ①求增量 $\Delta y = C - C = 0$；

②算比值 $\dfrac{\Delta y}{\Delta x} = \dfrac{0}{\Delta x} = 0$；

③取极限 $y' = \lim\limits_{\Delta x \to 0} \dfrac{\Delta y}{\Delta x} = 0$，即

$$C' = 0.$$

例 2 求 $y = \log_a x$（$a > 0, a \neq 1$）的导数.

解 ①求增量

$$\Delta y = \log_a(x + \Delta x) - \log_a x = \log_a\left(1 + \dfrac{\Delta x}{x}\right)$$

②算比值

$$\dfrac{\Delta y}{\Delta x} = \dfrac{1}{\Delta x} \cdot \log_a\left(1 + \dfrac{\Delta x}{x}\right) = \dfrac{1}{x} \cdot \dfrac{x}{\Delta x} \log_a\left(1 + \dfrac{\Delta x}{x}\right) = \dfrac{1}{x} \cdot \dfrac{\log_a\left(1 + \dfrac{\Delta x}{x}\right)}{\dfrac{\Delta x}{x}}$$

③取极限

$$y' = \lim\limits_{\Delta x \to 0} \dfrac{1}{x} \cdot \dfrac{\log_a\left(1 + \dfrac{\Delta x}{x}\right)}{\dfrac{\Delta x}{x}} = \lim\limits_{\Delta x \to 0} \dfrac{1}{x} \cdot \dfrac{\ln\left(1 + \dfrac{\Delta x}{x}\right)}{\ln a \cdot \dfrac{\Delta x}{x}} = \lim\limits_{\Delta x \to 0} \dfrac{1}{x} \cdot \dfrac{\dfrac{\Delta x}{x}}{\ln a \cdot \dfrac{\Delta x}{x}} = \dfrac{1}{x \cdot \ln a}$$

这里用到 $\Delta x \to 0$，$\ln(1 + \Delta x) \sim \Delta x$

于是，

$$(\log_a x)' = \dfrac{1}{x \cdot \ln a}.$$

2）导数的基本公式

用导数的定义求导数通常计算较麻烦或不可行. 为了方便起见，我们直接给出基本初等函数的导数公式.

（1）常数函数的导数

$$(C)' = 0, C \text{ 为常数}$$

（2）幂函数的导数

$$(x^\mu)' = \mu x^{\mu-1}, \mu \text{ 为任意实数}$$

特别地，$\quad x' = 1 \qquad (x^2)' = 2x \qquad (\sqrt{x})' = \dfrac{1}{2\sqrt{x}} \qquad \left(\dfrac{1}{x}\right)' = -\dfrac{1}{x^2}$

（3）指数函数的导数

$$(a^x)' = a^x \ln a$$

特别地，
$$(e^x)' = e^x$$

（4）对数函数的导数

$$(\log_a x)' = \dfrac{1}{x \ln a}$$

特别地，
$$(\ln x)' = \dfrac{1}{x}$$

（5）三角函数的导数

$$(\sin x)' = \cos x$$
$$(\cos x)' = -\sin x$$
$$(\tan x)' = \sec^2 x$$
$$(\cot x)' = -\csc^2 x$$
$$(\sec x)' = \tan x \cdot \sec x$$
$$(\csc x)' = -\cot x \cdot \csc x$$

（6）反三角函数的导数

$$(\arcsin x)' = \dfrac{1}{\sqrt{1-x^2}}$$

$$(\arccos x)' = -\dfrac{1}{\sqrt{1-x^2}}$$

$$(\arctan x)' = \dfrac{1}{1+x^2}$$

$$(\operatorname{arccot} x)' = -\dfrac{1}{1+x^2}$$

3）导数的几何意义

若函数 $y = f(x)$ 在点 x_0 处可导，则其导数 $f'(x_0)$ 在数值上就等于曲线 $y = f(x)$ 在点 $(x_0, f(x_0))$ 处切线的斜率.

由导数的几何意义，可以得到曲线在点 $(x_0, f(x_0))$ 的切线方程与法线方程.

曲线 $y=f(x)$ 在 $P_0(x_0,y_0)$ 的切线方程为
$$y-y_0=f'(x_0)(x-x_0)$$

曲线 $y=f(x)$ 在点 $P_0(x_0,y_0)$ 处,

①当 $f'(x_0)$ 存在且 $f'(x_0)\neq0$ 时,法线方程为
$$y-y_0=-\frac{1}{f'(x_0)}(x-x_0);$$

②当 $f'(x_0)=0$ 时,法线方程为
$$x=x_0;$$

③当 $f'(x_0)=\pm\infty$ 时,法线方程为
$$y=y_0.$$

例3 求曲线 $y=x^2$ 在点 $(1,1)$ 处的切线方程及法线方程.

解 根据导数的几何意义,所求切线的斜率为
$$k_1=y'\Big|_{x=1}=2x\Big|_{x=1}=2,$$

所以曲线 $y=x^2$ 在点 $(1,1)$ 处的切线方程为
$$y-1=2(x-1),即 y=2x-1.$$

法线的斜率为
$$k_2=-\frac{1}{k_1}=-\frac{1}{2},$$

曲线 $y=x^2$ 在点 $(1,1)$ 处的法线方程为
$$y-1=-\frac{1}{2}(x-1),即 x+2y-3=0.$$

2.1.3 可导与连续的关系

定理2 若函数 $f(x)$ 在点 x_0 处可导,则函数在点 x_0 处必连续.

连续是可导的必要条件,但不是充分条件.也就是说:可导一定连续,连续不一定可导.

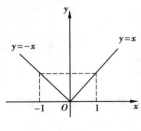

图 2.4

例4 试证函数 $f(x)=|x|$ 在点 $x=0$ 处连续,但不可导.

证明 如图 2.4 所示.因为
$$\lim_{x\to0^-}f(x)=\lim_{x\to0^-}|x|=\lim_{x\to0^-}(-x)=0$$
$$\lim_{x\to0^+}f(x)=\lim_{x\to0^+}|x|=\lim_{x\to0^+}x=0$$

而 $f(0)=0$

得 $\lim_{x\to0^-}f(x)=\lim_{x\to0^+}f(x)=f(0)$,所以函数 $f(x)=|x|$

在点 $x=0$ 处连续.

又因为 $\quad f'_-(0)=\lim\limits_{x\to 0^-}\dfrac{f(x)-f(0)}{x-0}=\lim\limits_{x\to 0^-}\dfrac{|x|}{x}=\lim\limits_{x\to 0^-}\dfrac{-x}{x}=-1$

$\qquad\qquad f'_+(0)=\lim\limits_{x\to 0^+}\dfrac{f(x)-f(0)}{x-0}=\lim\limits_{x\to 0^+}\dfrac{|x|}{x}=\lim\limits_{x\to 0^+}\dfrac{x}{x}=1$

所以函数 $f(x)=|x|$ 在点 $x=0$ 处不可导.

例 5 问 a,b 取何值时, 函数 $f(x)=\begin{cases}x^2, & x\leqslant 3\\ ax+b, & x>3\end{cases}$ 在点 $x=3$ 处连续且可导?

解 因为 $\lim\limits_{x\to 3^-}f(x)=\lim\limits_{x\to 3^-}x^2=9, \quad \lim\limits_{x\to 3^+}f(x)=\lim\limits_{x\to 3^+}(ax+b)=3a+b, \quad f(3)=9.$

而已知 $y=f(x)$ 在 $x=3$ 处连续, 所以 $\lim\limits_{x\to 3^-}f(x)=\lim\limits_{x\to 3^+}f(x)=f(3)$, 即 $3a+b=9$.

又因为 $\quad f'_-(x)=\lim\limits_{x\to 3^-}\dfrac{f(x)-f(3)}{x-3}=\lim\limits_{x\to 3^-}\dfrac{x^2-9}{x-3}=6$

$\qquad\qquad f'_+(x)=\lim\limits_{x\to 3^+}\dfrac{f(x)-f(3)}{x-3}=\lim\limits_{x\to 3^+}\dfrac{ax+b-9}{x-3} \quad (由\ 3a+b=9)$

$\qquad\qquad\qquad =\lim\limits_{x\to 3^+}\dfrac{ax-3a}{x-3}=a$

所以由定理 1 知, 当 $f'_-(3)=f'_+(3)$ 时, $a=6$. 这时 $b=-9$, $y=f(x)$ 在点 $x=3$ 处可导且连续.

 习题 2.1

1. 若函数 $f(x)$ 在点 x_0 处可导, 试求:

(1) $\lim\limits_{\Delta x\to 0}\dfrac{f(x_0-\Delta x)-f(x_0)}{\Delta x}$; (2) $\lim\limits_{h\to 0}\dfrac{f(x_0+h)-f(x_0-h)}{h}$.

2. 已知函数 $y=f(x)$ 满足 $f'(3)=2$, 求 $\lim\limits_{h\to 0}\dfrac{f(3-h)-f(3)}{2h}$.

3. 求曲线 $y=x^3$ 在点 $(1,1)$ 处的切线方程.

4. 曲线 $y=\ln x$ 上哪一点的切线与直线 $y=3x-1$ 平行?

5. 确定 a、b 的值使得函数 $f(x)=\begin{cases}e^x, & x<0\\ a+bx, & x\geqslant 0\end{cases}$ 在点 $x=1$ 处可导.

任务 2.2 求函数导数

2.2.1 导数四则运算

定理 1 设函数 $u=u(x)$ 和 $v=v(x)$ 在点 x 处可导, 则函数 $u(x) \pm v(x)$、

$u(x) \cdot v(x)$、$\dfrac{u(x)}{v(x)}(v(x) \neq 0)$ 在点 x 处也可导, 且有:

(1) $(u \pm v)'=u' \pm v'$.

(2) $(u \cdot v)'=u' \cdot v+u \cdot v'$, 特别地, $(Cu)'=Cu'$, C 为常数.

(3) $\left(\dfrac{u}{v}\right)'=\dfrac{u' \cdot v-u \cdot v'}{v^2}$, 特别地, $\left(\dfrac{C}{v}\right)'=-\dfrac{Cv'}{v^2}$, C 为常数.

其中, (1), (2) 可以推广到有限项

$$(u_1 \pm u_2 \pm \cdots \pm u_n)'=u_1' \pm u_2' \pm \cdots \pm u_n';$$
$$[u_1 \cdot u_2 \cdots u_n]'=u_1' \cdot u_2 \cdots u_n+u_1 \cdot u_2' \cdots u_n+\cdots+u_1 \cdot u_2 \cdots u_n'.$$

例 1 求 $y=e^x+x^e+e^e$ 的导数.

解 $y'=(e^x+x^e+e^e)'=(e^x)'+(x^e)'+(e^e)'=e^x+ex^{e-1}$.

例 2 求 $y=x^2 \ln x$ 的导数.

解 $y'=(x^2 \ln x)'=(x^2)' \ln x+x^2(\ln x)'=2x \ln x+x^2 \cdot \dfrac{1}{x}=2x \ln x+x$.

例 3 求 $y=\tan x$ 的导数.

解 $y'=\left(\dfrac{\sin x}{\cos x}\right)'=\dfrac{(\sin x)' \cos x-\sin x(\cos x)'}{\cos^2 x}=\dfrac{\cos^2 x+\sin^2 x}{\cos^2 x}=\sec^2 x$.

类似可证得 $(\cot x)'=-\csc^2 x, (\sec x)'=\tan x \cdot \sec x, (\csc x)'=-\cot x \cdot \csc x$.

例 4 求 $y=\dfrac{(x-1)(x+2)}{x}$ 的导数.

解 因为 $y=\dfrac{(x-1)(x+2)}{x}=\dfrac{x^2+x-2}{x}=x+1-\dfrac{2}{x}$, 所以

$$y'=\left(x+1-\dfrac{2}{x}\right)'=(x)'+(1)'-\left(\dfrac{2}{x}\right)'=1+\dfrac{2}{x^2}.$$

2.2.2 复合函数求导

定理 2 设函数 $u=\varphi(x)$ 在点 x 处可导, 函数 $y=f(u)$ 在对应点 u 处可导, 则

复合函数 $y=f[\varphi(x)]$ 在点 x 处也可导,且有

$$y'=f'(u)\cdot\varphi'(x)$$

或

$$\frac{\mathrm{d}y}{\mathrm{d}x}=\frac{\mathrm{d}y}{\mathrm{d}u}\cdot\frac{\mathrm{d}u}{\mathrm{d}x}$$

或

$$y_x'=y_u'\cdot u_x'$$

即复合函数的导数等于外层函数对中间变量的导数乘以中间变量对自变量的导数(**链式法则**).

利用定理2,由基本初等函数的求导公式可得复合函数的求导公式,如表2.1所示.

表 2.1

基本初等函数的求导公式	复合函数的求导公式(u 为中间变量)
$(x^\mu)'=\mu x^{\mu-1}$	$(u^\mu)'=\mu u^{\mu-1}\cdot u'$
$(a^x)'=a^x\ln a$	$(a^u)'=a^u\ln a\cdot u'$
$(\mathrm{e}^x)'=\mathrm{e}^x$	$(\mathrm{e}^u)'=\mathrm{e}^u\cdot u'$
$(\log_a x)'=\dfrac{1}{x\ln a}$	$(\log_a u)'=\dfrac{1}{u\ln a}\cdot u'$
$(\ln x)'=\dfrac{1}{x}$	$(\ln u)'=\dfrac{1}{u}\cdot u'$
$(\sin x)'=\cos x$	$(\sin u)'=\cos u\cdot u'$
$(\cos x)'=-\sin x$	$(\cos u)'=-\sin u\cdot u'$
$(\tan x)'=\sec^2 x$	$(\tan u)'=\sec^2 u\cdot u'$
$(\cot x)'=-\csc^2 x$	$(\cot u)'=-\csc^2 u\cdot u'$
$(\sec x)'=\tan x\cdot\sec x$	$(\sec u)'=\tan u\cdot\sec u\cdot u'$
$(\csc x)'=-\cot x\cdot\csc x$	$(\csc u)'=-\cot u\cdot\csc u\cdot u'$
$(\arcsin x)'=\dfrac{1}{\sqrt{1-x^2}}$	$(\arcsin u)'=\dfrac{1}{\sqrt{1-u^2}}\cdot u'$
$(\arccos x)'=-\dfrac{1}{\sqrt{1-x^2}}$	$(\arccos u)'=-\dfrac{1}{\sqrt{1-u^2}}\cdot u'$
$(\arctan x)'=\dfrac{1}{1+x^2}$	$(\arctan u)'=\dfrac{1}{1+u^2}\cdot u'$
$(\mathrm{arccot}\,x)'=-\dfrac{1}{1+x^2}$	$(\mathrm{arccot}\,u)'=-\dfrac{1}{1+u^2}\cdot u'$

例5 求 $y=\sin(2x+3)$ 的导数.

解 函数 $y=\sin(2x+3)$ 是由 $y=\sin u$, $u=2x+3$ 复合而成的,由复合函数的求导法则可得,

$$y_x{}'=y_u{}'\cdot u_x{}'=(\sin u)_u{}'\cdot(2x+3)_x{}'=\cos u\cdot 2=2\sin(2x+3).$$

例6 求 $y=\sin^2 x$ 的导数.

解 函数 $y=\sin^2 x$ 是由 $y=u^2$, $u=\sin x$ 复合而成,由复合函数的求导法则可得,

$$y_x{}'=y_u{}'\cdot u_x{}'=(u^2)_u{}'\cdot(\sin x)_x{}'=2u\cdot\cos x=2\sin x\cdot\cos x=\sin 2x.$$

熟练后,可以不必引入中间变量,直接由外向内逐层求导即可.

例7 求 $y=\mathrm{e}^{\sin\frac{1}{x}}$ 的导数.

解 $y'=\mathrm{e}^{\sin\frac{1}{x}}\cdot\left(\sin\dfrac{1}{x}\right)'=\mathrm{e}^{\sin\frac{1}{x}}\cdot\cos\dfrac{1}{x}\cdot\left(\dfrac{1}{x}\right)'=-\dfrac{1}{x^2}\mathrm{e}^{\sin\frac{1}{x}}\cdot\cos\dfrac{1}{x}.$

例8 求 $y=\ln\dfrac{\sqrt{x-1}}{\sqrt[3]{x+1}}$ 的导数,其中 $x>1$.

解 因为 $y=\dfrac{1}{2}\ln(x-1)-\dfrac{1}{3}\ln(x+1)$,

所以 $y'=\dfrac{1}{2}\big[\ln(x-1)\big]'-\dfrac{1}{3}\big[\ln(x+1)\big]'$

$$=\dfrac{1}{2}\cdot\dfrac{1}{x-1}(x-1)'-\dfrac{1}{3}\cdot\dfrac{1}{x+1}\cdot(x+1)'=\dfrac{1}{2}\cdot\dfrac{1}{x-1}-\dfrac{1}{3}\cdot\dfrac{1}{x+1}=\dfrac{x+5}{6(x^2-1)}.$$

例9 求 $y=\ln(x+\sqrt{a^2+x^2})$ 的导数.

解 $y'=\big[\ln(x+\sqrt{a^2+x^2})\big]'=\dfrac{1}{x+\sqrt{a^2+x^2}}(x+\sqrt{a^2+x^2})'$

$$=\dfrac{1}{x+\sqrt{a^2+x^2}}\left[1+\dfrac{1}{2\sqrt{a^2+x^2}}(a^2+x^2)'\right]=\dfrac{1}{x+\sqrt{a^2+x^2}}\left(1+\dfrac{2x}{2\sqrt{a^2+x^2}}\right)$$

$$=\dfrac{1}{x+\sqrt{a^2+x^2}}\left(\dfrac{x+\sqrt{a^2+x^2}}{\sqrt{a^2+x^2}}\right)=\dfrac{1}{\sqrt{a^2+x^2}}.$$

2.2.3 隐函数求导*

用解析式表示的函数,例如 $y=3x-1$,函数 y 由自变量 x 的解析表达式直接表示的函数关系称为**显函数**. 而形如 $3x-y-1=0$, $x^2+y^2=1$, $y=\sin(xy)$, $xy=\mathrm{e}^{x+y}$, 如果方程 $F(x,y)=0$ 能确定 y 是 x 的函数,那么称这种方式表示的函数为**隐**

函数.

求由方程 $F(x,y)=0$ 确定的隐函数 $y=y(x)$ 的导数 y_x', 只要将方程中的 y 看成是 x 的函数, 两边关于 x 求导, 而表达式中的 y 作为中间变量, 用复合函数求导的法则计算, 最后再解出 y_x' 的表达式(在 y_x' 表达式中允许保留变量 y).

例 10 求由方程 $y=x\ln y$ 确定的隐函数 $y=y(x)$ 的导数 y_x'.

解 方程两边关于 x 求导

$$y_x'=1\cdot\ln y+x\cdot\frac{1}{y}\cdot y_x'$$

$$y\cdot y_x'=y\cdot\ln y+x\cdot y_x'$$

解得

$$y_x'=\frac{y\cdot\ln y}{y-x}.$$

例 11 求由方程 $e^{x+y}=xy+5$ 确定的隐函数 $y=y(x)$ 的导数 y_x' 及 $y_x'(0)$.

解 方程两边关于 x 求导　$(e^{x+y})_x'=(xy+5)_x'$

$$e^{x+y}(x+y)_x'=1\cdot y+x\cdot y_x'$$

$$e^{x+y}(1+y_x')=y+x\cdot y_x'$$

$$(e^{x+y}-x)y_x'=y-e^{x+y}$$

$$y_x'=\frac{y-e^{x+y}}{e^{x+y}-x}.$$

又因为 $x=0$ 时, $e^y=5$, $y=\ln 5$, 所以 $y_x'(0)=\dfrac{\ln 5-5}{5}$.

2.2.4 对数求导*

已知函数是几个因子通过乘、除、乘方、开方所构成的(例如 $y=\sqrt{\dfrac{(x-1)(x-2)}{(x-3)(x-4)}}$), 或形如 $y=f(x)^{\varphi(x)}$ 的幂指函数, 求这类函数的导数, 可以两边先取自然对数, 化乘、除、乘方、开方为加、减、乘、除, 然后利用隐函数求导法求导. 此方法称为**对数求导法**.

例 12 设 $y=\sqrt{\dfrac{(x-1)(x-2)}{(x-3)(x-4)}}$　$(x>4)$, 求 y'.

解 两边取自然对数, 得

$$\ln y=\frac{1}{2}\big[\ln(x-1)+\ln(x-2)-\ln(x-3)-\ln(x-4)\big],$$

两边分别对 x 求导, 注意 y 是 x 的函数, 得

$$\frac{1}{y} \cdot y' = \frac{1}{2}\left(\frac{1}{x-1}+\frac{1}{x-2}-\frac{1}{x-3}-\frac{1}{x-4}\right)$$

即

$$y' = \frac{1}{2}\sqrt{\frac{(x-1)(x-2)}{(x-3)(x-4)}} \cdot \left(\frac{1}{x-1}+\frac{1}{x-2}-\frac{1}{x-3}-\frac{1}{x-4}\right).$$

例 13 设 $y = x^x$，求 y'.

解 两边取自然对数，得

$$\ln y = x \cdot \ln x.$$

两边分别对 x 求导，注意 y 是 x 的函数，得

$$\frac{1}{y} \cdot y' = 1 \cdot \ln x + x \cdot \frac{1}{x},$$

所以

$$y' = x^x(\ln x + 1).$$

2.2.5 求高阶导数

如果函数 $y = f(x)$ 在区间 (a, b) 内可导，则函数 $f(x)$ 的导数 $f'(x)$ 也是区间 (a, b) 内的一个函数. 如果导函数 $f'(x)$ 也可导，则称 $f'(x)$ 的导数 $(y')' = [f'(x)]'$ 为 $y = f(x)$ 的**二阶导数**，记为

$$y'', f''(x), \frac{d^2 y}{dx^2} \text{ 或 } \frac{d^2 f(x)}{dx^2}.$$

二阶导数 $f''(x)$ 的导数 $[f''(x)]'$，称为 $y = f(x)$ 的**三阶导数**，记为

$$y''', f'''(x), \frac{d^3 y}{dx^3} \text{ 或 } \frac{d^3 f(x)}{dx^3}.$$

类似地，把函数 $f(x)$ 的 $n-1$ 阶导数 $f^{(n-1)}(x)$ 的导数 $[f^{(n-1)}(x)]'$，称为 $y = f(x)$ 的 n **阶导数**，记为

$$y^{(n)}, f^{(n)}(x), \frac{d^n y}{dx^n} \text{ 或 } \frac{d^n f(x)}{dx^n}.$$

二阶及三阶以上的导数，统称为**高阶导数**. 显然，求高阶导数，只要逐阶求导，直到所要求的阶数即可.

例 14 $y = x^5 + 3x$，求 y''.

解 $y' = 5x^4 + 3, y'' = 20x^3$.

例 15 求 $y = e^{2x}$ 的 n 阶导数.

解 $y' = e^{2x} \cdot (2x)' = 2e^{2x}$

$y'' = (2e^{2x})' = 2(e^{2x})' = 2 \cdot 2e^{2x} = 2^2 e^{2x}$

$y''' = (2^2 e^{2x})' = 2^2 (e^{2x})' = 2^2 \cdot 2e^{2x} = 2^3 e^{2x}$

$\vdots$

$y^{(n)} = 2^n e^{2x}.$

注 求 n 阶导数时,求出 1-3 或 4 阶后,不要急于合并.应该在分析结果规律的基础上求出 n 阶导数（严格讲,最后求出的结果应该用数学归纳法证明）.

1.求下列函数的导数:

（1）$y=(2x+1)^3$;（2）$y=e^{-x}$;（3）$y=\ln\ln x$;（4）$y=\sin x^2$;

（5）$y=\sin x\cos x$,（6）$y=e^x\sin 2x$;

（7）$y=(\sqrt{x}+1)\left(\dfrac{1}{\sqrt{x}}-1\right)$;（8）$f(x)=\dfrac{x-\sqrt{x}-\sqrt[3]{x}+1}{\sqrt[3]{x}}$.

2.已知函数 $f(x)=x(x+1)(x+2)\cdots(x+100)$,求 $f'(0)$.

3.已知方程 $y=x+\ln y$ 确定隐函数 $y=y(x)$,求 y'.

4.求由方程 $x+y-e^{2x}+e^y=0$ 所确定的隐函数 $y=y(x)$ 的导数 $\dfrac{dy}{dx}$.

5.已知函数 $y=\sqrt{\dfrac{x(x^2-1)}{(x-2)^2}}$,求 y'.

6.已知函数 $y=x^4+e^x$,求 $y^{(4)}$,$y^{(n)}(n\geq 5)$.

7.设函数 $y=\dfrac{1-x}{1+x}$,求 $f'''(0)$.

任务 2.3 求函数微分

在许多实际问题中,往往要计算当自变量有一微小的增量时,函数相应的增量. 一般说来,计算函数 $f(x)$ 的增量 Δy 的精确值是比较烦琐的,而我们总希望能找到函数增量的一个近似表达式,使它既能满足实际问题的要求,同时又能简化计算. 这就有了下面关于微分的概念.

2.3.1 微分概念引入

先看一个实例.

例1 一个正方形的边长由 x_0 变到 $x_0+\Delta x$, 如图 2.5 所示, 问面积改变了多少?

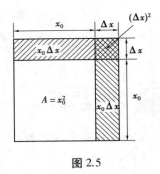

解 用 x 表示正方形的边长, S 表示面积, 则 $S=x^2$. 当 $x=x_0$ 时, $S_0=x_0^2$. 所以

$$\Delta S=(x_0+\Delta x)^2-x_0^2=2x_0\Delta x+(\Delta x)^2=2x_0\Delta x+o(\Delta x).$$

可见, 当 $|\Delta x|$ 较小时, $\Delta S\approx 2x_0\Delta x$.

定义1 设函数 $y=f(x)$ 在点 x_0 处可导, 则称 $f'(x_0)\Delta x$ 为函数 $y=f(x)$ **在点 x_0 处的微分**, 记作 $\mathrm{d}y$. 即

图 2.5

$$\mathrm{d}y=f'(x_0)\Delta x.$$

一般地, 函数 $y=f(x)$ 在点 x 处的微分 $y=f(x)$ 称为函数的**微分**, 记作 $\mathrm{d}y$. 即

$$\mathrm{d}y=f'(x)\Delta x.$$

当 $y=x$ 时, $\mathrm{d}x=(x)'\Delta x=\Delta x$. 因此规定: 自变量的微分等于自变量的增量, 于是函数的微分可以写成

$$\mathrm{d}y=f'(x)\mathrm{d}x$$

从而有

$$\frac{\mathrm{d}y}{\mathrm{d}x}=f'(x).$$

上式说明, 函数的微分 $\mathrm{d}y$ 与自变量的微分 $\mathrm{d}x$ 之商等于函数的导数, 所以导数也称为**微商**.

例2 求函数 $y=x^2$ 当 $x=1$, $\Delta x=0.01$ 时的微分与函数的改变量.

解 设 $y=f(x)=x^2$, 因为 $\mathrm{d}y=f'(x)\mathrm{d}x=2x\mathrm{d}x.$

所以 $$\mathrm{d}y\bigg|_{\substack{x=1\\\Delta x=0.01}}=0.02.$$

函数的改变量 $$\Delta y=(1+0.01)^2-1^2=0.0201.$$

2.3.2 微分的几何意义

如图 2.6 所示, 设 $M(x_0,y_0)$, $N(x_0+\Delta x,y_0+\Delta y)$ 是曲线 $y=f(x)$ 上的两点, 则 $MQ=\Delta x$, $QN=\Delta y$. 设曲线在点 M 处的切线的倾角为 α, 则

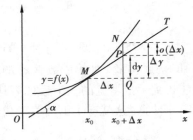

$$QP=MQ\cdot\tan\alpha=f'(x_0)\cdot\Delta x$$

图 2.6

即 $\mathrm{d}y=QP$. 这说明, 当 $\Delta y\bigg|_{x=x_0}$ 表示曲线 $y=$

$f(x)$ 上点 $M(x_0,f(x_0))$ 处的纵坐标的增量时，$dy\Big|_{x=x_0}$ 表示曲线 $y=f(x)$ 上点 M $(x_0,f(x_0))$ 处的切线上的纵坐标的增量.

2.3.3 微分基本公式与微分运算

1)微分公式

根据 $dy=f'(x)dx$，要计算函数的微分，只要计算函数的导数，再乘以自变量的微分 dx 即可，因此很容易得到基本初等函数的微分公式.微分公式与基本初等函数的导数公式对照，见表2.2.

表 2.2

导数公式	微分公式
$(C)'=0$	$dC=0,C$ 为常数
$(x^{\mu})'=\mu x^{\mu-1}$	$dx^{\mu}=\mu x^{\mu-1}dx,\mu$ 为任意实数
$(a^x)'=a^x\ln a$	$da^x=a^x\ln a dx$
$(e^x)'=e^x$	$de^x=e^x dx$
$(\log_a x)'=\dfrac{1}{x\ln a}$	$d\log_a x=\dfrac{1}{x\ln a}dx$
$(\ln x)'=\dfrac{1}{x}$	$d\ln x=\dfrac{1}{x}dx$
$(\sin x)'=\cos x$	$d\sin x=\cos x dx$
$(\cos x)'=-\sin x$	$d\cos x=-\sin x dx$
$(\tan x)'=\sec^2 x$	$d\tan x=\sec^2 x dx$
$(\cot x)'=-\csc^2 x$	$d\cot x=-\csc^2 x dx$
$(\sec x)'=\tan x\cdot\sec x$	$d\sec x=\tan x\cdot\sec x dx$
$(\csc x)'=-\cot x\cdot\csc x$	$d\csc x=-\cot x\cdot\csc x dx$
$(\arcsin x)'=\dfrac{1}{\sqrt{1-x^2}}$	$d\arcsin x=\dfrac{1}{\sqrt{1-x^2}}dx$
$(\arccos x)'=-\dfrac{1}{\sqrt{1-x^2}}$	$d\arccos x=-\dfrac{1}{\sqrt{1-x^2}}dx$
$(\arctan x)'=\dfrac{1}{1+x^2}$	$d\arctan x=\dfrac{1}{1+x^2}dx$
$(\text{arccot }x)'=-\dfrac{1}{1+x^2}$	$d\text{arccot }x=-\dfrac{1}{1+x^2}dx$

2）运算法则

由函数和、差、积、商的求导法则可推得相应的微分法则，见表 2.3.

表 2.3

函数和、差、积、商的求导法则	函数和、差、积、商的微分法则
$(u\pm v)'=u'\pm v'$	$\mathrm{d}(u\pm v)=\mathrm{d}u\pm \mathrm{d}v$
$(uv)'=u'v+uv'$	$\mathrm{d}(uv)=v\mathrm{d}v+u\mathrm{d}u$
$(Cu)'=Cu'$，C 为常数	$\mathrm{d}(Cu)=C\mathrm{d}u$，$C$ 为常数
$\left(\dfrac{u}{v}\right)'=\dfrac{u'v-uv'}{v^2}$　$(v\neq 0)$	$\mathrm{d}\left(\dfrac{u}{v}\right)=\dfrac{v\mathrm{d}u-u\mathrm{d}v}{v^2}$　$(v\neq 0)$

3）一阶微分形式不变性

对于函数 $y=f(u)$，当 u 是自变量时，函数 $y=f(u)$ 的微分为 $\mathrm{d}y=f'(u)\mathrm{d}u$.

如果 u 是中间变量，$u=g(x)$，由复合函数的求导法则可得复合函数 $y=f[g(x)]$ 的微分为

$$\mathrm{d}y=f'(u)\cdot g'(x)\mathrm{d}x.$$

由于 $\mathrm{d}u=g'(x)\mathrm{d}x$，所以　　　　　　$\mathrm{d}y=f'(u)\mathrm{d}u.$

由此可见，不论 u 是自变量还是中间变量，函数 $y=f(u)$ 的微分总可以表示为 $\mathrm{d}y=f'(u)\mathrm{d}u$，这种性质称为**一阶微分的形式不变性**.

例 3　已知函数 $y=\sin(2x+3)$，求 $\mathrm{d}y$.

解　把 $2x+3$ 看成中间变量 u，则

$$\mathrm{d}y=\mathrm{d}(\sin u)=\cos u\mathrm{d}u$$
$$=\cos(2x+3)\mathrm{d}(2x+3)=\cos(2x+3)\cdot 2\mathrm{d}x=2\cos(2x+3)\mathrm{d}x.$$

求复合函数的微分时，也可以不写出中间变量.

例 4　求函数 $y=\ln(1+x^2)$ 的微分.

解　$\mathrm{d}y=\mathrm{d}\ln(1+x^2)=\dfrac{1}{1+x^2}\mathrm{d}(1+x^2)=\dfrac{1}{1+x^2}\mathrm{d}x^2=\dfrac{2x}{1+x^2}\mathrm{d}x.$

例 5　已知函数 $y=1+xe^y$，求 $\mathrm{d}y$.

解　因为 $\mathrm{d}y=\mathrm{d}(1+xe^y)=e^y\mathrm{d}x+xe^y\mathrm{d}y,$

所以　　　　　　　　　　　　　　$\mathrm{d}y=\dfrac{e^y}{1-xe^y}\mathrm{d}x.$

从微分的几何意义可以看出，当 $|\Delta x|$ 较小时，可以用函数的微分 $\mathrm{d}y$ 来近似表示函数的增量 Δy，即

$$\Delta y = f(x_0 + \Delta x) - f(x_0) \approx f'(x_0)\Delta x,$$

于是
$$f(x_0 + \Delta x) \approx f(x_0) + f'(x_0)\Delta x,$$

或
$$f(x) \approx f(x_0) + f'(x_0)(x - x_0).$$

例6 求 $\sqrt{26}$ 的近似值.

解 令 $f(x) = \sqrt{x}$,则 $f'(x) = \dfrac{1}{2\sqrt{x}}$.

由于
$$f(x_0 + \Delta x) \approx f(x_0) + f'(x_0)\Delta x,$$

则
$$\sqrt{x_0 + \Delta x} \approx \sqrt{x_0} + \dfrac{1}{2\sqrt{x_0}}\Delta x.$$

取 $x_0 = 25, \Delta x = 1$,则
$$\sqrt{26} \approx \sqrt{25} + \dfrac{1}{2\sqrt{25}} = 5.1.$$

利用 $f(x) \approx f(0) + f'(0) \cdot x$,当 $|x|$ 很小时,可证得以下几个常用近似公式:

(1) $\sqrt[n]{1+x} \approx 1 + \dfrac{1}{n}x$;

(2) $\sin x \approx x, \tan x \approx x$;

(3) $e^x \approx 1 + x, \ln(1+x) \approx x$.

习题 2.3

1.求函数 $y = x^2 + 1$ 在 $x = 1, \Delta x = 0.1$ 的改变量与微分.

2.求下列函数的微分:

(1) $y = x^2 + \sin x$; (2) $y = \tan x$; (3) $y = xe^x$; (4) $y = (2x-3)^{100}$.

3.设函数 $f(x) = \ln(1+x)$,求 $\mathrm{d}f(x)\Big|_{\substack{x=2 \\ \Delta x = 0.01}}$.

4.设函数 $y = e^{3x}\sin 2x$,求 $\mathrm{d}y$.

5.求方程 $y = \sin x + xe^y$ 所确定的隐函数 $y = y(x)$ 的微分 $\mathrm{d}y$.

6.求 $\sqrt[3]{1.03}$, $\sin 29°$ 的近似值.

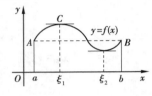

任务 2.4 探究导数的应用

2.4.1 微分中值定理

定理 1（罗尔定理） 如果函数 $y=f(x)$ 满足下列条件：

（1）在闭区间 $[a,b]$ 上连续；

（2）在开区间 (a,b) 内可导；

（3）$f(a)=f(b)$，

则在 (a,b) 内至少存在一点 ξ，使得 $f'(\xi)=0$.

罗尔定理的几何意义：如果连接 A、B 两点的一条曲线 $y=f(x)$ 上，处处有不垂直于 x 轴的切线，且 A、B 两点的高度相同，则在该曲线上至少存在一点 $C(\xi,f(\xi))$，使得过 C 点的切线平行于 x 轴，如图 2.7 所示.

注 如果罗尔定理的三个条件中有一个不满足，则其结论可能不成立.

（1）函数 $y=\begin{cases}1-x,0<x\leq 1\\0,\quad x=0\end{cases}$，如图 2.8 所示，在点 $x=0$ 处不连续；

（2）函数 $y=|x|$，如图 2.9 所示，在 $[-1,1]$ 上连续，但在点 $x=0$ 不可导；

（3）函数 $y=x$，在 $[0,1]$ 上连续，在 $(0,1)$ 内可导，但是 $f(0)\neq f(1)$，如图 2.10 所示，都不存在一点使得过该点的切线平行于 x 轴.

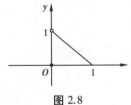

图 2.8

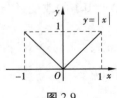

图 2.9

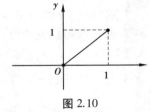

图 2.10

例 1 问曲线 $f(x)=x^3-3x$ 在 $[-\sqrt{3},\sqrt{3}]$ 上是否存在一点具有水平切线？若有，求出该点.

解 因为 $f(x)=x^3-3x$ 在 $(-\infty,+\infty)$ 内有定义，显然 $f(x)$ 在 $[-\sqrt{3},\sqrt{3}]$ 上连续；又因为 $f'(x)=3x^2-3$，所以 $f(x)$ 在 $(-\sqrt{3},\sqrt{3})$ 内可导；$f(-\sqrt{3})=f(\sqrt{3})=0$，所以 $f(x)$ 在 $[-\sqrt{3},\sqrt{3}]$ 上满足罗尔定理条件.

令 $f'(\xi) = 3\xi^2 - 3 = 0$，得 $\xi = \pm 1 \in (-\sqrt{3}, \sqrt{3})$. 于是,曲线上的点 $(-1,2)$ 及 $(1,-2)$ 为所求.

罗尔定理中,条件 $f(a) = f(b)$ 比较特殊,使它的应用受到限制.

定理2(拉格朗日中值定理) 如果函数 $y = f(x)$ 满足下列条件:

(1)在闭区间 $[a,b]$ 上连续;

(2)在开区间 (a,b) 内可导,那么在 (a,b) 内至少存在一点 ξ,使得

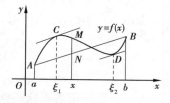

$$f'(\xi) = \frac{f(b)-f(a)}{b-a}.$$

图 2.11

它的几何解析是:若闭区间 $[a,b]$ 上的连续曲线 $y = f(x)$ 在相应的开区间 (a,b) 内处处有不垂直于 x 轴的切线存在,那么该曲线在区间 (a,b) 内至少存在一条与曲线两端点的连线 AB 平行的切线,如图 2.11 所示.

注 拉格朗日定理精确地表达了函数在一个区间上的增量与函数在这区间内某点处的导数之间的关系.

推论1 如果函数 $f(x)$ 在区间 (a,b) 内每一点的导数都为零,则 $f(x)$ 在区间 (a,b) 内是一个常数.

推论2 如果 $f'(x) = g'(x)$,$x \in (a,b)$,则 $f(x) = g(x) + C$,C 为一常数.

例2* 试证明恒等式 $\arcsin x + \arccos x = \dfrac{\pi}{2}$,$x \in [-1,1]$.

证明 令 $f(x) = \arcsin x + \arccos x$,$x \in [-1,1]$,则

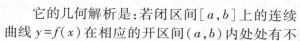

$$f'(x) = \frac{1}{\sqrt{1-x^2}} - \frac{1}{\sqrt{1-x^2}} \equiv 0, x \in (-1,1).$$

由推论2,当 $x \in (-1,1)$ 时,$f(x) \equiv C$.

取 $x = 0 \in (-1,1)$,有 $f(0) = \arcsin 0 + \arccos 0 = \dfrac{\pi}{2} = C$.

于是 $$\arcsin x + \arccos x = \frac{\pi}{2}, x \in (-1,1).$$

当 $x = \pm 1$ 时, $$f(1) = \arcsin 1 + \arccos 1 = \frac{\pi}{2},$$

$$f(-1) = \arcsin(-1) + \arccos(-1) = \frac{\pi}{2},$$

所以 $$\arcsin x + \arccos x = \frac{\pi}{2}, x \in [-1,1].$$

2.4.2　用洛必达法则求极限

定理 3（洛必达法则）　在自变量的同一变化过程中，如果极限 $\lim\dfrac{f(x)}{g(x)}$ 是

"$\dfrac{0}{0}$"型或"$\dfrac{\infty}{\infty}$"型未定式极限，且 $\lim\dfrac{f'(x)}{g'(x)}$ 存在（或为无穷大），那么

$$\lim\frac{f(x)}{g(x)}=\lim\frac{f'(x)}{g'(x)}.$$

注　如果运用洛必达法则后，仍然是"$\dfrac{0}{0}$"型或"$\dfrac{\infty}{\infty}$"型未定式极限，且满足

洛必达法则的条件，则可以继续使用洛必达法则.

例 3　求 $\lim\limits_{x\to 2}\dfrac{x^2-4}{x-2}$（"$\dfrac{0}{0}$"型）.

解　$\lim\limits_{x\to 2}\dfrac{x^2-4}{x-2}=\lim\limits_{x\to 2}\dfrac{(x^2-4)'}{(x-2)'}=\lim\limits_{x\to 2}\dfrac{2x}{1}=4.$

例 4　求 $\lim\limits_{x\to+\infty}\dfrac{x^2}{e^x}$（"$\dfrac{\infty}{\infty}$"型）.

解　$\lim\limits_{x\to+\infty}\dfrac{x^2}{e^x}=\lim\limits_{x\to+\infty}\dfrac{2x}{e^x}\quad\left(\text{"}\dfrac{\infty}{\infty}\text{"型}\right)$

$$=\lim\limits_{x\to+\infty}\dfrac{(2x)'}{(e^x)'}=\lim\limits_{x\to+\infty}\dfrac{2}{e^x}=0.$$

注　洛必达法则是求"$\dfrac{0}{0}$"型或"$\dfrac{\infty}{\infty}$"型未定式极限的一种有效方法，与其

他求极限方法结合使用效果更好.这些方法包括：

①该分出的非零因子应及时分出；

②能用等价无穷小代替的因子应及时用等价无穷小代替；

③能用恒等变换简化的因子应及时用恒等变换简化.

例 5　求 $\lim\limits_{x\to 0}\left(\dfrac{1}{x}-\dfrac{1}{e^x-1}\right)$　（"$\infty-\infty$"型）

解　$\lim\limits_{x\to 0}\left(\dfrac{1}{x}-\dfrac{1}{e^x-1}\right)=\lim\limits_{x\to 0}\dfrac{e^x-1-x}{x(e^x-1)}\quad(x\to 0, e^x-1\sim x)$

$$=\lim\limits_{x\to 0}\dfrac{e^x-x-1}{x\cdot x}\quad\left(\text{"}\dfrac{0}{0}\text{"型}\right)$$

$$= \lim_{x \to 0} \frac{(e^x - x - 1)'}{(x^2)'} = \lim_{x \to 0} \frac{e^x - 1}{2x} \quad \left(\text{“} \frac{0}{0} \text{”型} \right)$$

$$= \lim_{x \to 0} \frac{(e^x - 1)'}{(2x)'} = \lim_{x \to 0} \frac{e^x}{2} = \frac{1}{2}.$$

2.4.3 判断函数单调性

定理4 设函数 $f(x)$ 在 (a,b) 内可导,

①如果 $f(x)$ 在 (a,b) 内的任一点 x 处,恒有 $f'(x) > 0$,则 $f(x)$ 在 (a,b) 内单调增加,如图 2.12 所示;

②如果 $f(x)$ 在 (a,b) 内的任一点 x 处,恒有 $f'(x) < 0$,则 $f(x)$ 在 (a,b) 内单调减少,如图 2.13 所示.

如果 $f(x)$ 在 (a,b) 内单调增加,则 (a,b) 为 $f(x)$ 的一个单调增加区间;如果 $f(x)$ 在 (a,b) 内单调减少,则 (a,b) 为 $f(x)$ 的一个单调减少区间.

注 ①将定理4中的有限区间换成无限区间,结论仍成立.

②区间内个别点处导数为零,不影响区间的单调性.

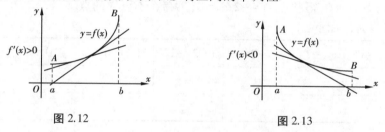

图 2.12　　　　　　　　　图 2.13

定义1 若函数 $f(x)$ 在点 x_0 处的导数 $f'(x_0) = 0$,则称点 x_0 为函数 $f(x)$ 的一个驻点.

在函数的定义域内,若 $f'(x)$ 有正有负,这时求函数 $f(x)$ 的单调区间的步骤是:

①确定函数 $f(x)$ 的定义域;

②求出函数 $f(x)$ 的一阶导数 $f'(x)$;

③令 $f'(x) = 0$,求出驻点;

④驻点及导数不存在的点把定义域分成几个区间,列表分别考察在这几个区间内 $f'(x)$ 的符号,判断 $f(x)$ 的单调性并确定 $f(x)$ 的单调区间.

例6 求函数 $f(x) = 2x^3 + 3x^2 - 12x$ 的单调区间.

解 $f(x)$ 的定义域为 $D = (-\infty, +\infty)$,

$$f'(x) = 6x^2 + 6x - 12 = 6(x+2)(x-1).$$

令 $f'(x)=0$,得驻点 $x_1=-2,x_2=1$,不存在不可导的点.

列表讨论如下:

x	$(-\infty,-2)$	-2	$(-2,1)$	1	$(1,+\infty)$
$f'(x)$	$+$	0	$-$	0	$+$
$f(x)$	↗		↘		↗

所以,所求的 $f(x)$ 的单调增加区间为 $(-\infty,-2)$ 和 $(1,+\infty)$, $f(x)$ 的单调减少区间为 $(-2,1)$.(表中"↗"表示单调增加,"↘"表示单调减少).

例7 求函数 $f(x)=\dfrac{x^2}{1+x}$ 的单调区间.

解 $f(x)$ 的定义域为 $D=(-\infty,-1)\cup(-1,+\infty)$,

$$f'(x)=\frac{2x(1+x)-x^2}{(1+x)^2}=\frac{x(2+x)}{(1+x)^2}.$$

令 $f'(x)=0$,得驻点 $x_1=-2,x_2=0$,不存在不可导的点.

列表讨论如下:

x	$(-\infty,-2)$	-2	$(-2,-1)$	$(-1,0)$	0	$(0,+\infty)$
$f'(x)$	$+$	0	$-$	$-$	0	$+$
$f(x)$	↗		↘	↘		↗

所以,所求的 $f(x)$ 的单调增加区间为 $(-\infty,-2)$ 和 $(0,+\infty)$, $f(x)$ 的单调减少区间为 $(-2,-1)$ 和 $(-1,0)$.

2.4.4 求极值与最值

1)极值

定义2 设 $f(x)$ 在点 x_0 的某邻域内有定义,若对此邻域内的每一点 $x(x\neq x_0)$ 恒有 $f(x)<f(x_0)$,则称 $f(x_0)$ 是函数 $f(x)$ 的一个**极大值**,点 x_0 称为函数 $f(x)$ 的一个**极大值点**,如图2.14所示.

若对此邻域内每一点 $x(x\neq x_0)$ 恒有 $f(x)>f(x_0)$,则称 $f(x_0)$ 是函数 $f(x)$ 的一个**极小值**,点 x_0 称为函数 $f(x)$ 的一个**极小值点**,如图2.15所示.

极大值和极小值统称为**极值**,极大值点和极小值点统称为**极值点**.

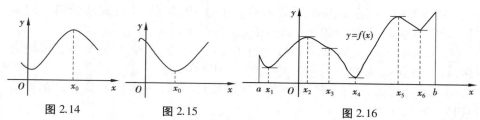

图 2.14   图 2.15   图 2.16

由定义,函数的极值是一个局部概念.函数在一点处取得极值,是指函数在这一点处的值总是大于或者小于这点左右邻近点处的函数值.因此,就局部范围来讲,$f(x_0)$ 是 $f(x)$ 的一个最大值或者最小值,但不一定是函数在某一区间上的最大值或者最小值.如图 2.16 所示,$f(x_4)$ 既是极小值,又是 $f(x)$ 在 $[a,b]$ 上的最小值;$f(x_5)$ 虽然是极大值,却不是 $f(x)$ 在 $[a,b]$ 上的最大值.特别地,函数在某区间上的极小值还可能大于它在该区间上的极大值,如极小值 $f(x_6)>$ 极大值 $f(x_2)$.

2)极值存在的条件

定理5(必要条件)   设 $f(x)$ 在点 x_0 处可导,且在点 x_0 处取得极值,则 $f'(x_0)=0$.

说明   极值点可能是驻点或导数不存在的点,但驻点或导数不存在的点不一定是极值点.例如:

①函数 $y=x^3$,点 $x=0$ 是驻点,但不是极值点,如图 2.17(a)所示;

②函数 $y=|x|$ 在点 $x=0$ 处导数不存在,但点 $x=0$ 是极小值点,如图 2.17(b)所示;

③函数 $y=\begin{cases}x-1,x\leq0\\x+1,x>0\end{cases}$ 在点 $x=0$ 处导数不存在,也不是极小值点,如图 2.17(c)所示.

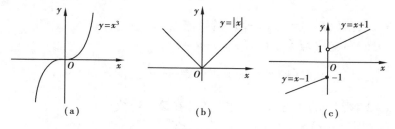

图 2.17

定理6(极值第一充分条件)   设函数 $f(x)$ 在点 x_0 的某个邻域内有定义,且 $f'(x_0)=0$(或 $f'(x_0)$ 不存在),那么

①如果在点 x_0 左侧某个邻域内有 $f'(x)>0$，在点 x_0 右侧某个邻域内有 $f'(x)<0$，则点 x_0 为 $f(x)$ 的一个极大值点(图2.18)；

②如果在点 x_0 左侧某个邻域内有 $f'(x)<0$，在点 x_0 右侧某个邻域内有 $f'(x)>0$，则点 x_0 为 $f(x)$ 的一个极小值点(图2.19)；

③如果在点 x_0 左右两侧邻域内 $f'(x)$ 符号相同，则点 x_0 不是 $f(x)$ 的极值点(图2.20).

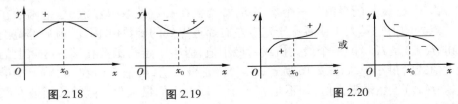

图2.18   图2.19   图2.20

例8 求函数 $f(x)=\dfrac{1}{3}x^3-x^2-3x$ 的单调性区间和极值.

解 $f(x)$ 的定义域为 $D=(-\infty,+\infty)$，

由 $f'(x)=x^2-2x-3=(x+1)(x-3)$，求得驻点 $x_1=-1,x_2=3$.

列表讨论如下：

x	$(-\infty,-1)$	-1	$(-1,3)$	3	$(3,+\infty)$
$f'(x)$	$+$	0	$-$	0	$+$
$f(x)$	↗	极大值 $\dfrac{5}{3}$	↘	极小值-9	↗

所以，所求的 $f(x)$ 的单调增加区间为 $(-\infty,-1)$ 和 $(3,+\infty)$，$f(x)$ 的单调减少区间为 $(-1,3)$.函数的极大值是 $f(-1)=\dfrac{5}{3}$，极小值是 $f(3)=-9$.

例9 求函数 $f(x)=1-(x-2)^{\frac{2}{3}}$ 的极值点.

解 $f(x)$ 的定义域为 $D=(-\infty,+\infty)$，

$$f'(x)=-\frac{2}{3}(x-2)^{-\frac{1}{3}}=-\frac{2}{3\sqrt[3]{x-2}},x\neq 2.$$

当 $x=2$ 时，$f'(x)$ 不存在，但函数 $f(x)$ 在该点连续；

当 $x<2$ 时，$f'(x)>0$；当 $x>2$ 时，$f'(x)<0$；

所以，$f(2)=1$ 为 $f(x)$ 的极大值(图2.21).

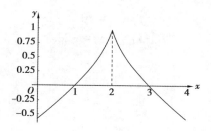

图 2.21

定理 7（极值第二充分条件）[*]　设函数 $f(x)$ 在点 x_0 处二阶可导，且 $f'(x_0)=0$，而 $f''(x_0)\neq 0$，则

①当 $f''(x_0)<0$ 时，$f(x_0)$ 为极大值；

②当 $f''(x_0)>0$ 时，$f(x_0)$ 为极小值.

例 10　求函数 $f(x)=x^3-3x^2-9x+5$ 的极值.

解　$f(x)$ 的定义域为　$D=(-\infty,+\infty)$.

$$f'(x)=3x^2-6x-9=3(x+1)(x-3),\ f''(x)=6x-6.$$

令 $f'(x)=0$，得　　　　　　$x_1=-1,x_2=3.$

因为　　　　　　$f''(-1)=-12<0,f''(3)=12>0,$

所以　$f(-1)=10$ 为极大值，$f(3)=-22$ 为极小值.

3）求闭区间 $[a,b]$ 上的最值

如果函数 $f(x)$ 在闭区间 $[a,b]$ 上连续，则 $f(x)$ 在 $[a,b]$ 上必有最大值和最小值.如果点 x_0 是函数 $f(x)$ 的一个最大值点或最小值点，且 $x_0\in(a,b)$，则点 x_0 一定是 $f(x)$ 的一个极值点.所以连续函数在闭区间 $[a,b]$ 上的最大值和最小值仅可能在区间 (a,b) 内的驻点、导数不存在的点及区间的端点处取得.比较这些点对应的函数值，其中最大的就是最大值，最小的就是最小值.

注　①若连续函数 $f(x)$ 在一个区间内（开区间，闭区间或无穷区间）只有一个极大值点，而无极小值点，则该极大值点一定是最大值点.对于极小值点也可作出同样的结论.

②若连续函数 $f(x)$ 在 $[a,b]$ 上单调增加（或减少），则 $f(x)$ 必在区间 $[a,b]$ 的两端点上达到最大值和最小值.

例 11　求函数 $f(x)=x^3-3x^2-9x+5$ 在区间 $[-3,3]$ 上的最值.

解　$f(x)$ 的定义域为　$D=(-\infty,+\infty)$.

$$f'(x)=3x^2-6x-9=3(x-3)(x+1),$$

令 $f'(x)=0$ 得 $x_1=-1,x_2=3.$

$$f(-1)=10,f(3)=-22,f(-3)=-22.$$

所以函数的最大值为 $\qquad f(-1)=10.$
函数的最小值为 $\qquad f(-3)=f(3)=-22.$

习题 2.4

1.求使拉格朗日中值定理结论成立的 ξ：
（1）$f(x)=x^2+6x,1\leqslant x\leqslant 2$；
（2）$f(x)=x^2-3x+2,1\leqslant x\leqslant 2.$

2.求下列极限：

（1）$\lim\limits_{x\to 1}\dfrac{x^2-1}{x^2-3x+2}$；ㅤ（2）$\lim\limits_{x\to 0}\dfrac{\ln(1+x^2)}{x^2}$；ㅤ（3）$\lim\limits_{x\to 0}\dfrac{e^x-e^{-x}-2x}{x-\sin x}$；

（4）$\lim\limits_{x\to 0}\dfrac{x-\sin x}{x^3}$；ㅤ（5）$\lim\limits_{x\to 3}\dfrac{\sqrt{x-2}-1}{\sqrt{x+1}-2}$；ㅤ（6）$\lim\limits_{x\to 0}\dfrac{\ln\sin ax}{\ln\sin bx}.$

3.确定函数 $f(x)=\dfrac{2}{3}x-\sqrt[3]{x^2}$ 的单调区间.

4.求出函数 $f(x)=2x^3-9x^2+12x-7$ 的极值.

5.求函数 $f(x)=\dfrac{3}{2}(x^2-1)^2+5$ 的极值.

6.求函数 $f(x)=x-e^x$ 的极值和单调区间.

7.求函数 $f(x)=2x^3-9x^2+12x-5$ 在区间 $[-2,3]$ 上的最值.

项目2 任务关系结构图

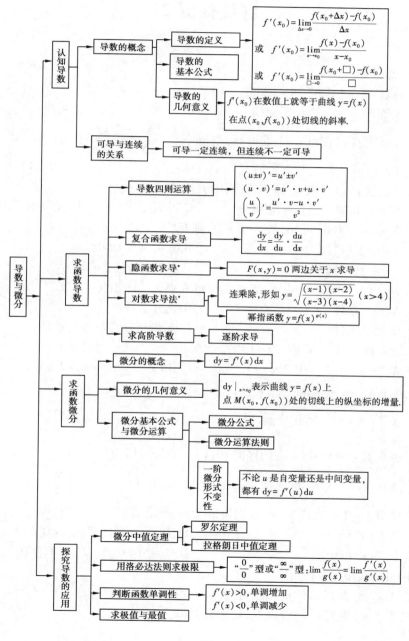

自我检测 2

一、选择题

1.函数 $y=|x-1|$ 在 $x=1$ 处(　　).

　　A.连续　　　　　　B.不连续　　　　　　C.可导　　　　　　D.可微

2.若函数 $f(x)$ 在点 $x=1$ 处可导,则 $\lim\limits_{\Delta x\to 0}\dfrac{f(1-2\Delta x)-f(1)}{\Delta x}=$ (　　).

　　A.$f'(1)$　　　　B.$2f'(1)$　　　　C.$-f'(1)$　　　　D.$-2f'(1)$

3.若函数 $f(x)$ 在点 x_0 处不连续,则 $f(x)$ 在点 x_0 处(　　).

　　A.必不可导　　　B.一定可导　　　C.可能可导　　　D.极限不存在

4.若函数 $y=f(u)$ 可导,且 $y=f(e^x)$,则有(　　);

　　A.$\mathrm{d}y=f'(e^x)\mathrm{d}x$　　　　　　　　B.$\mathrm{d}y=f'(e^x)e^x\mathrm{d}x$

　　C.$\mathrm{d}y=f(e^x)e^x\mathrm{d}x$　　　　　　　D.$\mathrm{d}y=[f(e^x)]'e^x\mathrm{d}x$

5.函数 $f(x)$ 在点 x_0 可导,是函数 $f(x)$ 在点 x_0 可微的(　　).

　　A.必要条件　　　　　　　　　　　B.充分条件

　　C.充要条件　　　　　　　　　　　D.既非充分又非必要条件

6.设函数 $y=x^2\ln x$,则 $y''(x)=$ (　　).

　　A.$2\ln x$　　　　B.$2\ln x+1$　　　　C.$2\ln x+2$　　　　D.$2\ln x+3$

7.设函数 $y=\ln\sqrt{x}$,则 $\mathrm{d}y=$ (　　).

　　A.$\dfrac{\mathrm{d}x}{\sqrt{x}}$　　　　B.$\dfrac{1}{2x}\mathrm{d}x$　　　　C.$\dfrac{\mathrm{d}x}{2\sqrt{x}}$　　　　D.$\dfrac{\mathrm{d}x}{x}$

8.函数 $f(x)=x-\sin x$ 在闭区间 $[0,1]$ 上的最大值为(　　).

　　A.0　　　　　　B.1　　　　　　C.$1-\sin 1$　　　　D.$\dfrac{\pi}{2}$

9.函数 $y=f(x)$ 在点 $x=x_0$ 处取得极大值,则必有(　　).

　　A.$f'(x_0)=0$　　　　　　　　　　B.$f'(x_0)=0$ 且 $f''(x_0)<0$

　　C.$f''(x_0)<0$　　　　　　　　　　D.$f'(x_0)=0$ 或 $f'(x_0)$ 不存在

10.下面结论正确的有(　　).

　　A.若 x_0 为 $f(x)$ 的极值点,且 $f'(x)$ 存在,则必有 $f'(x_0)=0$.

　　B.若 x_0 为 $f(x)$ 的极值点,则必有 $f'(x_0)=0$.

C.若 $f'(x_0)=0$,则点 x_0 必为 $f(x)$ 的极值点.

D.$f(x)$ 在 (a,b) 内的极大值一定大于极小值.

二、填空题

1.曲线 $y=\ln x$ 上点 $(1,0)$ 处的切线方程为_____.

2.设函数 $y=x^e+e^x+\ln x+e^e$,则 $y'=$_____.

3.若函数 $y=f(u)$ 可导,则 $y=f(\sin\sqrt{x})$ 的导数为_____.

4.设函数 $y=x^n$,则 $y^{(n)}=$_____.

5.设函数 $f(x)=\sin x$ 在 $[0,\pi]$ 上满足罗尔中值定理的条件,当 $\xi=$_____时,$f'(\xi)=0$.

6.函数 $y=(x+1)(x-1)^3$ 的单调增加区间是_____.

7.设函数 $f(x)=(x-1)(x-2)(x-3)(x-4)$,那么 $f'(x)=0$ 有_____个实根.

8.函数 $f(x)=x-\sin x$ 在闭区间 $[0,1]$ 上的最大值为_____.

9.函数 $f(x)=x-\dfrac{3}{2}x^{\frac{2}{3}}$ 有_____个极值点.

10.曲线 $y=\ln x$ 上点_____处的切线与直线 $y=\dfrac{1}{4}x+1$ 平行.

三、解答题

1.求下列极限

$(1)\lim\limits_{x\to0}\dfrac{e^x-1}{x}$　　$(2)\lim\limits_{x\to3}\dfrac{x^2-9}{x-3}$　　$(3)\lim\limits_{x\to1}\dfrac{x^3-3x+2}{x^3-2x^2+x}$　　$(4)\lim\limits_{x\to+\infty}\dfrac{\ln x}{x^3}$

2.求下列函数的导数

$(1)y=e^{3x}$　$(2)y=\sin(\ln x)$　$(3)y=\sin 2x\cdot\ln x$　$(4)y=\ln(x+\sqrt{x^2+1})$

3.讨论函数 $f(x)=\begin{cases}x^2\sin\dfrac{1}{x}, & x\neq0 \\ 0, & x=0\end{cases}$,在点 $x=0$ 处的连续性与可导性.

4.求方程 $y=\sin x+xe^y$ 所确定的隐函数 $y=y(x)$ 的微分 dy.

5.求函数 $f(x)=2x^3-3x^2-12x+21$ 的单调区间与极值.

6.求函数 $y=4x^3+\ln x$ 的二阶导数.

7.设函数 $f(x)=\begin{cases}e^x, & x\leqslant0 \\ a+bx, & x>0\end{cases}$,当 a,b 为何值时,$f(x)$ 在 $x=0$ 处可导.

8.已知函数 $f(x)=x^3+ax^2+bx$ 在点 $x=1$ 处有极值 -12,试确定常系数 a 与 b.

9.试证方程 $x^5+x-1=0$ 只有一个正根.

项目3　不定积分

【知识目标】

1.理解不定积分的有关概念,了解其性质.

2.熟悉不定积分的基本公式和运算法则,熟练掌握不定积分的换元积分法和分部积分法.

【技能目标】

1.会用不定积分的换元积分法和分部积分法计算不定积分.

2.能运用不定积分的知识解决社会生活中的简单应用问题.

3.会用发散思维法、逆向思维法、化归法计算不定积分.

4.会将实际问题抽象为数学模型并能应用所学知识求解模型.

【相关链接】

在高等数学中,初等函数的不定积分不一定是初等函数.编程求不定积分的解析式,属于人工智能专家系统型的问题.编程求定积分的值,包括非初等函数在某一点上具体的值,则是纯数学运算,目前正是用编程方法来计算非初等函数的值.

要学人工智能,一定要学好高数,其次是电学.数学中一定要学好复数、导数、微分、定积分、不定积分、拉普拉斯变换、傅里叶变换等.等到真正接触人工智能时,编程一定要精通.

【推荐资料】

罗尊礼,张曙光,张教林.化归思想方法在求不定积分中的运用[M].枣庄师专学报,1996(3):25-28.

【案例导入】求曲线方程

已知某函数在其定义域内的任一点 x 处的导数等于 $2x$,怎么求过点 $A(1,1)$

的曲线方程?

这是与项目2 任务 2.1 中的导入案例相反的问题,即已知导数,求曲线方程.

任务 3.1 认知不定积分

3.1.1 不定积分的概念

下面先考察导入案例的求解.

设所求曲线方程为 $y=F(x)$,由题意知 $F'(x)=2x$,由于

$$(x^2+C)'=2x \ (C \text{为常数}),$$

所以 $F(x)=x^2+C.$

又曲线过点 $A(1,1)$,即 $F(1)=1$,由 $1=1^2+C$,得 $C=0$,故所求曲线方程为 $y=x^2$.

1)原函数的概念

定义 1 已知函数 $f(x)$ 在区间 I 有定义.若存在可导函数 $F(x)$,使得对任意 $x \in I$,都有

$$F'(x)=f(x) \text{ 或 } \mathrm{d}F(x)=f(x)\mathrm{d}x,$$

则称 $F(x)$ 为 $f(x)$ 在区间 I 内的一个**原函数**.

例如,由 $(x^2)'=2x$,得 x^2 是 $2x$ 的一个在 $(-\infty,+\infty)$ 内的原函数;而对于任意常数 C,因为 $(x^2+C)'=2x$,所以 x^2+C 都是 $2x$ 的原函数.

那么,怎样的函数存在原函数? 原函数如果存在,有多少? 这些原函数之间又有什么联系呢?

下面介绍三个结论:

(1)**原函数存在定理** 如果函数 $f(x)$ 在区间 I 内连续,那么在区间 I 内必定存在可导函数 $F(x)$,使得对每一个 $x \in I$,都有 $F'(x)=f(x)$,即连续函数必定存在原函数.

因为初等函数在其定义区间内连续,所以每个初等函数在其定义区间内都有原函数.

(2)如果函数 $f(x)$ 在区间 I 内有原函数 $F(x)$,那么对于任意常数 C,有

$[F(x)+C]'=F'(x)=f(x)$，即函数 $F(x)+C$ 也是 $f(x)$ 在 I 内的原函数.这说明如果函数 $f(x)$ 在 I 内有原函数,那么它在 I 内就有无穷多个原函数.

（3）区间 I 内函数的所有原函数中,任意两个原函数之间只差一个常数.

设 $F(x)$ 和 $G(x)$ 为函数 $f(x)$ 在区间 I 内的两个原函数,即 $F'(x)=G'(x)=f(x)$,于是 $G(x)=F(x)+C$（C 是某个常数）.这说明 $f(x)$ 的任何两个原函数之间只差一个常数.这就是说,如果 $F(x)$ 是 $f(x)$ 的一个原函数,那么 $F(x)+C$ 就可以表示 $f(x)$ 的全体原函数,其中 C 是任意常数.

2）不定积分

定义 2　函数 $f(x)$ 的全体原函数称为 $f(x)$ 的**不定积分**,记作

$$\int f(x)\mathrm{d}x,$$

其中,记号"$\int$"称为**积分号**,x 称为**积分变量**,$f(x)$ 称为**被积函数**,$f(x)\mathrm{d}x$ 称为**被积表达式**,C 称为**积分常数**.

由定义 2 可知,若 $F(x)$ 是 $f(x)$ 在区间 I 内的一个原函数,即 $F'(x)=f(x)$,则

$$\int f(x)\mathrm{d}x = F(x) + C.$$

例 1　求 $\int \cos x\mathrm{d}x$.

解　因为 $(\sin x)'=\cos x$,所以 $\int \cos x\mathrm{d}x=\sin x+C$.

3）不定积分的几何意义

若 $F(x)$ 是 $f(x)$ 的一个原函数,则曲线 $y=F(x)$ 称为 $f(x)$ 的一条**积分曲线**.不定积分 $\int f(x)\mathrm{d}x$ 在几何上就表示全体积分曲线所组成的积分曲线簇,它们的方程为 $y=F(x)+C$.

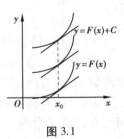

图 3.1

在每一条积分曲线上横坐标相同的点 x_0 处作切线,这些切线都是相互平行的,如图 3.1 所示.

3.1.2　基本积分公式

求不定积分是求导的逆运算.因此,由导数基本公式不难得到下列不定积分的基本积分公式.

（1）$\int k \mathrm{d}x = kx + C$（$k$ 为常数）.

（2）$\int x^{\mu} \mathrm{d}x = \dfrac{x^{\mu+1}}{\mu+1} + C (\mu \neq -1)$,

特别地　$\int \mathrm{d}x = x + C$, $\int x \mathrm{d}x = \dfrac{x^2}{2} + C$, $\int \dfrac{1}{x^2} \mathrm{d}x = -\dfrac{1}{x} + C$, $\int \dfrac{1}{\sqrt{x}} \mathrm{d}x = 2\sqrt{x} + C$.

（3）$\int \dfrac{1}{x} \mathrm{d}x = \ln|x| + C$.

（4）$\int a^x \mathrm{d}x = \dfrac{a^x}{\ln a} + C$，特别地，$\int \mathrm{e}^x \mathrm{d}x = \mathrm{e}^x + C$.

（5）$\int \cos x \mathrm{d}x = \sin x + C$.

（6）$\int \sin x \mathrm{d}x = -\cos x + C$.

（7）$\int \sec^2 x \mathrm{d}x = \int \dfrac{1}{\cos^2 x} \mathrm{d}x = \tan x + C$

（8）$\int \csc^2 x \mathrm{d}x = \int \dfrac{1}{\sin^2 x} \mathrm{d}x = -\cot x + C$.

（9）$\int \sec x \cdot \tan x \mathrm{d}x = \sec x + C$.

（10）$\int \csc x \cdot \cot x \mathrm{d}x = -\csc x + C$.

（11）$\int \dfrac{1}{\sqrt{1-x^2}} \mathrm{d}x = \arcsin x + C$.

（12）$\int \dfrac{1}{1+x^2} \mathrm{d}x = \arctan x + C$.

例 2　计算 $\int 2^x \mathrm{e}^x \mathrm{d}x$.

说明　当被积函数含有指数函数或对数函数时,尽可能化为公式形式积分.

解　$\int 2^x \mathrm{e}^x \mathrm{d}x = \int (2\mathrm{e})^x \mathrm{d}x = \dfrac{(2\mathrm{e})^x}{\ln(2\mathrm{e})} + C = \dfrac{2^x \mathrm{e}^x}{1+\ln 2} + C$.

3.1.3　不定积分的性质

1）积分与微分运算的互逆性质

（1）$\left[\int f(x) \mathrm{d}x\right]' = f(x)$　或　$\mathrm{d}\left[\int f(x) \mathrm{d}x\right] = f(x)\mathrm{d}x$;

（2）$\int F'(x)\,\mathrm{d}x = F(x)+C$ 　或　 $\int \mathrm{d}[F(x)] = F(x)+C.$

2）不定积分的运算性质

（1）$\int [f(x)\pm g(x)]\,\mathrm{d}x = \int f(x)\,\mathrm{d}x \pm \int g(x)\,\mathrm{d}x;$

（2）$\int kf(x)\,\mathrm{d}x = k\int f(x)\,\mathrm{d}x\ (k\neq 0,k\ 为常数)$

一般地，　　$\int [k_1 f_1(x)\pm k_2 f_2(x)]\,\mathrm{d}x = k_1\int f_1(x)\,\mathrm{d}x \pm k_2\int f_2(x)\,\mathrm{d}x.$

3.1.4　直接积分法

例3　计算 $\int \left(3e^x - \dfrac{1}{x^2}+1\right)\mathrm{d}x.$

解　直接利用不定积分的运算性质和积分基本公式，得

$$\int \left(3e^x - \frac{1}{x^2} + 1\right)\mathrm{d}x = 3\int e^x\,\mathrm{d}x - \int \frac{1}{x^2}\,\mathrm{d}x + \int \mathrm{d}x$$

$$= 3e^x + \frac{1}{x}+x+C.$$

注　逐项积分后，每个积分结果中均含有一个任意常数，由于任意常数的和还是任意常数，因此不必每个积分结果都"+C"，只要在总的结果中加一个任意常数 C 即可.

例4　求积分 $\int \dfrac{(x-1)^2}{x}\mathrm{d}x$

说明　整理为"多项式"形式是解决只含有幂函数的积分方法之一.

解　$\int \dfrac{(x-1)^2}{x}\mathrm{d}x = \int \dfrac{x^2-2x+1}{x}\mathrm{d}x$

$$= \int \left(x-2+\frac{1}{x}\right)\mathrm{d}x$$

$$= \frac{x^2}{2}-2x+\ln|x|+C.$$

例5　求积分 $\int \dfrac{1+x+x^2}{x(1+x^2)}\mathrm{d}x.$

说明　将复杂函数分解成几个较简单的函数之和，分项积分.

解 $\displaystyle\int \frac{1+x+x^2}{x(1+x^2)}\mathrm{d}x = \int \frac{x+(1+x^2)}{x(1+x^2)}\mathrm{d}x = \int \left(\frac{1}{1+x^2}+\frac{1}{x}\right)\mathrm{d}x$

$$= \int \frac{1}{1+x^2}\mathrm{d}x + \int \frac{1}{x}\mathrm{d}x = \arctan x + \ln|x| + C.$$

例6 求积分 $\displaystyle\int \frac{x^2}{1+x^2}\mathrm{d}x.$

说明 化有理式函数为"整式+真分式"是一种必然的方法.

解 $\displaystyle\int \frac{x^2}{1+x^2}\mathrm{d}x = \int \frac{x^2+1-1}{1+x^2}\mathrm{d}x = \int \left(1-\frac{1}{1+x^2}\right)\mathrm{d}x = x - \arctan x + C.$

例7 求积分 $\displaystyle\int \tan^2 x\,\mathrm{d}x.$

说明 化弦、降次、利用恒等式是解决三角函数积分的有效方法.

解 $\displaystyle\int \tan^2 x\,\mathrm{d}x = \int (\sec^2 x - 1)\,\mathrm{d}x = \int \sec^2 x\,\mathrm{d}x - \int \mathrm{d}x = \tan x - x + C.$

例8 求积分 $\displaystyle\int \sin^2 \frac{x}{2}\,\mathrm{d}x.$

解 $\displaystyle\int \sin^2 \frac{x}{2}\,\mathrm{d}x = \int \frac{1}{2}(1-\cos x)\,\mathrm{d}x = \frac{1}{2}\int (1-\cos x)\,\mathrm{d}x$

$$= \frac{1}{2}\left[\int \mathrm{d}x - \int \cos x\,\mathrm{d}x\right]$$

$$= \frac{1}{2}(x-\sin x)+C.$$

 **习题 3.1**

1.已知曲线 $y=f(x)$ 过点 $(0,0)$ 且在点 (x,y) 处的切线斜率为 $k=3x^2+1$,求该曲线方程.

2.求下列不定积分:

(1) $\displaystyle\int \frac{\mathrm{d}x}{x\cdot \sqrt[3]{x^2}}$;

(2) $\displaystyle\int \mathrm{e}^{x+1}\mathrm{d}x$;

(3) $\displaystyle\int (\mathrm{e}^x+\sqrt[3]{x})\,\mathrm{d}x$;

(4) $\displaystyle\int \left(\frac{1}{\sin^2 x}+\frac{1}{\cos^2 x}\right)\mathrm{d}x$;

(5) $\int \left(\dfrac{3}{1+x^2} - \dfrac{2}{\sqrt{1-x^2}} \right) \mathrm{d}x$;

(6) $\int (\sqrt{x}+1)\left(1-\dfrac{1}{\sqrt{x}}\right)\mathrm{d}x$;

(7) $\int \dfrac{x\mathrm{e}^x+x^5+7}{x}\mathrm{d}x$;

(8) $\int \dfrac{1-x^2}{x\sqrt{x}}\mathrm{d}x$;

(9) $\int \dfrac{1}{x^2(1+x^2)}\mathrm{d}x$;

(10) $\int \dfrac{(x-\sqrt{x})(1+\sqrt{x})}{\sqrt[3]{x}}\mathrm{d}x$;

(11) $\int \dfrac{x^4}{1+x^2}\mathrm{d}x$;

(12) $\int \dfrac{1+2x^2}{x^2(1+x^2)}\mathrm{d}x$.

任务 3.2　用换元积分法求不定积分

利用直接积分法可以求一些简单函数的不定积分.但求积分 $\int \sin 2x\mathrm{d}x$ 时,

则不能直接用公式 $\int \sin x\mathrm{d}x = -\cos x + C$ 进行积分.因为 $\sin 2x\mathrm{d}x = \dfrac{1}{2}\sin 2x\mathrm{d}(2x)$,

所以

$$\int \sin 2x\mathrm{d}x = \frac{1}{2}\int \sin 2x\mathrm{d}(2x) = -\frac{1}{2}\cos 2x + C.$$

上面实际上把 $2x$ 看成一个整体 u,可用积分公式 $\int \sin u\mathrm{d}u = -\cos u + C$,然后将 u 替换成 $2x$ 即得,这种方法称为**第一换元积分法**(或**凑微分法**).

3.2.1　第一换元积分法(凑微分法)

定理　如果 $f(u)$ 有原函数 $F(u)$, $u=\varphi(x)$ 具有连续的导数,则

$$\int f[\varphi(x)]\varphi'(x)\mathrm{d}x = \left[\int f(u)\mathrm{d}u\right]_{u=\varphi(x)} = F(u)\big|_{u=\varphi(x)} + C.$$

例 1　求 $\int \tan x\mathrm{d}x$.

解　$\int \tan x\mathrm{d}x = \int \dfrac{\sin x}{\cos x}\mathrm{d}x = -\int \dfrac{\mathrm{d}\cos x}{\cos x}$

$$\xrightarrow{\ \text{令}\,u=\cos x\ } -\int \frac{1}{u}\mathrm{d}u = -\ln|u| + C \xrightarrow{\ u=\cos x\ \text{回代}\ } -\ln|\cos x| + C.$$

例2 求 $\int (2x+1)^{100}dx$.

解 $\int (2x+1)^{100}dx = \dfrac{1}{2}\int (2x+1)^{100}d(2x+1)$

$$\xlongequal{\;令\,u=2x+1\;}\dfrac{1}{2}\int u^{100}du = \dfrac{1}{202}u^{101}+C\xlongequal{\;u=2x+1\,回代\;}\dfrac{1}{202}(2x+1)^{101}+C.$$

在解题熟练后,可以不写出代换式,直接凑微分,求出积分结果.

例3 求 $\int \dfrac{1}{a^2+x^2}dx$($a$ 为常数,$a\neq 0$).

解 $\int \dfrac{1}{a^2+x^2}dx = \int \dfrac{1}{a^2\left[1+\left(\dfrac{x}{a}\right)^2\right]}dx = \dfrac{1}{a}\int \dfrac{1}{1+\left(\dfrac{x}{a}\right)^2}d\left(\dfrac{x}{a}\right) = \dfrac{1}{a}\arctan\dfrac{x}{a}+C.$

例4 求 $\int \dfrac{1}{\sqrt{a^2-x^2}}dx$($a$ 为常数,$a>0$).

解 $\int \dfrac{1}{\sqrt{a^2-x^2}}dx = \int \dfrac{1}{a\sqrt{1-\left(\dfrac{x}{a}\right)^2}}dx = \int \dfrac{1}{\sqrt{1-\left(\dfrac{x}{a}\right)^2}}d\left(\dfrac{x}{a}\right) = \arcsin\dfrac{x}{a}+C.$

注 例3、例4 的结论可以当成公式使用.

例5 求 $\int \dfrac{1}{x^2}\cos\dfrac{1}{x}dx$.

解 $\int \dfrac{1}{x^2}\cos\dfrac{1}{x}dx = -\int \cos\dfrac{1}{x}d\left(\dfrac{1}{x}\right) = -\sin\dfrac{1}{x}+C.$

例6 求 $\int \dfrac{\sin(\arctan x)}{1+x^2}dx$.

解 $\int \dfrac{\sin(\arctan x)}{1+x^2}dx = \int \sin(\arctan x)d\arctan x = -\cos(\arctan x)+C.$

例7 求 $\int xe^{x^2}dx$.

解 $\int xe^{x^2}dx = \dfrac{1}{2}\int e^{x^2}d(x^2) = \dfrac{1}{2}e^{x^2}+C.$

例8 求 $\int \dfrac{1}{x(1+3\ln x)}dx$.

解 $\int \dfrac{1}{x(1+3\ln x)}dx = \int \dfrac{1}{1+3\ln x}d\ln x = \dfrac{1}{3}\int \dfrac{1}{1+3\ln x}d(1+3\ln x)$

$$= \dfrac{1}{3}\ln|1+3\ln x|+C.$$

例 9　求 $\int \sin^4 x \cos x \mathrm{d}x$.

解　$\int \sin^4 x \cos x \mathrm{d}x = \int \sin^4 x \mathrm{d}\sin x = \dfrac{1}{5}\sin^5 x + C.$

例 10　求 $\int \sin^3 x \mathrm{d}x$.

解　$\int \sin^3 x \mathrm{d}x = \int \sin^2 x \cdot \sin x \mathrm{d}x = -\int \sin^2 x \mathrm{d}\cos x$

$\qquad = -\int (1-\cos^2 x) \mathrm{d}\cos x = -\cos x + \dfrac{1}{3}\cos^3 x + C.$

注　凑微分的关键是熟练掌握函数的凑微分形式,为此要牢记相应的凑微分公式(表 3.1).

表 3.1

常用的凑微分公式	常用的凑微分形式
$\mathrm{d}x = \dfrac{1}{a}\mathrm{d}(ax+b),\ a \neq 0$	$\int f(ax+b)\mathrm{d}x = \dfrac{1}{a}\int f(ax+b)\mathrm{d}(ax+b)$
$x^{n-1}\mathrm{d}x = \dfrac{1}{n}\mathrm{d}(x^n),$ 特别地,$\dfrac{1}{x^2}\mathrm{d}x = -\mathrm{d}\left(\dfrac{1}{x}\right),$ $\dfrac{1}{\sqrt{x}}\mathrm{d}x = 2\mathrm{d}\sqrt{x}$	$\int f(ax^n+b)x^{n-1}\mathrm{d}x = \dfrac{1}{na}\int f(ax^n+b)\mathrm{d}(ax^n+b)$ 特别地,$\int f\left(\dfrac{1}{x}\right)\cdot\dfrac{\mathrm{d}x}{x^2} = -\int f\left(\dfrac{1}{x}\right)\mathrm{d}\left(\dfrac{1}{x}\right)$ $\int \dfrac{f(\sqrt{x})}{\sqrt{x}}\mathrm{d}x = 2\int f(\sqrt{x})\mathrm{d}\sqrt{x}$
$\dfrac{1}{x}\mathrm{d}x = \mathrm{d}(\ln x)$	$\int f(\ln x)\cdot\dfrac{\mathrm{d}x}{x} = \int f(\ln x)\mathrm{d}(\ln x)$
$\mathrm{e}^x\mathrm{d}x = \mathrm{d}(\mathrm{e}^x)$	$\int f(\mathrm{e}^x)\mathrm{e}^x\mathrm{d}x = \int f(\mathrm{e}^x)\mathrm{d}(\mathrm{e}^x)$
$\cos x\mathrm{d}x = \mathrm{d}(\sin x)$	$\int f(\sin x)\cos x\mathrm{d}x = \int f(\sin x)\mathrm{d}(\sin x)$
$\sin x\mathrm{d}x = -\mathrm{d}(\cos x)$	$\int f(\cos x)\sin x\mathrm{d}x = -\int f(\cos x)\mathrm{d}(\cos x)$
$\sec^2 x\mathrm{d}x = \mathrm{d}(\tan x)$	$\int f(\tan x)\sec^2 x\mathrm{d}x = \int f(\tan x)\mathrm{d}(\tan x)$
$\csc^2 x\mathrm{d}x = -\mathrm{d}(\cot x)$	$\int f(\cot x)\csc^2 x\mathrm{d}x = -\int f(\cot x)\mathrm{d}(\cot x)$
$\dfrac{1}{\sqrt{1-x^2}}\mathrm{d}x = \mathrm{d}(\arcsin x)$	$\int f(\arcsin x)\dfrac{\mathrm{d}x}{\sqrt{1-x^2}} = \int f(\arcsin x)\mathrm{d}(\arcsin x)$
$\dfrac{1}{1+x^2}\mathrm{d}x = \mathrm{d}(\arctan x)$	$\int f(\arctan x)\dfrac{\mathrm{d}x}{1+x^2} = \int f(\arctan x)\mathrm{d}(\arctan x)$

例 11 求 $\int \dfrac{x^2}{x-1}\mathrm{d}x$.

解 $\int \dfrac{x^2}{x-1}\mathrm{d}x = \int \dfrac{x^2-1+1}{x-1}\mathrm{d}x = \int \left(x+1+\dfrac{1}{x-1}\right)\mathrm{d}x$

$\qquad = \int x\mathrm{d}x + \int \mathrm{d}x + \int \dfrac{1}{x-1}\mathrm{d}(x-1)$

$\qquad = \dfrac{1}{2}x^2+x+\ln\mid x-1\mid +C.$

例 12 求 $\int \dfrac{1}{1+\mathrm{e}^x}\mathrm{d}x$.

解 $\int \dfrac{1}{1+\mathrm{e}^x}\mathrm{d}x = \int \dfrac{1+\mathrm{e}^x-\mathrm{e}^x}{1+\mathrm{e}^x}\mathrm{d}x = \int \left(1-\dfrac{\mathrm{e}^x}{1+\mathrm{e}^x}\right)\mathrm{d}x$

$\qquad = \int \mathrm{d}x - \int \dfrac{1}{1+\mathrm{e}^x}\mathrm{d}(1+e^x) = x-\ln(1+e^x)+C.$

3.2.2 第二换元积分法 *

第一换元积分法是选择新的积分变量为 $u=\varphi(x)$，但对有些被积函数则需作相反方式的换元，即令 $x=g(t)$，把 t 作为新的积分变量才能积出结果.

其具体做法是：

$\int f(x)\mathrm{d}x = \int f[g(t)]\mathrm{d}g(t)$ （令 $x=g(t)$）

$\qquad = \int f[g(t)]g'(t)\mathrm{d}t$ （计算微分）

$\qquad = F(t)+C$ （求出积分）

$\qquad = F[g^{-1}(x)]+C$ （代回原自变量）

这种方法称为**第二换元积分法**.

使用第二换元积分法的关键是适当选择变换函数 $x=g(t)$. 对于 $x=g(t)$，要求其单调可导，导数不为零，且其反函数存在. 下面通过一些例子加以说明.

例 13 求 $\int \dfrac{\sqrt{x-1}}{x}\mathrm{d}x$.

解 令 $u=\sqrt{x-1}$，于是 $x=1+u^2$，$\mathrm{d}x=2u\mathrm{d}u$，从而

$\int \dfrac{\sqrt{x-1}}{x}\mathrm{d}x = \int \dfrac{u}{1+u^2}\cdot 2u\mathrm{d}u = 2\int \dfrac{u^2}{1+u^2}\mathrm{d}u = 2\int \dfrac{u^2+1-1}{1+u^2}\mathrm{d}u = 2\int \left(1-\dfrac{1}{1+u^2}\right)\mathrm{d}u$

$$= 2(u-\arctan u)+C = 2(\sqrt{x-1}-\arctan\sqrt{x-1})+C.$$

例14 求 $\displaystyle\int\frac{1}{\sqrt{x}(1+\sqrt[3]{x})}\mathrm{d}x.$

注 求解 $\displaystyle\int f(\sqrt[m]{x},\sqrt[n]{x})\mathrm{d}x$，通常令 $\sqrt[p]{x}=t$，其中 p 为 m、n 的最小公倍数.

解 令 $\sqrt[6]{x}=t$，则 $\sqrt[3]{x}=(\sqrt[6]{x})^2=t^2$，$\sqrt{x}=(\sqrt[6]{x})^3=t^3$，$x=t^6$，$\mathrm{d}x=6t^5\mathrm{d}t.$

于是，$\displaystyle\int\frac{1}{\sqrt{x}(1+\sqrt[3]{x})}\mathrm{d}x = \int\frac{6t^5}{t^3(1+t^2)}\mathrm{d}t = \int\frac{6t^2}{1+t^2}\mathrm{d}t = 6\int\frac{t^2+1-1}{1+t^2}\mathrm{d}t$

$$= 6\int\left(1-\frac{1}{1+t^2}\right)\mathrm{d}t = 6[t-\arctan t]+C = 6[\sqrt[6]{x}-\arctan\sqrt[6]{x}]+C.$$

习题 3.2

1.计算下列积分：

（1）$\displaystyle\int\sin^3 x\cdot\cos x\mathrm{d}x$；　（2）$\displaystyle\int\cos^3 x\mathrm{d}x$；　（3）$\displaystyle\int\frac{\sin\sqrt{x}}{\sqrt{x}}\mathrm{d}x$；　（4）$\displaystyle\int\frac{\ln 2x}{x}\mathrm{d}x$；

（5）$\displaystyle\int(2x+3)^2\mathrm{d}x$；　　（6）$\displaystyle\int\frac{\arcsin x}{\sqrt{1-x^2}}\mathrm{d}x$；　（7）$\displaystyle\int\frac{\arctan x}{1+x^2}\mathrm{d}x$；　（8）$\displaystyle\int$

$\displaystyle\frac{\cos\sqrt{x}}{\sqrt{x}}\mathrm{d}x$；

（9）$\displaystyle\int\frac{\mathrm{e}^x}{\mathrm{e}^x-1}\mathrm{d}x$；　（10）$\displaystyle\int\frac{\ln^2 x}{x}\mathrm{d}x$；（11）$\displaystyle\int\frac{\mathrm{d}x}{2+x^2}$；（12）$\displaystyle\int\frac{\mathrm{d}x}{\sqrt{2-x^2}}.$

2.计算下列积分：

（1）$\displaystyle\int\frac{2}{1+\sqrt{x}}\mathrm{d}x$；　（2）$\displaystyle\int\frac{1}{\sqrt[3]{5-3x}}\mathrm{d}x$；　（3）$\displaystyle\int\frac{\sqrt{x}}{1+\sqrt[3]{x}}\mathrm{d}x$；　（4）$\displaystyle\int\frac{\mathrm{d}x}{\sqrt{x}+\sqrt[3]{x}}.$

任务 3.3　用分部积分法求不定积分

形如 $\displaystyle\int x\cos x\mathrm{d}x$、$\displaystyle\int x\mathrm{e}^x\mathrm{d}x$ 等积分，其被积函数是由两个不同类型函数乘积

组成的,且其中一个恰是某函数的导数,即为 $u(x)v'(x)$ 的形式,而 $\int u(x)v'(x)\mathrm{d}x$ 又难以用直接积分法或凑微分法求解时,往往要使用分部积分法进行求解.

设函数 $u=u(x)$,$v=v(x)$ 具有连续导数,根据乘积的微分公式有:

$$\mathrm{d}(uv)=u\mathrm{d}v+v\mathrm{d}u,$$

即

$$u\mathrm{d}v=\mathrm{d}(uv)-v\mathrm{d}u.$$

对上式两边同时积分,得

$$\int u\mathrm{d}v=uv-\int v\mathrm{d}u$$

此公式称为**分部积分公式**.

应用分部积分法,恰当选择 u 和 $\mathrm{d}v$ 是解题的关键.

一般地,当被积函数具有下列形式时,用分部积分法需注意的问题是:

①幂函数与三角函数或指数函数之积,形如 $x^n\sin ax$,$x^n\cos ax$,$x^n\mathrm{e}^{ax}$,应取 $u=x^n$,其余部分凑微分;

②幂函数与反三角函数或对数之积,形如 $x^n\arcsin ax$,$x^n\arctan ax$,$x^n\ln(ax)$,应让 x^n 进行凑微分,其余函数取为 u;

③指数与三角函数之积,形如 $\mathrm{e}^{ax}\sin bx$,$\mathrm{e}^{ax}\cos bx$,可以任意选择 u 和 $\mathrm{d}v$,但要连续两次使用分部积分,出现循环后再移项解方程.

总而言之,遵循以下原则:按照"指(数函数)、三(角函数)、幂(函数)、对(数函数)、反(三角函数)"顺序,越靠前的越优先凑微分.

例1 求 $\int x\cos x\mathrm{d}x$.

解 $\int x\cos x\mathrm{d}x=\int x\mathrm{d}\sin x=x\sin x-\int \sin x\mathrm{d}x=x\sin x+\cos x+C.$

例2 求 $\int x\mathrm{e}^x\mathrm{d}x$.

解 $\int x\mathrm{e}^x\mathrm{d}x=\int x\mathrm{d}\mathrm{e}^x=x\mathrm{e}^x-\int \mathrm{e}^x\mathrm{d}x=x\mathrm{e}^x-\mathrm{e}^x+C.$

例3 求 $\int x^2\mathrm{e}^x\mathrm{d}x$.

解 $\int x^2\mathrm{e}^x\mathrm{d}x=\int x^2\mathrm{d}\mathrm{e}^x=x^2\mathrm{e}^x-\int \mathrm{e}^x\mathrm{d}x^2=x^2\mathrm{e}^x-2\int x\mathrm{e}^x\mathrm{d}x$

$=x^2\mathrm{e}^x-2\int x\mathrm{d}\mathrm{e}^x=x^2\mathrm{e}^x-2\left(x\mathrm{e}^x-\int \mathrm{e}^x\mathrm{d}x\right)=x^2\mathrm{e}^x-2x\mathrm{e}^x+2\mathrm{e}^x+C.$

例 4　求 $\int \ln(x+2)\,\mathrm{d}x$.

解　$\int \ln(x+2)\,\mathrm{d}x = x\ln(x+2) - \int x\mathrm{d}\left[\ln(x+2)\right] = x\ln(x+2) - \int \dfrac{x}{x+2}\mathrm{d}x$

$$= x\ln(x+2) - \int \frac{x+2-2}{x+2}\mathrm{d}x = x\ln(x+2) - \int \left(1 - \frac{2}{x+2}\right)\mathrm{d}x$$

$$= x\ln(x+2) - x + 2\ln|x+2| + C$$

$$= (x+2)\ln(x+2) - x + C.$$

例 5　求 $\int \mathrm{e}^x \sin x\,\mathrm{d}x$.

解 1　$\int \mathrm{e}^x \sin x\,\mathrm{d}x = \int \sin x(\mathrm{e}^x\mathrm{d}x) = \int \sin x\mathrm{d}\mathrm{e}^x = \mathrm{e}^x\sin x - \int \mathrm{e}^x\mathrm{d}\sin x$

积分 $\int \mathrm{e}^x\mathrm{d}\cos x$ 与 $\int \mathrm{e}^x\mathrm{d}\sin x$ 属同一种类型,再用分部积分法.

$$= \mathrm{e}^x\sin x - \int \mathrm{e}^x\cos x\,\mathrm{d}x$$

$$\int \mathrm{e}^x\sin x\,\mathrm{d}x = \mathrm{e}^x\sin x - \int \cos x\mathrm{d}\mathrm{e}^x = \mathrm{e}^x\sin x - \mathrm{e}^x\cos x + \int \mathrm{e}^x\mathrm{d}(\cos x)$$

$$= \mathrm{e}^x\sin x - \mathrm{e}^x\cos x - \int \mathrm{e}^x\sin x\,\mathrm{d}x.$$

注　又有原积分式出现,此时移项解方程(注意移项后,右边要补一个常数,不妨设为 C_1),即可求得原积分:

$$2\int \mathrm{e}^x\sin x\,\mathrm{d}x = \mathrm{e}^x\sin x - \mathrm{e}^x\cos x + C_1$$

所以　　　　　　　　　$\int \mathrm{e}^x\sin x\,\mathrm{d}x = \dfrac{1}{2}\mathrm{e}^x(\sin x - \cos x) + C.$

解 2　$\int \mathrm{e}^x\sin x\,\mathrm{d}x = \int \mathrm{e}^x(\sin x\mathrm{d}x) = -\int \mathrm{e}^x\mathrm{d}\cos x = -\mathrm{e}^x\cos x + \int \cos x\mathrm{d}\mathrm{e}^x$

$$= -\mathrm{e}^x\cos x + \int \mathrm{e}^x\cos x\,\mathrm{d}x = -\mathrm{e}^x\cos x + \int \mathrm{e}^x\mathrm{d}\sin x$$

$$= -\mathrm{e}^x\cos x + \left[\mathrm{e}^x\sin x - \int \sin x\mathrm{d}\mathrm{e}^x\right]$$

$$= -\mathrm{e}^x\cos x + \mathrm{e}^x\sin x - \int \mathrm{e}^x\sin x\,\mathrm{d}x.$$

移项(注意移项后,右边要补一个常数),并除以 2,得

$$\int \mathrm{e}^x\sin x\,\mathrm{d}x = \frac{1}{2}\mathrm{e}^x(\sin x - \cos x) + C.$$

例6 求 $\int \arctan x \mathrm{d}x$.

解 $\int \arctan x \mathrm{d}x = x\arctan x - \int x\mathrm{d}(\arctan x) = x\arctan x - \int \dfrac{x}{1+x^2}\mathrm{d}x$

$$= x\arctan x - \dfrac{1}{2}\int \dfrac{1}{1+x^2}\mathrm{d}(1+x^2)$$

$$= x\arctan x - \dfrac{1}{2}\ln(1+x^2) + C.$$

注 由例4、例6说明,当不定积分 $\int f(x)\mathrm{d}x$ 的被积函数 $f(x)$ 是对数函数或反三角函数时,可以直接分部积分.

例7 求 $\int \mathrm{e}^{\sqrt{x}}\mathrm{d}x$.

说明 若被积函数中含根式时,可以考虑先用第二类换元法,消去根式,再使用分部积分法,但要注意回代.

解 令 $\sqrt{x} = t$,则 $x = t^2$,$\mathrm{d}x = 2t\mathrm{d}t$,所以

$\int \mathrm{e}^{\sqrt{x}}\mathrm{d}x = 2\int t\mathrm{e}^t\mathrm{d}t = 2\int t\mathrm{d}\mathrm{e}^t = 2\left(t\mathrm{e}^t - \int \mathrm{e}^t\mathrm{d}t\right) = 2(t\mathrm{e}^t - \mathrm{e}^t) + C = 2\sqrt{x}\mathrm{e}^{\sqrt{x}} - 2\mathrm{e}^{\sqrt{x}} + C.$

习题 3.3

1.计算下列积分:

（1）$\int \ln 2x\mathrm{d}x$;　　（2）$\int \arctan 2x\mathrm{d}x$;　　（3）$\int x\mathrm{e}^{2x}\mathrm{d}x$;

（4）$\int x\arctan 2x\mathrm{d}x$;　　（5）$\int \arctan\sqrt{x}\,\mathrm{d}x$;　　（6）$\int \dfrac{\mathrm{e}^{2x}}{\sqrt{\mathrm{e}^x+1}}\mathrm{d}x$.

项目 3　任务关系结构图

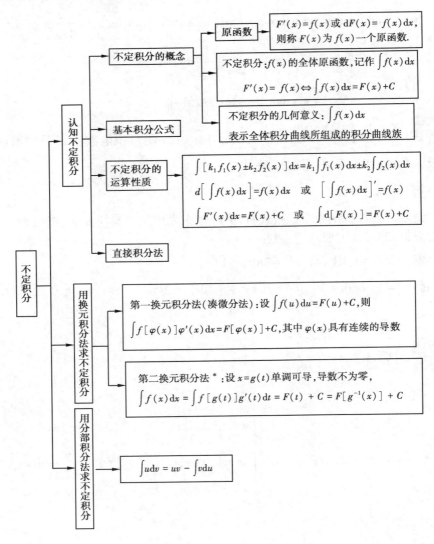

自我检测 3

一、选择题

1.下列等式中,正确的是( ).

    A. $\int \mathrm{d}f(x)=f(x)+C$ B. $\int f'(x)\mathrm{d}x=f(x)$

    C. $\dfrac{\mathrm{d}}{\mathrm{d}x}\int f(x)\mathrm{d}x=f(x)+C$ D. $\mathrm{d}\int f(x)\mathrm{d}x=f(x)$

2. $\int f'(\sqrt{x})\mathrm{d}\sqrt{x}=$( ).

    A. $f(\sqrt{x})$ B. $f(\sqrt{x})+C$ C. $f(x)$ D. $f(x)+C$

3.若 $f'(x^2)=\dfrac{1}{x}$ $(x>0)$,则 $f(x)=$( ).

    A. $\dfrac{1}{\sqrt{x}}+C$ B. $2\sqrt{x}+C$ C. $\sqrt{x}+C$ D. $\ln|x|+C$

4.设 $f(x)$ 的一个原函数是 $F(x)$,则 $\int f(ax+b)\mathrm{d}x=$( ).

    A. $F(ax+b)+C$ B. $aF(ax+b)+C$ C. $\dfrac{F(ax+b)}{ax+b}+C$ D. $\dfrac{1}{a}F(ax+b)+C$

5. $\int x\mathrm{e}^{-x^2}\mathrm{d}x=$( ).

    A. $\mathrm{e}^{-x}+C$ B. $\dfrac{1}{2}\mathrm{e}^{-x^2}+C$ C. $-\dfrac{1}{2}\mathrm{e}^{-x^2}+C$ D. $-\mathrm{e}^{-x^2}+C$.

6.如果 $\int \mathrm{d}f(x)=\int \mathrm{d}g(x)$,则下列各式中不正确的是( ).

    A. $f'(x)=g'(x)$ B. $\mathrm{d}f(x)=\mathrm{d}g(x)$

    C. $f(x)=g(x)$ D. $\mathrm{d}\left(\int f'(x)\mathrm{d}x\right)=\mathrm{d}\left(\int g'(x)\mathrm{d}x\right)$

7. $\int \dfrac{1}{\sqrt{x(1-x)}}\mathrm{d}x=$( ).

    A. $2\arcsin\sqrt{x}+C$ B. $\arcsin\sqrt{x}+C$

C.$2\arcsin(2x-1)+C$ D.$\arcsin(2x-1)+C$

8.设 $f(x)=k\tan 2x$ 的一个原函数是 $\frac{2}{3}\ln(\cos 2x)$，则常数 $k=$（   ）.

   A.$-\frac{2}{3}$ B.$\frac{2}{3}$ C.$-\frac{4}{3}$ D.$\frac{4}{3}$

9.若 $f(x)$ 在 $[a,b]$ 上的某原函数为零，则在 $[a,b]$ 上必有（   ）.

   A.$f(x)$ 的原函数恒等于零   B.$f(x)$ 的不定积分恒等于零

   C.$f(x)$ 恒等于零   D.$f(x)$ 不恒等于零，但导函数 $f'(x)$ 恒为零

10.设 $f(x)=\mathrm{e}^{-x}$，则 $\int\frac{f(\ln x)}{x}\mathrm{d}x=$（   ）.

   A.$\frac{1}{x}+C$ B.$\ln x+C$ C.$-\frac{1}{x}+C$ D.$-\ln x+C$

二、填空题

1. $\int\cos(3x+4)\mathrm{d}x=$ _____.

2.若 e^x 是函数 $f(x)$ 的一个原函数，则 $\int x^2 f(\ln x)\mathrm{d}x=$ _____

3.在积分曲线族 $\int\frac{\mathrm{d}x}{x\sqrt{x}}$ 中，过 $(1,1)$ 点的积分曲线是 $y=$ _____

4.设 $\int xf(x)\mathrm{d}x=\arccos x+C$，则 $f(x)$ _____.

5.若 $\int f(x)\mathrm{d}x=F(x)+C$，而 $u=\varphi(x)$，且 $\varphi'(x)$ 连续，则 $\int f(u)\mathrm{d}u=$ _____.

6.在计算积分 $\int x^2\sqrt[3]{1-x}\,\mathrm{d}x$ 时，为把被积函数中的根式化去，可作的变换是_____.

7.若 $\int f(x)\mathrm{d}x=x^2+C$，则 $\int xf(1-x^2)\mathrm{d}x=$ _____.

8.设 $f(x)$ 的一个原函数为 $\ln x$，则 $f'(x)=$ _____.

9.过原点且斜率为 $2x$ 的曲线方程是 _____.

10.若 $\int xf(x)\mathrm{d}x=x\sin x-\int\sin x\mathrm{d}x$，则 $f(x)=$ _____.

三、解答题

1.求下列不定积分：

（1）$\int\sqrt{x}\,(x-3)\mathrm{d}x$ （2）$\int\frac{1-2x^2}{1+x^2}\mathrm{d}x$ （3）$\int\sqrt{x\sqrt{x\sqrt{x}}}\,\mathrm{d}x$

（4）$\displaystyle\int \frac{1}{x^2(1+x^2)}\mathrm{d}x$　　　　（5）$\displaystyle\int \frac{\cos\sqrt{t}}{\sqrt{t}}\mathrm{d}t$　　　　（6）$\displaystyle\int \tan^{10}x\sec^2 x\,\mathrm{d}x$

（7）$\displaystyle\int \frac{1}{x(1+3\ln x)}\mathrm{d}x$　　（8）$\displaystyle\int \frac{1}{2+\sqrt{x-1}}\mathrm{d}x$　　（9）$\displaystyle\int x\sin(2x-3)\mathrm{d}x$　　（10）$\displaystyle\int \frac{\mathrm{d}x}{\mathrm{e}^x+\mathrm{e}^{-x}}$

2.已知$\dfrac{\cos x}{x}$为$f(x)$的一个原函数,求$\displaystyle\int xf'(x)\,\mathrm{d}x$.

项目4 定积分及其应用

【知识目标】

1.理解定积分的概念与性质.

2.掌握牛顿-莱布尼兹公式;掌握定积分的换元积分法和分部积分法.

3.了解广义积分的概念及简单的广义积分的计算方法.

4.掌握用定积分计算平面图形的面积、旋转体的体积的方法.

【技能目标】

1.能运用定积分的概念和方法解决简单的实际问题.

2.初步让学生养成"以不变应万变""以直代曲""以大化小""以有限代无限"的思想.

3.初步培养学生将实际问题抽象为数学模型的能力以及应用所学理论求解模型的能力.

4.能用定积分的概念和方法解决社会生活中的简单应用问题,培养学生一定的逻辑推理能力.

【相关链接】

微积分作为理论研究工具,在图像、声音图像压缩算法、人工智能、CAD 等领域被广泛使用.

高级程序设计语言的发展日新月异,虽然现在 Java、VB、C、C++被广泛使用,但怎能保证没有被淘汰的一天? NET 平台的诞生和 X++语言的初见端倪完全可以说明问题.换言之,在我们掌握一门新技术的同时有更新的技术产生,这样拥有自主学习能力及接受新鲜事物的能力尤为重要.学习计算机应用数学,可使人的逻辑思维能力、分析能力、推理能力、空间想象能力等方面都能得到有效的训练.

借用南开大学顾沛教授的话,真正让人受益终身的不是数学的某个公式、某个定理,而是忘记这些东西后剩下来的东西,就是所谓的数学素养!

【推荐资料】

王秀芝,刘飒.关于数学在计算机学科发展中作用的哲学阐述[J].沈阳大学学报,2003,15(4):449-450.

【案例导入】求图形的面积

我们以前学过图形的面积计算,如正方形、矩形、三角形、梯形、圆、椭圆等都是规则图形,而不规则图形(如图4.1)的面积又如何求呢?

任务 4.1 认知定积分

定积分不仅是积分学中一个重要的内容,而且有非常重要的实际应用价值.本任务将通过实际问题引出定积分的概念,讨论定积分的基本性质及运算,简单介绍定积分的应用.

4.1.1 曲边梯形的面积

图 4.1 中,图形的面积可归结为两个图形的面积之差,如图 4.2 所示,即 $A=A_1-A_2$.我们把图 4.2(a)、(b)这类几何图形称为曲边梯形.

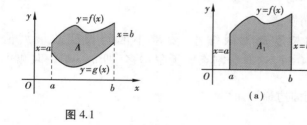

图 4.1

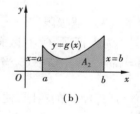

(a)　　　　　(b)

图 4.2

所谓**曲边梯形**,是指由连续曲线 $y=f(x)$ $(f(x)\geqslant 0)$ 与直线 $x=a$、$x=b$ $(a<b)$,及 x 轴所围成的图形,如图 4.2(a)所示.其中,x 轴上区间 $[a,b]$ 称为**底边**,曲线 $y=f(x)$ 称为**曲边**.

若 $f(x)=H$(常数),则曲边梯形就转化为矩形.矩形面积 $S=H(b-a)$.

我们讨论的图形是 $y=f(x)$ 是曲边,所以不能直接套用矩形面积公式.直观上的直与曲的矛盾,本质上却是常量与变量的差别.若 $f(x)$ 是连续函数,则当 x 变化很小时,y 的变化也很小,就可以近似看成不变. 因此,从"x 变化很小"入

手,分成以下四个步骤:

(1)**分割,"大变小"**——分曲边梯形为若干小曲边梯形

任取分点 $a=x_0<x_1<x_2<\cdots<x_{n-1}<x_n=b$,把底边$[a,b]$割成 n 个小区间$[x_0,x_1],[x_1,x_2],\cdots,[x_{n-1},x_n]$,小区间的长度记为 $\Delta x_i=x_i-x_{i-1}(i=1,2,\cdots,n)$.过每一分点作 x 轴的垂线,整个曲边梯形被分成 n 个小曲边梯形,ΔS_i 表示第 i 块曲边梯形的面积$(i=1,2,\cdots,n)$,整个曲边梯形的面积 S 等于 n 个小曲边梯形的面积之和,即

$$S=\sum_{i=1}^{n}\Delta S_i .$$

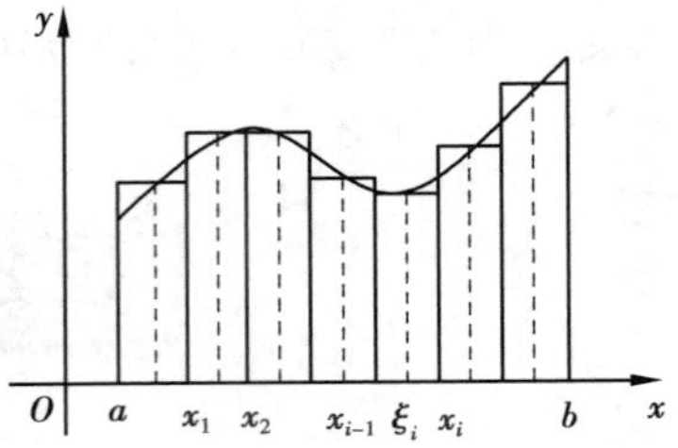

图 4.3

(2)**取近似,"常代变"**——以直代曲

在第 i 个小区间上任取一点 ξ_i,用以$[x_{i-1},x_i]$为底、$f(\xi_i)$为高的小矩形面积 $f(\xi_i)\Delta x_i$ 近似代替这个小曲边梯形的面积,如图 4.3 所示,即

$$\Delta S_i\approx f(\xi_i)\Delta x_i.$$

(3)**求"近似和"**——求 n 个小矩形面积之和

整个曲边梯形面积的近似值为 n 个小矩形面积之和,即

$$\begin{aligned}S&=\Delta S_1+\Delta S_2+\cdots+\Delta S_n\\&\approx f(\xi_1)\Delta x_1+f(\xi_2)\Delta x_2+\cdots+f(\xi_n)\Delta x_n=\sum_{i=1}^{n}f(\xi_i)\Delta x_i .\end{aligned}$$

(4)**"取极限"**——求精确值

为保证所有小区间的长度都无限缩小,要求小区间长度的最大值 $\lambda=\max\limits_{1\leqslant i\leqslant n}\{\Delta x_i\}$ 趋于 0. 当 $\lambda\to 0$ 时(这时分割点 n 无限增多,即 $n\to\infty$),取和式 $\sum\limits_{i=1}^{n}f(\xi_i)\Delta x_i$ 的极限,便得到曲边梯形面积

$$S=\lim_{\lambda\to 0}\sum_{i=1}^{n}f(\xi_i)\Delta x_i .$$

4.1.2 定积分的概念

定义 设函数 $y=f(x)$在区间$[a,b]$上有界,用分点 $a=x_0<x_1<x_2<\cdots<x_{n-1}<x_n=b$ 将$[a,b]$分成 n 个小区间$[x_0,x_1],[x_1,x_2],\cdots,[x_{n-1},x_n]$.记 $\Delta x_i=x_i-x_{i-1}$ $(i=1,2,\cdots,n)$,$\lambda=\max\limits_{1\leqslant i\leqslant n}\{\Delta x_i\}$.再在每个小区间$[x_{i-1},x_i]$上任取一点 ξ_i,作乘积

$f(\xi_i)\Delta x_i$ 的和式 $S = \sum\limits_{i=1}^{n} f(\xi_i)\Delta x_i$. 如果 $\lambda \to 0$ 时, 该和式的极限存在(即这个极限与 $[a,b]$ 的割法及点 ξ_i 的取法无关), 则称此极限值为函数 $f(x)$ 在区间 $[a,b]$ 上的**定积分**, 记为

$$\int_a^b f(x)\,\mathrm{d}x = \lim_{\lambda \to 0} \sum_{i=1}^{n} f(\xi_i)\Delta x_i,$$

其中, $f(x)$ 称为被积函数, $f(x)\,\mathrm{d}x$ 称为被积表达式, x 称为积分变量, $\sum\limits_{i=1}^{n} f(\xi_i)\Delta x_i$ 称为积分和, a、b 分别称为积分下限、积分上限, 符号 $\int_a^b f(x)\,\mathrm{d}x$ 读作 $f(x)$ 从 a 到 b 的定积分.

按定积分定义, 曲边梯形的面积是曲边方程 $y=f(x)$ 在区间 $[a,b]$ 上的定积分. 即

$$S = \int_a^b f(x)\,\mathrm{d}x,\ f(x) \geqslant 0.$$

如果函数 $y=f(x)$ 在 $[a,b]$ 上定积分存在, 则称函数 $y=f(x)$ 在 $[a,b]$ 上**可积**, 否则称函数 $y=f(x)$ 在 $[a,b]$ 上不可积.

说明　①定积分 $\int_a^b f(x)\,\mathrm{d}x$ 表示一个数值, 它只与被积函数和积分区间有关, 而与积分变量用什么字母表示无关. 即

$$\int_a^b f(x)\,\mathrm{d}x = \int_a^b f(t)\,\mathrm{d}t = \int_a^b f(u)\,\mathrm{d}u,\ 并且\left(\int_a^b f(x)\,\mathrm{d}x\right)' = 0.$$

②在定积分 $\int_a^b f(x)\,\mathrm{d}x$ 的定义中曾假设 $a<b$, 如果 $a>b$, 规定

$$\int_a^b f(x)\,\mathrm{d}x = -\int_b^a f(x)\,\mathrm{d}x,\ 特别地, \int_a^a f(x)\,\mathrm{d}x = 0.$$

③在定义中不能将 $\lambda \to 0$ 改为 $n \to +\infty$. 因为 $\lambda \to 0$ 保证了所有小区间的长度趋近于 0, 而当 $n \to +\infty$ 时, 即使分法中小区间的个数无限增加, 也不能保证每个小区间的长度都趋近于 0. 例如, 将 $[0,1]$ 作如下划分: $\left[0,\dfrac{1}{2}\right]$ 分为第一个小区间, 把 $\left[\dfrac{1}{2},1\right]$ 细分成 $n-1$ 个小区间. 当 $n \to +\infty$ 时, 第一个小区间仍然不变, 只能使小区间个数增加, 不能使每个小区间的长度都趋近于 0.

函数 $y=f(x)$ 满足什么条件可积呢? 下面给出两个可积的充分条件, 证明从略.

定理1　若函数 $f(x)$ 在 $[a,b]$ 上连续, 则 $f(x)$ 在 $[a,b]$ 上可积.

初等函数在其定义域中的任何有限区间上连续, 因而是可积的.

定理2 若函数 $f(x)$ 在 $[a,b]$ 上有界,且只有有限个间断点,则 $f(x)$ 在 $[a,b]$ 上可积.

4.1.3 定积分的几何意义

设函数 $y=f(x)$ 在区间 $[a,b]$ 上连续,从几何上来看:

① $f(x)>0$,如图4.4(a)所示, $\int_a^b f(x)\mathrm{d}x = A$,定积分的值等于曲边梯形面积;

② $f(x)<0$,如图4.4(b)所示, $\int_a^b f(x)\mathrm{d}x = -A$,定积分的值等于曲边梯形面积的负值;

③ $f(x)$ 有时为正,有时为负时,如图4.5所示, $\int_a^b f(x)\mathrm{d}x = A_1 - A_2 + A_3 - A_4 + A_5$,定积分的值等于各部分面积的代数和.

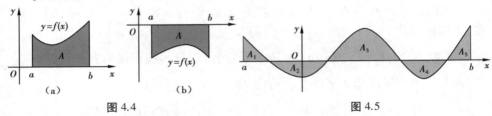

图4.4 （a）（b）　　　　图4.5

利用定积分的几何意义,可知:

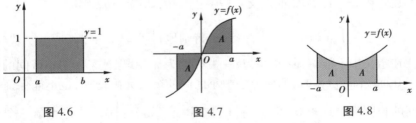

图4.6　　　　图4.7　　　　图4.8

①在 $[a,b]$ 上, $f(x)=1$,则 $\int_a^b 1\mathrm{d}x = \int_a^b \mathrm{d}x = b-a$,如图4.6所示.

②函数 $f(x)$ 在 $[-a,a]$ 上可积且为奇函数,则 $\int_{-a}^a f(x)\mathrm{d}x = 0$,如图4.7所示.

③函数 $f(x)$ 在 $[-a,a]$ 上可积且为偶函数,则 $\int_{-a}^a f(x)\mathrm{d}x = 2\int_0^a f(x)\mathrm{d}x$,如图4.8所示.

利用奇、偶函数在对称区间上的积分计算可以得到简化,甚至不经计算即可得到结果.

例1 计算 $\int_{-1}^{1} \dfrac{x^2 \sin x}{1 + \cos x}\mathrm{d}x$.

解 因为被积函数 $f(x) = \dfrac{x^2 \sin x}{1+\cos x}$ 是奇函数,且积分区间 $[-1,1]$ 关于原点对称,所以

$$\int_{-1}^{1} \frac{x^2 \sin x}{1 + \cos x}\mathrm{d}x = 0.$$

4.1.4 定积分的性质

在下面的讨论中,我们总假设函数在所讨论的区间上都是可积的.

性质1 被积函数的常数因子可以提到积分号前,即

$$\int_{a}^{b} kf(x)\,\mathrm{d}x = k\int_{a}^{b} f(x)\,\mathrm{d}x \ (k \ 为常数).$$

性质2 函数代数和的积分等于积分的代数和,即

$$\int_{a}^{b} [f(x) \pm g(x)]\,\mathrm{d}x = \int_{a}^{b} f(x)\,\mathrm{d}x \pm \int_{a}^{b} g(x)\,\mathrm{d}x.$$

这个性质可以推广到任意有限多个函数代数和的情况.

性质3(积分区间的可加性) 对于任意点 c(图4.9),都有

$$\int_{a}^{b} f(x)\,\mathrm{d}x = \int_{a}^{c} f(x)\,\mathrm{d}x + \int_{c}^{b} f(x)\,\mathrm{d}x.$$

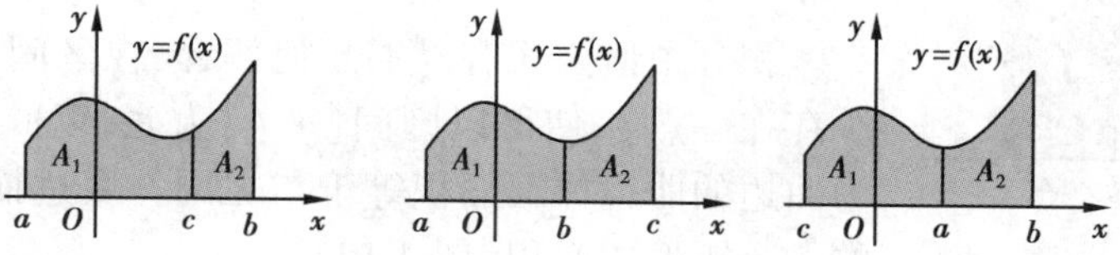

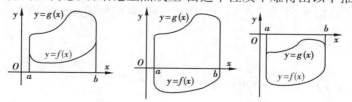

图4.9

性质4 如果在区间 $[a,b]$ 上恒有 $f(x) \geqslant 0$,则 $\int_{a}^{b} f(x)\,\mathrm{d}x \geqslant 0$.

由定积分的几何意义,结论显然成立.由这个性质不难得出以下推论:

图4.10

推论 1 如果在区间 $[a,b]$ 上恒有 $f(x) \leqslant g(x)$（图 4.10），则 $\int_a^b f(x)\,\mathrm{d}x \leqslant \int_a^b g(x)\,\mathrm{d}x$.

推论 2 $\left| \int_a^b f(x)\,\mathrm{d}x \right| \leqslant \int_a^b |f(x)|\,\mathrm{d}x$，$a < b$.

性质 5（估值定理） 如果函数 $f(x)$ 在区间 $[a,b]$ 上的最大值与最小值分别为 M 与 m，则

$$m(b-a) \leqslant \int_a^b f(x)\,\mathrm{d}x \leqslant M(b-a).$$

其几何意义是，$\int_a^b f(x)\,\mathrm{d}x$ 所表示的曲边梯形面积总介于以 $b-a$ 为底，以最大值 M 和最小值 m 分别为高的矩形面积之间（图 4.11）.

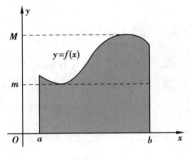

图 4.11

性质 6（积分中值定理） 如果函数 $f(x)$ 在区间 $[a,b]$ 上连续，则在 (a,b) 内至少存在一点 ξ 使得下式成立：

$$\int_a^b f(x)\,\mathrm{d}x = f(\xi)(b-a) ，\xi \in (a,b)，$$

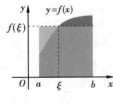

图 4.12

称 $\dfrac{1}{b-a}\int_a^b f(x)\,\mathrm{d}x$ 为函数 $f(x)$ 在区间 $[a,b]$ 上的**平均值**.

积分中值公式有以下几何解释：在区间 (a,b) 内至少存在一点 ξ，使得以区间 $[a,b]$ 为底，以曲线 $y=f(x)$ 为曲边的曲边梯形面积等于与之同一底边而高为 $f(\xi)$ 的一个矩形的面积（图 4.12）.

例 2 利用定积分的性质，试比较下列积分的大小：

（1）$\int_0^1 x^2\,\mathrm{d}x$ 与 $\int_0^1 x^3\,\mathrm{d}x$；（2）$\int_1^2 \ln x\,\mathrm{d}x$ 与 $\int_1^2 (1+x)\,\mathrm{d}x$.

解 （1）因为当 $x \in [0,1]$ 时，有 $x^2 \geqslant x^3$，利用性质 4 的推论 1，所以 $\int_0^1 x^2\,\mathrm{d}x \geqslant \int_0^1 x^3\,\mathrm{d}x$.

（2）令 $f(x) = 1+x-\ln x$. 因为 $f'(x) = 1 - \dfrac{1}{x} = \dfrac{x-1}{x}$，

所以当 $1 < x < 2$ 时，$f'(x) > 0$. 又因为 $f(x)$ 在 $[1,2]$ 上连续，所以 $f(x)$ 在 $[1,2]$ 上

单调增加.则当 $x>1$ 时,$f(x)>f(1)=2>0$,即 $1+x>\ln x$,

所以 $\int_1^2 \ln x \, dx < \int_1^2 (1+x) \, dx$.

例3 设函数 $f(x)$ 在 $[0,1]$ 上连续,在 $(0,1)$ 内可导,且 $f(0)=3\int_{\frac{2}{3}}^1 f(x)\,dx$.

证明:在 $(0,1)$ 内至少存在一点 ξ 使得 $f'(\xi)=0$.

证明 对于 $f(x)$,在 $\left[\frac{2}{3},1\right]$ 上利用积分中值定理,至少存在一点 $\alpha \in$

$\left[\frac{2}{3},1\right]$ 使得

$$f(\alpha) = \frac{1}{1-\frac{2}{3}}\int_{\frac{2}{3}}^1 f(x)\,dx = 3\int_{\frac{2}{3}}^1 f(x)\,dx = f(0).$$

在 $[0,\alpha]$ 上利用罗尔定理可得,至少存在一点 $\xi \in (0,\alpha)$ 使得 $f'(\xi)=0$.

例4 利用定积分的估值定理,估计定积分 $\int_{-1}^1 (4x^4 - 2x^3 + 5)\,dx$ 的值.

解 先求 $f(x)=4x^4-2x^3+5$ 在 $[-1,1]$ 上的最值,由 $f'(x)=16x^3-6x^2=0$,

得
$$x=0 \text{ 或 } x=\frac{3}{8}.$$

比较 $f(-1)=11,f(0)=5,f\left(\frac{3}{8}\right)=-\frac{27}{1\ 024},f(1)=7$ 的大小,知

$$f_{\min}=-\frac{27}{1\ 024}, f_{\max}=11.$$

由定积分的估值定理,得

$$f_{\min}\cdot[1-(-1)] \leqslant \int_{-1}^1 (4x^4 - 2x^3 + 5)\,dx \leqslant f_{\max}\cdot[1-(-1)],$$

即
$$-\frac{27}{512} \leqslant \int_{-1}^1 (4x^4 - 2x^3 + 5)\,dx \leqslant 22.$$

 **习题 4.1**

1.利用定积分的几何意义求出下列定积分的值:

(1) $\int_0^2 \sqrt{4-x^2}\,dx$;   (2) $\int_0^1 (1-x)\,dx$.

2.利用定积分的性质,试比较下列积分的大小:

(1) $\int_0^1 x^2 \mathrm{d}x$ 与 $\int_0^1 \sqrt{x}\, \mathrm{d}x$； (2) $\int_1^2 \ln x \mathrm{d}x$ 与 $\int_1^2 (\ln x)^2 \mathrm{d}x$.

3.利用定积分的性质,估计下列定积分的值:

(1) $\int_0^3 \mathrm{e}^x \mathrm{d}x$ (2) $\int_0^{\frac{\pi}{2}} 2^{-\sin x} \mathrm{d}x$； (3) $\int_{\frac{\pi}{6}}^{\frac{\pi}{3}} \sin x \mathrm{d}x$.

任务 4.2 认知微积分基本定理

定积分作为一种特定和式的极限,直接用定义来计算定积分是非常繁杂且相当困难的.由牛顿和莱布尼兹公式提出的微积分基本公式揭示了不定积分与定积分的联系,解决了定积分的计算难题.

4.2.1 积分上限函数

设函数 $f(x)$ 在区间 $[a,b]$ 上连续,当 x 在 $[a,b]$ 上变动时,对应每一个 x 值,积分 $\int_a^x f(t)\mathrm{d}t$ 就相应有一个确定的值(图 4.13 中阴影部分的面积),因此 $\int_a^x f(t)\mathrm{d}t$ 是变上限 x 的一个函数,称为**积分上限的函数**,记作

$$\varPhi(x) = \int_a^x f(t)\mathrm{d}t, a \le x \le b.$$

函数 $\varPhi(x)$ 具有以下重要性质:

定理 1 如果函数 $f(x)$ 在区间 $[a,b]$ 上连续,则积分上限的函数 $\varPhi(x)$ $= \int_a^x f(t)\mathrm{d}t$ 在 $[a,b]$ 上可导,并且

$$\varPhi'(x) = \frac{\mathrm{d}}{\mathrm{d}x}\int_a^x f(t)\mathrm{d}t = f(x), a \le x \le b.$$

证 * 不妨设 $\Delta x>0$,因为 $\Delta\varPhi=\varPhi(x+\Delta x)-\varPhi(x)$

$$= \int_a^{x+\Delta x} f(t)\mathrm{d}t - \int_a^x f(t)\mathrm{d}t$$

$$= \int_a^x f(t)\mathrm{d}t + \int_x^{x+\Delta x} f(t)\mathrm{d}t - \int_a^x f(t)\mathrm{d}t$$

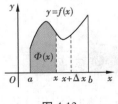

图 4.13

$$= \int_x^{x+\Delta x} f(t)\,\mathrm{d}t$$

由积分中值定理,至少存在一点 $\xi \in (x, x+\Delta x)$,使得

$$\Delta \Phi(x) = \int_x^{x+\Delta x} f(t)\,\mathrm{d}t = f(\xi)\Delta x,$$

两边同除以 Δx, $\dfrac{\Delta \Phi(x)}{\Delta x} = f(\xi)$.

两边取极限,得 $\lim\limits_{\Delta x \to 0} \dfrac{\Delta \Phi}{\Delta x} = \lim\limits_{\Delta x \to 0} f(\xi)$.

而 $f(x)$ 是区间 $[a,b]$ 上的连续函数,当 $\Delta x \to 0$ 时,$\xi \to x$,此时 $f(\xi) \to f(x)$,所以

$$\Phi'(x) = f(x).$$

定理 1 表明,积分上限的函数 $\int_a^x f(t)\,\mathrm{d}t$ 对积分上限 x 的导数等于被积函数 $f(t)$ 在积分上限 x 处的值,$\int_a^x f(t)\,\mathrm{d}t$ 就是 $f(x)$ 在 $[a,b]$ 上的一个原函数.

定理 2(原函数存在定理)   如果函数 $f(x)$ 在区间 $[a,b]$ 上连续,则函数

$$\Phi(x) = \int_a^x f(t)\,\mathrm{d}t$$

是函数 $f(x)$ 在区间 $[a,b]$ 上的一个原函数.

例 1   求 $\dfrac{\mathrm{d}}{\mathrm{d}x}\int_0^1 \mathrm{e}^{2x}\,\mathrm{d}x$.

解   因为定积分 $\int_0^1 \mathrm{e}^{2x}\,\mathrm{d}x$ 是常数,所以

$$\frac{\mathrm{d}}{\mathrm{d}x}\int_0^1 \mathrm{e}^{2x}\,\mathrm{d}x = 0.$$

例 2   设函数 $y = \int_0^x \mathrm{e}^{2t}\,\mathrm{d}t$,求 $\dfrac{\mathrm{d}y}{\mathrm{d}x}$.

解   因为函数 $g(t) = \mathrm{e}^{2t}$ 在 $(-\infty, +\infty)$ 内连续,根据定理 1,得

$$\frac{\mathrm{d}y}{\mathrm{d}x} = \left(\int_0^x \mathrm{e}^{2t}\,\mathrm{d}t \right)' = \mathrm{e}^{2x}.$$

例 3   求 $\dfrac{\mathrm{d}}{\mathrm{d}x}\left(\int_x^{-1} \cos^2 t\,\mathrm{d}t \right)$.

解   因为函数 $y = \cos^2 t$ 在 $(-\infty, +\infty)$ 内连续,根据定理 1,得

$$\frac{\mathrm{d}}{\mathrm{d}x}\left(\int_x^{-1} \cos^2 t\,\mathrm{d}t \right) = \frac{\mathrm{d}}{\mathrm{d}x}\left(-\int_{-1}^x \cos^2 t\,\mathrm{d}t \right) = -\frac{\mathrm{d}}{\mathrm{d}x}\left(\int_{-1}^x \cos^2 t\,\mathrm{d}t \right) = -\cos^2 x.$$

例 4 求 $\dfrac{\mathrm{d}}{\mathrm{d}x}\left(\displaystyle\int_0^{x^2}\sin t\mathrm{d}t\right)$.

解 因为 $\displaystyle\int_0^{x^2}\sin t\mathrm{d}t$ 是 x^2 的函数,而 x^2 又是 x 的函数,于是 $\displaystyle\int_0^{x^2}\sin t\mathrm{d}t$ 是 x 的复合函数,因此要用复合函数导数运算法则求导.

$$\frac{\mathrm{d}}{\mathrm{d}x}\left(\int_0^{x^2}\sin t\mathrm{d}t\right)=\frac{\mathrm{d}}{\mathrm{d}u}\int_0^u\sin t\mathrm{d}t\bigg|_{u=x^2}\cdot\frac{\mathrm{d}}{\mathrm{d}x}(x^2)=\sin x^2\cdot 2x=2x\sin x^2.$$

一般地,若函数 $f(x)$ 在区间 I 上连续,且 $u(x)$、$v(x)$ 在区间 I 内可导,则

$$\frac{\mathrm{d}}{\mathrm{d}x}\int_{v(x)}^{u(x)}f(t)\mathrm{d}t=f[u(x)]u'(x)-f[v(x)]v'(x).$$

例 5 求极限 $\displaystyle\lim_{x\to 0}\dfrac{\displaystyle\int_0^x\sin t^2\mathrm{d}t}{x^3}$.

解 因为当 $x\to 0$ 时,$\displaystyle\int_0^x\sin t^2\mathrm{d}t\to 0$,所以 $\displaystyle\lim_{x\to 0}\dfrac{\displaystyle\int_0^x\sin t^2\mathrm{d}t}{x^3}$ 是 "$\dfrac{0}{0}$" 型未定式极限,可以使用洛必达法则,

$$\lim_{x\to 0}\frac{\displaystyle\int_0^x\sin t^2\mathrm{d}t}{x^3}=\lim_{x\to 0}\frac{\left(\displaystyle\int_0^x\sin t^2\mathrm{d}t\right)'}{(x^3)'}=\lim_{x\to 0}\frac{\sin x^2}{3x^2}=\frac{1}{3}.$$

4.2.2 微积分基本公式

定理 3(微积分基本公式) 设函数 $f(x)$ 在区间 $[a,b]$ 上连续,且 $F(x)$ 是 $f(x)$ 在 $[a,b]$ 上的任意一个原函数,则

$$\int_a^b f(t)\mathrm{d}t=F(b)-F(a)$$

或记作

$$\int_a^b f(t)\mathrm{d}t=F(x)\bigg|_a^b=F(b)-F(a).$$

证 已知 $F(x)$ 是 $f(x)$ 在 $[a,b]$ 上的一个原函数,而 $\varPhi(x)=\displaystyle\int_a^x f(t)\mathrm{d}t$ 也是 $f(x)$ 在 $[a,b]$ 上的一个原函数,所以 $\varPhi(x)-F(x)$ 是某一个常数,即存在 C_0,使得

$$\varPhi(x)=\int_a^x f(t)\mathrm{d}t=F(x)+C_0.$$

令 $x=a$,得 $\displaystyle\int_a^a f(t)\mathrm{d}t=F(a)+C_0$,而 $\displaystyle\int_a^a f(t)\mathrm{d}t=0$,

得
$$C_0 = -F(a),$$

即有
$$\int_a^x f(t)\,\mathrm{d}t = F(x) - F(a).$$

再令 $x=b$，得
$$\int_a^b f(t)\,\mathrm{d}t = F(b) - F(a).$$

上式称为牛顿(Newton)-莱布尼兹(Leibniz)公式，也称为**微积分基本公式**.

定理 1 和定理 3 揭示了微分与积分以及定积分与不定积分之间的内在联系，因此统称为**微积分基本定理**.

定理 3 提供了计算定积分 $\int_a^b f(x)\,\mathrm{d}x$ 简便的基本方法，只要先求出被积函数 $f(x)$ 的一个原函数 $F(x)$，然后计算 $F(x)$ 在区间 $[a,b]$ 上的增量 $F(b)-F(a)$ 即可. 简单地说，如果
$$F'(x)=f(x) \quad 或 \quad \int f(x)\,\mathrm{d}x = F(x) + C$$

则
$$\int_a^b f(t)\,\mathrm{d}t = F(x)\,\Big|_a^b = F(b) - F(a).$$

例 6　求 $\int_{-1}^1 \dfrac{1}{1+x^2}\mathrm{d}x$.

解　$\int_{-1}^1 \dfrac{1}{1+x^2}\mathrm{d}x = \arctan x\,\Big|_{-1}^1 = \arctan 1 - \arctan(-1) = \dfrac{\pi}{4} - \left(-\dfrac{\pi}{4}\right) = \dfrac{\pi}{2}$.

例 7　求 $\int_0^1 \mathrm{e}^{2x}\mathrm{d}x$.

解　$\int_0^1 \mathrm{e}^{2x}\mathrm{d}x = \dfrac{1}{2}\int_0^1 \mathrm{e}^{2x}\mathrm{d}(2x) = \dfrac{1}{2}\mathrm{e}^{2x}\,\Big|_0^1 = \dfrac{1}{2}(\mathrm{e}^2 - 1)$.

例 8　求 $\int_{-1}^2 |x|\,\mathrm{d}x$.

解　由 $|x| = \begin{cases} -x, & x<0 \\ x, & x\geqslant 0 \end{cases}$ 及积分区间的可加性，知
$$\int_{-1}^2 |x|\,\mathrm{d}x = \int_{-1}^0 (-x)\,\mathrm{d}x + \int_0^2 x\,\mathrm{d}x = \left[-\dfrac{1}{2}x^2\right]_{-1}^0 + \left[\dfrac{1}{2}x^2\right]_0^2 = \dfrac{3}{2}.$$

应当注意的是，利用牛顿-莱布尼兹公式计算定积分时，要求被积函数在积分区间上连续，否则会产生错误. 例如

$$\int_{-1}^{1} \frac{1}{x^2} \mathrm{d}x = -\left.\frac{1}{x}\right|_{-1}^{1} = -[1 - (-1)] = -2.$$

显然是错误的,因为被积函数 $f(x) = \frac{1}{x^2}$ 在区间 $[-1,1]$ 上不连续,点 $x=0$ 是其无穷间断点,被积函数不满足牛顿-莱布尼兹公式条件.

 习题 4.2

1.已知函数 $f(x) = \begin{cases} 1+x, & x<0 \\ 1-\dfrac{x}{2}, & x \geq 0 \end{cases}$,求 $\displaystyle\int_{-1}^{2} f(x) \mathrm{d}x$.

2.求极限:

$(1) \displaystyle\lim_{x \to 0} \frac{\int_0^x \cos t^2 \mathrm{d}t}{x}$; $(2) \displaystyle\lim_{x \to 0} \frac{\int_{\cos x}^1 \mathrm{e}^{-t^2} \mathrm{d}t}{x^2}$.

3.计算下列定积分:

$(1) \displaystyle\int_0^1 x^2 \mathrm{d}x$; $(2) \displaystyle\int_0^1 x \mathrm{e}^{x^2} \mathrm{d}x$; $(3) \displaystyle\int_0^{\frac{\pi}{2}} \sin(2x+\pi) \mathrm{d}x$;

$(4) \displaystyle\int_{-3}^{-1} \left(\frac{1}{x} - \mathrm{e}^x\right) \mathrm{d}x$; $(5) \displaystyle\int_0^{\frac{1}{2}} \frac{2x+1}{\sqrt{1-x^2}} \mathrm{d}x$; $(6) \displaystyle\int_{-1}^1 \frac{1}{1+x^2} \mathrm{d}x$.

4. 求 $\displaystyle\int_{-1}^3 |2-x| \mathrm{d}x$.

任务 4.3 用换元积分法与分部积分法求积分

根据牛顿-莱布尼兹公式,定积分的计算与不定积分的计算密切相关.不定积分的计算有换元积分法和分部积分法,定积分相应地也有换元积分法和分部积分法.

4.3.1 用换元积分法计算定积分

定理 1 设函数 $f(x)$ 在区间 $[a,b]$ 上连续,$x = \varphi(t)$,且 $a = \varphi(\alpha)$,$b = \varphi(\beta)$,

如果

(1) $\varphi'(t)$ 在区间 $[\alpha,\beta]$ 连续;

(2) 当 t 从 α 变到 β 时,$\varphi(t)$ 从 a 单调地变到 b,

则有

$$\int_a^b f(x)\,\mathrm{d}x = \int_\alpha^\beta f[\varphi(t)]\varphi'(t)\,\mathrm{d}t.$$

定积分的换元积分法与不定积分的换元法不同之处在于:定积分的换元法在换元后,积分上、下限也要作相应的变换,即"换元必换限".在换元之后,按新的积分变量进行定积分运算,不必再还原为原积分变量.新积分变量的积分限可能是 $\alpha>\beta$,也可能是 $\alpha<\beta$,但一定要求满足 $\varphi(\alpha)=a,\varphi(\beta)=b$,即 $t=\alpha$ 对应于 $x=a$;$t=\beta$ 对应于 $x=b$.

例1 求积分 $\displaystyle\int_0^8 \frac{\mathrm{d}x}{1+\sqrt[3]{x}}$.

解 令 $t=\sqrt[3]{x}$,则 $x=t^3$,$\mathrm{d}x=3t^2\mathrm{d}t$,且当 $x=0$ 时,$t=0$;当 $x=8$ 时,$t=2$. 所以

$$\int_0^8 \frac{\mathrm{d}x}{1+\sqrt[3]{x}} = \int_0^2 \frac{3t^2}{1+t}\mathrm{d}t = 3\int_0^2 \frac{t^2-1+1}{1+t}\mathrm{d}t$$

$$= 3\int_0^2 \left(t-1+\frac{1}{1+t}\right)\mathrm{d}t$$

$$= 3\left[\frac{t^2}{2}-t+\ln|1+t|\right]\Big|_0^2 = 3\ln 3.$$

例2 求 $\displaystyle\int_0^{\frac{\pi}{2}} \sin^4 x\cos x\,\mathrm{d}x$.

解1 令 $t=\sin x$,则 $\mathrm{d}t=\cos x\mathrm{d}x$,且当 $x=0$ 时,$t=0$;当 $x=\frac{\pi}{2}$ 时,$t=1$. 所以有

$$\int_0^{\frac{\pi}{2}} \sin^4 x\cos x\,\mathrm{d}x = \int_0^1 t^4\mathrm{d}t = \frac{1}{5}t^5\Big|_0^1 = \frac{1}{5}.$$

解2 $\displaystyle\int_0^{\frac{\pi}{2}} \sin^4 x\cos x\,\mathrm{d}x = \int_0^{\frac{\pi}{2}} \sin^4 x\,\mathrm{d}\sin x = \frac{1}{5}\sin^5 x\Big|_0^{\frac{\pi}{2}}$

$$= \frac{1}{5}\left[\left(\sin\frac{\pi}{2}\right)^5 - (\sin 0)^5\right] = \frac{1}{5}.$$

注 解2没有引入新的积分变量.计算时,原积分的上、下限不用改变. 对于能用"凑微分法"求原函数的积分,应尽可能用凑微分法.

例3 求 $\displaystyle\int_1^e \frac{1+\ln x}{x}\mathrm{d}x$.

解 用凑微分法求解

$$\int_1^e \frac{1+\ln x}{x}\mathrm{d}x = \int_1^e (1+\ln x)\mathrm{d}(1+\ln x) = \frac{1}{2}(1+\ln x)^2\Big|_1^e$$

$$= \frac{1}{2}\big[(1+\ln e)^2 - (1+\ln 1)^2\big] = \frac{3}{2}.$$

例4 求 $\displaystyle\int_{-1}^1 \left(x\sin^6 x + \cos x - \frac{\mathrm{e}^x}{1+\mathrm{e}^x}\right)\mathrm{d}x$.

解 被积函数 $x\sin^6 x$ 是奇函数，$\cos x$ 是偶函数，$\dfrac{\mathrm{e}^x}{1+\mathrm{e}^x}$ 是非奇非偶函数，且

积分区间 $[-1,1]$ 关于原点对称，所以

$$\int_{-1}^1 \left(x\sin^6 x + \cos x - \frac{\mathrm{e}^x}{1+\mathrm{e}^x}\right)\mathrm{d}x = 2\int_0^1 \cos x\mathrm{d}x - \int_{-1}^1 \frac{\mathrm{e}^x}{1+\mathrm{e}^x}\mathrm{d}x$$

$$= 2\int_0^1 \cos x\mathrm{d}x - \int_{-1}^1 \frac{1}{1+\mathrm{e}^x}\mathrm{d}(1+\mathrm{e}^x)$$

$$= 2\sin x\Big|_0^1 - \Big[\ln(1+\mathrm{e}^x)\Big]_{-1}^1$$

$$= 2\sin 1 - \ln(1+\mathrm{e}) + \ln(1+\mathrm{e}^{-1})$$

$$= 2\sin 1 - 1.$$

4.3.2 用分部积分法计算定积分

定理2 设函数 $u=u(x)$ 与 $v=v(x)$ 在闭区间 $[a,b]$ 上有连续的导数，则

$$\int_a^b u\mathrm{d}v = uv\Big|_a^b - \int_a^b v\mathrm{d}u$$

上式就是定积分的**分部积分公式**.

证 * 由 $(uv)' = vu' + uv'$，得

$$uv' = (uv)' - vu'.$$

上式两端分别取由 a 到 b 的积分，得

$$\int_a^b uv'\mathrm{d}v = uv\Big|_a^b - \int_a^b vu'\mathrm{d}x,$$

即

$$\int_a^b u\mathrm{d}v = uv \Big|_a^b - \int_a^b v\mathrm{d}u.$$

注 定积分的分部积分法与不定积分的分部积分法比较,选取 u、v 的方法是一样的,所不同的是在积出 uv 项后,立刻将其值算出.

例5 求积分 $\int_0^1 x\mathrm{e}^x\mathrm{d}x$.

解 令 $u=x, \mathrm{d}v=\mathrm{e}^x\mathrm{d}x=\mathrm{de}^x$,则

$$\int_0^1 x\mathrm{e}^x\mathrm{d}x = \int_0^1 x\mathrm{de}^x = x\mathrm{e}^x \Big|_0^1 - \int_0^1 \mathrm{e}^x\mathrm{d}x = \mathrm{e}-\mathrm{e}^x \Big|_0^1 = 1.$$

例6 求 $\int_0^\pi x\cos x\mathrm{d}x$.

解 设 $u=x, \mathrm{d}v=\cos x\mathrm{d}x=\mathrm{d}\sin x$,则

$$\int_0^\pi x\cos x\mathrm{d}x = \int_0^\pi x\mathrm{d}\sin x = x\sin x \Big|_0^\pi - \int_0^\pi \sin x\mathrm{d}x$$

$$= -\int_0^\pi \sin x\mathrm{d}x = \cos x \Big|_0^\pi = -2.$$

例7 求 $\int_0^{\frac{1}{2}} \arcsin x\mathrm{d}x$.

解 $\int_0^{\frac{1}{2}} \arcsin x\mathrm{d}x = x\arcsin x \Big|_0^{\frac{1}{2}} - \int_0^{\frac{1}{2}} x\mathrm{d}\arcsin x$

$$= \frac{\pi}{12} - \int_0^{\frac{1}{2}} \frac{x}{\sqrt{1-x^2}}\mathrm{d}x = \frac{\pi}{12} + \frac{1}{2}\int_0^{\frac{1}{2}} \frac{1}{\sqrt{1-x^2}}\mathrm{d}(1-x^2)$$

$$= \frac{\pi}{12} + \sqrt{1-x^2} \Big|_0^{\frac{1}{2}} = \frac{\pi}{12} + \frac{\sqrt{3}}{2} - 1.$$

例8 计算 $\int_1^\mathrm{e} x\ln x\mathrm{d}x$.

解 $\int_1^\mathrm{e} x\ln x\mathrm{d}x = \int_1^\mathrm{e} \ln x\mathrm{d}\frac{x^2}{2} = \frac{x^2}{2}\ln x \Big|_1^\mathrm{e} - \int_1^\mathrm{e} \frac{x^2}{2}\mathrm{d}\ln x$

$$= \frac{\mathrm{e}^2}{2} - \int_1^\mathrm{e} \frac{x^2}{2} \cdot \frac{1}{x}\mathrm{d}x = \frac{\mathrm{e}^2}{2} - \frac{1}{4}x^2 \Big|_1^\mathrm{e}$$

$$= \frac{\mathrm{e}^2}{2} - \frac{1}{4}(\mathrm{e}^2-1) = \frac{\mathrm{e}^2}{4} + \frac{1}{4}.$$

例9 计算 $\int_0^1 \mathrm{e}^{\sqrt{x}}\mathrm{d}x$.

解 令 $t=\sqrt{x}$,则 $x=t^2, \mathrm{d}x=2t\mathrm{d}t$. 当 $x=0$ 时,$t=0$;$x=1$ 时,$t=1$.

$$\int_0^1 e^{\sqrt{x}} dx = \int_0^1 e^t dt^2 = \int_0^1 2t e^t dt = \int_0^1 2t d e^t$$

$$= 2\left(t e^t \Big|_0^1 - \int_0^1 e^t dt \right)$$

$$= 2\left(e - e^t \Big|_0^1 \right) = 2(e - e + 1) = 2.$$

习题 4.3

计算下列定积分：

（1）$\int_{-2}^{-1} (10 + 3x)^2 dx$ ；　　（2）$\int_0^{\frac{\pi}{2}} \cos^5 x \sin x dx.$ ；　（3）$\int_0^{\sqrt{a}} x e^{x^2} dx$ ；

（4）$\int_{-1}^{1} (x^2 + 2x - 3) dx$ ；　（5）$\int_0^{\frac{\pi}{4}} x \cos 2x dx$ ；　　　（6）$\int_0^1 x^2 e^x dx$ ；

（7）$\int_0^1 x \arctan x dx$ ；　　　（8）$\int_0^1 \ln(x + 1) dx$ ；　　（9）$\int_{\frac{1}{e}}^{e} |\ln x| dx$ ；

（10）$\int_0^3 \frac{x}{\sqrt{1 + x}} dx$ ；　　　（11）$\int_1^4 \frac{1}{x + \sqrt{x}} dx$ ；　　（12）$\int_0^{\ln 2} e^x \sqrt{e^x - 1} dx$.

任务 4.4　计算广义积分

前面所讨论的定积分都是以有限的积分区间和被积函数有界（特别是连续）为前提的，在科学技术和经济管理中常需要处理积分区间为无限区间或被积函数在有限区间上为无界函数的积分问题，这两种积分都被称为广义积分（或反常积分），相应地，前面讨论的积分称为常义积分.

4.4.1　无限区间上的广义积分

定义 1　设函数 $f(x)$ 在区间 $[a, +\infty)$ 上连续，称 $\lim\limits_{b \to +\infty} \int_a^b f(x) dx$ 为函数 $f(x)$

在 $[a, +\infty)$ 上的**广义积分**，记作 $\int_a^{+\infty} f(x) dx$ ，即

$$\int_a^{+\infty} f(x)\,\mathrm{d}x = \lim_{b\to+\infty} \int_a^b f(x)\,\mathrm{d}x$$

若 $\lim\limits_{b\to+\infty}\int_a^b f(x)\,\mathrm{d}x\ (a<b)$ 存在,则称此广义积分 $\int_a^{+\infty} f(x)\,\mathrm{d}x$ **存在**或**收敛**.如果 $\lim\limits_{b\to+\infty}\int_a^b f(x)\,\mathrm{d}x$ 不存在,就说 $\int_a^{+\infty} f(x)\,\mathrm{d}x$ **不存在**或**发散**.

类似地,可定义 $f(x)$ 在 $(-\infty,b]$ 上的广义积分为

$$\int_{-\infty}^b f(x)\,\mathrm{d}x = \lim_{a\to-\infty} \int_a^b f(x)\,\mathrm{d}x$$

$f(x)$ 在 $(-\infty,+\infty)$ 上的广义积分为

$$\int_{-\infty}^{+\infty} f(x)\,\mathrm{d}x = \int_{-\infty}^c f(x)\,\mathrm{d}x + \int_c^{+\infty} f(x)\,\mathrm{d}x.$$

其中,$c\in(-\infty,+\infty)$ 为任意实数.广义积分 $\int_{-\infty}^{+\infty} f(x)\,\mathrm{d}x$ 收敛的充要条件是 $\int_{-\infty}^c f(x)\,\mathrm{d}x$ 和 $\int_c^{+\infty} f(x)\,\mathrm{d}x$ 都收敛.

例1 求 $\int_0^{+\infty} \dfrac{\mathrm{d}x}{1+x^2}\mathrm{d}x$.

解 $\int_0^{+\infty} \dfrac{\mathrm{d}x}{1+x^2}\mathrm{d}x = \lim\limits_{b\to+\infty}\int_0^b \dfrac{1}{1+x^2}\mathrm{d}x = \lim\limits_{b\to+\infty}\arctan x\Big|_0^b$

$$= \lim_{b\to\infty}(\arctan b - \arctan 0) = \frac{\pi}{2}.$$

设 $F(x)$ 为 $f(x)$ 的原函数,如果 $\lim\limits_{b\to+\infty}F(b)$ 存在,记此极限为 $F(+\infty)$,此时广义积分可记为

$$\int_a^{+\infty} f(x)\,\mathrm{d}x = \lim_{b\to+\infty}\int_a^b f(x)\,\mathrm{d}x = \lim_{b\to+\infty}\Big[F(x)\Big]_a^b = F(+\infty)-F(a) = F(x)\Big|_a^{+\infty}.$$

对于无穷区间 $(-\infty,b]$ 及 $(-\infty,+\infty)$ 上的广义积分也可采用类似记号,如例1的计算可写为

$$\int_0^{+\infty} \frac{1}{1+x^2}\mathrm{d}x = \arctan x\Big|_0^{+\infty} = \frac{\pi}{2} - 0 = \frac{\pi}{2}.$$

例2 求 $\int_a^{+\infty} \dfrac{1}{x^2}\mathrm{d}x\ (a>0)$.

解 $\int_a^{+\infty} \dfrac{1}{x^2}\mathrm{d}x = -\dfrac{1}{x}\Big|_a^{+\infty} = -\lim\limits_{x\to+\infty}\dfrac{1}{x}+\dfrac{1}{a} = \dfrac{1}{a}.$

例 3 证明广义积分 $\int_1^{+\infty} \dfrac{1}{x^p}\mathrm{d}x$ 当 $p>1$ 时收敛,当 $p \leqslant 1$ 时发散.

证明 当 $p=1$ 时,$\int_1^{+\infty} \dfrac{1}{x^p}\mathrm{d}x = \int_1^{+\infty} \dfrac{1}{x}\mathrm{d}x = \ln x\,\Big|_1^{+\infty} = +\infty$.

当 $p \neq 1$ 时,$\int_1^{+\infty} \dfrac{1}{x^p}\mathrm{d}x = \dfrac{x^{1-p}}{1-p}\,\Big|_1^{+\infty} = \begin{cases} +\infty, & p<1 \\ \dfrac{1}{p-1}, & p>1 \end{cases}$.

因此,当 $p>1$ 时,广义积分 $\int_1^{+\infty} \dfrac{1}{x^p}\mathrm{d}x$ 收敛,其值为 $\dfrac{1}{p-1}$;当 $p \leqslant 1$ 时,该广义积分发散.

4.4.2　无界函数的广义积分*

定义 2　设函数 $f(x)$ 在 $(a,b]$ 上连续,当 $x \to a^+$ 时,$f(x) \to \infty$,称 $\lim\limits_{\varepsilon \to 0^+} \int_{a+\varepsilon}^b f(x)\mathrm{d}x$ 为无界函数 $f(x)$ 在 $(a,b]$ 上的**广义积分**(或瑕积分),即

$$\int_a^b f(x)\mathrm{d}x = \lim_{\varepsilon \to 0^+} \int_{a+\varepsilon}^b f(x)\mathrm{d}x .$$

如果 $\lim\limits_{\varepsilon \to 0^+} \int_{a+\varepsilon}^b f(x)\mathrm{d}x$ 存在,则称此广义积分 $\int_a^b f(x)\mathrm{d}x$ **存在**或**收敛**. 如果 $\lim\limits_{\varepsilon \to 0^+} \int_{a+\varepsilon}^b f(x)\mathrm{d}x$ 不存在,就说 $\int_a^b f(x)\mathrm{d}x$ **不存在**或**发散**.

类似地,可以定义函数 $f(x)$ 在 $[a,b)$ 上有定义,当 $x \to b^-$ 时,$f(x) \to \infty$ 的广义积分为

$$\int_a^b f(x)\mathrm{d}x = \lim_{\varepsilon \to 0^+} \int_a^{b-\varepsilon} f(x)\mathrm{d}x .$$

如果 $f(x)$ 在 $[a,b]$ 上除 c 点外连续,而 $x \to c$ 时,$f(x) \to \infty$ 的广义积分为

$$\int_a^b f(x)\mathrm{d}x = \lim_{\varepsilon_1 \to 0^+} \int_a^{c-\varepsilon_1} f(x)\mathrm{d}x + \lim_{\varepsilon_2 \to 0^+} \int_{c+\varepsilon_2}^b f(x)\mathrm{d}x .$$

对于 $x \to c$ 时 $f(x) \to \infty$ 的广义积分 $\int_a^b f(x)\mathrm{d}x$,其存在的充要条件是:$\lim\limits_{\varepsilon_1 \to 0^+} \int_a^{c-\varepsilon_1} f(x)\mathrm{d}x$ 及 $\lim\limits_{\varepsilon_2 \to 0^+} \int_{c+\varepsilon_2}^b f(x)\mathrm{d}x$ 都存在.

无界函数广义积分的计算方法和无限区间上的广义积分一样,首先计算常积分,而后再求极限.

例 4 求 $\int_0^a \dfrac{1}{\sqrt{a^2-x^2}}\mathrm{d}x$.

解 被积函数 $f(x)=\int_0^a \dfrac{1}{\sqrt{a^2-x^2}}\mathrm{d}x$ 在 $[0,a)$ 内连续,且 $\lim\limits_{x\to a^-}f(x)=\infty$,故

$\int_0^a \dfrac{1}{\sqrt{a^2-x^2}}\mathrm{d}x$ 为广义积分,有

$$\int_0^a \frac{1}{\sqrt{a^2-x^2}}\mathrm{d}x = \lim_{\varepsilon\to0^+}\int_0^{a-\varepsilon}\frac{1}{\sqrt{a^2-x^2}}\mathrm{d}x = \lim_{\varepsilon\to0^+}\arcsin\frac{x}{a}\Big|_0^{a-\varepsilon}$$

$$= \lim_{\varepsilon\to0^+}\arcsin\frac{a-\varepsilon}{a} = \arcsin 1 = \frac{\pi}{2}.$$

例 5 讨论积分 $\int_{-1}^1 \dfrac{1}{x^2}\mathrm{d}x$ 的收敛性.

解 被积函数 $f(x)=\dfrac{1}{x^2}$ 在 $[-1,1]$ 上除点 $x=0$ 外连续,且 $\lim\limits_{x\to0}f(x)=+\infty$,故

$\int_{-1}^1 \dfrac{1}{x^2}\mathrm{d}x$ 为广义积分,有

$$\int_{-1}^1 \frac{1}{x^2}\mathrm{d}x = \int_{-1}^0 \frac{1}{x^2}\mathrm{d}x + \int_0^1 \frac{1}{x^2}\mathrm{d}x = \lim_{\varepsilon_1\to0^+}\int_{-1}^{-\varepsilon_1}\frac{1}{x^2}\mathrm{d}x + \lim_{\varepsilon_2\to0^+}\int_{\varepsilon_2}^1 \frac{1}{x^2}\mathrm{d}x$$

$$= \lim_{\varepsilon_1\to0^+}\left(-\frac{1}{x}\right)\Big|_{-1}^{-\varepsilon_1} + \lim_{\varepsilon_2\to0^+}\left(-\frac{1}{x}\right)\Big|_{\varepsilon_2}^1 = \infty$$

故广义积分 $\int_{-1}^1 \dfrac{1}{x^2}\mathrm{d}x$ 发散.

 **习题 4.4**

1.研究广义积分 $\int_0^{+\infty} \dfrac{1}{x^2}\mathrm{d}x$ 的敛散性.

2.计算广义积分:

$(1)\int_1^{+\infty}\mathrm{e}^{-100x}\mathrm{d}x$;$(2)\int_0^{+\infty}\dfrac{x}{(1+x^2)^2}\mathrm{d}x$;$(3)\int_2^{+\infty}\dfrac{1}{x\ln x}\mathrm{d}x$;$(4)\int_0^{+\infty}x\mathrm{e}^{-x}\mathrm{d}x$.

3.已知广义积分 $\int_{-\infty}^{+\infty} \dfrac{A}{1+x^2} \mathrm{d}x = 1$,求常数 A.

4. 计算广义积分 $\int_{0}^{6} (x-4)^{-\frac{2}{3}} \mathrm{d}x$.

任务 4.5　探究定积分的应用

4.5.1　平面图形的面积

由定积分的几何意义可以知道:

(1)连续曲线 $y=f(x)$、$y=g(x)$、直线 $x=a$,$x=b$,如图 4.14 所示,所围成的图形面积 S 为

$$S = \int_{a}^{b} \left[f(x)-g(x)\right] \mathrm{d}x \qquad (方法:上一下)$$

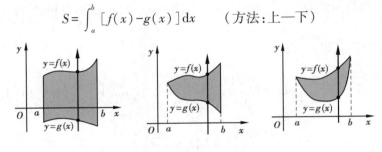

图 4.14

注　以 x 为积分变量的图形特征是,当用与 y 轴平行且同向的箭头↑穿过图形左右移动时,该箭头与图形的上下边界最多交 2 点.箭头从阴影最左端平移到最右端,可以得到相应的积分区间.

(2)连续曲线 $x=\varphi(y)$,$x=\psi(y)$ 及直线 $y=c$,$y=d$,如图 4.15 所示,所围成的图形面积 S 为

$$S = \int_{c}^{d} \left[\varphi(y)-\psi(y)\right] \mathrm{d}y \qquad (方法:右一左)$$

注　以 y 为积分变量的图形特征是,当用与 x 轴平行且同向的箭头→穿过图形上下移动时,该箭头与图形的左右边界最多交 2 点.箭头从阴影最下端平移到最上端,可以得到相应的积分区间.

例 1　计算由两条抛物线 $y^2=x$ 和 $y=x^2$ 所围平面图形的面积.

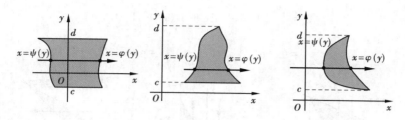

图 4.15

解 1 选 x 为积分变量,先求出这两条曲线的交点 $(0,0)$ 和 $(1,1)$, $x \in [0,1]$, $\sqrt{x} > x^2$, 如图 4.16 所示,所求面积为

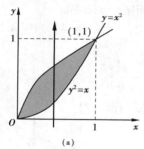
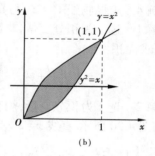

图 4.16

$$S = \int_0^1 (\sqrt{x} - x^2) \, dx = \left(\frac{2}{3} x^{\frac{3}{2}} - \frac{1}{3} x^3 \right) \Big|_0^1 = \frac{1}{3}.$$

解 2 选 y 为积分变量,先求出两曲线的交点 $(0,0)$ 和 $(1,1)$, $y \in [0,1]$, $\sqrt{y} \geq y^2$, 如图 4.16(b)得所求面积

$$S = \int_0^1 (\sqrt{y} - y^2) \, dy = \frac{1}{3}.$$

例 2 计算由曲线 $y = x^2$ 和直线 $y = x + 2$ 所围平面图形的面积.

解 解方程组 $\begin{cases} y = x^2 \\ y = x + 2 \end{cases}$, 得 $x = -1, x = 2$. 如图 4.17 所示,所求面积为

$$S = \int_{-1}^2 [(x + 2) - x^2] \, dx = 4.5.$$

例 3 求曲线 $y = e^x$ 与 $x = -1, x = 1, y = 1$ 所围平面图形的面积.

解 如图 4.18 所示,所求面积为

$$S = \int_{-1}^{0} (1 - e^x) \mathrm{d}x + \int_{0}^{1} (e^x - 1) \mathrm{d}x$$

$$= (x - e^x) \Big|_{-1}^{0} + (e^x - x) \Big|_{0}^{1} = e + e^{-1} - 2.$$

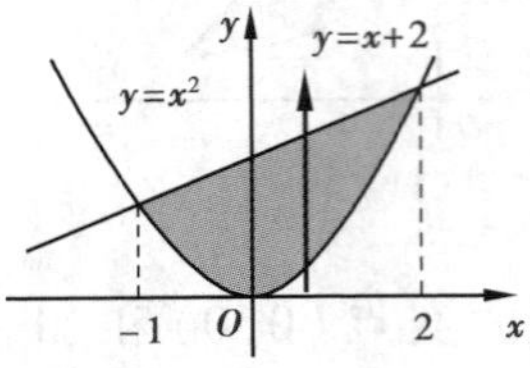

图 4.17 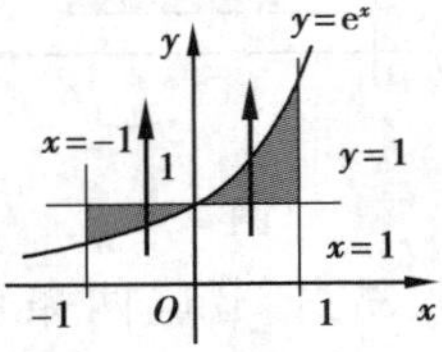　　　　　　图 4.18 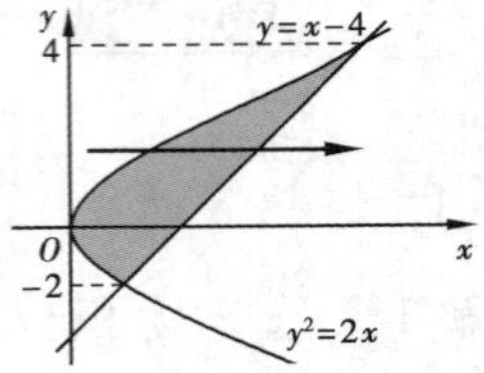　　　　　　图 4.19

例 4　求抛物线 $y^2 = 2x$ 与直线 $y = x - 4$ 所围平面图形的面积.

解 1　选 y 为积分变量,求出两条曲线的交点 $(2, -2)$ 和 $(8, 4)$.如图 4.19 所示,所求面积

$$S = \int_{-2}^{4} \left(y + 4 - \frac{1}{2}y^2 \right) \mathrm{d}y = \left[\frac{y^2}{2} + 4y - \frac{y^3}{6} \right]_{-2}^{4} = 18.$$

解 2　选 x 为积分变量,用直线 $x = 2$ 将图形分成两部分,如图 4.20 所示.直线 $x = 2$ 左侧图形的面积为

$$S_1 = \int_{0}^{2} \left[\sqrt{2x} - (-\sqrt{2x}) \right] \mathrm{d}x = 2\sqrt{2} \left[\frac{2}{3}x^{\frac{3}{2}} \right]_{0}^{2} = \frac{16}{3};$$

直线 $x = 2$ 右侧图形的面积为

$$S_2 = \int_{2}^{8} \left[\sqrt{2x} - (x - 4) \right] \mathrm{d}x = \left[\frac{2\sqrt{2}}{3}x^{\frac{3}{2}} - \frac{1}{2}x^2 + 4x \right]_{2}^{8} = \frac{38}{3}.$$

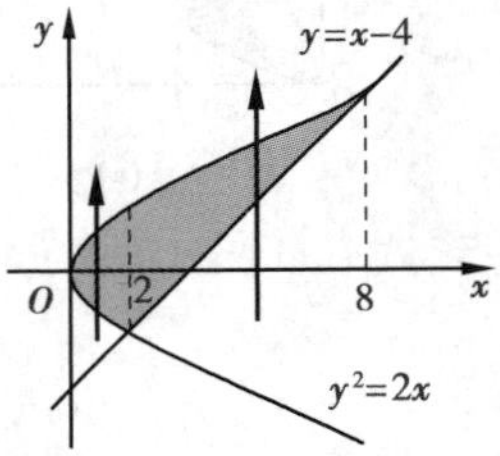

图 4.20

所求图形的面积为

$$S = S_1 + S_2 = \frac{16}{3} + \frac{38}{3} = 18.$$

例 4 说明,对选 x 做积分变量的定积分和选 y 做积分变量的定积分都可以计算平面图形的面积.选用不同的积分变量,计算的繁简程度往往相差较大.因此,求平面图形的面积时,积分变量的选择是非常重要的.

4.5.2　旋转体的体积

一个平面图形绕该平面内一条直线旋转一周而形成的立体称为**旋转体**,这条直线称为**旋转轴**.圆柱可视为由矩形绕其一条边旋转一周而形成的立体,圆锥可视为直角三角形绕其一条直角边旋转一周而形成的立体,球体可视为半圆绕其直径旋转一周而形成的立体,如图 4.21 所示.

圆柱　　　　　圆锥　　　　　圆台

图 4.21

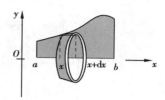

图 4.22

上述旋转体都可以看作是由平面上的连续曲线 $y=f(x)$、直线 $x=a$、直线 $x=b$ 及 x 轴所围成的图形绕 x 轴旋转一周而形成的旋转体（图 4.22），如何求该旋转体的体积呢？

类似于求曲边梯形面积的方法，"以不变代变""以直代曲"，由 $y=f(x)$ 可知，当 Δx_i 很小，即旋转体很薄时，侧面的变化会比较小，旋转体可近似看成圆柱体。第 i 个小圆柱体的体积为 $\pi[f(x_i)]^2\Delta x_i$，由定积分的思想，得：

由连续曲线 $y=f(x)$，直线 $x=a,x=b$ 及 x 轴所围成的曲边梯形绕 x 轴旋转一周而形成的旋转体的体积为

$$V_x = \lim_{\Delta x \to 0}\sum_{i=1}^{n}\pi[f(x_i)]^2\Delta x_i = \pi\int_a^b[f(x)]^2\mathrm{d}x.$$

类似地，由连续曲线 $x=\varphi(y)$，直线 $y=c,y=d$ 及 y 轴所围成的曲边梯形绕 y 轴旋转一周（图 4.23）而形成的旋转体的体积为

$$V_y = \pi\int_c^d[\varphi(y)]^2\mathrm{d}y.$$

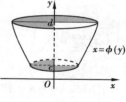

图 4.23

例 5　求圆 $x^2+y^2=a^2$ 绕 x 轴旋转一周而形成的球的体积.

解　取 $f(x)=\sqrt{a^2-x^2}$，x 为积分变量，$-a\leqslant x\leqslant a$，于是

$$V_x = \int_{-a}^{a}\pi(\sqrt{a^2-x^2})^2\mathrm{d}x = \pi\left(a^2x-\frac{x^3}{3}\right)\bigg|_{-a}^{a} = \frac{4}{3}\pi a^3.$$

所以，球的体积为 $\dfrac{4}{3}\pi a^3$.

例 6　求由抛物线 $y=x^2$，直线 $x=2$ 与 x 轴所围成的平面图形绕 x 轴、绕 y 轴旋转一周所得的旋转体的体积.

解　抛物线 $y=x^2$ 与直线 $x=2$ 的交点为 $A(2,4)$.

（1）积分变量为 x，积分区间为 $[0,2]$.抛物线 $y=x^2$ 绕 x 轴旋转而形成的旋转体的体积[图 4.24(a)]为

$$V_x = \int_0^2 \pi y^2 \, \mathrm{d}x = \int_0^2 \pi x^4 \, \mathrm{d}x = \left[\frac{\pi}{5} x^5 \right]_0^2 = \frac{32}{5} \pi.$$

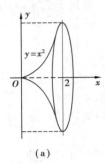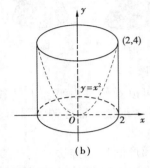

(a)　　　　　　　　　　　　(b)

图 4.24

（2）积分变量为 y，积分区间为 $[0,4]$．抛物线 $x = \sqrt{y}$ 绕 y 轴旋转而形成的旋转体的体积 [图 4.24(b)] 为

$$V_y = \int_0^4 \pi (2^2 - x^2) \, \mathrm{d}y = \int_0^4 \pi (4 - y) \, \mathrm{d}y = \pi \left(4y - \frac{1}{2} y^2 \right) \Bigg|_0^4 = 8\pi.$$

 习题 4.5

1. 求曲线 $y = \cos x$ 和 x 轴在区间 $\left[-\dfrac{\pi}{2}, \dfrac{\pi}{2} \right]$ 上所围成的图形的面积.

2. 求曲线 $y = x^2 - 2x$ 及直线 $y = x$ 所围成的平面图形的面积.

3. 求曲线 $y = x^2$，$y = (x-2)^2$ 与 x 轴围成的平面图形的面积.

4. 求由曲线 $y = \sin x$，$y = \cos x$，$x = 0$，$x = \dfrac{\pi}{2}$ 所围成的平面图形的面积.

5. 已知某物体以速度为 $v(t) = 3t^2 + 4t + 2$ 作直线运动，求该物体从 $t = 2$ 到 $t = 5$ 所经过的路程 s.

6. 用定积分求由 $y = x^2 + 1$，$y = 0$，$x = 1$，$x = 0$ 所围平面图形绕 x 轴旋转一周所得的旋转体的体积.

7. 计算椭圆 $\dfrac{x^2}{a^2} + \dfrac{y^2}{b^2} = 1$ 绕 y 轴旋转而形成的椭圆球的体积.

8. 求由曲线 $xy = 4$，直线 $x = 1$，$x = 4$，$y = 0$ 绕 x 轴旋转一周而形成的立体的体积.

项目4 任务关系结构图

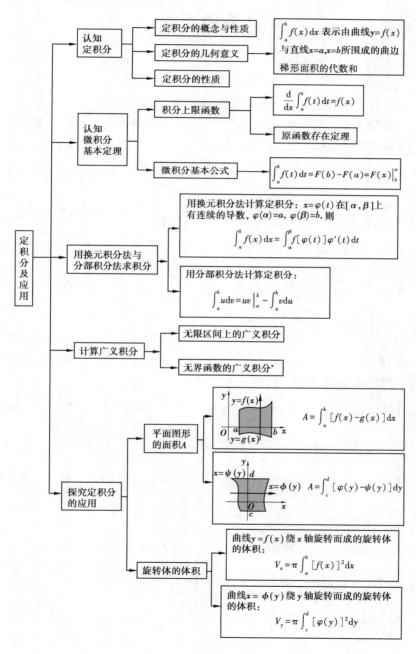

自我检测 4

一、选择题

1.函数 $f(x)$ 在闭区间 $[a,b]$ 上连续,是定积分存在的(　　　).

　　A.必要条件　　　　　B.充分条件　　　　　C.充要条件　　　　　D.无关条件

2.下列等式不正确的是(　　　).

　　A. $\dfrac{\mathrm{d}}{\mathrm{d}x}\left[\int_a^b f(x)\,\mathrm{d}x\right]=f(x)$ 　　　　B. $\dfrac{\mathrm{d}}{\mathrm{d}x}\left[\int_a^{b(x)} f(t)\,\mathrm{d}t\right]=f[b(x)]b'(x)$

　　C. $\dfrac{\mathrm{d}}{\mathrm{d}x}\left[\int_a^x f(x)\,\mathrm{d}x\right]=f(x)$ 　　　　D. $\dfrac{\mathrm{d}}{\mathrm{d}x}\left[\int_a^x F''(t)\,\mathrm{d}t\right]=F''(x)$

3. $\int_0^3 |2-x|\,\mathrm{d}x=(\quad)$.

　　A. $\dfrac{5}{2}$ 　　　　　　B. $\dfrac{1}{2}$ 　　　　　　C. $\dfrac{3}{2}$ 　　　　　　D. $\dfrac{2}{3}$

4. $\int_0^x f(t)\,\mathrm{d}t=\dfrac{x^2}{4}$,则 $\int_0^4 \dfrac{1}{\sqrt{x}}f(\sqrt{x})\,\mathrm{d}x=(\quad)$.

　　A.16 　　　　　　B.8 　　　　　　C.4 　　　　　　D.2

5.下列积分中,积分值为零的是(　　　).

　　A. $\int_{-1}^2 x\,\mathrm{d}x$ 　　　B. $\int_{-1}^1 x\cos^2 x\,\mathrm{d}x$ 　　　C. $\int_{-1}^1 x\tan x\,\mathrm{d}x$ 　　　D. $\int_{-1}^1 x^2\cos^2 x\,\mathrm{d}x$.

6.设 $f(x)$ 为 $[-a,a]$ 上的连续函数,则定积分 $\int_{-a}^a f(-x)\,\mathrm{d}x=(\qquad)$.

　　A.0 　　　　　B. $2\int_0^a f(x)\,\mathrm{d}x$ 　　　C. $-\int_{-a}^a f(x)\,\mathrm{d}x$ 　　　D. $\int_{-a}^a f(x)\,\mathrm{d}x$

7. $\dfrac{\mathrm{d}}{\mathrm{d}x}\int_0^{x^2}\cos t^2\,\mathrm{d}t=(\quad)$.

　　A. $\cos x^2$ 　　　　　B. $\sin x^2$ 　　　　　C. $2x\cos x^4$ 　　　　　D. $\cos t^2$

8.设函数 $f(x)$ 的一个原函数为 $\sin x$,则 $\int_0^{\frac{\pi}{2}} xf(x)\,\mathrm{d}x=(\quad)$.

　　A. $\dfrac{\pi}{2}+1$ 　　　　B. $\dfrac{\pi}{2}$ 　　　　C. $\dfrac{\pi}{2}-1$ 　　　　D.0

9. $\int_0^{+\infty} e^{-x} dx = ($) .

    A.不收敛   B.1   C.−1   D.0

10. 由曲线 $y = x^2$,直线 $x = -1$, $x = 1$, $y = 0$ 所围成的平面图形的面积 $= ($) .

    A. $\int_{-1}^1 x^2 dx$ B. $\int_0^1 x^2 dx$ C. $\int_0^1 \sqrt{y} dy$ D.$2\int_0^1 \sqrt{y} dy$

二、填空题

1. 设 $f(x)$ 在 $[a,b]$ 上连续,则 $\int_a^b f(x) dx - \int_a^b f(t) dt = $ _____.

2. $\dfrac{d}{dx} \int_1^2 \dfrac{\sin x}{x} dx = $ _____.

3. $\lim\limits_{x \to 0} \dfrac{\int_0^x \sin t \, dt}{x^2} = $ _____.

4. $\int_a^x f'(x) dx = $ _____.

5. 函数 $f(x) = \sqrt{1-x^2}$ 在闭区间 $[-1,1]$ 上的平均值为 _____.

6. $\int_0^2 \max\{x^2, x\} dx = $ _____.

7. $\int_{-10}^{10} \dfrac{\sin^3 x}{x^2+1} dx = $ _____.

8. $\int_1^{+\infty} \dfrac{dx}{x^4} = $ _____.

9. 设 $f(x)$ 连续,且 $\int_0^{x^3-1} f(t) dt = x$,则 $f(26) = $ _____.

10. 函数 $F(x) = \int_1^x \left(3 - \dfrac{1}{\sqrt{t}}\right) dt$ $(x>0)$ 的单调减少的区间为 _____.

三、解答题

1. 比较 $\int_1^2 \ln x \, dx$ 与 $\int_1^2 (1+x) dx$ 的大小.

2. 求下列函数的导数:

(1) $\int_0^x \sqrt{1+\cos t} \, dt$ (2) $\int_x^3 \dfrac{\sin t}{\sqrt{1+t^2}} dt$ (3) $y = \int_{-\sqrt{x}}^{\sqrt{x}} \dfrac{1}{\sqrt{2\pi}} e^{-\frac{t^2}{2}} dt$

3. 计算下列定积分:

（1）$\int_0^1 \arctan x\,dx$　　　（2）$\int_0^{\frac{1}{2}} \frac{2x+1}{\sqrt{1-x^2}}\,dx$　　　（3）$\int_0^{\ln 2} \frac{e^x}{1+e^{2x}}\,dx$

（4）$\int_0^3 \frac{x}{\sqrt{1+x}}\,dx$　　　（5）$\int_{\frac{1}{e}}^{e} |\ln x|\,dx$　　　（6）$\int_{-\infty}^0 xe^x\,dx$

（7）$\int_0^{\ln 2} \sqrt{e^x-1}\,dx$　　　（8）$\int_1^{e^2} \frac{1}{x(1+3\ln x)}\,dx$

4.设 $f(x)$ 是连续函数,且 $f(x)=x+3\int_0^1 f(t)\,dt$,求 $f(x)$.

5.设函数 $f(x)$ 在 $[a,b]$ 上连续,且 $f(x)>0$, $F(x)=\int_a^x f(t)\,dt+\int_b^x \frac{1}{f(t)}\,dt$,求证 $F(x)$ 在 $[a,b]$ 上单调增加.

6.已知 $f(0)=1,f(2)=3,f'(2)=5$,计算 $\int_0^1 xf''(2x)\,dx$.

7. 设函数 $f(x)$ 在 $[0,1]$ 上连续,在 $(0,1)$ 内可导,且 $4\int_{\frac{3}{4}}^1 f(x)\,dx=f(0)$.证明在 $(0,1)$ 内存在一点 ζ,使 $f'(\zeta)=0$.

8.设 $f(x)=\begin{cases} 3x^2, & 0\le x<1 \\ 5-2x, & 1\le x\le 2 \end{cases}$,$F(x)=\int_0^x f(t)\,dt$,$0\le x\le 2$,求 $F(x)$,并讨论 $F(x)$ 的连续性.

9.求由抛物线 $y^2=\dfrac{x}{2}$ 与直线 $x-2y=4$ 所围成的图形的面积.

10.计算 $y=e^{-x}$ 与直线 $y=0$ 之间位于第一象限内的平面图形绕 x 轴旋转一周所得的旋转体的体积.

项目5　线性代数

【知识目标】

1.理解行列式的概念及性质;能运用行列式的概念和性质计算行列式;掌握运用克莱姆法则求解线性方程组.

2.理解矩阵的概念性质及运算等规则;理解矩阵的初等变换、矩阵秩的概念.

3.理解逆矩阵的概念.

4.理解线性方程组解的性质、解的结构、解的判定定理.

【技能目标】

1.能用克莱姆法则求解线性方程组.

2.会求矩阵的加法、数乘、乘法运算,会求矩阵的初等变换、矩阵秩及矩阵的逆,会解矩阵方程.

3.会求线性方程组的通解.

4.会使用矩阵方法建立数学模型解决实际问题.

【相关链接】

图像的淡入淡出、模拟人生中的游戏场景、模拟仿真中的发动机的运作情况等特效,都与矩阵运算密切相关.当矩阵赋予元素实际意义时就能用于解决实际问题.实际上,图像是由规则排列的像素点组成的二维数组,每个像素点有自己的颜色值,因此图像可以用矩阵来表示.矩阵的一个重要应用或几何意义是可以用来表示三维空间中的变换.特效中的动作的变换对应着矩阵的变换.

【推荐资料】

[1]童若锋.计算机中的数学[06]_《线性代数(一):矩阵计算》[OL].
http://v.youku.com/v_show/id_XNTgyNjQ1ODgw.html? f=19476662

115

这个 vedio 介绍矩阵运算的意义与作用.

[2]蔡登.计算机中的数学[07]_《线性代数(二):矩阵秩等概念》[OL].

http://v.youku.com/v_show/id_XNTgyNjQ2Njc2.html? f=19476662

这个 vedio 介绍矩阵的线性组合和矩阵的秩在图形恢复与识别中的应用.

[3]郝志峰.线性代数故事会[OL].

http://wenku.baidu.com/view/2ea72c223169a4517623a304.html

这个讲座通过数学模型融入线性代数的尝试,研究以讲故事的方式,体会、理解"基础解系、线性方程组、线性变换、矩阵乘法"等一系列代数的基本思想和方法.

[4]林世飞.人工智能算法-优化算法 [OL].

http://blog.csdn.net/soso_blog/article/details/5815635

用向量、矩阵、方程组的方法介绍常用的 4 种优化算法:随机搜索、爬山法、退火法、遗传算法.

【案例导入】剑桥减肥食谱

剑桥减肥食谱流行于 20 世纪 80 年代,数百万人使用这份食谱快速且有效地减轻了体重.

表 5.1 是该食谱中 3 种食物每 100 g 成分所含有某些营养素的数量. 试求人们为保持体重,每天应食多少脱脂牛奶、大豆粉和乳清,使人体所需的蛋白质、碳水化合物和脂肪的含量达到表 5.1 的标准?

表 5.1

营养素/g	每 100 g 成分所含营养素			剑桥食谱每天供应量/g
	脱脂牛奶	大豆粉	乳清	
蛋白质	36	51	13	33
碳水化合物	52	34	74	45
脂肪	0	7	1.1	3

本项目主要介绍研究线性代数的重要工具—行列式和矩阵,并探讨它们的应用即线性方程组的求解问题.

任务 5.1　认知行列式

行列式在线性代数中是一个基本工具,研究许多问题都需要用到它.

5.1.1　二阶与三阶行列式

1)二阶行列式

定义 1　由 2^2 个数组成的记号

$$\begin{vmatrix} a_{11} & a_{12} \\ a_{21} & a_{22} \end{vmatrix}$$

表示数值 $a_{11}a_{22}-a_{12}a_{21}$,称为**二阶行列式**,用 D 表示,即

$$D=\begin{vmatrix} a_{11} & a_{12} \\ a_{21} & a_{22} \end{vmatrix}=a_{11}a_{22}-a_{12}a_{21}.$$

其中 $a_{11},a_{12},a_{21},a_{22}$ 称为二阶行列式的**元素**,简称为**元**.横排称**行**,竖排称**列**.

主对角线:从左上角到右下角的对角线;**次对角线**:从右上角到左下角的对角线.

2)三阶行列式

定义 2　由 3^2 个数组成的记号

$$\begin{vmatrix} a_{11} & a_{12} & a_{13} \\ a_{21} & a_{22} & a_{23} \\ a_{31} & a_{32} & a_{33} \end{vmatrix}$$

表示数值

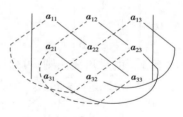

图 5.1

$$a_{11}\begin{vmatrix} a_{22} & a_{23} \\ a_{32} & a_{33} \end{vmatrix}-a_{12}\begin{vmatrix} a_{21} & a_{23} \\ a_{31} & a_{33} \end{vmatrix}+a_{13}\begin{vmatrix} a_{21} & a_{22} \\ a_{31} & a_{32} \end{vmatrix}$$

称为**三阶行列式**,用 D 表示. $a_{ij}(i,j=1,2,3)$ 称为三阶行列式的第 i 行第 j 列**元素**,简称为第 (i,j) 元.

即

$$D = \begin{vmatrix} a_{11} & a_{12} & a_{13} \\ a_{21} & a_{22} & a_{23} \\ a_{31} & a_{32} & a_{33} \end{vmatrix} = a_{11} \begin{vmatrix} a_{22} & a_{23} \\ a_{32} & a_{33} \end{vmatrix} - a_{12} \begin{vmatrix} a_{21} & a_{23} \\ a_{31} & a_{33} \end{vmatrix} + a_{13} \begin{vmatrix} a_{21} & a_{22} \\ a_{31} & a_{32} \end{vmatrix}$$

$$= a_{11}a_{22}a_{33} + a_{12}a_{23}a_{31} + a_{13}a_{21}a_{32} - a_{13}a_{22}a_{31} - a_{12}a_{21}a_{33} - a_{11}a_{23}a_{32}.$$

如图 5.1 所示,实连线的 3 个元素之积带正号,虚连线的 3 个元素之积带负号,再求和,这种运算称为三阶行列式的**对角线法则**.

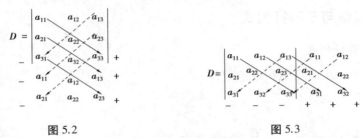

图 5.2　　　　　　　　　　　　图 5.3

若将三阶行列式 D 的第一、二行依次写在 D 的下方(图 5.2),或将三阶行列式 D 的第一、二列依次写在 D 的右边(图 5.3);然后实连线的 3 个元素之积带正号,虚连线的 3 个元素之积带负号,这种运算称为三阶行列式的**沙路法则**.

　　注　对角线法则与沙路法则只适用于二阶行列式与三阶行列式.

　　例 1　计算三阶行列式

$$D = \begin{vmatrix} 2 & 1 & 2 \\ -4 & 3 & 1 \\ 2 & 3 & 5 \end{vmatrix}.$$

　　解 1　由对角线法则,可得

$$= 2 \times 3 \times 5 + 1 \times 1 \times 2 + (-4) \times 3 \times 2 - 2 \times 3 \times 2 - 2 \times 3 \times 1 - 1 \times (-4) \times 5 = 10.$$

　　解 2　由沙路法则,可得

$$D = \begin{vmatrix} 2 & 1 & 2 & 2 & 1 \\ -4 & 3 & 1 & -4 & 3 \\ 2 & 3 & 5 & 2 & 3 \end{vmatrix}$$

$$= 2 \times 3 \times 5 + 1 \times 1 \times 2 + 2 \times (-4) \times 3 - 2 \times 3 \times 2 - 2 \times 1 \times 3 - 1 \times (-4) \times 5 = 10.$$

5.1.2 n 阶行列式定义

定义 3 由 n^2 个数组成的记号

$$D = \begin{vmatrix} a_{11} & a_{12} & \cdots & a_{1n} \\ a_{21} & a_{22} & \cdots & a_{2n} \\ \vdots & \vdots & & \vdots \\ a_{n1} & a_{n2} & \cdots & a_{nn} \end{vmatrix}$$

表示数值

$$(-1)^{1+1} a_{11} \begin{vmatrix} a_{22} & a_{23} & \cdots & a_{2n} \\ a_{32} & a_{33} & \cdots & a_{3n} \\ \vdots & \vdots & & \vdots \\ a_{n2} & a_{n3} & \cdots & a_{nn} \end{vmatrix} + (-1)^{1+2} a_{12} \begin{vmatrix} a_{21} & a_{23} & \cdots & a_{2n} \\ a_{31} & a_{33} & \cdots & a_{3n} \\ \vdots & \vdots & & \vdots \\ a_{n1} & a_{n3} & \cdots & a_{nn} \end{vmatrix}$$

$$+ \cdots + (-1)^{1+n} a_{1n} \begin{vmatrix} a_{21} & a_{22} & \cdots & a_{2,n-1} \\ a_{31} & a_{32} & \cdots & a_{3,n-1} \\ \vdots & \vdots & & \vdots \\ a_{n1} & a_{n2} & \cdots & a_{n,n-1} \end{vmatrix}$$

称为 **n 阶行列式**.其中数 $a_{ij}(i=1,2,\cdots,n;j=1,2,\cdots n)$ 称为 n 阶行列式的第 i 行第 j 列**元素**.

例 2 计算下三角形行列式的值：

$$D = \begin{vmatrix} a_{11} & 0 & \cdots & 0 \\ a_{21} & a_{22} & \cdots & 0 \\ \vdots & \vdots & & \vdots \\ a_{n1} & a_{n2} & \cdots & a_{nn} \end{vmatrix}.$$

解 根据定义,有

$$D = \begin{vmatrix} a_{11} & 0 & \cdots & 0 \\ a_{21} & a_{22} & \cdots & 0 \\ \vdots & \vdots & & \vdots \\ a_{n1} & a_{n2} & \cdots & a_{nn} \end{vmatrix} = (-1)^{1+1} a_{11} \begin{vmatrix} a_{22} & 0 & \cdots & 0 \\ a_{32} & a_{33} & \cdots & 0 \\ \vdots & \vdots & & \vdots \\ a_{n2} & a_{n3} & \cdots & a_{nn} \end{vmatrix}$$

$$= a_{11} a_{22} (-1)^{1+1} \begin{vmatrix} a_{33} & 0 & \cdots & 0 \\ a_{43} & a_{44} & \cdots & 0 \\ \vdots & \vdots & & \vdots \\ a_{n3} & a_{n4} & \cdots & a_{nn} \end{vmatrix} = \cdots = a_{11} a_{22} \cdots a_{nn}.$$

5.1.3　行列式的性质

定义 4　记

$$
D = \begin{vmatrix} a_{11} & a_{12} & \cdots & a_{1n} \\ a_{21} & a_{22} & \cdots & a_{2n} \\ \vdots & \vdots & & \vdots \\ a_{n1} & a_{n2} & \cdots & a_{nn} \end{vmatrix}, \quad D^T = \begin{vmatrix} a_{11} & a_{21} & \cdots & a_{n1} \\ a_{12} & a_{22} & \cdots & a_{n2} \\ \vdots & \vdots & & \vdots \\ a_{1n} & a_{2n} & \cdots & a_{nn} \end{vmatrix}
$$

行列式 D^T 称为行列式 D 的**转置行列式**.

性质 1（转置性质）　行列式转置后值不变.

例 3　计算上三角形行列式的值：

$$
D = \begin{vmatrix} a_{11} & a_{12} & \cdots & a_{1n} \\ 0 & a_{22} & \cdots & a_{2n} \\ \vdots & \vdots & & \vdots \\ 0 & 0 & \cdots & a_{nn} \end{vmatrix}.
$$

解　利用性质 1，可得

$$
D = \begin{vmatrix} a_{11} & 0 & \cdots & 0 \\ a_{12} & a_{22} & \cdots & 0 \\ \vdots & \vdots & & \vdots \\ a_{1n} & a_{2n} & \cdots & a_{nn} \end{vmatrix} = a_{11}a_{22}\cdots a_{nn}.
$$

性质 2（互换性质）　互换行列式的两行（列），行列式的值改变符号.例如，

$$
\begin{vmatrix} a_{11} & a_{12} & \cdots & a_{1n} \\ \vdots & \vdots & & \vdots \\ a_{i1} & a_{i2} & \cdots & a_{in} \\ \vdots & \vdots & & \vdots \\ a_{j1} & a_{j2} & \cdots & a_{jn} \\ \vdots & \vdots & & \vdots \\ a_{n1} & a_{n2} & \cdots & a_{nn} \end{vmatrix} = - \begin{vmatrix} a_{11} & a_{12} & \cdots & a_{1n} \\ \vdots & \vdots & & \vdots \\ a_{j1} & a_{j2} & \cdots & a_{jn} \\ \vdots & \vdots & & \vdots \\ a_{i1} & a_{i2} & \cdots & a_{in} \\ \vdots & \vdots & & \vdots \\ a_{n1} & a_{n2} & \cdots & a_{nn} \end{vmatrix}
$$

引入记号：$r_i \leftrightarrow r_j (c_i \leftrightarrow c_j)$ 表示交换行列式的第 i，第 j 行（列）.

推论　行列式有两行（列）元素完全相同，则其值为 0.

性质 3（倍乘性质）　行列式的某一行（列）中所有元素都乘以同一个数 k，等于用 k 乘此行列式.

$$\begin{vmatrix} a_{11} & a_{12} & \cdots & a_{1n} \\ a_{21} & a_{22} & \cdots & a_{2n} \\ \vdots & \vdots & & \vdots \\ ka_{i1} & ka_{i2} & \cdots & ka_{in} \\ \vdots & \vdots & & \vdots \\ a_{1n} & a_{2n} & \cdots & a_{nn} \end{vmatrix} = k \times \begin{vmatrix} a_{11} & a_{12} & \cdots & a_{1n} \\ a_{21} & a_{22} & \cdots & a_{2n} \\ \vdots & \vdots & & \vdots \\ a_{i1} & a_{i2} & \cdots & a_{in} \\ \vdots & \vdots & & \vdots \\ a_{1n} & a_{2n} & \cdots & a_{nn} \end{vmatrix}$$

引入记号:行列式的第 i 行(列)乘以数 k,记作 $r_i \times k$ ($c_i \times k$).

推论 行列式中某一行(列)的所有元素的公因子可以提到行列式的符号之外.

引入记号:行列式的第 i 行(列)提出公因子 k 可记作 $r_i \div k$ ($c_i \div k$).

性质4(比例性质) 行列式中如果有两行(列)元素成比例,则此行列式等于0.

例如,$\begin{vmatrix} 1 & 2 & 3 \\ 2 & 4 & 6 \\ -1 & 5 & 7 \end{vmatrix} = 0$(第一、二行成比例);$\begin{vmatrix} 1 & 2 & 3 \\ 3 & 6 & 6 \\ -2 & -4 & 7 \end{vmatrix} = 0$(第一、二列成比例).

性质5(和性质) 若 D 的某一行(列)的元素都是两数之和,则 D 等于相应两个行列式之和.

例如,

$$D = \begin{vmatrix} a_{11} & a_{12} & \cdots & a_{1i}+a_{1i}' & \cdots & a_{1n} \\ a_{21} & a_{22} & \cdots & a_{2i}+a_{2i}' & \cdots & a_{2n} \\ \vdots & \vdots & & \vdots & & \vdots \\ a_{n1} & a_{n2} & \cdots & a_{ni}+a_{ni}' & \cdots & a_{nn} \end{vmatrix}$$

$$= \begin{vmatrix} a_{11} & a_{12} & \cdots & a_{1i} & \cdots & a_{1n} \\ a_{21} & a_{22} & \cdots & a_{2i} & \cdots & a_{2n} \\ \vdots & \vdots & & \vdots & & \vdots \\ a_{n1} & a_{n2} & \cdots & a_{ni} & \cdots & a_{nn} \end{vmatrix} + \begin{vmatrix} a_{11} & a_{12} & \cdots & a_{1i}' & \cdots & a_{1n} \\ a_{21} & a_{22} & \cdots & a_{2i}' & \cdots & a_{2n} \\ \vdots & \vdots & & \vdots & & \vdots \\ a_{n1} & a_{n2} & \cdots & a_{ni}' & \cdots & a_{nn} \end{vmatrix}.$$

特别提示:一般地,$\begin{vmatrix} a_{11}+b_{11} & a_{12}+b_{12} \\ a_{21}+b_{21} & a_{22}+b_{22} \end{vmatrix} \neq \begin{vmatrix} a_{11} & a_{12} \\ a_{21} & a_{22} \end{vmatrix} + \begin{vmatrix} b_{11} & b_{12} \\ b_{21} & b_{22} \end{vmatrix}.$

例4 计算行列式 $D = \begin{vmatrix} 103 & 100 & 204 \\ 199 & 200 & 395 \\ 301 & 300 & 600 \end{vmatrix}$.

解 $D \xrightarrow{\text{拆} c_1} \begin{vmatrix} 100 & 100 & 204 \\ 200 & 200 & 395 \\ 300 & 300 & 600 \end{vmatrix} + \begin{vmatrix} 3 & 100 & 204 \\ -1 & 200 & 395 \\ 1 & 300 & 600 \end{vmatrix}$

$\xrightarrow{\text{拆} c_3} 0 + \begin{vmatrix} 3 & 100 & 4 \\ -1 & 200 & -5 \\ 1 & 300 & 0 \end{vmatrix} + \begin{vmatrix} 3 & 100 & 200 \\ -1 & 200 & 400 \\ 1 & 300 & 600 \end{vmatrix} = 100 \begin{vmatrix} 3 & 1 & 4 \\ -1 & 2 & -5 \\ 1 & 3 & 0 \end{vmatrix} = 2\,000.$

性质 6(倍加性质) 把 D 式的某行(列)的各元素乘以同一数加到另一行(列)上去,其值不变.

例如,

$$\begin{vmatrix} a_{11} & a_{12} & \cdots & a_{1n} \\ \vdots & \vdots & & \vdots \\ a_{i1} & a_{i2} & \cdots & a_{in} \\ \vdots & \vdots & & \vdots \\ a_{j1} & a_{j2} & \cdots & a_{jn} \\ \vdots & \vdots & & \vdots \\ a_{n1} & a_{n2} & \cdots & a_{nn} \end{vmatrix} = \begin{vmatrix} a_{11} & a_{12} & \cdots & a_{1n} \\ \vdots & \vdots & & \vdots \\ a_{i1}+ka_{j1} & a_{i2}+ka_{j2} & \cdots & a_{in}+ka_{jn} \\ \vdots & \vdots & & \vdots \\ a_{j1} & a_{j2} & \cdots & a_{jn} \\ \vdots & \vdots & & \vdots \\ a_{n1} & a_{n2} & \cdots & a_{nn} \end{vmatrix}$$

引入记号:以数 k 乘第 j 行(列)加到第 i 行(列)上去,记作 $r_i+kr_j(c_i+kc_j)$.

注:r_i+kr_j 不能写作 kr_j+r_i,它们含义不同.

定义 5 在 n 阶行列式中,把元素 a_{ij} 所在的第 i 行和第 j 列划去后,余下的 $n-1$ 阶行列式叫做元素 a_{ij} 的**余子式**,记作 M_{ij},即

$$M_{ij} = \begin{vmatrix} a_{11} & \cdots & a_{1,j-1} & a_{1,j+1} & \cdots & a_{1n} \\ \vdots & & \vdots & \vdots & & \vdots \\ a_{i-1,1} & \cdots & a_{i-1,j-1} & a_{i-1,j+1} & \cdots & a_{i-1,n} \\ a_{i+1,1} & \cdots & a_{i+1,j-1} & a_{i+1,j+1} & \cdots & a_{i+1,n} \\ \vdots & & \vdots & \vdots & & \vdots \\ a_{n1} & \cdots & a_{n,j-1} & a_{n,j+1} & \cdots & a_{nn} \end{vmatrix}$$

称 $A_{ij} = (-1)^{i+j}M_{ij}$ 为元素 a_{ij} 的**代数余子式**.

例 5 写出四阶行列式

$$\begin{vmatrix} 3 & -1 & 0 & 7 \\ 1 & 0 & 1 & 5 \\ 2 & 3 & -3 & 1 \\ 0 & 0 & 1 & -2 \end{vmatrix}$$

的元素 a_{32} 的余子式和代数余子式.

解 元素 a_{32} 的余子式是划去第 3 行和第 2 列后,余下的元素按原来顺序组成的一个 3 阶行列式,而元素 a_{32} 的代数余子式 A_{32} 为余子式 M_{32} 前面加一个符号因子,即

$$M_{32} = \begin{vmatrix} 3 & 0 & 7 \\ 1 & 1 & 5 \\ 0 & 1 & -2 \end{vmatrix}, A_{32} = (-1)^{3+2}M_{32} = -\begin{vmatrix} 3 & 0 & 7 \\ 1 & 1 & 5 \\ 0 & 1 & -2 \end{vmatrix}.$$

性质 7(行列式展开性质) 设 n 阶行列式

$$D = \begin{vmatrix} a_{11} & a_{12} & \cdots & a_{1n} \\ a_{21} & a_{22} & \cdots & a_{2n} \\ \vdots & \vdots & & \vdots \\ a_{n1} & a_{n2} & \cdots & a_{nn} \end{vmatrix}$$

(1)行列式 D 等于它的任意一行(列)的各元素与其对应的代数余子式的乘积之和.即

(按第 i 行展开) $D = a_{i1}A_{i1} + a_{i2}A_{i2} + \cdots a_{in}A_{in} = \sum_{k=1}^{n} a_{ik}A_{ik}$, $i = 1, 2, \cdots, n$,

或

(按第 j 列展开) $D = a_{1j}A_{1j} + a_{2j}A_{2j} + \cdots a_{nj}A_{nj} = \sum_{k=1}^{n} a_{kj}A_{kj}$, $j = 1, 2, \cdots, n$.

(2)行列式 D 的某一行(列)的元素与另一行(列)对应元素的代数余子式乘积之和等于 0,即

$$a_{i1}A_{k1} + a_{i2}A_{k2} + \cdots + a_{in}A_{kn} = 0 \quad (i \neq k),$$

或

$$a_{1j}A_{1s} + a_{2j}A_{2s} + \cdots + a_{nj}A_{ns} = 0 \quad (j \neq s).$$

注 ①性质 1 表明在行列式中行与列所处的地位是相同的,凡是对行成立的命题对列也成立.

②性质 6 对于简化行列式很重要,因此在计算高阶行列式时常常用到,但利用该性质时要注意:

某一行(列)元素的 k 倍只能加到"另"一行(列)上,不可加到本行(列)上;

在一次变换完成后才可以进行第二次变换,切不可将第 i 行的 k 倍加到第 j 行,同时将原来第 j 行的 k 倍加到第 i 行.

③在运用性质 7 时,常常是按非零元素少的那一行(列)展开,以简化计算,另外在计算时不要漏掉因子.

习题 5.1

1.计算下列行列式的值:

(1) $\begin{vmatrix} 1 & 2 & 3 \\ -1 & 0 & 2 \\ 1 & 1 & -1 \end{vmatrix}$;

(2) $\begin{vmatrix} 1 & 1 & -2 \\ -3 & 1 & 4 \\ 2 & 0 & 1 \end{vmatrix}$;

(3) $\begin{vmatrix} -2 & 3 & 2 & 4 \\ 1 & -2 & 3 & 2 \\ 3 & 2 & 3 & 4 \\ 0 & 4 & -2 & 5 \end{vmatrix}$;

(4) $\begin{vmatrix} 2 & -5 & 1 & 2 \\ -3 & 7 & -1 & 4 \\ 5 & -9 & 2 & 7 \\ 4 & -6 & 1 & 2 \end{vmatrix}$.

2.求行列式

$$\begin{vmatrix} 1 & 2 & -3 & a \\ 2 & 3 & 7 & 0 \\ 4 & b & -3 & -2 \\ 1 & 2 & 3 & 5 \end{vmatrix}$$

中元素 a 的余子式,元素 b 的代数余子式.

3.解方程 $\begin{vmatrix} 1 & 1 & 1 \\ 2 & 3 & x \\ 4 & 9 & x^2 \end{vmatrix} = 0$.

任务 5.2 计算行列式与用克莱姆法则解方程组

5.2.1 n 阶行列式的计算

行列式的计算方法很多,这里介绍常用的两种方法.

1)"降阶法"——按行列式的某行(或列)展开法

例 1 计算行列式

$$D = \begin{vmatrix} 5 & 1 & -1 & 1 \\ -11 & 1 & 3 & -1 \\ 0 & 0 & 1 & 0 \\ -5 & -5 & 3 & 0 \end{vmatrix}.$$

解　注意到第三行只有一个元素非零,按第三行展开,得

$$D = \begin{vmatrix} 5 & 1 & -1 & 1 \\ -11 & 1 & 3 & -1 \\ 0 & 0 & 1 & 0 \\ -5 & -5 & 3 & 0 \end{vmatrix} = 1 \times (-1)^{3+3} \times \begin{vmatrix} 5 & 1 & 1 \\ -11 & 1 & -1 \\ -5 & -5 & 0 \end{vmatrix}$$

$$\xrightarrow{r_2 + r_1} \begin{vmatrix} 5 & 1 & 1 \\ -6 & 2 & 0 \\ -5 & -5 & 0 \end{vmatrix} \quad (\text{第三列只有一个元素非零,按第三列展开})$$

$$= 1 \times (-1)^{1+3} \begin{vmatrix} -6 & 2 \\ -5 & -5 \end{vmatrix} = 40.$$

2)"化三角形法"——化为上(或下)三角形

利用

$$\begin{vmatrix} a_{11} & a_{12} & \cdots & a_{1n} \\ & a_{22} & \cdots & a_{2n} \\ & & \ddots & \vdots \\ & & & a_{nn} \end{vmatrix} = a_{11}a_{22}\cdots a_{nn}, \text{或} \begin{vmatrix} a_{11} & & & \\ a_{21} & a_{22} & & \\ \vdots & & \ddots & \\ a_{n1} & a_{n2} & \cdots & a_{nn} \end{vmatrix} = a_{11}a_{22}\cdots a_{nn}$$

例2　计算 $D = \begin{vmatrix} 3 & 1 & 1 & 1 \\ 1 & 3 & 1 & 1 \\ 1 & 1 & 3 & 1 \\ 1 & 1 & 1 & 3 \end{vmatrix}.$

解1　行(列)和相等,列(行)相加:第2,3,4列都加到第一列

$$D = \begin{vmatrix} 3 & 1 & 1 & 1 \\ 1 & 3 & 1 & 1 \\ 1 & 1 & 3 & 1 \\ 1 & 1 & 1 & 3 \end{vmatrix} = \begin{vmatrix} 6 & 1 & 1 & 1 \\ 6 & 3 & 1 & 1 \\ 6 & 1 & 3 & 1 \\ 6 & 1 & 1 & 3 \end{vmatrix} = 6 \begin{vmatrix} 1 & 1 & 1 & 1 \\ 1 & 3 & 1 & 1 \\ 1 & 1 & 3 & 1 \\ 1 & 1 & 1 & 3 \end{vmatrix} \quad (\text{第一行乘以} -1 \text{分别}$$

加到第2,3,4行)

$$= 6 \begin{vmatrix} 1 & 1 & 1 & 1 \\ 0 & 2 & 0 & 0 \\ 0 & 0 & 2 & 0 \\ 0 & 0 & 0 & 2 \end{vmatrix} = 48.$$

解 2　注意到非主对角元都是 1,第一行乘以 -1 分别加到第 2,3,4 行,就产生许多 0,更主要的是,此时行列式形如,

这种行列式,称为"**爪型行列式**",可以根据主对角元的元素化去爪的一支,化为上(下)三角行列式求解.

$$D = \begin{vmatrix} 3 & 1 & 1 & 1 \\ 1 & 3 & 1 & 1 \\ 1 & 1 & 3 & 1 \\ 1 & 1 & 1 & 3 \end{vmatrix} \quad (\text{第一行乘以} -1 \text{分别加到第} 2,3,4 \text{行})$$

$$= \begin{vmatrix} 3 & 1 & 1 & 1 \\ -2 & 2 & 0 & 0 \\ -2 & 0 & 2 & 0 \\ -2 & 0 & 0 & 2 \end{vmatrix} \quad (\text{爪型行列式})$$

$$\xrightarrow{c_1+c_2} \begin{vmatrix} 3+1 & 1 & 1 & 1 \\ 0 & 2 & 0 & 0 \\ -2 & 0 & 2 & 0 \\ -2 & 0 & 0 & 2 \end{vmatrix} \xrightarrow{c_1+c_3} \begin{vmatrix} 3+1+1 & 1 & 1 & 1 \\ 0 & 2 & 0 & 0 \\ 0 & 0 & 2 & 0 \\ -2 & 0 & 0 & 2 \end{vmatrix} \xrightarrow{c_1+c_4} \begin{vmatrix} 3+1+1+1 & 1 & 1 & 1 \\ 0 & 2 & 0 & 0 \\ 0 & 0 & 2 & 0 \\ 0 & 0 & 0 & 2 \end{vmatrix} = 48.$$

5.2.2　用克莱姆(Cramer)法则解方程组

设含有两个未知数 x_1、x_2 的二元线性方程组的一般式为

$$\begin{cases} a_{11}x_1 + a_{12}x_2 = b_1 \\ a_{21}x_1 + a_{22}x_2 = b_2 \end{cases}$$

用消元法解得:

$$(a_{11}a_{22} - a_{12}a_{21})x_1 = b_1 a_{22} - a_{12} b_2,$$

$$(a_{11}a_{22} - a_{12}a_{21})x_2 = a_{11} b_2 - b_1 a_{21}.$$

当 $a_{11}a_{22} - a_{12}a_{21} \neq 0$ 时,则方程组的解为

$$x_1 = \frac{b_1 a_{22} - a_{12} b_2}{a_{11} a_{22} - a_{12} a_{21}}, \quad x_2 = \frac{a_{11} b_2 - b_1 a_{21}}{a_{11} a_{22} - a_{12} a_{21}}.$$

记

$$D = \begin{vmatrix} a_{11} & a_{12} \\ a_{21} & a_{22} \end{vmatrix}, \quad D_1 = \begin{vmatrix} b_1 & a_{12} \\ b_2 & a_{22} \end{vmatrix}, \quad D_2 = \begin{vmatrix} a_{11} & b_1 \\ a_{21} & b_2 \end{vmatrix}.$$

当 $D \neq 0$ 时,线性方程组的解可以写成

$$x_1 = \frac{D_1}{D} = \frac{\begin{vmatrix} b_1 & a_{12} \\ b_2 & a_{22} \end{vmatrix}}{\begin{vmatrix} a_{11} & a_{12} \\ a_{21} & a_{22} \end{vmatrix}}, \quad x_2 = \frac{D_2}{D} = \frac{\begin{vmatrix} a_{11} & b_1 \\ a_{21} & b_2 \end{vmatrix}}{\begin{vmatrix} a_{11} & a_{12} \\ a_{21} & a_{22} \end{vmatrix}}.$$

例3 用行列式解线性方程组

$$\begin{cases} 3x_1 + 2x_2 = 5 \\ x_1 - 4x_2 = -3 \end{cases}.$$

解 因为 $D = \begin{vmatrix} 3 & 2 \\ 1 & -4 \end{vmatrix} = 3 \times (-4) - 2 \times 1 = -14 \neq 0$,

$$D_1 = \begin{vmatrix} 5 & 2 \\ -3 & -4 \end{vmatrix} = 5 \times (-4) - 2 \times (-3) = -14,$$

$$D_2 = \begin{vmatrix} 3 & 5 \\ 1 & -3 \end{vmatrix} = 3 \times (-3) - 5 \times 1 = -14,$$

所以线性方程组的解为

$$x_1 = \frac{D_1}{D} = 1, \quad x_2 = \frac{D_2}{D} = 1.$$

将二元一次线性方程组解的结果推广到 n 元线性方程组(Ⅰ),即可得到利用行列式求解线性方程组(Ⅰ)的方法.

n 个方程的 n 元线性方程组的一般形式为

$$\begin{cases} a_{11}x_1 + a_{12}x_2 + \cdots + a_{1n}x_n = b_1 \\ a_{21}x_1 + a_{22}x_2 + \cdots + a_{2n}x_n = b_2 \\ \vdots \quad \vdots \quad \vdots \quad \quad \vdots \\ a_{n1}x_1 + a_{n2}x_2 + \cdots + a_{nn}x_n = b_n \end{cases} \quad (Ⅰ)$$

称

$$D = \begin{vmatrix} a_{11} & a_{12} & \cdots & a_{1n} \\ a_{21} & a_{22} & \cdots & a_{2n} \\ \vdots & \vdots & & \vdots \\ a_{n1} & a_{n2} & \cdots & a_{nn} \end{vmatrix}$$

为线性方程组（Ⅰ）的**系数行列式**.

定理（克莱姆法则） 如果 n 个方程的 n 元线性方程组（Ⅰ）的系数行列式 $D \neq 0$，则线性方程组（1）有唯一解

$$x_1 = \frac{D_1}{D}, \ x_2 = \frac{D_2}{D}, \ x_3 = \frac{D_2}{D}, \ \cdots, \ x_n = \frac{D_n}{D}.$$

其中 D_j 是把系数行列式 D 中第 j 列的元素用方程组右端的常数项代替后所得到的 n 阶行列式，即

$$D_j = \begin{vmatrix} a_{11} & \cdots & a_{1,j-1} & b_1 & a_{1,j+1} & \cdots & a_{1n} \\ \vdots & & \vdots & \vdots & \vdots & & \vdots \\ a_{n1} & \cdots & a_{n,j-1} & b_n & a_{n,j+1} & \cdots & a_{nn} \end{vmatrix}.$$

当线性方程组（Ⅰ）右端常数项 $b_1, b_2, \cdots, b_n$ 不全为 0 时，称为**非齐次线性方程组**；当 $b_1 = b_2 = \cdots = b_n = 0$ 时，形如（Ⅱ）式，称为**齐次线性方程组**.

克莱姆法则适用的条件：

①线性方程组的方程个数与未知量个数必须相等；

②线性方程组的系数行列式不等于零.

推论1 如果 n 个方程的 n 元齐次线性方程组

$$\begin{cases} a_{11}x_1 + a_{12}x_2 + \cdots + a_{1n}x_n = 0 \\ a_{21}x_1 + a_{22}x_2 + \cdots + a_{2n}x_n = 0 \\ \vdots \quad \vdots \quad \vdots \\ a_{n1}x_1 + a_{n2}x_2 + \cdots + a_{nn}x_n = 0 \end{cases} \qquad （Ⅱ）$$

的系数行列式 $D \neq 0$，则它只有唯一的零解 $x_1 = x_2 = \cdots = x_n = 0$.

推论2 若 n 个方程的 n 元齐次线性方程组（Ⅱ）有非零解，则它的系数行列式 $D = 0$.

例4 求解线性方程组

$$\begin{cases} x_1 + x_2 + x_3 - x_4 = 2 \\ x_1 + x_2 - x_3 + x_4 = 4 \\ x_1 - x_2 + x_3 + x_4 = 6 \\ -x_1 + x_2 + x_3 + x_4 = 8 \end{cases}$$

解 方程组的系数行列式

$$D = \begin{vmatrix} 1 & 1 & 1 & -1 \\ 1 & 1 & -1 & 1 \\ 1 & -1 & 1 & 1 \\ -1 & 1 & 1 & 1 \end{vmatrix} \xlongequal[(i=1,2,3)]{r_i + r_4} \begin{vmatrix} 0 & 2 & 2 & 0 \\ 0 & 2 & 0 & 2 \\ 0 & 0 & 2 & 2 \\ -1 & 1 & 1 & 1 \end{vmatrix} （按第一列展开）$$

$$= (-1) \cdot (-1)^{4+1} \cdot \begin{vmatrix} 2 & 2 & 0 \\ 2 & 0 & 2 \\ 0 & 2 & 2 \end{vmatrix} = -16 \neq 0.$$

所以方程组有唯一解,又因为

$$D_1 = \begin{vmatrix} 2 & 1 & 1 & -1 \\ 4 & 1 & -1 & 1 \\ 6 & -1 & 1 & 1 \\ 8 & 1 & 1 & 1 \end{vmatrix} = -16, \quad D_2 = \begin{vmatrix} 1 & 2 & 1 & -1 \\ 1 & 4 & -1 & 1 \\ 1 & 6 & 1 & 1 \\ -1 & 8 & 1 & 1 \end{vmatrix} = -32,$$

$$D_3 = \begin{vmatrix} 1 & 1 & 2 & -1 \\ 1 & 1 & 4 & 1 \\ 1 & -1 & 6 & 1 \\ -1 & 1 & 8 & 1 \end{vmatrix} = -48, \quad D_4 = \begin{vmatrix} 1 & 1 & 1 & 2 \\ 1 & 1 & -1 & 4 \\ 1 & -1 & 1 & 6 \\ -1 & 1 & 1 & 8 \end{vmatrix} = -64.$$

所以

$$x_1 = \frac{D_1}{D} = 1, \quad x_2 = \frac{D_2}{D} = 2, \quad x_3 = \frac{D_3}{D} = 3, \quad x_4 = \frac{D_4}{D} = 4.$$

例5 问 k 取何值时,方程组

$$\begin{cases} kx_1 + x_2 + x_3 = 0 \\ x_1 + kx_2 - x_3 = 0 \\ 2x_1 - x_2 + x_3 = 0 \end{cases}$$

有非零解?

解 若方程组有非零解,则系数行列式一定等于0,即

$$D = \begin{vmatrix} k & 1 & 1 \\ 1 & k & -1 \\ 2 & -1 & 1 \end{vmatrix} = k^2 - 3k - 4 = (k+1)(k-4) = 0.$$

解得 $k_1 = -1, k_2 = 4$,所以当 $k = -1$ 或 4 时,方程组有非零解.

1.计算下列行列式:

$(1)\begin{vmatrix} 0 & a_{12} & 0 & 0 \\ 0 & 0 & 0 & a_{24} \\ a_{31} & 0 & 0 & 0 \\ 0 & 0 & a_{43} & 0 \end{vmatrix}$; $(2)\begin{vmatrix} a-b & a & b \\ -a & b-a & a \\ b & -b & -a-b \end{vmatrix}$;

$(3)\begin{vmatrix} 0 & a & b & a \\ a & 0 & a & b \\ b & a & 0 & a \\ a & b & a & 0 \end{vmatrix}$; $(4)\begin{vmatrix} a & b & b & b \\ b & a & b & b \\ b & b & a & b \\ b & b & b & a \end{vmatrix}$;

$(5)\begin{vmatrix} 1 & 2 & 3 & 4 \\ 2 & 3 & 4 & 1 \\ 3 & 4 & 1 & 2 \\ 4 & 1 & 2 & 3 \end{vmatrix}$; $(6)\begin{vmatrix} 1 & 2 & 2 & 2 \\ 2 & 2 & 2 & 2 \\ 2 & 2 & 3 & 2 \\ 2 & 2 & 2 & 4 \end{vmatrix}$.

2.解下列方程组:

$(1)\begin{cases} x_1-x_2+2x_3=13 \\ x_1+x_2+x_3=10 \\ 2x_1+3x_2-x_3=1 \end{cases}$; $(2)\begin{cases} x_1+x_2-2x_3=-3 \\ 5x_1-2x_2+7x_3=22. \\ 2x_1-5x_2+4x_3=4 \end{cases}$

3.问 λ 取何值时,下列齐次线性方程组有非零解.

$(1)\begin{cases} (5-\lambda)x_1+ & 2x_2+2x_3=0 \\ 2x_1+(6-\lambda)x_2 & =0 \\ 2x_1+ & (4-\lambda)x_3=0 \end{cases}$; $(2)\begin{cases} (1-\lambda)x_1- & 2x_2+ & 4x_3=0 \\ 2x_1+(3-\lambda)x_2+ & x_3=0. \\ x_1+ & x_2+(1-\lambda)x_3=0 \end{cases}$

任务 5.3 认知矩阵及矩阵的初等变换

5.3.1 矩阵的概念

定义 1 由 $m \times n$ 个数 $a_{ij}(i=1,2,\cdots,m;j=1,2,\cdots,n)$ 排成的 m 行 n 列的矩形数表

$$A = \begin{pmatrix} a_{11} & a_{12} & \cdots & a_{1n} \\ a_{21} & a_{22} & \cdots & a_{2n} \\ \vdots & \vdots & & \vdots \\ a_{m1} & a_{m2} & \cdots & a_{mn} \end{pmatrix}$$

称为 $m \times n$ **矩阵**. 记作 $A_{m \times n}$, $A = (a_{ij})_{m \times n}$ 等. 其中, a_{ij} 是矩阵 A 的第 i 行第 j 列的元素, 称为 A 的 (i,j) 元; i 称为行标, j 称为列标. 矩阵一般用大写字母 A, B, C, $\cdots$ 或 $A_{m \times n}$, $B_{m \times n}$, $C_{m \times n}$, $\cdots$ 等表示.

5.3.2 几种特殊的矩阵

1) 行(列)矩阵

只有一行(列)的矩阵, 称为**行(列)矩阵**, 也称为**行(列)向量**.

例如, $(1 \quad 2 \quad 3 \quad 4)$ 是行矩阵(或行向量); $\begin{pmatrix} 1 \\ -1 \end{pmatrix}$ 是列矩阵(或列向量).

特别地, 矩阵只有一个元素 $A = (a_{11})$ 时, 把 A 看成一个数, 即 $A = a_{11}$.

2) 方阵

行数与列数相等的矩阵 $A_{n \times n}$ 称为 n 阶**方阵**, 记作 A_n. 在 n 阶方阵中, 从左上角到右下角的元素称为方阵的**主对角元**, 从右上角到左下角的元素称为方阵的**次对角元**.

3) 上(或下)三角矩阵

方阵中, 主对角线下(或上)方的元素都为 0 的矩阵, 称为**上(或下)三角矩阵**.

例如,

$$\begin{pmatrix} 1 & 10 \\ 0 & 2 \end{pmatrix}, \begin{pmatrix} -1 & 0 & 0 \\ 3 & 4 & 0 \\ 5 & 6 & 7 \end{pmatrix}$$

分别是 2 阶上三角矩阵、3 阶下三角矩阵.

4）对角矩阵

方阵中,除了主对角线上的元素外,其他元素都为 0 的矩阵,称为**对角矩阵**,例如,

$$\begin{pmatrix} 1 & 0 \\ 0 & 2 \end{pmatrix}, \begin{pmatrix} -1 & 0 & 0 \\ 0 & 4 & 0 \\ 0 & 0 & 7 \end{pmatrix}$$

分别是 2 阶、3 阶对角矩阵.

5）数量矩阵

在对角矩阵 $\boldsymbol{A}_n$ 中,$a_{11} = a_{22} = \cdots = a_{nn} = a$,这样的矩阵称为**数量矩阵**.例如,

$$\begin{pmatrix} a & 0 \\ 0 & a \end{pmatrix}, \begin{pmatrix} 3 & 0 & 0 \\ 0 & 3 & 0 \\ 0 & 0 & 3 \end{pmatrix}$$

分别是 2 阶、3 阶数量矩阵.

6）单位矩阵

在数量矩阵中,$a = 1$,这样的矩阵称为**单位矩阵**,通常记为 $\boldsymbol{E}_n$ 或 $\boldsymbol{I}_n$.例如,

$$E_3 = \begin{pmatrix} 1 & 0 & 0 \\ 0 & 1 & 0 \\ 0 & 0 & 1 \end{pmatrix}$$

为 3 阶单位矩阵.

7）零矩阵 $\boldsymbol{O}$

元素都是零的矩阵,称为**零矩阵**,通常记为 $\boldsymbol{O}$.特别地,零向量记为 o.

8）同型矩阵

相同行数、相同列数的两个矩阵,称为**同型矩阵**.

例如,$\begin{pmatrix} 1 & 2 & 3 \\ -7 & 4 & 5 \end{pmatrix}, \begin{pmatrix} -4 & 1 & 6 \\ 0 & 7 & 8 \end{pmatrix}$ 是同型矩阵,而 $\begin{pmatrix} 1 & 2 & 3 \\ -7 & 4 & 5 \end{pmatrix}, \begin{pmatrix} 1 & -7 \\ 2 & 4 \\ 3 & 5 \end{pmatrix}$ 不是

同型矩阵.

9）矩阵相等

在同型矩阵 A 与 B 中，如果对应元素分别相等，称为 **矩阵 A 与 B 相等**，记为 $A = B$.

注　不同型的零矩阵是不同的.

例如，$O_{1 \times 6} = (0 \quad 0 \quad 0 \quad 0 \quad 0 \quad 0)$，$O_{2 \times 3} = \begin{pmatrix} 0 & 0 & 0 \\ 0 & 0 & 0 \end{pmatrix}$，$O_{3 \times 2} = \begin{pmatrix} 0 & 0 \\ 0 & 0 \\ 0 & 0 \end{pmatrix}$，显然，

$O_{1 \times 6} \neq O_{2 \times 3} \neq O_{3 \times 2}$.

例 1　$A = \begin{pmatrix} 1 & a & 3 \\ b & 4 & 5 \end{pmatrix}$，$B = \begin{pmatrix} 1 & 2 & 3 \\ -7 & c & d \end{pmatrix}$，且 $A = B$，求 a, b, c, d.

解　由 $A = B$ 知，$a = 2, b = -7, c = 4, d = 5$.

10）行阶梯形矩阵

称满足下列两个条件的矩阵为**行阶梯形矩阵**：

（1）若有零行（元素全为零的行），位于底部；

（2）各非零行的首非零元位于前一行首非零元之右.

例如，

$\begin{pmatrix} 1 & 2 & 3 \\ 0 & 4 & 5 \\ 0 & 0 & 6 \end{pmatrix}$，$\begin{pmatrix} 1 & 2 & 3 \\ 0 & 4 & 5 \\ 0 & 0 & 0 \end{pmatrix}$，$\begin{pmatrix} 1 & 2 & 3 \\ 0 & 0 & 5 \\ 0 & 0 & 0 \end{pmatrix}$，$\begin{pmatrix} 0 & 0 & 3 \\ 0 & 0 & 0 \\ 0 & 0 & 0 \end{pmatrix}$，(1)，$\begin{pmatrix} 1 & 2 & 3 \\ 0 & 4 & 5 \\ 0 & 0 & 0 \\ 0 & 0 & 0 \end{pmatrix}$，$\begin{pmatrix} 1 & 2 & 3 & 6 \\ 0 & 0 & 5 & 7 \\ 0 & 0 & 0 & 0 \end{pmatrix}$

都是行阶梯形矩阵.

11）行简化阶梯形矩阵

称满足下列三个条件的矩阵为**行简化阶梯形矩阵**：

（1）行阶梯形矩阵；

（2）各非零行的首非零元均为 1；

（3）首非零元所在列其他元素均为 0.

例如，

$\begin{pmatrix} 1 & 0 & 0 \\ 0 & 1 & 0 \\ 0 & 0 & 1 \end{pmatrix}$，$\begin{pmatrix} 1 & 0 & 3 \\ 0 & 1 & 5 \\ 0 & 0 & 0 \end{pmatrix}$，$\begin{pmatrix} 1 & 2 & 0 \\ 0 & 0 & 1 \\ 0 & 0 & 0 \end{pmatrix}$，$\begin{pmatrix} 0 & 0 & 1 \\ 0 & 0 & 0 \\ 0 & 0 & 0 \end{pmatrix}$，(1)，$\begin{pmatrix} 1 & 2 & 0 & 6 \\ 0 & 0 & 1 & 7 \\ 0 & 0 & 0 & 0 \end{pmatrix}$

都是行简化阶梯形矩阵.

5.3.3 矩阵的初等变换与矩阵的秩

定义 2 下面三种变换称为矩阵的**初等行（列）变换**.

（1）互换变换：互换矩阵的第 i 行（列）与第 j 行（列），记为 $r_i \leftrightarrow r_j (c_i \leftrightarrow c_j)$；

（2）倍乘变换：用一个非零数 $k(k \neq 0)$ 乘以矩阵的第 i 行（列），记为 kr_i (kc_i)；

（3）倍加变换：矩阵的第 i 行（列）的 k 倍加到第 j 行（列）的对应元素上，记为 $r_j + kr_i (c_j + kc_i)$.

定义 3 矩阵的初等列变换与初等行变换统称为**初等变换**.

定理 1 任何一个矩阵 A 都可以经过有限步的初等行变换化为行阶梯形矩阵，行阶梯形矩阵可以经过有限步的初等行变换化为行简化阶梯形矩阵.

注 一个矩阵的行阶梯形矩阵的形式不是唯一的，但它的非零行的个数是唯一的. 一个矩阵的行简化阶梯形矩阵是唯一的.

定义 4 把矩阵 A 用初等行变换化为行阶梯形矩阵，行阶梯形矩阵中非零行的行数称为矩阵的**秩**，记作 $r(A)$ 或 $\text{Rank}(A)$.

例如，

$$A = \begin{pmatrix} 1 & 2 & 3 \\ 0 & 4 & 5 \\ 0 & 0 & 6 \end{pmatrix}, B = \begin{pmatrix} 1 & 2 & 3 \\ 0 & 4 & 5 \\ 0 & 0 & 0 \end{pmatrix} C, = \begin{pmatrix} 1 & 2 & 3 \\ 0 & 4 & 5 \\ 0 & 0 & 0 \\ 0 & 0 & 0 \end{pmatrix}, D = \begin{pmatrix} 1 & 2 & 3 & 6 \\ 0 & 0 & 5 & 7 \\ 0 & 0 & 0 & 9 \end{pmatrix},$$

则 $r(A) = 3, r(B) = 2, r(C) = 2, r(D) = 3$.

定理 2 初等变换不改变矩阵的秩.

例 2 已知矩阵

$$A = \begin{pmatrix} 2 & 1 & 2 & 3 \\ 4 & 1 & 3 & 5 \\ 2 & 0 & 1 & 2 \end{pmatrix},$$

求 $r(A)$.

解

$$A = \begin{pmatrix} 2 & 1 & 2 & 3 \\ 4 & 1 & 3 & 5 \\ 2 & 0 & 1 & 2 \end{pmatrix} \xrightarrow[r_2 + (-2)r_1]{r_3 + (-1)r_1} \begin{pmatrix} 2 & 1 & 2 & 3 \\ 0 & -1 & -1 & -1 \\ 0 & -1 & -1 & -1 \end{pmatrix} \xrightarrow{r_3 + (-1)r_2} \begin{pmatrix} 2 & 1 & 2 & 3 \\ 0 & -1 & -1 & -1 \\ 0 & 0 & 0 & 0 \end{pmatrix}$$

所以 $r(A) = 2$.

定义5 设 $A = (a_{ij})_{n \times n}$，如果 $r(A) = n$，那么称 A 为**满秩矩阵**.

注 任何一个满秩矩阵都可以经过有限步的初等变换化为单位矩阵.

例3 已知

$$A = \begin{pmatrix} 1 & 0 & 1 \\ 2 & 1 & 0 \\ -3 & 2 & 5 \end{pmatrix},$$

问 A 是否是满秩矩阵？若是，将 A 化为单位矩阵.

解 由

$$A = \begin{pmatrix} 1 & 0 & 1 \\ 2 & 1 & 0 \\ -3 & 2 & 5 \end{pmatrix} \xrightarrow[r_3 + 3r_1]{r_2 + (-2)r_1} \begin{pmatrix} 1 & 0 & 1 \\ 0 & 1 & -2 \\ 0 & 2 & 8 \end{pmatrix} \xrightarrow{r_3 + (-2)r_2} \begin{pmatrix} 1 & 0 & 1 \\ 0 & 1 & -2 \\ 0 & 0 & 12 \end{pmatrix}$$

得 $r(A) = 3$，所以 A 是满秩矩阵.

$$A \rightarrow \begin{pmatrix} 1 & 0 & 1 \\ 0 & 1 & -2 \\ 0 & 0 & 12 \end{pmatrix} \xrightarrow{\left(\frac{1}{12}\right)r_3} \begin{pmatrix} 1 & 0 & 1 \\ 0 & 1 & -2 \\ 0 & 0 & 1 \end{pmatrix} \xrightarrow[r_2 + 2r_3]{r_1 + (-1)r_3} \begin{pmatrix} 1 & 0 & 0 \\ 0 & 1 & 0 \\ 0 & 0 & 1 \end{pmatrix}.$$

定义6 由单位矩阵经过一次的初等变换，得到的矩阵称为**初等矩阵**.

即 单位矩阵 $\xrightarrow{\text{一次初等变换}}$ 初等矩阵.

由于矩阵的初等行变换为三种，因此相应地有三种初等矩阵.

（1）互换 n 阶单位阵的第 i 行与第 j 行，即

$$E_n = \begin{pmatrix} 1 & & & & & & \\ & \ddots & & & & & \\ & & 1 & \cdots & 0 & & \\ & & \vdots & \ddots & \vdots & & \\ & & 0 & \cdots & 1 & & \\ & & & & & \ddots & \\ & & & & & & 1 \end{pmatrix} \begin{matrix} \text{第}\,i\,\text{行} \rightarrow \\ \\ \text{第}\,j\,\text{行} \rightarrow \end{matrix} \xrightarrow{r_i \leftrightarrow r_j} \begin{pmatrix} 1 & & & & & & \\ & \ddots & & & & & \\ & & 0 & \cdots & 1 & & \\ & & \vdots & \ddots & \vdots & & \\ & & 1 & \cdots & 0 & & \\ & & & & & \ddots & \\ & & & & & & 1 \end{pmatrix} \begin{matrix} \leftarrow \text{第}\,i\,\text{行} \\ \\ \leftarrow \text{第}\,j\,\text{行} \end{matrix}$$

得初等矩阵

$$E_n(i,j) = \begin{pmatrix} 1 & & & & & & \\ & \ddots & & & & & \\ & & 0 & \cdots & 1 & & \\ & & \vdots & \ddots & \vdots & & \\ & & 1 & \cdots & 0 & & \\ & & & & & \ddots & \\ & & & & & & 1 \end{pmatrix} \begin{matrix} \\ \\ \leftarrow 第\,i\,行 \\ \\ \leftarrow 第\,j\,行 \\ \\ \end{matrix}.$$

例如，

$$E_4 = \begin{pmatrix} 1 & 0 & 0 & 0 \\ 0 & 1 & 0 & 0 \\ 0 & 0 & 1 & 0 \\ 0 & 0 & 0 & 1 \end{pmatrix}, E_4(2,4) = \begin{pmatrix} 1 & 0 & 0 & 0 \\ 0 & 0 & 0 & 1 \\ 0 & 0 & 1 & 0 \\ 0 & 1 & 0 & 0 \end{pmatrix}.$$

（2）以数 $k(k \neq 0)$ 乘以 n 阶单位阵的第 i 行，即

$$E_n = 第\,i\,行 \rightarrow \begin{pmatrix} 1 & & & & & \\ & \ddots & & & & \\ & & 1 & & & \\ & & & 1 & & \\ & & & & 1 & \\ & & & & & \ddots \\ & & & & & & 1 \end{pmatrix} \xrightarrow{kr_i} \begin{pmatrix} 1 & & & & & \\ & \ddots & & & & \\ & & 1 & & & \\ & & & k & & \\ & & & & 1 & \\ & & & & & \ddots \\ & & & & & & 1 \end{pmatrix} \leftarrow 第\,i\,行$$

得初等矩阵

$$E_n[k(i)] = \begin{pmatrix} 1 & & & & & \\ & \ddots & & & & \\ & & 1 & & & \\ & & & k & & \\ & & & & 1 & \\ & & & & & \ddots \\ & & & & & & 1 \end{pmatrix} \quad 第\,i\,行.$$

例如，

$$E_4[3(2)] = \begin{pmatrix} 1 & 0 & 0 & 0 \\ 0 & 3 & 0 & 0 \\ 0 & 0 & 1 & 0 \\ 0 & 0 & 0 & 1 \end{pmatrix}.$$

（3）以 n 阶单位阵的第 i 行的 $k(k\neq 0)$ 倍加到第 j 行的相应元素上，即

$$E_n = \begin{pmatrix} 1 & & & & & \\ & \ddots & & & & \\ & & 1 & & & \\ & & & \ddots & & \\ & & & & 1 & \\ & & & & & \ddots \\ & & & & & & 1 \end{pmatrix} \xrightarrow{r_j+kr_i} \begin{pmatrix} 1 & & & & \\ & \ddots & & & \\ & & 1 & & \\ & & \vdots & \ddots & \\ & & k & \cdots & 1 \\ & & & & \ddots \\ & & & & & 1 \end{pmatrix} \begin{matrix} \\ \\ \leftarrow 第\,i\,行 \\ \\ \leftarrow 第\,j\,行 \\ \\ \end{matrix}$$

得初等矩阵

$$E_n\left[j,k(i)\right] = \begin{pmatrix} 1 & & & & \\ & \ddots & & & \\ & & 1 & & \\ & & \vdots & \ddots & \\ & & k & \cdots & 1 \\ & & & & \ddots \\ & & & & & 1 \end{pmatrix} \begin{matrix} \\ \\ \leftarrow 第\,i\,行 \\ \\ \leftarrow 第\,j\,行 \\ \\ \end{matrix}$$

相应地，可以通过矩阵的三种初等列变换得到以上相应的三种初等矩阵.

习题 5.3

1.利用初等行变换将矩阵

$$A = \begin{pmatrix} 1 & 2 & 3 & 4 \\ 2 & -1 & 1 & 0 \\ 1 & 1 & 0 & 2 \end{pmatrix},$$

化为行简化阶梯形矩阵.

2.求下列矩阵的秩：

$$(1)\,A = \begin{pmatrix} 1 & -1 & 1 & 0 & 1 \\ -1 & 2 & 0 & 1 & -1 \\ 2 & -4 & 0 & -2 & 2 \end{pmatrix};\qquad (2)\begin{pmatrix} 1 & 0 & 0 & 1 \\ 1 & 2 & 0 & -1 \\ 3 & -1 & 0 & 4 \\ 1 & 4 & 5 & 1 \end{pmatrix}.$$

任务 5.4　矩阵运算

5.4.1　线性运算

定义 1　设 $A=(a_{ij}),B=(b_{ij})$ 都是 $m\times n$ 矩阵，称

$$(a_{ij}+b_{ij})=\begin{pmatrix} a_{11}+b_{11} & a_{12}+b_{12} & \cdots & a_{1n}+b_{1n} \\ a_{21}+b_{21} & a_{22}+b_{22} & \cdots & a_{2n}+b_{2n} \\ \vdots & \vdots & & \vdots \\ a_{m1}+b_{m1} & a_{m2}+b_{m2} & \cdots & a_{mn}+b_{mn} \end{pmatrix}$$

为矩阵 A 与 B 的和矩阵，记为 $A+B$.

注　只有同型的矩阵才能进行加法运算.

矩阵的加法运算满足以下规律：

（1）$A+B=B+A$　（交换律）

（2）$(A+B)+C=A+(B+C)$　（结合律）

（3）$A+O=A$

定义 2　设 λ 是任意一个实数，$A=(a_{ij})_{m\times n}$，称

$$\lambda A=\begin{pmatrix} \lambda a_{11} & \lambda a_{12} & \cdots & \lambda a_{1n} \\ \lambda a_{21} & \lambda a_{22} & \cdots & \lambda a_{2n} \\ \vdots & \vdots & & \vdots \\ \lambda a_{m1} & \lambda a_{m2} & \cdots & \lambda a_{mn} \end{pmatrix}$$

为数 λ 与矩阵 A 的**数乘矩阵**.特别地，$\lambda=-1$，称 $-A$ 为 A 的**负矩阵**.

规定：$A-B=A+(-B)$.

例 1　已知

$$A=\begin{pmatrix} 1 & 2 & 3 \\ 4 & 5 & 6 \end{pmatrix},B=\begin{pmatrix} 0 & -1 & -3 \\ 2 & 7 & -1 \end{pmatrix}.$$

求 $A+B,2A-3B$.

解　$A+B=\begin{pmatrix} 1 & 2 & 3 \\ 4 & 5 & 6 \end{pmatrix}+\begin{pmatrix} 0 & -1 & -3 \\ 2 & 7 & -1 \end{pmatrix}$

$$= \begin{pmatrix} 1+0 & 2+(-1) & 3+(-3) \\ 4+2 & 5+7 & 6+(-1) \end{pmatrix} = \begin{pmatrix} 1 & 1 & 0 \\ 6 & 12 & 5 \end{pmatrix};$$

$$2A-3B = 2\begin{pmatrix} 1 & 2 & 3 \\ 4 & 5 & 6 \end{pmatrix} - 3\begin{pmatrix} 0 & -1 & -3 \\ 2 & 7 & -1 \end{pmatrix}$$

$$= \begin{pmatrix} 2 & 4 & 6 \\ 8 & 10 & 12 \end{pmatrix} - \begin{pmatrix} 0 & -3 & -9 \\ 6 & 21 & -3 \end{pmatrix} = \begin{pmatrix} 2 & 7 & 15 \\ 2 & -11 & 15 \end{pmatrix}.$$

数乘矩阵的运算满足下列规律：

（1）$\lambda(\mu A) = (\lambda \mu) A$；

（2）$(\lambda + \mu) A = \lambda A + \mu A$；

（3）$\lambda(A + B) = \lambda A + \lambda B$.

其中 λ, μ 为数，A，B 为矩阵.

矩阵的加法运算与数乘运算统称为矩阵的**线性运算**.

5.4.2 乘法运算

定义 3 设 $A = (a_{ij})$ 是一个 $m \times s$ 矩阵，$B = (b_{ij})$ 是一个 $s \times n$ 矩阵，规定 A 与 B 的积为一个 $m \times n$ 矩阵 $C = (c_{ij})$. 其中，

$$c_{ij} = a_{i1} b_{1j} + a_{i2} b_{2j} + \cdots + a_{is} b_{sj}$$
$$i = 1, 2, \cdots, m；\quad j = 1, 2, \cdots, n.$$

A 与 B 的乘积，记作 $C_{m \times n} = A_{m \times s} B_{s \times n}$（或 $C = AB$）. 称 AB 为"以 A 左乘 B"或"以 B 右乘 A".

矩阵乘法可示意如下：

$$\text{第 } i \text{ 行} \begin{bmatrix} \cdots & \cdots & \cdots & \cdots \\ a_{i1} & a_{i2} & \cdots & a_{is} \\ \cdots & \cdots & \cdots & \cdots \end{bmatrix}_{m \times s} \begin{bmatrix} \vdots & b_{1j} & \vdots \\ \vdots & b_{2j} & \vdots \\ \vdots & \vdots & \vdots \\ \vdots & b_{sj} & \vdots \end{bmatrix} = \text{第 } i \text{ 行} \begin{bmatrix} & \vdots & \\ \cdots & c_{ij} & \cdots \\ & \vdots & \end{bmatrix}_{m \times n}$$

（第 j 列）（第 j 列）

注 只有当左矩阵 A 的列数等于右矩阵 B 的行数时，AB 才有意义，且乘积矩阵 C 的行数等于左矩阵 A 的行数，矩阵 C 的列数等于右矩阵 B 的列数.

矩阵的乘法满足以下运算规律：

（1）结合律　$(AB)C = A(BC)$；

（2）分配律　$A(B+C) = AB + AC$，$(B+C)A = BA + CA$；

（3）$\lambda(AB) = (\lambda A)B = A(\lambda B)$；

（4）$O_{m \times m} A_{m \times n} = A_{m \times n} O_{n \times n} = O_{m \times n}$；

（5）$E_{m \times m} A_{m \times n} = A_{m \times n} E_{n \times n} = A_{m \times n}$.

例 2 已知

$$A = \begin{pmatrix} 1 \\ 2 \\ 3 \end{pmatrix}, B = (1 \quad 0 \quad 2),$$

求 AB, BA.

解 $AB = \begin{pmatrix} 1 \\ 2 \\ 3 \end{pmatrix} (1 \quad 0 \quad 2) = \begin{pmatrix} 1 & 0 & 2 \\ 2 & 0 & 4 \\ 3 & 0 & 6 \end{pmatrix}$；

$BA = (1 \quad 0 \quad 2) \begin{pmatrix} 1 \\ 2 \\ 3 \end{pmatrix} = 1 \times 1 + 0 \times 2 + 2 \times 3 = 7.$

例 3 设 $A = \begin{pmatrix} 1 & 1 \\ -1 & -1 \end{pmatrix}, B = \begin{pmatrix} 1 & -1 \\ -1 & 1 \end{pmatrix}, C = \begin{pmatrix} -1 & -1 \\ 1 & 1 \end{pmatrix}$，求 AB, BA 及 AC.

解 $AB = \begin{pmatrix} 1 & 1 \\ -1 & -1 \end{pmatrix} \begin{pmatrix} 1 & -1 \\ -1 & 1 \end{pmatrix}$

$= \begin{pmatrix} 1 \times 1 + 1 \times (-1) & 1 \times (-1) + 1 \times 1 \\ (-1) \times 1 + (-1) \times (-1) & (-1) \times (-1) + (-1) \times 1 \end{pmatrix} = \begin{pmatrix} 0 & 0 \\ 0 & 0 \end{pmatrix}$；

$BA = \begin{pmatrix} 1 & -1 \\ -1 & 1 \end{pmatrix} \begin{pmatrix} 1 & 1 \\ -1 & -1 \end{pmatrix}$

$= \begin{pmatrix} 1 \times 1 + (-1) \times (-1) & 1 \times 1 + (-1) \times (-1) \\ (-1) \times 1 + 1 \times (-1) & (-1) \times 1 + 1 \times (-1) \end{pmatrix} = \begin{pmatrix} 2 & 2 \\ -2 & -2 \end{pmatrix}$；

$AC = \begin{pmatrix} 1 & 1 \\ -1 & -1 \end{pmatrix} \begin{pmatrix} -1 & -1 \\ 1 & 1 \end{pmatrix}$

$= \begin{pmatrix} 1 \times (-1) + 1 \times 1 & 1 \times (-1) + 1 \times 1 \\ (-1) \times (-1) + (-1) \times 1 & (-1) \times (-1) + (-1) \times 1 \end{pmatrix} = \begin{pmatrix} 0 & 0 \\ 0 & 0 \end{pmatrix}.$

由例 3 知，

(1)矩阵乘法没有交换律

一般地，$AB \neq BA$. 如果 $AB = BA$，则称 A 与 B 可交换.

(2)矩阵乘法没有归零律

一般地，如果 $AB = O$，一般不能推出 $A = O$ 或 $B = O$.

(3)矩阵乘法没有消去律

一般地,如果 $AB = AC, A \neq O$,不一定能推出 $B = C$.

例4 分别用初等矩阵 $\begin{pmatrix} 1 & 0 & 0 \\ 0 & 0 & 1 \\ 0 & 1 & 0 \end{pmatrix}$, $\begin{pmatrix} 1 & 0 & 0 \\ 0 & 2 & 0 \\ 0 & 0 & 1 \end{pmatrix}$, $\begin{pmatrix} 1 & 0 & 0 \\ 0 & 1 & 0 \\ 0 & 2 & 1 \end{pmatrix}$ 左乘、右乘

$\begin{pmatrix} a & b & c \\ x & y & z \\ 1 & 2 & 3 \end{pmatrix}$,计算其结果.

解

$$\begin{pmatrix} 1 & 0 & 0 \\ 0 & 0 & 1 \\ 0 & 1 & 0 \end{pmatrix}\begin{pmatrix} a & b & c \\ x & y & z \\ 1 & 2 & 3 \end{pmatrix} = \begin{pmatrix} a & b & c \\ 1 & 2 & 3 \\ x & y & z \end{pmatrix}, \quad \begin{pmatrix} a & b & c \\ x & y & z \\ 1 & 2 & 3 \end{pmatrix}\begin{pmatrix} 1 & 0 & 0 \\ 0 & 0 & 1 \\ 0 & 1 & 0 \end{pmatrix} = \begin{pmatrix} a & c & b \\ x & z & y \\ 1 & 3 & 2 \end{pmatrix},$$

$$\begin{pmatrix} 1 & 0 & 0 \\ 0 & 2 & 0 \\ 0 & 0 & 1 \end{pmatrix}\begin{pmatrix} a & b & c \\ x & y & z \\ 1 & 2 & 3 \end{pmatrix} = \begin{pmatrix} a & b & c \\ 2x & 2y & 2z \\ 1 & 2 & 3 \end{pmatrix}, \quad \begin{pmatrix} a & b & c \\ x & y & z \\ 1 & 2 & 3 \end{pmatrix}\begin{pmatrix} 1 & 0 & 0 \\ 0 & 2 & 0 \\ 0 & 0 & 1 \end{pmatrix} = \begin{pmatrix} a & 2b & c \\ x & 2y & z \\ 1 & 4 & 3 \end{pmatrix},$$

$$\begin{pmatrix} 1 & 0 & 0 \\ 0 & 1 & 0 \\ 0 & 2 & 1 \end{pmatrix}\begin{pmatrix} a & b & c \\ x & y & z \\ 1 & 2 & 3 \end{pmatrix} = \begin{pmatrix} a & b & c \\ x & y & z \\ 2x+1 & 2y+2 & 2z+3 \end{pmatrix},$$

$$\begin{pmatrix} a & b & c \\ x & y & z \\ 1 & 2 & 3 \end{pmatrix}\begin{pmatrix} 1 & 0 & 0 \\ 0 & 1 & 0 \\ 0 & 2 & 1 \end{pmatrix} = \begin{pmatrix} a & b+2c & c \\ x & y+2z & z \\ 1 & 2+6 & 3 \end{pmatrix}.$$

分析例4的结论,可以得到:

定理 对 $m \times n$ 矩阵 A 进行一次初等行(列)变换相当于在 A 的左(右)边乘以相应的初等矩阵.

下面引入矩阵方幂的概念.

定义4 设 A 是 n 阶方阵,k 是正整数,k 个 A 的乘积,称为 A 的 k 次幂,记为 A^k,即

$$A^k = \underbrace{A \cdot A \cdot A \cdots A}_{k \uparrow}.$$

规定 $A^0 = E$,其中 $A \neq O$.

设 A 是方阵,k, l 是正整数,方阵的幂满足以下运算规律:

(1) $A^k A^l = A^{k+l}$;

(2) $(A^k)^l = A^{kl}$.

注 ①因为矩阵的乘法不满足交换律,一般地,$(AB)^k \neq A^k B^k$.

②如果 $A^k = O$,也不一定有 $A = O$.

例如, $A = \begin{pmatrix} 1 & 1 \\ -1 & -1 \end{pmatrix} \neq O$,而 $A^2 = \begin{pmatrix} 1 & 1 \\ -1 & -1 \end{pmatrix} \begin{pmatrix} 1 & 1 \\ -1 & -1 \end{pmatrix} = \begin{pmatrix} 0 & 0 \\ 0 & 0 \end{pmatrix}$.

例 5 设 $A = \begin{pmatrix} 1 & 1 \\ 0 & 1 \end{pmatrix}$,求 A^2, A^3 .

解 $A^2 = AA = \begin{pmatrix} 1 & 1 \\ 0 & 1 \end{pmatrix} \begin{pmatrix} 1 & 1 \\ 0 & 1 \end{pmatrix} = \begin{pmatrix} 1 & 2 \\ 0 & 1 \end{pmatrix}$,

$A^3 = A^2 A = \begin{pmatrix} 1 & 2 \\ 0 & 1 \end{pmatrix} \begin{pmatrix} 1 & 1 \\ 0 & 1 \end{pmatrix} = \begin{pmatrix} 1 & 3 \\ 0 & 1 \end{pmatrix}$.

一般地,

$$\begin{pmatrix} 1 & 1 \\ 0 & 1 \end{pmatrix}^n = \begin{pmatrix} 1 & n \\ 0 & 1 \end{pmatrix}, \begin{pmatrix} 1 & 0 \\ 1 & 1 \end{pmatrix}^n = \begin{pmatrix} 1 & 0 \\ n & 1 \end{pmatrix}, \begin{pmatrix} \lambda_1 & & & \\ & \lambda_2 & & \\ & & \ddots & \\ & & & \lambda_n \end{pmatrix}^k = \begin{pmatrix} \lambda_1^k & & & \\ & \lambda_2^k & & \\ & & \ddots & \\ & & & \lambda_n^k \end{pmatrix}.$$

5.4.3 矩阵的转置

定义 5 将矩阵 A 的各行换成同序数的列得到的矩阵称为 A 的**转置矩阵**,记为 A^T .

矩阵的转置满足下述运算规律:

(1) $(A^T)^T = A$;

(2) $(A + B)^T = A^T + B^T$;

(3) $(\lambda A)^T = \lambda A^T$;

(4) $(AB)^T = B^T A^T$.

例 6 设 $A = \begin{pmatrix} 1 & -1 \\ 0 & 1 \\ 2 & 3 \end{pmatrix}, B = \begin{pmatrix} 1 & 0 \\ 1 & 2 \end{pmatrix}$,求 $(AB)^T$.

解 1 由 $AB = \begin{pmatrix} 1 & -1 \\ 0 & 1 \\ 2 & 3 \end{pmatrix} \begin{pmatrix} 1 & 0 \\ 1 & 2 \end{pmatrix} = \begin{pmatrix} 0 & -2 \\ 1 & 2 \\ 5 & 6 \end{pmatrix}$,得 $(AB)^T = \begin{pmatrix} 0 & 1 & 5 \\ -2 & 2 & 6 \end{pmatrix}$.

解 2 $(AB)^T = B^T A^T = \begin{pmatrix} 1 & 1 \\ 0 & 2 \end{pmatrix} \begin{pmatrix} 1 & 0 & 2 \\ -1 & 1 & 3 \end{pmatrix} = \begin{pmatrix} 0 & 1 & 5 \\ -2 & 2 & 6 \end{pmatrix}$.

5.4.4 方阵的行列式

定义 6 由 n 阶矩阵 A 的元素(按原来的位置)构成的行列式称为**方阵 A 的行列式**,记作 $|A|$ 或 $\det A$.

定义 7 若 n 阶方阵 A 的行列式 $|A| \neq 0$,则称 A 为**非奇异矩阵**;反之,若 $|A| = 0$,则称 A 为**奇异矩阵**.

注 行列式建立了 n 阶方阵的全体到某数域的一个对应,即其结果为数值.

$$\begin{vmatrix} 1 & 0 \\ 1 & 1 \end{vmatrix} = \begin{vmatrix} 1 & 0 \\ 0 & 1 \end{vmatrix} = \begin{vmatrix} 1 & 0 & 0 \\ 0 & 1 & 0 \\ 0 & 0 & 1 \end{vmatrix} = 1,$$

但

$$\begin{pmatrix} 1 & 0 \\ 1 & 1 \end{pmatrix} \neq \begin{pmatrix} 1 & 0 \\ 0 & 1 \end{pmatrix} \neq \begin{pmatrix} 1 & 0 & 0 \\ 0 & 1 & 0 \\ 0 & 0 & 1 \end{pmatrix}.$$

矩阵与行列式有本质的区别,行列式是一个算式,一个数字行列式经过计算可求得其值,而矩阵仅仅是一个数表,它的行数和列数可以不同.

方阵的行列式与矩阵性质比较,见表 5.2.

表 5.2

行列式	矩 阵
$|A_n^T| = |A_n|$	一般地,$(A_{m \times n})^T \neq A_{m \times n}$
一般地,$|A_n + B_n| \neq |A_n| + |B_n|$	$(A_{m \times n} + B_{m \times n}) = (A_{m \times n}) + (B_{m \times n})$
$|\lambda A_n| = \lambda^n |A_n|$	$(\lambda A_{m \times n}) = \lambda(A_{m \times n})$
$|A_n B_n| = |A_n| \cdot |B_n| = |B_n A_n|$	一般地,$A_n B_n \neq B_n A_n$
$|A_n^k| = |A_n|^k$	一般地,$A = (a_{ij}), (a_{ij})^k \neq (a_{ij}^k)$

例 7 已知 $A = \begin{pmatrix} 1 & 0 & 0 \\ 2 & 1 & -1 \\ 3 & 2 & 4 \end{pmatrix}, B = \begin{pmatrix} 2 & 1 & 0 \\ 1 & 3 & 0 \\ 0 & 0 & 4 \end{pmatrix}$,求 $|AB|$,$|A^3|$,$|3A|$.

解　因为 $|A| = \begin{vmatrix} 1 & 0 & 0 \\ 2 & 1 & -1 \\ 3 & 2 & 4 \end{vmatrix} = 1 \cdot (-1)^{1+1} \begin{vmatrix} 1 & -1 \\ 2 & 4 \end{vmatrix} = 6,$

$$|B| = \begin{vmatrix} 2 & 1 & 0 \\ 1 & 3 & 0 \\ 0 & 0 & 4 \end{vmatrix} = 4 \cdot (-1)^{3+3} \begin{vmatrix} 2 & 1 \\ 1 & 3 \end{vmatrix} = 20,$$

所以 $|AB| = |A| \cdot |B| = 120,$

$\quad |A^3| = |A|^3 = 216, \quad |3A| = 3^3 |A| = 162.$

习题 5.4

1.设 $A = \begin{pmatrix} 3 & 2 \\ -1 & 5 \end{pmatrix}, B = \begin{pmatrix} 11 & -1 \\ 2 & 7 \end{pmatrix}$ 满足 $3A + 2X = B$,求矩阵 X.

2.已知 $A = \begin{pmatrix} -1 & 2 & 1 \\ 0 & -1 & 2 \end{pmatrix}, B = \begin{pmatrix} -1 & 0 & 3 \\ 2 & 1 & -1 \end{pmatrix}, C = \begin{pmatrix} -1 & 1 & 4 \\ 3 & -2 & 1 \\ 0 & 0 & 2 \end{pmatrix}$,计算 $AC + BC$.

3.已知 $A = \begin{pmatrix} 2 & 0 & -1 \\ 1 & 3 & 2 \end{pmatrix}, B = \begin{pmatrix} 1 & 7 & -1 \\ 4 & 2 & 3 \\ 2 & 0 & 1 \end{pmatrix}$,求 $(AB)^T, B^T A^T$.

4.已知 $A = \begin{pmatrix} 0 & 1 & 0 & 0 \\ -1 & 2 & 0 & 0 \\ 0 & 0 & 2 & 4 \\ 0 & 0 & -2 & 3 \end{pmatrix}, B = \begin{pmatrix} 1 & 2 & 0 & 0 \\ 3 & 4 & 0 & 0 \\ 0 & 0 & -1 & 1 \\ 0 & 0 & 2 & 1 \end{pmatrix}$,求 (1) $A + 3B$, (2) $|AB|$.

5.设 $A = \begin{pmatrix} 3 & 4 & 0 & 0 \\ 4 & -3 & 0 & 0 \\ 0 & 0 & 2 & 0 \\ 0 & 0 & 2 & 2 \end{pmatrix}$,求 $|A^8|$ 及 A^4.

任务 5.5 求逆矩阵

对于任意数 a(一阶方阵)而言,都有 $1a=a1=a$,并且 $a\neq 0$ 当且仅当存在数 b 使得 $ab=ba=1$.而对于任意 n 阶方阵 A,显然有 $EA=AE=A$.问 A 满足什么充要条件时,存在方阵 B 使得 $AB=BA=E$ 呢?

5.5.1 认知逆矩阵

定义 1 设 A 是 n 阶方阵,如果存在 n 阶方阵 B,使得 $AB=BA=E$,则称 A 为可逆矩阵,B 称为 A 的逆矩阵.

定理 1 若 A 是可逆矩阵,则 A 的逆矩阵是唯一的.

证* 不妨设 B、C 都是 A 的逆矩阵,则 $AB=BA=E$,$AC=CA=E$.于是,
$$B=BE=B(AC)=(BA)C=EC=C.$$
即 A 的逆矩阵是唯一的.

注 A 的逆矩阵记为 A^{-1},则 $A^{-1}A=AA^{-1}=E$.

例 1 设 A 与 $A-E$ 可逆,试用 A 与 $A-E$ 的逆表示矩阵方程 $AX_1=B$,$X_2A=B$,$AX_3B=C$ 及 $X_4+B=X_4A$ 的解.

解 方程 $AX_1=B$ 两边同时左乘 A^{-1},$A^{-1}AX_1=A^{-1}B$,得
$$X_1=A^{-1}B;$$
方程 $X_2A=B$ 两边同时右乘 A^{-1},$X_2AA^{-1}=BA^{-1}$,得
$$X_2=BA^{-1};$$
方程 $AX_3B=C$ 两边同时左乘 A^{-1} 右乘 B^{-1},$A^{-1}AX_3BB^{-1}=A^{-1}CB^{-1}$,得
$$X_3=A^{-1}CB^{-1};$$
由 $X_4+B=X_4A$,得 $X_4(A-E)=B$,两边同时右乘 $(A-E)^{-1}$,得
$$X_4=B(A-E)^{-1}.$$

可逆矩阵有如下性质:

性质 1 如果 n 阶方阵 A、B 都可逆,则 AB 可逆,并且 $(AB)^{-1}=B^{-1}A^{-1}$.

这个性质可以推广到有限多个 n 阶方阵乘积的情况,若 A_1、A_2、$\cdots$、A_n 可逆,则
$$(A_1A_2\cdots A_n)^{-1}=A_n^{-1}\cdots A_2^{-1}A_1^{-1}.$$

性质 2   如果方阵 $\boldsymbol{A}$ 可逆,则 $\boldsymbol{A}^{-1}$ 可逆,而且 $(\boldsymbol{A}^{-1})^{-1}=\boldsymbol{A}$.

性质 3   如果方阵 $\boldsymbol{A}$ 可逆,则 $\boldsymbol{A}^{T}$ 可逆,且 $(\boldsymbol{A}^{T})^{-1}=(\boldsymbol{A}^{-1})^{T}$.

性质 4   如果方阵 $\boldsymbol{A}$ 可逆,数 $k\neq 0$,则 $k\boldsymbol{A}$ 可逆,且 $(k\boldsymbol{A})^{-1}=k^{-1}\boldsymbol{A}^{-1}=\dfrac{1}{k}\boldsymbol{A}^{-1}$.

性质 5   如果方阵 $\boldsymbol{A}$ 可逆,则 $|\boldsymbol{A}^{-1}|=|\boldsymbol{A}|^{-1}=\dfrac{1}{|\boldsymbol{A}|}$.

任意矩阵都可逆吗? 矩阵满足什么条件可逆? 我们不加证明地给出矩阵可逆的等价条件.

定理 2 n 阶方阵 $\boldsymbol{A}$ 可逆

$\Leftrightarrow \boldsymbol{A}$ 的行列式 $|\boldsymbol{A}|\neq 0$

$\Leftrightarrow \boldsymbol{A}$ 的秩 $r(\boldsymbol{A})=n$

$\Leftrightarrow \boldsymbol{A}$ 是满秩矩阵

$\Leftrightarrow \boldsymbol{A}$ 可以通过有限次初等变换化为单位矩阵

$\Leftrightarrow \boldsymbol{A}$ 能表示成几个初等矩阵的乘积

$\Leftrightarrow \boldsymbol{A}$ 为非奇异矩阵

5.5.2   求矩阵的逆矩阵

1) 用伴随矩阵法

定义 2   设 $\boldsymbol{A}$ 是一个 n 阶矩阵:

$$\boldsymbol{A}=\begin{pmatrix} a_{11} & a_{12} & \cdots & a_{1n} \\ a_{21} & a_{22} & \cdots & a_{2n} \\ \vdots & \vdots & & \vdots \\ a_{n1} & a_{n2} & \cdots & a_{nn} \end{pmatrix}.$$

由 n 阶方阵 $\boldsymbol{A}$ 的行列式 $|\boldsymbol{A}|$ 中元素 a_{ij} 的代数余子式 $A_{ij}(i,j=1,2,\cdots,n)$ 构成的 n 阶矩阵

$$\begin{pmatrix} A_{11} & A_{21} & \cdots & A_{n1} \\ A_{12} & A_{22} & \cdots & A_{n2} \\ \vdots & \vdots & & \vdots \\ A_{1n} & A_{2n} & \cdots & A_{nn} \end{pmatrix}$$

称为矩阵 $\boldsymbol{A}$ 的**伴随矩阵**,记作 $\boldsymbol{A}^{*}$.

根据行列式的展开性质可以证明: $\boldsymbol{A}\boldsymbol{A}^{*}=\boldsymbol{A}^{*}\boldsymbol{A}=|\boldsymbol{A}|\boldsymbol{E}$.

定理 3 n 阶方阵 $\boldsymbol{A}$ 可逆的充分必要条件是 $\boldsymbol{A}$ 为非奇异矩阵,并且

$$A^{-1} = \frac{1}{|A|}A^*.$$

例2 已知 $A = \begin{pmatrix} a & b \\ c & d \end{pmatrix}$，求 A^*.

解 a 的代数余子式 $A_{11} = (-1)^{1+1}d = d$；

b 的代数余子式 $A_{12} = (-1)^{1+2}c = -c$；

c 的代数余子式 $A_{21} = (-1)^{2+1}b = -b$；

d 的代数余子式 $A_{22} = (-1)^{2+2}a = a$；

$$A^* = \begin{pmatrix} A_{11} & A_{21} \\ A_{12} & A_{22} \end{pmatrix} = \begin{pmatrix} d & -b \\ -c & a \end{pmatrix}.$$

注 若 $\begin{pmatrix} a & b \\ c & d \end{pmatrix}$ 可逆，则 $\begin{pmatrix} a & b \\ c & d \end{pmatrix}^{-1} = \frac{1}{ad-bc}\begin{pmatrix} d & -b \\ -c & a \end{pmatrix}.$

例3 已知

$$A = \begin{pmatrix} 1 & 2 & 3 \\ 2 & 2 & 1 \\ 3 & 4 & 3 \end{pmatrix},$$

试判断 A 是否可逆. 若可逆，用伴随矩阵法求出它的逆矩阵.

解 因为

$$|A| = \begin{vmatrix} 1 & 2 & 3 \\ 2 & 2 & 1 \\ 3 & 4 & 3 \end{vmatrix} = 2 \neq 0,$$

所以 A 可逆. 又因为

$$A_{11} = (-1)^{1+1}\begin{vmatrix} 2 & 1 \\ 4 & 3 \end{vmatrix} = 2, A_{21} = (-1)^{2+1}\begin{vmatrix} 2 & 3 \\ 4 & 3 \end{vmatrix} = 6, A_{31} = (-1)^{3+1}\begin{vmatrix} 2 & 3 \\ 2 & 1 \end{vmatrix} = -4,$$

$$A_{12} = (-1)^{1+2}\begin{vmatrix} 2 & 1 \\ 3 & 3 \end{vmatrix} = -3, A_{22} = (-1)^{2+2}\begin{vmatrix} 1 & 3 \\ 3 & 3 \end{vmatrix} = -6, A_{32} = (-1)^{3+2}\begin{vmatrix} 1 & 3 \\ 2 & 1 \end{vmatrix} = 5,$$

$$A_{13} = (-1)^{1+3}\begin{vmatrix} 2 & 2 \\ 3 & 4 \end{vmatrix} = 2, A_{23} = (-1)^{2+3}\begin{vmatrix} 1 & 2 \\ 3 & 4 \end{vmatrix} = 2, A_{33} = (-1)^{3+3}\begin{vmatrix} 1 & 2 \\ 2 & 2 \end{vmatrix} = -2,$$

所以

$$A^{-1} = \frac{1}{|A|}\begin{pmatrix} A_{11} & A_{21} & A_{31} \\ A_{12} & A_{22} & A_{32} \\ A_{13} & A_{23} & A_{33} \end{pmatrix} = \frac{1}{2}\begin{pmatrix} 2 & 6 & -4 \\ -3 & -6 & 5 \\ 2 & 2 & -2 \end{pmatrix} = \begin{pmatrix} 1 & 3 & -2 \\ -\frac{3}{2} & -3 & \frac{5}{2} \\ 1 & 1 & -1 \end{pmatrix}.$$

2)用行初等变换法

由于可逆矩阵可以通过有限次初等变换化为单位矩阵. 若 A 可逆, 则存在初等矩阵 P_1、P_2、$\cdots$、P_m 使得

$$(P_m \cdots P_2 P_1)A = E.$$

两边同时右乘 A^{-1}, $\qquad (P_m \cdots P_2 P_1)AA^{-1} = EA^{-1}$

得 $\qquad\qquad\qquad\qquad A^{-1} = P_m \cdots P_2 P_1 E.$

这就是说, 一系列初等行变换将可逆矩阵 A 化为单位矩阵 E, 则同样的初等行变换作用于单位矩阵 E, 就可得到 A 的逆矩阵 A^{-1}.

作 $n \times 2n$ 矩阵 $(A \vdots E)$, 对 $(A \vdots E)$ 作初等行变换, 将 A 化为单位矩阵 E; 与此同时, 单位矩阵 E 就化为 A 的逆矩阵 A^{-1}, 即

$$(A \vdots E) \xrightarrow{\text{初等行变换}} (E \vdots A^{-1}).$$

例 4 已知

$$A = \begin{pmatrix} 1 & 2 & 3 \\ 2 & 2 & 1 \\ 3 & 4 & 3 \end{pmatrix},$$

用行初等变换法求 A^{-1}.

解 因为

$$(A \vdots E) = \begin{pmatrix} 1 & 2 & 3 & \vdots & 1 & 0 & 0 \\ 2 & 2 & 1 & \vdots & 0 & 1 & 0 \\ 3 & 4 & 3 & \vdots & 0 & 0 & 1 \end{pmatrix}$$

$$\xrightarrow[r_3-3r_1]{r_2-2r_1} \begin{pmatrix} 1 & 2 & 3 & \vdots & 1 & 0 & 0 \\ 0 & -2 & -5 & \vdots & -2 & 1 & 0 \\ 0 & -2 & -6 & \vdots & -3 & 0 & 1 \end{pmatrix}$$

$$\xrightarrow[r_3-r_2]{r_1+r_2} \begin{pmatrix} 1 & 0 & -2 & \vdots & -1 & 1 & 0 \\ 0 & -2 & -5 & \vdots & -2 & 1 & 0 \\ 0 & 0 & -1 & \vdots & -1 & -1 & 1 \end{pmatrix}$$

$$\xrightarrow[r_2-5r_3]{r_1-2r_3} \begin{pmatrix} 1 & 0 & 0 & \vdots & 1 & 3 & -2 \\ 0 & -2 & 0 & \vdots & 3 & 6 & -5 \\ 0 & 0 & -1 & \vdots & -1 & -1 & 1 \end{pmatrix}$$

$$\xrightarrow[r_3 \div (-1)]{r_2 \div (-2)} \begin{pmatrix} 1 & 0 & 0 & \vdots & 1 & 3 & -2 \\ 0 & 1 & 0 & \vdots & -\dfrac{3}{2} & -3 & \dfrac{5}{2} \\ 0 & 0 & 1 & \vdots & 1 & 1 & -1 \end{pmatrix}$$

所以

$$\boldsymbol{A}^{-1} = \begin{pmatrix} 1 & 3 & -2 \\ -\dfrac{3}{2} & -3 & \dfrac{5}{2} \\ 1 & 1 & -1 \end{pmatrix}.$$

5.5.3 求分块对角阵的逆

定义 3 将矩阵用若干条纵线和横线分成许多个小矩阵,每一个小矩阵称为**子块**,以子块为元素的形式上的矩阵称为**分块矩阵**.

例如,$\boldsymbol{A} = \left(\begin{array}{ccc:c} a_{11} & a_{12} & a_{13} & a_{14} \\ a_{21} & a_{22} & a_{23} & a_{24} \\ \hdashline a_{31} & a_{32} & a_{33} & a_{34} \end{array}\right) = \begin{pmatrix} \boldsymbol{A}_{11} & \boldsymbol{A}_{12} \\ \boldsymbol{A}_{21} & \boldsymbol{A}_{22} \end{pmatrix}.$

其中,$\boldsymbol{A}_{11} = \begin{pmatrix} a_{11} & a_{12} & a_{13} \\ a_{21} & a_{22} & a_{23} \end{pmatrix}$,$\boldsymbol{A}_{12} = \begin{pmatrix} a_{14} \\ a_{24} \end{pmatrix}$,$\boldsymbol{A}_{21} = (a_{31}, a_{32}, a_{33})$,$\boldsymbol{A}_{22} = (a_{34})$.

定义 4 设 $\boldsymbol{A}$ 为 n 阶方阵,若 $\boldsymbol{A}$ 的分块矩阵只有在主(或次)对角线上有非零子块(这些非零子块必须为方阵),其余子块全为零,那么方阵 $\boldsymbol{A}$ 就称为**分块对角阵**.

例如:

$$\left(\begin{array}{c:cc:cc} 1 & 0 & 0 & 0 & 0 \\ \hdashline 0 & 1 & 2 & 0 & 0 \\ 0 & 1 & 3 & 0 & 0 \\ \hdashline 0 & 0 & 0 & 2 & 1 \\ 0 & 0 & 0 & 1 & 5 \end{array}\right), \left(\begin{array}{cc:cc} 2 & 0 & 0 & 0 \\ 0 & 3 & 0 & 0 \\ \hdashline 0 & 0 & 0 & 1 \\ 0 & 0 & 2 & 0 \end{array}\right)$$

都是分块对角阵.

分块对角阵 $\boldsymbol{A} = \begin{pmatrix} \boldsymbol{A}_1 & & & \\ & \boldsymbol{A}_2 & & \\ & & \ddots & \\ & & & \boldsymbol{A}_s \end{pmatrix}$,其中 $\boldsymbol{A}_i (i = 1, 2, \cdots, s)$ 均为可逆方阵.

则

$$\boldsymbol{A}^{-1} = \begin{pmatrix} \boldsymbol{A}_1^{-1} & & & \\ & \boldsymbol{A}_2^{-1} & & \\ & & \ddots & \\ & & & \boldsymbol{A}_s^{-1} \end{pmatrix},$$

且

$$|A| = \begin{vmatrix} A_1 & & & \\ & A_2 & & \\ & & \ddots & \\ & & & A_s \end{vmatrix} = |A_1| \cdot |A_2| \cdots |A_s|.$$

例5 设

$$A = \begin{pmatrix} 1 & 2 & 0 & 0 & 0 \\ 3 & 4 & 0 & 0 & 0 \\ 0 & 0 & 5 & 0 & 0 \\ 0 & 0 & 0 & 6 & 7 \\ 0 & 0 & 0 & 8 & 9 \end{pmatrix},$$

求 A^{-1} 及 $|A|$.

解 将方阵 A 分块为

$$A = \begin{pmatrix} A_1 & O & O \\ O & A_2 & O \\ O & O & A_3 \end{pmatrix}, 其中 A_1 = \begin{pmatrix} 1 & 2 \\ 3 & 4 \end{pmatrix}, A_2 = (5), A_3 = \begin{pmatrix} 6 & 7 \\ 8 & 9 \end{pmatrix}.$$

由于

$$A_1^{-1} = \begin{pmatrix} 1 & 2 \\ 3 & 4 \end{pmatrix}^{-1} = \frac{1}{1 \times 4 - 3 \times 2} \begin{pmatrix} 4 & -2 \\ -3 & 1 \end{pmatrix} = \begin{pmatrix} -2 & 1 \\ \dfrac{3}{2} & -\dfrac{1}{2} \end{pmatrix},$$

$$A_2^{-1} = 5^{-1} = \frac{1}{5},$$

$$A_3^{-1} = \begin{pmatrix} 6 & 7 \\ 8 & 9 \end{pmatrix}^{-1} = \frac{1}{6 \times 9 - 8 \times 7} \begin{pmatrix} 9 & -7 \\ -8 & 6 \end{pmatrix} = \begin{pmatrix} -\dfrac{9}{2} & \dfrac{7}{2} \\ 4 & -3 \end{pmatrix},$$

所以

$$A^{-1} = \begin{pmatrix} A_1^{-1} & O & O \\ O & A_2^{-1} & O \\ O & O & A_3^{-1} \end{pmatrix} = \begin{pmatrix} -2 & 1 & 0 & 0 & 0 \\ \dfrac{3}{2} & -\dfrac{1}{2} & 0 & 0 & 0 \\ 0 & 0 & \dfrac{1}{5} & 0 & 0 \\ 0 & 0 & 0 & -\dfrac{9}{2} & \dfrac{7}{2} \\ 0 & 0 & 0 & 4 & -3 \end{pmatrix},$$

$$|A| = \begin{vmatrix} 1 & 2 \\ 3 & 4 \end{vmatrix} \cdot 5 \cdot \begin{vmatrix} 6 & 7 \\ 8 & 9 \end{vmatrix} = (-2) \cdot 5 \cdot (-2) = 20.$$

5.5.4 用逆矩阵解矩阵方程

例 6 已知

$$A = \begin{pmatrix} 1 & 2 & 3 \\ 2 & 2 & 1 \\ 3 & 4 & 3 \end{pmatrix}, B = \begin{pmatrix} 2 & 5 \\ 3 & 1 \\ 4 & 3 \end{pmatrix},$$

求矩阵 X 使得 $AX = B.$

解 1 利用伴随矩阵法(例 3)或初等行变换法(例 4)求出

$$A^{-1} = \begin{pmatrix} 1 & 3 & -2 \\ -\dfrac{3}{2} & -3 & \dfrac{5}{2} \\ 1 & 1 & -1 \end{pmatrix},$$

(由例 1 知) $X = A^{-1}B = \begin{pmatrix} 1 & 3 & -2 \\ -\dfrac{3}{2} & -3 & \dfrac{5}{2} \\ 1 & 1 & -1 \end{pmatrix} \begin{pmatrix} 2 & 5 \\ 3 & 1 \\ 4 & 3 \end{pmatrix} = \begin{pmatrix} 3 & 2 \\ -2 & -3 \\ 1 & 3 \end{pmatrix}.$

分析 (由例 1 知)方程 $AX = B$ 的解为 $X = A^{-1}B.$

又因为 $A^{-1}(A \vdots B) = (A^{-1}A \vdots A^{-1}B) = (E \vdots X)$,$A^{-1}$ 也可逆.由定理 2 知,A^{-1} 可以表示成几个初等矩阵的乘积.这就是说,$(A \vdots B)$ 可以通过一系列初等行变换化为 $(E \vdots X)$,于是得到方程 $AX = B$ 的另一种解法:

$$(A \vdots B) \xrightarrow{\text{初等行变换}} (E \vdots X)$$

解 2

$$(A \vdots B) = \begin{pmatrix} 1 & 2 & 3 & \vdots & 2 & 5 \\ 2 & 2 & 1 & \vdots & 3 & 1 \\ 3 & 4 & 3 & \vdots & 4 & 3 \end{pmatrix} \xrightarrow[r_3-3r_1]{r_2-2r_1} \begin{pmatrix} 1 & 2 & 3 & \vdots & 2 & 5 \\ 0 & -2 & -5 & \vdots & -1 & -9 \\ 0 & -2 & -6 & \vdots & -2 & -12 \end{pmatrix}$$

$$\xrightarrow[r_3-r_2]{r_1+r_2} \begin{pmatrix} 1 & 0 & -2 & \vdots & 1 & -4 \\ 0 & -2 & -5 & \vdots & -1 & -9 \\ 0 & 0 & -1 & \vdots & -1 & -3 \end{pmatrix}$$

$$\xrightarrow[r_2-5r_3]{r_1-2r_3} \begin{pmatrix} 1 & 0 & 0 & \vdots & 3 & 2 \\ 0 & -2 & 0 & \vdots & 4 & 6 \\ 0 & 0 & -1 & \vdots & -1 & -3 \end{pmatrix}$$

$$\xrightarrow[r_3 \div (-1)]{r_2 \div (-2)} \begin{pmatrix} 1 & 0 & 0 & \vdots & 3 & 2 \\ 0 & 1 & 0 & \vdots & -2 & -3 \\ 0 & 0 & 1 & \vdots & 1 & 3 \end{pmatrix}$$

所以 $\quad X = \begin{pmatrix} 3 & 2 \\ -2 & -3 \\ 1 & 3 \end{pmatrix}.$

例7 已知

$$A = \begin{pmatrix} 1 & 2 & 3 \\ 2 & 2 & 4 \\ 3 & 1 & 3 \end{pmatrix}, B = \begin{pmatrix} 2 & 3 & 4 \\ 5 & 1 & 3 \end{pmatrix},$$

求矩阵 X 使得 $XA = B.$

解1 利用伴随矩阵法或初等行变换法求出

$$A^{-1} = \begin{pmatrix} 1 & -\dfrac{3}{2} & 1 \\ 3 & -3 & 1 \\ -2 & \dfrac{5}{2} & -1 \end{pmatrix},$$

（由例 1 知）$X = BA^{-1} = \begin{pmatrix} 2 & 3 & 4 \\ 5 & 1 & 3 \end{pmatrix} \begin{pmatrix} 1 & -\dfrac{3}{2} & 1 \\ 3 & -3 & 1 \\ -2 & \dfrac{5}{2} & -1 \end{pmatrix} = \begin{pmatrix} 3 & -2 & 1 \\ 2 & -3 & 3 \end{pmatrix}.$

分析 方程 $XA = B$ 两边取转置得，$A^T X^T = B^T$，转化为例 6 的情形，即求解方程 $XA = B$ 可用：

$$(A^T \vdots B^T) \xrightarrow[\text{行变换}]{\text{初等}} (E \vdots X^T), 则 X = (X^T)^T.$$

解2 $(A^T \vdots B^T) = \begin{pmatrix} 1 & 2 & 3 & \vdots & 2 & 5 \\ 2 & 2 & 1 & \vdots & 3 & 1 \\ 3 & 4 & 3 & \vdots & 4 & 3 \end{pmatrix}.$

利用例 6 的结论，就有

$$(A^T \vdots B^T) = \begin{pmatrix} 1 & 2 & 3 & \vdots & 2 & 5 \\ 2 & 2 & 1 & \vdots & 3 & 1 \\ 3 & 4 & 3 & \vdots & 4 & 3 \end{pmatrix}$$

$$\rightarrow \begin{pmatrix} 1 & 0 & 0 & \vdots & 3 & 2 \\ 0 & 1 & 0 & \vdots & -2 & -3 \\ 0 & 0 & 1 & \vdots & 1 & 3 \end{pmatrix}$$

所以　　　　$X = \begin{pmatrix} 3 & 2 \\ -2 & -3 \\ 1 & 3 \end{pmatrix}^{T} = \begin{pmatrix} 3 & -2 & 1 \\ 2 & -3 & 3 \end{pmatrix}.$

习题 5.5

1.设 A、B 是两个三阶矩阵,且 $|A| = -2$,$|B| = -1$,求 $|-2A^2B^{-1}|$.

2.已知

$$A = \begin{pmatrix} 1 & 2 & -1 \\ 0 & 0 & 1 \\ 1 & 1 & 0 \end{pmatrix},$$

试判断 A 是否可逆.若可逆,分别用伴随矩阵法和初等变换求出它的逆矩阵.

3.已知 $A = \begin{pmatrix} 1 & 2 & 3 \\ 1 & 3 & 4 \\ 1 & 4 & 4 \end{pmatrix}$,$C = \begin{pmatrix} 1 & 3 \\ 2 & 0 \\ 3 & 1 \end{pmatrix}$,求矩阵 X 满足 $AX = C$.

4.设 $A = \begin{pmatrix} 4 & 2 \\ -1 & 1 \end{pmatrix}$,$B = \begin{pmatrix} 1 & 2 \\ 2 & 3 \end{pmatrix}$,$C = \begin{pmatrix} 4 & 7 \\ 5 & 2 \end{pmatrix}$,分别解下列矩阵方程:

（1）$AX_1 = B$;（2）$X_2B = C$;（3）$AX_3B = C$;（4）$AX_4 - B = X_4$.

任务 5.6　求解线性方程组

5.6.1　用矩阵表示线性方程组

m 个 n 元一次线性方程组的一般形式如下:

$$\begin{cases} a_{11}x_1 + a_{12}x_2 + \cdots + a_{1n}x_n = b_1 \\ a_{21}x_1 + a_{22}x_2 + \cdots + a_{2n}x_n = b_2 \\ \vdots \qquad \vdots \qquad \vdots \\ a_{m1}x_1 + a_{m2}x_2 + \cdots + a_{mn}x_n = b_m \end{cases} \qquad (\text{I})$$

设

$$A = \begin{pmatrix} a_{11} & a_{12} & \cdots & a_{1n} \\ a_{21} & a_{22} & \cdots & a_{2n} \\ \vdots & \vdots & & \vdots \\ a_{m1} & a_{m2} & \cdots & a_{mn} \end{pmatrix}, \widetilde{A} = (A \vdots B) = \begin{pmatrix} a_{11} & a_{12} & \cdots & a_{1n} & \vdots & b_1 \\ a_{21} & a_{22} & \cdots & a_{2n} & \vdots & b_2 \\ \vdots & \vdots & & \vdots & \vdots & \vdots \\ a_{m1} & a_{m2} & \cdots & a_{mn} & \vdots & b_m \end{pmatrix},$$

$$X = \begin{pmatrix} x_1 \\ x_2 \\ \vdots \\ x_n \end{pmatrix}, B = \begin{pmatrix} b_1 \\ b_2 \\ \vdots \\ b_m \end{pmatrix},$$

根据矩阵的乘法,线性方程组(Ⅰ)可以简单地表示为矩阵方程

$$AX = B.$$

称 A 为线性方程组(Ⅰ)的**系数矩阵**,称矩阵 $\widetilde{A}$ 为线性方程组(Ⅰ)的**增广矩阵**.显然,任何一个线性方程组都有唯一的增广矩阵与之对应.

线性方程组(Ⅰ)的一个解是一组数 $(k_1, k_2, \cdots, k_n)$,用它依次代替(Ⅰ)中的未知数 $x_1, x_2, \cdots, x_n$ 后,(Ⅰ)的每个方程都成立.

例1 写出线性方程组

$$\begin{cases} x_1 + & x_2 + & x_3 + & x_4 = & 0 \\ x_1 + & 2x_2 + & 3x_3 + & 4x_4 = & -1 \\ x_1 + & & 6x_3 - & x_4 = & 5 \end{cases}$$

的矩阵形式与增广矩阵.

解 设 $A = \begin{pmatrix} 1 & 1 & 1 & 1 \\ 1 & 2 & 3 & 4 \\ 1 & 0 & 6 & -1 \end{pmatrix}, X = \begin{pmatrix} x_1 \\ x_2 \\ x_3 \\ x_4 \end{pmatrix}, B = \begin{pmatrix} 0 \\ -1 \\ 5 \end{pmatrix}$,则方程组的矩阵形式为

$$AX = B$$

方程组的增广矩阵为

$$\widetilde{A} = \begin{pmatrix} 1 & 1 & 1 & 1 & \vdots & 0 \\ 1 & 2 & 3 & 4 & \vdots & -1 \\ 1 & 0 & 6 & -1 & \vdots & 5 \end{pmatrix}$$

当线性方程组(Ⅰ)的常数项满足 $b_1 = b_2 = \cdots = b_m = 0$ 时,即

$$\begin{cases} a_{11}x_1+a_{12}x_2+\cdots+a_{1n}x_n=0 \\ a_{21}x_1+a_{22}x_2+\cdots+a_{2n}x_n=0 \\ \qquad\qquad\vdots \\ a_{m1}x_1+a_{m2}x_2+\cdots+a_{mn}x_n=0 \end{cases} \qquad (\text{II})$$

称它为**齐次线性方程组**,它的矩阵形式为

$$AX=O$$

5.6.2 判定线性方程组解的情况

考查阶梯形方程组、阶梯形方程组的解与秩之间的关系,见表 5.3.

表 5.3

$AX=B$	解的数目	$\widetilde{A}=(A \quad B)$	$r(A),r(\widetilde{A})$ 间关系
$\begin{cases} x_1+2x_2+3x_3=4 \\ 5x_2+6x_3=7 \\ 8x_3=9 \end{cases}$	唯一解	$\begin{pmatrix} 1 & 2 & 3 & \vdots & 4 \\ 0 & 5 & 6 & \vdots & 7 \\ 0 & 0 & 8 & \vdots & 9 \end{pmatrix}$	$r(A)=r(\widetilde{A})$ $=3(未知数个数)$
$\begin{cases} x_1+2x_2+3x_3=4 \\ 5x_2+6x_3=7 \\ 0=0 \end{cases}$	无穷多组解	$\begin{pmatrix} 1 & 2 & 3 & \vdots & 4 \\ 0 & 5 & 6 & \vdots & 7 \\ 0 & 0 & 0 & \vdots & 0 \end{pmatrix}$	$r(A)=r(\widetilde{A})$ $<3(未知数个数)$
$\begin{cases} x_1+2x_2+3x_3=4 \\ 5x_2+6x_3=7 \\ 0=9 \end{cases}$	无解	$\begin{pmatrix} 1 & 2 & 3 & \vdots & 4 \\ 0 & 5 & 6 & \vdots & 7 \\ 0 & 0 & 0 & \vdots & 9 \end{pmatrix}$	$r(A)\neq r(\widetilde{A})$

定理 设 A、$\widetilde{A}$ 分别是线性方程组(Ⅰ)的系数矩阵与增广矩阵,那么

(1) n 元线性方程组(Ⅰ)有唯一解 $\Leftrightarrow r(A)=r(\widetilde{A})=n$;

(2) n 元线性方程组(Ⅰ)有无穷多解 $\Leftrightarrow r(A)=r(\widetilde{A})<n$.

显然,线性方程组(Ⅰ)无解 $\Leftrightarrow r(A)\neq r(\widetilde{A})$.

齐次线性方程组(Ⅱ)的系数矩阵与增广矩阵的秩永远相等,所以齐次线性方程组永远有解,$X=o$ 永远是它的解,称为**零解**.

推论 设 A 是齐次线性方程组(Ⅱ)的系数矩阵,那么

(1)齐次线性方程组(Ⅱ)只有零解 $\Leftrightarrow r(A)=n$;

(2)齐次线性方程组(Ⅱ)有非零解 $\Leftrightarrow r(A)<n$.

例2 剑桥减肥食谱(本项目的案例导入)求解.

解 设每天应食脱脂牛奶、大豆粉和乳清的量分别是 x_1, x_2, x_3(单位:百克),则得到线性方程组:

$$\begin{cases} 36x_1+51x_2+13x_3=33 \\ 52x_1+34x_2+74x_3=45. \\ \qquad\quad 7x_2+1.1x_3=3 \end{cases}$$

(在项目10中,用 MATLAB 软件求解)则

$$\begin{bmatrix} 36 & 51 & 13 & \vdots & 33 \\ 52 & 34 & 74 & \vdots & 45 \\ 0 & 7 & 1.1 & \vdots & 3 \end{bmatrix} \rightarrow \cdots \rightarrow \begin{bmatrix} 1 & 0 & 0 & \vdots & 0.277 \\ 0 & 1 & 0 & \vdots & 0.395 \\ 0 & 0 & 1 & \vdots & 0.233 \end{bmatrix}$$

该食谱需要 0.277 单位脱脂牛奶,0.392 单位大豆粉,0.233 单位乳清,可供给所需要蛋白质、碳水化合物与脂肪.

注 ①求出的解是非负的,解有实际意义;

②剑桥食谱的制造者应用了 33 种食物来供给 31 种营养素;

③食谱构造问题导致线性方程组.食物供给的营养写成一个向量的数量倍,某种食物的营养与加入到食谱中的此种食物的数量成比例,混合物中的营养素是各种食物营养之和.

例3 判断线性方程组 $\begin{cases} x_1+x_2+x_3=1 \\ \qquad 2x_2+x_3=-1 \\ -x_1+3x_2+x_3=2 \end{cases}$ 是否有解.

解

$$\widetilde{A} = \begin{pmatrix} 1 & 1 & 1 & \vdots & 1 \\ 0 & 2 & 1 & \vdots & -1 \\ -1 & 3 & 1 & \vdots & 2 \end{pmatrix} \xrightarrow{r_3+r_1} \begin{pmatrix} 1 & 1 & 1 & \vdots & 1 \\ 0 & 2 & 1 & \vdots & -1 \\ 0 & 4 & 2 & \vdots & 3 \end{pmatrix} \xrightarrow{r_3+(-2)r_2} \begin{pmatrix} 1 & 1 & 1 & \vdots & 1 \\ 0 & 2 & 1 & \vdots & -1 \\ 0 & 0 & 0 & \vdots & 5 \end{pmatrix}.$$

$r(A)=2, r(\widetilde{A})=3$,故方程组无解.

例4 判断线性方程组 $\begin{cases} x_1+x_2=1 \\ 2x_1+3x_3=2 \\ -x_2+2x_3=3 \\ x_1+2x_2-x_3=4 \end{cases}$ 是否有解,有解时求出其解.

解

$$\widetilde{A} = \begin{pmatrix} 1 & 1 & 0 & \vdots & 1 \\ 2 & 0 & 3 & \vdots & 2 \\ 0 & -1 & 2 & \vdots & 3 \\ 1 & 2 & -1 & \vdots & 4 \end{pmatrix} \xrightarrow[r_4+(-1)r_1]{r_2+(-2)r_1} \begin{pmatrix} 1 & 1 & 0 & \vdots & 1 \\ 0 & -2 & 3 & \vdots & 0 \\ 0 & -1 & 2 & \vdots & 3 \\ 0 & 1 & -1 & \vdots & 3 \end{pmatrix} \xrightarrow[r_3+r_4]{r_2+2r_4} \begin{pmatrix} 1 & 1 & 0 & \vdots & 1 \\ 0 & 0 & 1 & \vdots & 6 \\ 0 & 0 & 1 & \vdots & 6 \\ 0 & 1 & -1 & \vdots & 3 \end{pmatrix}$$

$$\xrightarrow{r_2 \leftrightarrow r_4} \begin{pmatrix} 1 & 1 & 0 & \vdots & 1 \\ 0 & 1 & -1 & \vdots & 3 \\ 0 & 0 & 1 & \vdots & 6 \\ 0 & 0 & 1 & \vdots & 6 \end{pmatrix} \xrightarrow{r_4 + (-1)r_3} \begin{pmatrix} 1 & 1 & 0 & \vdots & 1 \\ 0 & 1 & -1 & \vdots & 3 \\ 0 & 0 & 1 & \vdots & 6 \\ 0 & 0 & 0 & \vdots & 0 \end{pmatrix}.$$

显然，$r(\boldsymbol{A}) = r(\widetilde{\boldsymbol{A}}) = 3$（未知数个数），故方程组有唯一解.

对所得的阶梯形矩阵继续施行初等行变换，得行简化阶梯形矩阵

$$\widetilde{\boldsymbol{A}} \rightarrow \cdots \rightarrow \begin{pmatrix} 1 & 1 & 0 & \vdots & 1 \\ 0 & 1 & -1 & \vdots & 3 \\ 0 & 0 & 1 & \vdots & 6 \\ 0 & 0 & 0 & \vdots & 0 \end{pmatrix} \xrightarrow{r_2 + r_3} \begin{pmatrix} 1 & 1 & 0 & \vdots & 1 \\ 0 & 1 & 0 & \vdots & 9 \\ 0 & 0 & 1 & \vdots & 6 \\ 0 & 0 & 0 & \vdots & 0 \end{pmatrix} \xrightarrow{r_1 + (-1)r_2} \begin{pmatrix} 1 & 0 & 0 & \vdots & -8 \\ 0 & 1 & 0 & \vdots & 9 \\ 0 & 0 & 1 & \vdots & 6 \\ 0 & 0 & 0 & \vdots & 0 \end{pmatrix}.$$

所以方程组的唯一解为　　　　$x_1 = -8, x_2 = 9, x_3 = 6.$

例5　判断线性方程组 $\begin{cases} x_1 + x_2 + x_3 + x_4 = 0 \\ x_1 + 3x_2 + 2x_3 + 4x_4 = -6 \\ 2x_1 + x_3 - x_4 = 6 \end{cases}$ 是否有解，有解时求出其解.

解

$$\widetilde{\boldsymbol{A}} = \begin{pmatrix} 1 & 1 & 1 & 1 & \vdots & 0 \\ 1 & 3 & 2 & 4 & \vdots & -6 \\ 2 & 0 & 1 & -1 & \vdots & 6 \end{pmatrix} \xrightarrow[r_3 + (-2)r_1]{r_2 + (-1)r_1} \begin{pmatrix} 1 & 1 & 1 & 1 & \vdots & 0 \\ 0 & 2 & 1 & 3 & \vdots & -6 \\ 0 & -2 & -1 & -3 & \vdots & 6 \end{pmatrix}$$

$$\xrightarrow{r_3 + r_2} \begin{pmatrix} 1 & 1 & 1 & 1 & \vdots & 0 \\ 0 & 2 & 1 & 3 & \vdots & -6 \\ 0 & 0 & 0 & 0 & \vdots & 0 \end{pmatrix}$$

由 $r(\boldsymbol{A}) = r(\widetilde{\boldsymbol{A}}) = 2 < 4$（未知数个数），故方程组有无穷多组解.

对所得的阶梯形矩阵继续施行初等行变换，得行简化阶梯形矩阵

$$\widetilde{\boldsymbol{A}} \rightarrow \cdots \rightarrow \begin{pmatrix} 1 & 1 & 1 & 1 & \vdots & 0 \\ 0 & 2 & 1 & 3 & \vdots & -6 \\ 0 & 0 & 0 & 0 & \vdots & 0 \end{pmatrix} \xrightarrow{\frac{1}{2}r_2} \begin{pmatrix} 1 & 1 & 1 & 1 & \vdots & 0 \\ 0 & 1 & \dfrac{1}{2} & \dfrac{3}{2} & \vdots & -3 \\ 0 & 0 & 0 & 0 & \vdots & 0 \end{pmatrix}$$

$$\xrightarrow{r_1 + (-1)r_2} \begin{pmatrix} 1 & 0 & \dfrac{1}{2} & -\dfrac{1}{2} & \vdots & 3 \\ 0 & 1 & \dfrac{1}{2} & \dfrac{3}{2} & \vdots & -3 \\ 0 & 0 & 0 & 0 & \vdots & 0 \end{pmatrix}$$

与原方程组同解的方程组为

$$\begin{cases} x_1 \qquad +\dfrac{1}{2}x_3-\dfrac{1}{2}x_4=3 \\ \\ x_2+\dfrac{1}{2}x_3+\dfrac{3}{2}x_4=-3 \end{cases}$$

令 $x_3=c_1, x_4=c_2$，得原方程组的解为

$$\begin{cases} x_1=-\dfrac{1}{2}c_1+\dfrac{1}{2}c_2+3 \\ \\ x_2=-\dfrac{1}{2}c_1-\dfrac{3}{2}c_2-3 \\ \\ x_3= \qquad c_1 \\ \\ x_4= \qquad\qquad c_2 \end{cases}$$

其中，c_1、c_2 为任意常数.

这种解的形式称为线性方程组的**通解**或**一般解**.

例 6　求解齐次线性方程组：

$$\begin{cases} 2x_1+x_2-2x_3+3x_4=0 \\ x_1+x_2+x_3-x_4=0 \end{cases}$$

解

$$\boldsymbol{A}=\begin{pmatrix} 2 & 1 & -2 & 3 \\ 1 & 1 & 1 & -1 \end{pmatrix} \xrightarrow{r_1\leftrightarrow r_2} \begin{pmatrix} 1 & 1 & 1 & -1 \\ 2 & 1 & -2 & 3 \end{pmatrix} \xrightarrow{r_2+(-2)r_1} \begin{pmatrix} 1 & 1 & 1 & -1 \\ 0 & -1 & -4 & 5 \end{pmatrix}$$

$$\xrightarrow{r_1+r_2} \begin{pmatrix} 1 & 0 & -3 & 4 \\ 0 & -1 & -4 & 5 \end{pmatrix} \xrightarrow{(-1)r_2} \begin{pmatrix} 1 & 0 & -3 & 4 \\ 0 & 1 & 4 & -5 \end{pmatrix}$$

与原方程组同解的方程组为

$$\begin{cases} x_1 \quad -3x_3+4x_4=0 \\ x_2+4x_3-5x_4=0 \end{cases}$$

令 $x_3=c_1, x_4=c_2$，得原方程组的通解为

$$\begin{cases} x_1= \quad 3c_1-4c_2 \\ x_2=-4c_1+5c_2 \\ x_3= \qquad c_1 \\ x_4= \qquad\qquad c_2 \end{cases}$$

其中，c_1、c_2 为任意常.

例 7　当 a、b 为何值时，方程组

$$\begin{cases} x_1 & +2x_3=-1 \\ -x_1+x_2-3x_3=2 \\ 2x_1-x_2+ax_3=b \end{cases}$$

无解？有唯一解？有无穷多解？

解

$$\widetilde{A} = \begin{pmatrix} 1 & 0 & 2 & -1 \\ -1 & 1 & -3 & 2 \\ 2 & -1 & a & b \end{pmatrix} \xrightarrow[r_3+(-2)r_1]{r_2+r_1} \begin{pmatrix} 1 & 0 & 2 & -1 \\ 0 & 1 & -1 & 1 \\ 0 & -1 & a-4 & b+2 \end{pmatrix} \xrightarrow{r_3+r_2} \begin{pmatrix} 1 & 0 & 2 & -1 \\ 0 & 1 & -1 & 1 \\ 0 & 0 & a-5 & b+3 \end{pmatrix}$$

则有

$$r(\boldsymbol{A}) = \begin{cases} 2\,(当\ a=5\ 时) \\ 3\,(当\ a\neq5\ 时) \end{cases}, \quad r(\widetilde{\boldsymbol{A}}) = \begin{cases} 2\,(当\ a=5\ 且\ b=-3\ 时) \\ 3\,(其他) \end{cases}.$$

因此，当 $a=5$ 且 $b\neq-3$ 时，方程组无解；当 $a\neq5$ 时，方程组有唯一解；当 $a=5$ 且 $b=-3$ 时，方程组有无穷多解.

习题 5.6

1.求解方程组 $\begin{cases} 2x_1 & +x_2-2x_3+3x_4=0 \\ 3x_1+2x_2 & -x_3+2x_4=0 \\ x_1 & +x_2+x_3 & -x_4=0 \end{cases}$.

2.求解方程组 $\begin{cases} x_1+2x_2-x_3+3x_4=2 \\ 2x_1+4x_2-2x_3+5x_4=1 \\ -x_1-2x_2 & +x_3 & -x_4=4 \end{cases}$.

3.试求方程组 $\begin{cases} x_1 & +x_2-3x_3 & -x_4=1 \\ 3x_1 & -x_2-3x_3+4x_4=4 \\ x_1+5x_2-9x_3-8x_4=0 \end{cases}$ 的通解.

4.设线性方程组

$$\begin{cases} x_1+x_2 & +(1+\lambda)x_3=\lambda \\ x_1+x_2+(1-2\lambda-\lambda^2)x_3=3-\lambda & -\lambda^2 \\ \lambda x_2 & -\lambda x_3=3-\lambda \end{cases}$$

问 λ 取何值时，方程组有唯一解？无解？有无穷多解？在有无穷多解时求其通解.

项目5　任务关系结构图

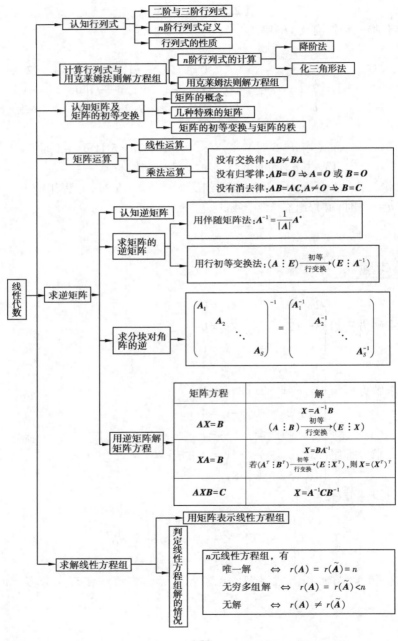

自我检测 5

一、选择题

1.行列式 $\begin{vmatrix} 1 & 0 & 3 \\ -2 & 5 & 1 \\ 2 & 3 & -1 \end{vmatrix}$ 的第(2,2)元素的代数余子式为(   ).

A. $\begin{vmatrix} 1 & 0 \\ -2 & 1 \end{vmatrix}$ B. $\begin{vmatrix} 1 & 0 \\ 2 & 3 \end{vmatrix}$ C. $-\begin{vmatrix} 1 & 3 \\ 2 & -1 \end{vmatrix}$ D. $\begin{vmatrix} 1 & 3 \\ 2 & -1 \end{vmatrix}$

2.在 n 阶行列式 D 中,用 A_{ij} 表示元素 a_{ij} 的代数余子式,则下列各式中正确的是(   ).

A. $\sum\limits_{i=1}^{n} a_{ij}A_{ij} = 0$ B. $\sum\limits_{j=1}^{n} a_{ij}A_{ij} = 0$

C. $\sum\limits_{j=1}^{n} a_{ij}A_{ij} = D$ D. $\sum\limits_{i=1}^{n} a_{i1}A_{i2} = D$

3.若 A,B,E 是 n 阶方阵,则(   ).

A.$(B-A)(B+A) = B^2 - A^2$ B.$(AB)^2 = A^2 B^2$

C.$(A+2E)^2 = A^2 + 4A + 4$ D.$(A-2E)^2 = A^2 - 4A + 4E$

4.若 A,B,C 均是 n 阶矩阵,下列命题正确的是(   ).

A.若 A 是非奇异矩阵,从 $AB = AC$ 可推出 $BA = CA$

B.若 A 是非奇异矩阵,必有 $AB = BA$

C.若 $A \neq O$,从 $AB = AC$ 可推出 $B = C$

D.若 $B \neq C$,必有 $AB \neq AC$

5.若 A,B 均为 $n(n \geq 2)$ 阶方阵,且 $AB = O$,则 (   ).

A.$A = O$ 且 $B = O$ B.$A = O$ 或 $B = O$

C.$|A| = 0$ 且 $|B| = 0$ D.$|A| = 0$ 或 $|B| = 0$

6.若 A 与 B 均为 n 阶可逆,$C = \begin{pmatrix} A & O \\ O & B \end{pmatrix}$,则 $C^{-1} = ($ $)$.

A.$\begin{pmatrix} B^{-1} & O \\ O & A^{-1} \end{pmatrix}$ B.$\begin{pmatrix} A^{-1} & O \\ O & B^{-1} \end{pmatrix}$ C.$A^{-1}B^{-1}$ D.$\begin{pmatrix} O & A^{-1} \\ B^{-1} & O \end{pmatrix}$

7.设 n 阶矩阵 A,B,C 满足关系式 $ABC = E$,则(   )成立.

A.$ACB = E$ B.$BCA = E$ C.$CBA = E$ D.$BAC = E$

8.设 A 是 n 阶方阵,A 经过有限次初等变换后得到 B,下列结论正确的是

( ).

    A.$|A|=|B|$ B.$A=B$

    C.若 A 是可逆,则 B 可逆   D.$|AB|=0$

9.方程个数和未知量个数相等的线性方程组中,下面说法正确的是( ).

    A.系数行列式 $D\neq0$,方程组一定有解

    B.系数行列式 $D\neq0$,方程组一定无解

    C.系数行列式 $D=0$,方程组一定有解

    D.方程有解,则系数行列式 $D\neq0$

10.若 A 是行列式为零的 n 阶方阵,则齐次线性方程组 $AX=0$ ( ).

    A.只有零解   B.只有有限组非零解

    C.必有无穷组非零解   D.可能无解

二、填空题

1.三阶行列式 $\begin{vmatrix} -2 & 3 & 1 \\ 498 & 203 & 301 \\ 5 & 2 & 3 \end{vmatrix}=$___.
2.行列式 $A=\begin{vmatrix} a_{11} & a_{12} & a_{13} & a_{14} \\ 0 & a_{22} & a_{23} & a_{24} \\ 0 & 0 & a_{33} & a_{34} \\ 0 & 0 & 0 & a_{44} \end{vmatrix}=$___.

3.行列式 $\begin{vmatrix} k-2 & 3 \\ 2 & k-1 \end{vmatrix}\neq0$ 的充分必要条件是 k _____.

4.设 A 为 n 阶方阵且 $|A|=a$,λ 为实数,则 $|\lambda A|=$ _____.

5.若 $|A|_{3\times3}=1$,$|B|_{4\times4}=-2$,则 $\Big||B|A\Big|=$ _____.

6.$\begin{pmatrix} 2 & 1 \\ 3 & 4 \end{pmatrix}^{-1}=$ _____.
7.$A=\begin{pmatrix} 3 & 4 & 1 & 3 \\ 0 & 1 & -1 & 4 \\ 0 & 0 & 5 & 6 \end{pmatrix}$,则 A 的秩为 $r(A)=$ _____.

8.设 $A=\begin{pmatrix} 5 & 2 & 0 & 0 \\ 2 & 1 & 0 & 0 \\ 0 & 0 & 1 & 2 \\ 0 & 0 & 1 & 1 \end{pmatrix}$,则 $A^{-1}=$ _____.

9.由 $\begin{pmatrix} 3 & 6 & 0 & 2 \\ 5 & 4 & 1 & 8 \\ 0 & 1 & -3 & 4 \\ -1 & 4 & 2 & 7 \end{pmatrix}\cdot\begin{pmatrix} 1 & -2 & 4 \\ 7 & 1 & 9 \\ -3 & 5 & 2 \\ 5 & -7 & -7 \end{pmatrix}$ 得到的矩阵 A 中的元素,$a_{23}=$ _____.

10.已知矩阵 X 满足 $\begin{pmatrix} 0 & 1 & 0 \\ 1 & 0 & 0 \\ 0 & 0 & 1 \end{pmatrix}X\begin{pmatrix} 1 & 0 & 0 \\ 0 & 0 & 1 \\ 0 & 1 & 0 \end{pmatrix}=\begin{pmatrix} 1 & 2 & -3 \\ 0 & -1 & 2 \\ 2 & 0 & 1 \end{pmatrix}$,则 $X=$ _____.

三、解答题

1.计算行列式的值：

$$D = \begin{vmatrix} 1 & 2 & 2 & 2 \\ 2 & 2 & 2 & 2 \\ 2 & 2 & 3 & 2 \\ 2 & 2 & 2 & 4 \end{vmatrix}$$

2.利用克莱姆法则解线性方程组

$$\begin{cases} x_1 - x_2 + x_3 - 2x_4 = 2 \\ -x_1 + 2x_2 - x_3 + 2x_4 = -4 \\ 3x_1 + 2x_2 + x_3 = -1 \\ 2x_1 - x_3 + 4x_4 = 4 \end{cases}$$

3.设 $A = \begin{bmatrix} 1 & 1 & 3 \\ 2 & 3 & 7 \\ 3 & 4 & 9 \end{bmatrix}$，判断 A 是否为满秩矩阵,若是,将 A 化成单位矩阵.

4.已知 $A = \begin{pmatrix} 1 & 2 & 3 \\ 2 & 2 & 1 \\ 3 & 4 & 3 \end{pmatrix}$,$B = \begin{pmatrix} 2 & 1 \\ 5 & 3 \end{pmatrix}$,$C = \begin{pmatrix} 1 & 3 \\ 2 & 0 \\ 3 & 1 \end{pmatrix}$,求矩阵 X 使满足 $AXB = C$.

5.设 $A = \begin{pmatrix} 5 & 0 & 0 \\ 0 & 3 & 1 \\ 0 & 2 & 1 \end{pmatrix}$ 求 A^{-1},$|A|$.

6.试求方程组 $\begin{cases} x_1 + x_2 - 3x_3 - x_4 = 1 \\ 3x_1 - x_2 - 3x_3 + 4x_4 = 4 \\ x_1 + 5x_2 - 9x_3 - 8x_4 = 0 \end{cases}$ 的通解.

7.已知线性方程组 $\begin{cases} x_1 + x_2 = 1 \\ x_1 - x_3 = 1 \\ x_1 + ax_2 + x_3 = b \end{cases}$,

（1）试问:常数 a,b 取何值时,方程组有无穷多解,唯一解,无解？
（2）当方程组有无穷多解时,求出其通解.

项目6 概率初步

【知识目标】

1.理解随机事件的概念,掌握事件之间的关系与基本运算;了解概率的统计定义、概率的古典定义、概率加法定理,掌握概率的基本性质,理解古典概型的概念;了解条件概率的概念,掌握乘法公式、全概率公式,了解贝叶斯公式;了解事件独立性的概念.

2.理解随机变量的概念,了解分布函数的概念和性质;理解离散型随机变量及其分布的概念,掌握(0-1)分布、二项分布,了解泊松分布;理解连续型随机变量及其密度函数的概念,掌握正态分布,了解均匀分布和指数分布.

3.理解随机变量的数学期望与方差的概念,掌握它们的性质与计算方法;熟练掌握典型随机变量的数学期望与方差.

【技能目标】

1.会求产品抽样问题、会面问题、击中目标问题、患某种疾病等问题的概率.

2.会计算顾客购买产品、保险公司赔偿、公司盈利、电器使用寿命等的概率.

3.会对公司投资方案选择、产品的订单数目、公司的盈利或亏损情况、投资的风险等进行分析与评估.

4.会利用数学知识、思维与方法分析实际问题并解决实际问题.

【相关链接】

学习高等数学有助于逻辑思维的培养,而编程也是需要很强的逻辑思维能力.离散概率论对计算机系学生来说其特殊的重要性在于:

1.如果没有随机过程,怎么分析网络和分布式系统? 怎么设计随机化算法和协议?

2.模式识别需要非常好的概率论与数理统计;另外还会用到少量矩阵代数、

随机过程等.

3.最近20年中,计算机视觉发展最鲜明的特征就是机器学习与概率模型的广泛应用.

【推荐资料】

[1](美)R.柯朗,H.罗宾.什么是数学:对思想和方法的基本研究[M].3版.上海:复旦大学出版社,2012.

本书是世界著名的数学科普读物,它搜集了许多经典的数学珍品,对整个数学领域中的基本概念与方法作了精深而生动的阐述.

[2]王元明.数学是什么? ——与大学一年级学生谈数学[M].南京:东南大学出版社, 2003.

本书中除了包含对分析学、代数学和几何学三个核心领域的基本内容和发展历程作概要介绍外,还对广大青年数学爱好者十分关心的数学问题进行介绍.

[3](德)沃尔夫冈·布卢姆.什么是什么:数学的魅力(精装)[M].武汉:湖北教育出版社,2009.

在我们的日常生活中,数学无处不在:像CD机、汽车、计算机……任何一种技术、仪器没有了数学都将无法想象.尽管如此,这门学科却并不是那么受人欢迎.许多人从学生时代起就特别惧怕数学,认为数学枯燥无味、远离生活,难以理解.在本书中,著名数学家、科学记者沃尔夫冈·布卢姆博士,表达出了绝不同于那些偏见的观点.本书对数千年前数字的使用到当前数学所研究的问题,都有所涉猎和探讨.畅游在数学、空间、概率以及密码的世界里,我们能越来越明显地感觉到,数学绝不是枯燥无味的,而是一门充满美感和魅力,并能让人沉迷其中的学科.

[4]林达华.概率模型与计算机视觉[OL].

http://www.sigvc.org/bbs/thread-728-1-1.html

林达华,美国麻省理工学院(MIT)博士,在概率模型和推理方法及其在视觉领域的应用方面作出了突出贡献.在该综述中,林博士回顾了对这个领域产生了重要影响的几个里程碑.

[案例导入] 决策与预测问题

国家出口某种商品.根据资料分析,国际市场对该商品的年需求量为2 000~4 000 t.试问:

(1)需求量是2 650~3 800 t的概率;

(2)若出售1 t该种商品则获利外汇3万元,但若因销售不出而库存,则每吨需保管费 1 万元.问每年应组织多少货源,才能使国家收益的期望值最大? 求其最大期望值.

任务 6.1　认知随机事件与概率

6.1.1　随机事件及运算

1)必然现象与随机现象

在自然界和人类生活中存在两类不同的现象,一类是必然现象(或称为确定性现象),一类是随机现象(或称为偶然现象).

必然现象是指在一定条件下,必然会发生某种结果的现象.例如,在标准大气压下,纯水加热到 100 ℃,水必然会沸腾;上抛物体一定下落.

随机现象是指人们在一定的条件下对它加以观察或进行试验时,观察或试验的结果是多个可能结果中的某一个,而且在每次试验或观察前都无法确知其结果的现象.例如,抛一枚硬币,可能正面向上也可能反面向上.掷一枚骰子,可能出现 1,2,3,4,5,6 中的任意一点.

2)随机试验与随机事件

为了揭示随机现象的统计规律性,我们可以在相同的条件下对随机现象进行大量的重复试验(或观察).我们称观察的过程为试验,称满足下列条件的试验为**随机试验**,简称为**试验**.

(1)**重复性**:试验可以或原则上可以在相同的条件下重复地进行.

(2)**确定性**:试验的可能结果不止一个,但能确定所有的可能结果.

(3)**随机性**:每次试验之前不能确定哪一个结果会出现,但可以肯定,试验的结果必是所有可能结果中的一个.

例如,

E_1:抛一枚硬币,观察正反面朝上的情况.

E_2:抛一颗骰子,观察出现的点数.

E_3:某电话交换台 1 分钟内接到的呼唤次数.

E_4:某日光灯管的使用寿命.

以上这些都可以看作是随机试验,其中 E_i 表示第 i 个随机试验.

随机试验的所有可能结果的集合,称为**样本空间**,记为 Ω(或 S).每一种可能的结果称为一个**样本点**,记为 ω(或 e).

如在上例中提到的 5 个随机试验,它们的样本空间分别是:

$\Omega_1 = \{\omega_1, \omega_2\}$,其中 ω_1 表示"正面向上",ω_2 表示"反面向上";

$\Omega_2 = \{1, 2, 3, 4, 5, 6\}$;

$\Omega_3 = \{0, 1, 2, 3, \cdots\}$;

$\Omega_4 = \{t \mid t \geq 0\}$.

样本空间 Ω 的某个子集称为**随机事件**,简称**事件**.用字母 A, B, C 等表示.显然它是由部分样本点构成的.随机事件包括基本事件和复合事件.相对于观察目的不可再分解的事件称为**基本事件**;两个或一些基本事件并在一起,就构成一个**复合事件**.

例如,在投骰子的试验中,事件 A 表示"掷出偶数点",用 ω_i 表示"出现 i 点",则 A 包含 ω_2、ω_4、ω_6 这三个样本点,所以它是复合事件.

某个事件 A 发生当且仅当 A 所包含的一个样本点 ω 出现,记为 $\omega \in A$.

例如,在投骰子的试验中,设 A 表示"出现偶数点",则"出现 2 点"就意味着 A 发生,但 A 发生并不要求 A 的每一个样本点都出现,当然这也是不可能的.

由于 Ω 包含了全部样本点,实验结果一定在 Ω 中,因此,Ω 是**必然事件**.在一定条件下,每次试验都必然不会发生的事件,称为**不可能事件**,用 $\varnothing$ 表示.

例如,在上述掷骰子的试验中,"点数小于 7"是必然事件,"点数大于 6"是不可能事件.

3)事件间的关系及运算

在研究随机现象时,我们看到同一个试验可以有很多随机事件,其中有的较简单,有的相当复杂.为了能从较简单事件的规律中寻求较复杂事件的规律,我们需要研究同一个试验的各种事件之间的关系和运算,并希望能用已知的事件表示未知的事件.

(1)事件的包含与相等

如果事件 A 发生必将导致事件 B 发生,则称 B **包含** A(或称 A 包含于 B),记作 $A \subset B$ 或 $B \supset A$.事件 A、事件 B 及样本空间的关系如图 6.1 所示.

如果同时成立 $A \subset B$ 和 $B \subset A$,则称事件 A 与事件 B **相等**,记作 $A = B$.

例如,掷一颗骰子,A 表示"出现 1 点",B 表示"出现奇数点",C 表示"出现的点数小于 2",则 $A \subset B$,$A = C$.

（2）**事件的和（并）**

"两个事件 A 与 B 中至少发生一个"这一事件称为事件 A 与 B 的**和（并）**，记作 $A+B$ 或 $A \cup B$，如图 6.2 的阴影部分所示.

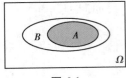 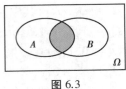

图 6.1   图 6.2   图 6.3

（3）**事件的交（积）**

"两个事件 A 与 B 同时发生"这一事件称为事件 A 和 B 的**交（积）**，记作 $A \cap B$ 或 AB，如图 6.3 的阴影部分所示.

推广为 $A_1 A_2 \cdots A_n = \{A_1, A_2, \cdots, A_n$ 同时发生 $\}$.

（4）**事件的差**

"事件 A 发生而事件 B 不发生"这一事件称为事件 A 与 B 的**差**，记作 $A-B$，如图 6.4 的阴影部分所示.

（5）**互不相容事件（或称互斥事件）**

如果事件 A、B 不能在同一次试验中发生（但可以都不发生），即 $AB = \varnothing$，则称事件 A 与 B **互不相容**或**互斥**，如图 6.5 所示.

例如，基本事件是两两互不相容的. 掷一颗骰子，A 表示"出现 1 点"，事件 $D = \{$取到偶数点$\}$，显然事件 A，D 是互不相容的事件.

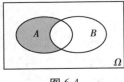 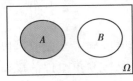 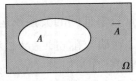

图 6.4   图 6.5   图 6.6

（6）**事件的对立（或称逆）**

如果事件 A、B 不能同时发生，但其中一个必然发生，则称 A 与 B 为**对立事件（或互逆事件）**，A 的对立事件（或逆事件）记作 $\bar{A}$，如图 6.6 所示.

由定义可知，两个对立事件一定是互不相容的事件；反之，两个互不相容的事件不一定是对立事件.

事件间的关系及运算与集合论中关系对比，如表 6.1 所示.

表 6.1

记　　号	概率论	集合论
Ω	样本空间	全集
$\varnothing$	不可能事件	空集
ω(或 e)	样本点	点(元素)
A	事件	集合
$\overline{A}$	A 的对立事件	$\overline{A}$ 为 A 的补集
$A \subset B$	事件 A 发生必导致事件 B 发生	A 是 B 的子集
$A = B$	事件 A 与事件 B 相等	A 与 B 相等
$A+B$ 或 $A \cup B$	事件 A 与事件 B 至少有一个发生	A 与 B 的并集
AB 或 $A \cap B$	事件 A 与事件 B 同时发生	A 与 B 的交集
$A-B$	事件 A 发生而事件 B 不发生	A 与 B 的差集
$AB = \varnothing$	事件 A、B 互不相容	A 与 B 不相交

4)事件的运算律

交换律:$A+B=B+A$ 或 $A \cup B=B \cup A$, $AB=BA$ 或 $A \cap B=B \cap A$;

结合律:$A+(B+C)=(A+B)+C$ 或 $A \cup (B \cup C)=(A \cup B) \cup C$,

$\quad (AB)C=A(BC)$ 或 $(A \cap B) \cap C=A \cap (B \cap C)$;

分配律:$A+(BC)=(A+B)(A+C)$ 或 $A \cup (B \cap C)=(A \cup B) \cap (A \cup C)$

$\quad A(B+C)=AB+AC$ 或 $A \cap (B \cup C)=(A \cap B) \cup (A \cap C)$;

德·摩根律(或称对偶律):

$$\overline{A+B}=\overline{A}\ \overline{B} \text{ 或 } \overline{A \cup B}=\overline{A} \cap \overline{B},$$

$$\overline{AB}=\overline{A}+\overline{B} \text{ 或 } \overline{A \cap B}=\overline{A} \cup \overline{B};$$

此外,还有 $\overline{\overline{A}}=A$, $\overline{A} \cup A=\Omega$ 或 $\overline{A}+A=\Omega$, $\overline{A}A=\varnothing$,

$$A-B=A\overline{B}=A-AB,$$

$$A+B=A+(B-A) \text{ 或 } A \cup B=A \cup (B-A).$$

例 1 设 A、B、C 是三个事件,试将下列事件用 A、B、C 的运算及关系表示出来:

(1)三个事件都发生;

(2)三个事件都不发生;

(3)三个事件至少有一个发生;

(4)A 发生而 B、C 都不发生;

(5)三个事件恰有一个发生;

(6)三个事件至多发生一个.

解 (1)ABC;

(2)$\overline{A}\,\overline{B}\,\overline{C}$ 或 $\overline{A+B+C}$ 或 $\overline{A\cup B\cup C}$;

(3)$A+B+C$ 或 $A\cup B\cup C$ 或 $\overline{\overline{A}\,\overline{B}\,\overline{C}}$ 或 $A\overline{B}\,\overline{C}+\overline{A}B\overline{C}+\overline{A}\,\overline{B}C+AB\overline{C}+A\overline{B}C+\overline{A}BC$ $+ABC$;

(4)$A\overline{B}\,\overline{C}$ 或 $A-(B+C)$;

(5)$A\overline{B}\,\overline{C}+\overline{A}B\overline{C}+\overline{A}\,\overline{B}C$ 或 $A\overline{B}\,\overline{C}\cup\overline{A}B\overline{C}\cup\overline{A}\,\overline{B}C$;

(6)$A\overline{B}\,\overline{C}+\overline{A}B\overline{C}+\overline{A}\,\overline{B}C+\overline{A}\,\overline{B}\,\overline{C}$ 或 $A\overline{B}\,\overline{C}\cup\overline{A}B\overline{C}\cup\overline{A}\,\overline{B}C\cup\overline{A}\,\overline{B}\,\overline{C}$.

6.1.2 古典概型与概率

研究随机现象,不仅关心试验中会出现哪些事件,更重要的是想知道事件出现的可能性大小,也就是事件的概率.

1)频率及频率的性质

在相同的条件下重复进行了 n 次试验,若事件 A 发生了 n_A 次,则称比值 $\dfrac{n_A}{n}$

为事件 A 在 n 次试验中出现的**频率**,记为 $F_n(A)=\dfrac{n_A}{n}$.

频率具有以下性质:

(1)**非负性**:对任意 A,有 $F_n(A)\geqslant 0$;

(2)**规范性**:$F_n(\Omega)=1$;

(3)**可加性**:若 A、B 互斥,则 $F_n(A+B)=F_n(A)+F_n(B)$.

历史上曾有不少人进行过抛掷硬币的试验来观察"A:正面向上"这一事件发生的规律,如表 6.2 所示.

表 6.2

试验者	抛硬币的次数 n	出现正面的次数 n_A	正面出现的频率 $\frac{n_A}{n}$
德·摩根	2 048	1 061	0.518 0
浦丰	4 040	2 148	0.506 9
费勒	10 000	4 979	0.497 9
皮尔逊	12 000	6 019	0.501 6
皮尔逊	24 000	12 012	0.500 5
维尼	30 000	14 994	0.499 8

容易看出,随着抛掷次数的增加,正面向上的频率 $\frac{n_A}{n}$ 围绕着一个确定的常数 0.5 作偏差越来越小的摆动,正面向上的频率稳定于 0.5 附近,这是一个客观存在的事实,不随人们主观意志为转移的,这就是**频率的稳定性**.

通过大量的实践,我们还容易看到,若随机事件 A 出现的可能性越大,一般来讲,其频率 $F_n(A)$ 也越大.由于事件 A 发生的可能性大小与其频率大小有如此密切的关系,因为频率又有稳定性,所以可通过频率来定义概率.

2)概率的统计定义

定义 1 在相同的条件下,独立重复地做 n 次试验,当试验次数 n 很大时,如果某事件 A 发生的频率 $F_n(A)$ 稳定地在 $[0,1]$ 上的某一数值 p 附近摆动,而且一般来说随着试验次数的增多,这种摆动的幅度会越来越小,则称数值 p 为事件 A 发生的**概率**,记为 $P(A)=p$.

3)古典概率

一个随机试验若满足:

①**有限性**:样本空间中只有有限个样本点;

②**等可能性**:每个样本点出现的可能性相同,则称这种试验为**古典概型**或**有穷等可能随机试验**.

设古典概型随机试验的样本空间 $\Omega = \{\omega_1, \omega_2, \cdots, \omega_n\}$,若事件 A 中含有 $k(k \leq n)$ 个样本点,则称 $\frac{k}{n}$ 为事件 A 发生的**概率**,记为

$$P(A) = \frac{k}{n} = \frac{A \text{ 中含有的样本点数}}{\text{总样本点数}}.$$

例 2（盒中摸球模型） 设盒中有 3 个白球, 2 个红球, 现从盒中任抽 2 个球, 求取到 1 个红球 1 个白球的概率.

解 1 设 A 表示"取到 1 个红球 1 个白球". 考虑一次取到 2 个球, 与抽取次序无关, 则样本点总数为 $n = C_5^2$, 事件 A 包含的样本点数为 $k = C_3^1 C_2^1$, 于是,

$$P(A) = \frac{C_3^1 C_2^1}{C_5^2} = \frac{3}{5}.$$

解 2 设 A 表示"取到 1 个红球 1 个白球". 考虑先后取 2 个球:（白球, 红球）、（红球, 白球）, 与抽取次序有关, 则样本点总数为 $n = A_5^2$, 事件 A 包含的样本点数为 $k = A_3^1 A_2^1 + A_2^1 A_3^1$, 于是,

$$P(A) = \frac{A_3^1 A_2^1 + A_2^1 A_3^1}{A_5^2} = \frac{3}{5}.$$

注 ①由例 2 可见, 盒中摸球问题可以用组合法解, 也可以用排列法解. 关键是计算事件概率时保证分子、分母在同一个样本空间下讨论.

②在实际中, 产品的检验、疾病的抽查、农作物的选种等问题均可化为盒中摸球问题. 我们选择抽球模型的目的在于使问题的数学意义更加突出, 而不必过多地交代实际背景.

例 3（分球入盒模型） 将 3 个球随机地放入 3 个盒子中去, 问:

(1) 每盒恰有一球的概率是多少?

(2) 空一盒的概率是多少?

解 设 A 表示"每盒恰有一球", B 表示"空一盒". 则样本点总数为 $n = 3^3$.

(1) 事件 A 包含的样本点数为 $k = 3!$, 于是,

$$P(A) = \frac{2}{9}.$$

(2)（用对立事件）

$$P(B) = 1 - P\{空两盒\} - P\{每一个盒子恰有 1 球\} = 1 - \frac{3}{3^3} - \frac{2}{9} = \frac{2}{3}$$

或（空一盒相当于两球一起放在一个盒子中, 另一球单独放在另一个盒子中）

$$P(B) = \frac{C_3^2 \times 3 \times 2}{3^3} = \frac{2}{3}.$$

或（空一盒包括 1 号盒空, 2 号盒空, 三号盒空且其余两盒均有球）

$$P(B) = \frac{3 \times (2^3 - 2)}{3^3} = \frac{2}{3}.$$

6.1.3 加法公式与乘法公式

1）加法公式

对于任意两个事件 A 与 B，有

$$P(A+B) = P(A) + P(B) - P(AB)$$

称此公式为概率的**加法公式**. 特别地，

（1）若 A 与 B 为互不相容的两个事件，则 $P(A+B) = P(A) + P(B)$.

（2）对于任何事件 A，有 $P(\bar{A}) = 1 - P(A)$.

（3）$P(A-B) = P(A\bar{B}) = P(A) - P(AB)$（图 6.4）

如果 $A \supset B$，则 $P(A-B) = P(A) - P(B)$.

概率的加法公式可推广到多个事件的情形. 设任何事件 A、B、C，有

$$P(A+B+C) = P(A) + P(B) + P(C) - P(AB) - P(AC) - P(BC) + P(ABC).$$

例4 袋中有 12 个球，有 7 个白球、5 个红球，任取 3 个，求至少有 1 个红球的概率.

解1 设 A 表示"至少有 1 个红球"，A_i 表示"恰好有 i 个红球"，$i = 1, 2, 3$，则 $A = A_1 + A_2 + A_3$，且 A_1、A_2、A_3 互不相容. 由概率的加法公式得

$$P(A) = P(A_1 + A_2 + A_3) = P(A_1) + P(A_2) + P(A_3).$$

而 $P(A_1) = \dfrac{C_5^1 \cdot C_7^2}{C_{12}^3} = 0.477$，$P(A_2) = \dfrac{C_5^2 \cdot C_7^1}{C_{12}^3} = 0.318$，$P(A_3) = \dfrac{C_5^3}{C_{12}^3} = 0.045$.

于是 $P(A) = 0.477 + 0.318 + 0.045 = 0.84.$

解2 用逆事件概率公式计算.

设 A 表示"至少有 1 个红球"，则 $\bar{A}$ 表示"全是白球".

$$P(A) = 1 - P(\bar{A}) = 1 - \frac{C_7^3}{C_{12}^3} = 1 - 0.16 = 0.84.$$

例5 学校组织 A 和 B 两个课外活动小组. 某班 50 名学生中，有 20 名学生参加 A 组，16 名学生参加 B 组，同时参加两个小组的有 6 名学生. 在该班任意抽取一名学生，则该生参加课外活动小组的概率是多少？

解 设 A 表示"参加 A 组"，B 表示"参加 B 组"，"该生参加课外活动小组"表示为 $A+B$，则

$$P(A+B) = P(A) + P(B) - P(AB) = \frac{20}{50} + \frac{16}{50} - \frac{6}{50} = \frac{3}{5} = 0.6.$$

2)乘法公式

在概率的应用中常会遇到这样一种情况,在"事件 A 已发生的条件下",求事件 B 发生的概率.

定义 2 设 A、B 为同一随机试验的两个事件,在事件 A 已发生的条件下,事件 B 发生的概率称为**条件概率**,记作 $P(B \mid A)$.

若事件 A 已发生,为使 B 也发生,则试验结果必须是既在 A 中又在 B 中的样本点,即此点必属于 AB,如图 6.7 所示.由于我们已经知道 A 已发生,故 A 变成了新的样本空间 ,于是当 $P(A)>0$ 时,有

$$P(B \mid A) = \frac{P(AB)}{P(A)};$$

同理,当 $P(B)>0$ 时,有

$$P(A \mid B) = \frac{P(AB)}{P(B)}.$$

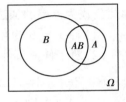

图 6.7

例 6 袋中有 5 个球,其中有 2 个白球、3 个黑球.现在从袋中任意取球 2 次,每次取 1 球,取后不放回.已知第一次取到黑球,求第二次也取到黑球的概率.

解 1 设 A 表示"第一次取到黑球",B 表示"第二次取到黑球".事件 A 发生即"第一次取到黑球"后剩下 4 个球,其中有 2 个白球 2 个黑球,所以

$$P(B \mid A) = \frac{2}{4} = 0.5.$$

解 2 设 A 表示"第一次取到黑球",B 表示"第二次取到黑球",则

$$P(A) = \frac{3}{5} = 0.6, \ P(AB) = \frac{3}{5} \times \frac{2}{4} = 0.3,$$

于是

$$P(B \mid A) = \frac{P(AB)}{P(A)} = \frac{0.3}{0.6} = 0.5.$$

例 7 一种电子元件能使用 1 000 小时以上的概率为 0.7,能使用 1 500 小时以上的概率为 0.2,求已使用 1 000 小时的这种电子元件能使用 1 500 小时以上的概率.

解 设 A 表示"这种电子元件能使用 1 000 小时以上",B 表示"这种电子元件能使用 1 500 小时以上",则 $AB=B$,于是 $P(AB) = P(B) = 0.2$.故事件 A 发生的条件下,事件 B 发生的条件概率为

$$P(B \mid A) = \frac{P(AB)}{P(A)} = \frac{0.2}{0.7} = \frac{2}{7} \approx 0.285\ 7.$$

由条件概率的定义,直接得到

概率的乘法公式 设 A、B 为两个事件,则

$$P(AB) = P(A)P(B \mid A)\ ,\text{其中}\ P(A) > 0$$

$$P(AB) = P(B)P(A \mid B)\ ,\text{其中}\ P(B) > 0$$

即两个事件之积的概率等于其中一个事件的概率与在此事件发生的前提下另一个事件发生的条件概率的乘积.

概率的乘法公式可推广到 n 个事件的情形:设 $A_1, A_2, \cdots, A_n$ 为 n 个事件,其中 $P(A_1 A_2 \cdots A_{n-1}) > 0$,则

$$P(A_1 A_2 \cdots A_n) = P(A_1)P(A_2 \mid A_1)P(A_3 \mid A_1 A_2) \cdots P(A_n \mid A_1 A_2 \cdots A_{n-1}).$$

例8 设在一盒子中装有 10 只晶体管,4 只是次品,6 只是正品. 从中连续地取两次,每次任取一只,取后不再放回,问两次都取到正品的概率是多少?

解 设 A 表示"第一次取得正品",B 表示"第二次取得正品",则

$$P(A) = \frac{6}{10}, P(B \mid A) = \frac{5}{9}.$$

所以,"两次都取到正品"的概率是

$$P(AB) = P(A)P(B \mid A) = \frac{6}{10} \times \frac{5}{9} = \frac{1}{3}.$$

3)全概率公式

全概率公式是概率论的基本公式之一,它是概率的加法公式和乘法公式的综合运用和推广,它使较复杂事件的概率计算简单化.

全概率公式 设 Ω 为随机试验 E 的样本空间,$A_1, A_2, \cdots, A_n$ 为样本空间的一个划分,即满足:

(1)$A_1, A_2, \cdots, A_n$ 两两互不相容,

(2)$A_1 + A_2 + \cdots + A_n = \Omega$,

则对任何事件 B,有

$$P(B) = P(A_1)P(B \mid A_1) + P(A_2)P(B \mid A_2) + \cdots + P(A_n)P(B \mid A_n)$$

$$= \sum_{i=1}^{n} P(A_i)P(B \mid A_i).$$

例9 某商店收进甲厂生产的产品 30 箱,乙厂生产的同种产品 20 箱. 甲厂每箱装 100 个产品,废品率为 0.06;乙厂每箱装 120 个产品,废品率为 0.05,求:

(1)任取一箱,从中取一个产品为废品的概率;

（2）若将所有产品开箱混放，求任取一个产品为废品的概率.

解　（1）设 A_1 表示"甲厂生产的产品"，A_2 表示"乙厂生产的产品"，B 表示"废品"．则 $P(A_1) = \dfrac{3}{5}, P(A_2) = \dfrac{2}{5}, P(B \mid A_1) = 0.06, P(B \mid A_2) = 0.05$，由全概率公式知：

$$P(B) = \sum_{i=1}^{2} P(A_i) P(B \mid A_i) = 0.056.$$

（2）设 A_1 表示"甲厂生产的产品"，A_2 表示"乙厂生产的产品"，B 表示"废品"．则

$$P(A_1) = \frac{30 \times 100}{30 \times 100 + 20 \times 120} = \frac{5}{9}, P(A_2) = \frac{20 \times 120}{30 \times 100 + 20 \times 120} = \frac{4}{9},$$

$$P(B \mid A_1) = 0.06, P(B \mid A_2) = 0.05,$$

由全概率公式知：

$$P(B) = \sum_{i=1}^{2} P(A_i) P(B \mid A_i) \approx 0.055\ 6.$$

例 10　盒中放有 12 个乒乓球，其中 9 个是新的．第一次比赛时，从盒中任取 3 个使用，用后放回盒中，第二次比赛时再从中取 3 个使用，求第二次取出都是新球的概率.

解　令 $A_i = \{$第一次比赛时取出的 3 个球中有 i 个新球$\}$（$i = 0, 1, 2, 3$），$B = \{$第二次比赛取出的 3 个球均为新球$\}$．于是

$$P(A_0) = \frac{C_9^0 C_3^3}{C_{12}^3}, P(A_1) = \frac{C_9^1 C_3^2}{C_{12}^3}, P(A_2) = \frac{C_9^2 C_3^1}{C_{12}^3}, P(A_3) = \frac{C_9^3 C_3^0}{C_{12}^3},$$

而　　　$$P(B \mid A_0) = \frac{C_9^3}{C_{12}^3}, P(B \mid A_1) = \frac{C_8^3}{C_{12}^3}, P(B \mid A_2) = \frac{C_7^3}{C_{12}^3}, P(B \mid A_3) = \frac{C_6^3}{C_{12}^3},$$

由全概率公式得所求的概率为

$$P(B) = P(A_0) P(B \mid A_0) + P(A_1) P(B \mid A_1) + P(A_2) P(B \mid A_2) + P(A_3) P(B \mid A_3)$$

$$= \frac{C_9^0 C_3^3}{C_{12}^3} \cdot \frac{C_9^3}{C_{12}^3} + \frac{C_9^1 C_3^2}{C_{12}^3} \cdot \frac{C_8^3}{C_{12}^3} + \frac{C_9^2 C_3^1}{C_{12}^3} \cdot \frac{C_7^3}{C_{12}^3} + \frac{C_9^3 C_3^0}{C_{12}^3} \cdot \frac{C_6^3}{C_{12}^3} = 0.146.$$

4）贝叶斯公式*

全概率公式往往看作"已知原因求结果"，实际上还有一类问题是"已知结果找原因"．由条件概率得

$$P(A_i \mid B) = \frac{P(A_i B)}{P(B)}$$

又 $P(A_iB) = P(A_i) \cdot P(B \mid A_i)$，由全概率公式可求出 $P(B)$，从而可求出 $P(A_i \mid B)$，这里将得到的公式一般化，即贝叶斯公式.

贝叶斯公式 设 A_1、A_2、$\cdots$、A_n 为样本空间的一个划分，则对任一事件 B，$P(B) > 0$，有

$$P(A_i \mid B) = \frac{P(A_iB)}{P(B)} = \frac{P(A_i) \cdot P(B \mid A_i)}{\sum\limits_{j=1}^{n} P(A_j) \cdot P(B \mid A_j)} \quad (i = 1, 2, \cdots, n).$$

例 11 有三个箱子，分别编号为 1，2，3.其中 1 号箱装有 1 个红球 4 个白球，2 号箱装有 2 个红球 3 个白球，3 个号箱装有 3 个红球.现在从这三箱中任取一箱，从中任意摸出一球，发现是红球，求该球是取自 1 号箱的概率.

解 设 $A_i = \{$球取自第 i 号箱$\}$，$i = 1, 2, 3$. $B = \{$取得红球$\}$.

由贝叶斯公式，得

$$P(A_1 \mid B) = \frac{P(A_1B)}{P(B)} = \frac{P(A_1) \cdot P(B \mid A_1)}{\sum\limits_{k=1}^{3} P(A_k) \cdot P(B \mid A_k)} = \frac{\dfrac{1}{3} \cdot \dfrac{1}{5}}{\dfrac{1}{3} \cdot \dfrac{1}{5} + \dfrac{1}{3} \cdot \dfrac{2}{5} + \dfrac{1}{3} \cdot \dfrac{3}{3}} = \frac{1}{8}.$$

例 12 某一地区患有癌症的人占总人口数的比例为 0.005，患者对一种试验反应是阳性的概率为 0.95，正常人对这种试验反应是阳性的概率为 0.04.现抽查了一个人，试验反应是阳性，问此人是癌症患者的概率有多大？

解 设 $A = \{$抽查的人患有癌症$\}$，$B = \{$试验结果是阳性$\}$，则 $\bar{A}$ 表示"抽查的人不患癌症".

由贝叶斯公式，可得

$$P(A \mid B) = \frac{P(A) \cdot P(B \mid A)}{P(A) \cdot P(B \mid A) + P(\bar{A}) \cdot P(B \mid \bar{A})} = \frac{0.005 \times 0.95}{0.005 \times 0.95 + (1 - 0.005) \times 0.04}$$
$$= 0.106\ 6.$$

6.1.4 事件的独立性

1）事件的独立性

先看一个例子：将一颗均匀骰子连掷两次，设 A 表示"第一次掷出 6 点"，B 表示"第二次掷出 6 点"，显然 $P(B \mid A) = P(B)$.这就是说，已知事件 A 发生，并不影响事件 B 发生的概率，这时称事件 A、B 相互独立.

定义 3 如果事件 A、B 满足

$$P(AB) = P(A)P(B),$$

则称事件 A 与 B **相互独立**,简称 A、B **独立**.

性质 1 A 与 B 相互独立 $\Leftrightarrow P(A \mid B) = P(A)$ $(P(B) > 0)$

$$\Leftrightarrow P(B \mid A) = P(B) \quad (P(A) > 0).$$

性质 2 设 A、B 为两个相互独立的事件,则

$$P(A+B) = P(A) + P(B) - P(A)P(B).$$

性质 3 设 A 与 B 为两个事件,则下列四对事件:A 与 B,$\bar{A}$ 与 $\bar{B}$,A 与 $\bar{B}$,$\bar{A}$ 与 B 中,只要有一对事件独立,其余三对事件也独立.

在实际应用中,往往根据问题的实际意义去判断两事件是否独立.例如,甲、乙两人向同一目标射击,记 A 表示"甲命中",B 表示"乙命中",由于"甲命中"并不影响"乙命中"的概率,故认为 A、B 相互独立.

例 13 甲、乙两台导弹发射器独立地向一架飞机各发射一枚导弹,已知甲、乙击中飞机的概率分别为 0.8,0.7,试求:(1)飞机被击中的概率;(2)两台发射器中恰有一台击中飞机的概率.

解 设 A、B 分别表示甲、乙击中飞机,则 A、B 相互独立.

(1)$A+B$ 表示飞机被击中,则

$$P(A+B) = P(A) + P(B) - P(A) \cdot P(B)$$
$$= 0.8 + 0.7 - 0.8 \times 0.7 = 0.94.$$

(2)恰有一台导弹发射器击中飞机的概率为

$$P(A\bar{B} + \bar{A}B) = P(A\bar{B}) + P(\bar{A}B) = P(A)P(\bar{B}) + P(\bar{A})P(B)$$
$$= 0.8 \times (1-0.7) + (1-0.8) \times 0.7 = 0.38.$$

定义 4 对于事件组 A_1、A_2、$\cdots$、A_n,如果对任意 $k(2 \leq k \leq n)$,有

$$P(A_{i_1}A_{i_2}\cdots A_{i_k}) = P(A_{i_1})P(A_{i_2})\cdots P(A_{i_k})$$

则称 A_1、A_2、$\cdots$、A_n 是相互独立的.

特别地,对于三个事件 A、B、C,如果同时满足:

$$P(AB) = P(A)P(B),$$
$$P(AC) = P(A)P(C),$$
$$P(BC) = P(B)P(C),$$
$$P(ABC) = P(A)P(B)P(C),$$

则 A、B、C 是**相互独立**的.

怎么判断一些事件是相互独立的呢? 在很多情况下,只需像例 13 那样根据对事件的本质的分析作出判断即可,而并不需要复杂的计算.

n 个相互独立事件具有如下性质：

性质 1　若 n 个事件 A_1、A_2、$\cdots$、A_n 相互独立,则有

$$P(A_1A_2\cdots A_n)=P(A_1)P(A_2)\cdots P(A_n).$$

性质 2　若 n 个事件 A_1、A_2、$\cdots$、A_n 相互独立,则它们中的任意一部分事件换成各自事件的对立事件后所得的 n 个事件也相互独立.

性质 3　若 n 个事件 A_1、A_2、$\cdots$、A_n 相互独立,则有

$$P(A_1+A_2+\cdots+A_n)=1-P(\overline{A_1})P(\overline{A_2})\cdots P(\overline{A_n}).$$

＊证明　$\begin{aligned}P(A_1+A_2+\cdots+A_n)&=1-P\overline{(A_1\cup A_2\cup\cdots\cup A_n)}\quad\text{（对立事件的性质）}\\&=1-P(\overline{A_1}\cap\overline{A_2}\cap\cdots\cap\overline{A_n})\quad\text{（德·摩根定律）}\\&=1-P(\overline{A_1})P(\overline{A_2})\cdots P(\overline{A_n})\quad\text{（性质2）}.\end{aligned}$

例 14　加工某一零件需四道工序,已知第一、二、三、四道工序的次品率分别为 $3\%,2\%,5\%,4\%$.假定各道工序互不影响,求加工出来的零件的次品率.

解　分别用 A_i 表示第 i 道工序发生次品事件,$i=1,2,3,4$,用 B 表示加工出来的零件是次品的事件,则 $B=A_1\cup A_2\cup A_3\cup A_4$.由题设知 A_1、A_2、A_3、A_4 相互独立,故所求事件的概率为

$$P(B)=P(A_1+A_2+A_3+A_4)=1-P(\overline{A_1})P(\overline{A_2})P(\overline{A_3})P(\overline{A_4})$$
$$=1-(1-3\%)(1-2\%)(1-5\%)(1-4\%)\approx13.31\%.$$

2）独立实验概型

定义 5　若随机试验 E 只有两种可能的结果:事件 A 发生或事件 A 不发生,则称这样的试验为**伯努利试验**.若记

$$P(A)=p,P(\overline{A})=1-p=q,\text{其中 }0<p<1,$$

将伯努利试验在相同条件下独立地重复进行 n 次,称这样的 n 次独立重复试验为 n **重伯努利试验**,简称为**伯努利试验**或**伯努利概型**.

定理（二项概率公式）　设一次试验中事件 A 出现的概率为 $P(A)=p$,其中 $0<p<1$,则在 n 重伯努利试验中,事件 A 恰好出现 k 次的概率为

$$B(k;n,p)=C_n^k p^k(1-p)^{n-k}\quad,k=0,1,\cdots,n.$$

例 15　已知 100 个产品中有 5 个次品,现从中有放回地取 3 次,每次取 1 个,求所取的 3 个产品中恰有 2 个次品的概率.

解　有放回地取 3 次,说明这 3 次试验的条件完全相同且相互独立,所以可用伯努利概型计算这一问题,故所求概率为

$$C_3^2(0.05)^2(1-0.05)^{3-2}\approx0.007\ 1.$$

例 16 某产品的次品率为 5%,现从一大批该产品中随机地抽出 20 个进行检验,问这 20 个产品中恰有 2 个次品的概率是多大?

解 这里虽是无放回抽样,但由于一批产品的总数很大,且抽出产品的数量相对较小,因而可以当作有放回抽样处理,这样做会有一些误差,但误差较小.抽出 20 个产品,可看作是做了 20 次独立试验,每一次是否抽到次品可看成是一次试验的结果,因此 20 个该产品中恰有 2 个次品的概率是

$$C_{20}^2 (0.05)^2 (0.95)^{18} \approx 0.189.$$

习题 6.1

1.设 A、B、C 为三个事件,试用 A、B、C 事件间的关系及运算表示下列事件:

(1)事件 A、B、C 中只有 A 发生;　(2)事件 A 与 B 都发生而 C 不发生;

(3)事件 A、B、C 都发生;　(4)事件 A、B、C 都不发生;

(5)事件 A、B、C 至少一个发生;　(6)事件 A、B、C 不多于一个发生;

(7)事件 A、B、C 不多于两个发生;　(8)事件 A、B、C 至少有两个发生.

2.盒子中有 10 个相同的球,分别标有号码 $1,2,\cdots,10$.从中任取一球,求此球的号码为偶数的概率.

3.袋中有 7 个白球,3 个红球,从中任取 3 个,求恰好都是白球的概率.

4.两封信随机地投向 4 个信筒,求第二个信筒恰好投入一封信的概率.

5.一批产品共 200 个,其中有 6 个废品,求:(1)这批产品的废品率;(2)任取 3 个恰好有 1 个废品的概率;(3)任取 3 个全不是废品的概率.

6.设 A、B 是互不相容的两个事件且 $P(A)=0.5$,$P(B)=0.3$,试求 $P(\overline{A}\,\overline{B})$.

7.从 $0,1,2,\cdots,9$ 共 10 个数字中任取一个,假定每个数字被取中的概率相同,取后还原,先后取出 7 个数字,试求下列事件 $A_i(i=1,2,3)$ 的概率 $P(A_i)$.

(1)A_1:"7 个数字互不相同";(2)A_2:"不含 2 和 6";(3)A_3:"恰含有两个 6".

8.假设有 100 件产品,其中有 60 件一等品,30 件二等品,10 件三等品,现从中随机地抽取两件,分别采用有放回抽取和无放回抽取两种方式连续地取两次,求两次取到的产品等级相同的概率.

9.若某班级有 n 个人$(n\leq365)$,问至少有两个人的生日在同一天的概率是多大?（一年以 365 天计）

10.某个家庭有两个小孩,已知其中一个是男孩,试问另一个是女孩的概率有多大?

11.某人忘记了电话号码的最后一个数字,因而他随意地拨了一个数字.

(1)求拨号不超过 3 次而接通电话的概率;

(2)若已知最后一个数字是奇数,求拨号不超过 3 次而接通电话的概率.

12.袋中装有编号为 $1,2,\cdots,n$ 的 n 个球,每次从中任意摸一球,若按下面的方式,试求第 k 次摸球时,首次摸到 2 号球的概率:

(1)有放回方式摸球;　　　　(2)无放回方式摸球.

13.三个元件串联的电路中,每个元件发生断电的概率依次为 0.3、0.4 和 0.6,求该系统断电的概率.

14.设 A 与 B 是相互独立的两个事件,且已知 $P(A)=0.5$,$P(A\cup B)=0.8$,求 $P(\overline{B}|A)$.

15.市场上供应的某型号的电子管是由甲、乙、丙 3 家工厂生产的,且甲、乙、丙厂生产的产品分别占总数的20%,50%和30%.又已知甲、乙、丙各厂产品的次品率分别是 1%,2%,3%.现在随机取一只电子管,问这只电子管是次品的概率有多大?

任务6.2　计算随机变量的分布

对于随机变量来讲,我们不仅关心它取哪些值,更关心它以多大的概率取那些值,这就是随机变量的统计规律性——分布函数.

6.2.1　随机变量的分布函数

在许多问题中,随机事件与实数间存在客观联系.

例 1　抛一枚骰子,用 X 表示出现的点数,则 X 的所有可能取值为 $1,2,3,4,5,6$,X 取哪个值由随机试验结果决定.

例 2　用 X 表示某电话交换台在某单位时间内收到的电话用户的呼唤次数,则 X 的所有可能取值为 $0,1,2,\cdots$,且 X 的取值由随机试验结果决定.

例 3　用 X 表示某种电子元件的使用寿命,则 X 的所有可能取值构成一个区间 $[0,+\infty)$,且其取值由随机试验结果决定.

而有些试验的结果虽然没有直接表现为数量,但也可以把它们数量化,用数量来表示.

例 4　抛一枚硬币,我们记 $X=\begin{cases}1,\text{出现正面向上}\\0,\text{出现反面向上}\end{cases}$.

定义 1　在随机试验中,每个随机事件都唯一地对应着一个数,用 X 表示这些数,则 X 是随实验结果而变化的量,称为**随机变量**,简记为 X.

若 X 是随机变量,则对 $\forall x \in \mathbf{R}$,$\{X \leqslant x\}$ 是随机事件,故 $P\{X \leqslant x\}$ 有意义的. 当实数 $a<b$ 时,有 $P\{a<X \leqslant b\}=P\{X \leqslant b\}-P\{X \leqslant a\}$.可见,只要对一切实数 x 给出概率 $P\{X \leqslant x\}$,则任何事件 $\{a<X \leqslant b\}$ 及它们的可列交、可列并的概率都可求得.从而 $P\{X \leqslant x\}$,$x \in \mathbf{R}$ 完全刻画了随机变量 X 的统计规律,并决定了随机变量 X 的一切概率特征.

定义 2　设 X 是一个随机变量,称
$$F(x)=P(X \leqslant x),-\infty <x<+\infty$$

为 X 的**分布函数**.

该定义的几何意义为:分布函数 $F(x)$ 在 x 处的函数值在几何上表示随机变量 X 取值落在区间 $(-\infty,x]$ 上的概率.

随机变量 X 的分布函数 $F(x)$ 具有下列性质:

(1)**单调不减性**:若 $x_1<x_2$,则 $F(x_1) \leqslant F(x_2)$;

(2)**规范性**:对任何实数 x,$0 \leqslant F(x) \leqslant 1$,且
$$F(-\infty)=\lim_{x \to -\infty} F(x)=0, \qquad F(+\infty)=\lim_{x \to +\infty} F(x)=1;$$

(3)**右连续性**:对任何实数 x_0,$F(x_0+0)=F(x_0)$,其中 $F(x_0+0)=\lim_{x \to x_0^+} F(x)$.

反之,如果某实数具有上述 3 个性质,则它可作为某随机变量的分布函数.

例 5　设某随机变量的分布函数为 $F(x)=A+B\arctan x$,试确定 A、B 的值.

解　由分布函数的规范性可知,$F(-\infty)=0$,$F(+\infty)=1$.于是
$$F(-\infty)=\lim_{x \to -\infty} F(x)=\lim_{x \to -\infty}(A+B\arctan x)=A+B \cdot \left(-\frac{\pi}{2}\right)=0$$

$$F(+\infty)=\lim_{x \to +\infty} F(x)=\lim_{x \to +\infty}(A+B\arctan x)=A+B \cdot \frac{\pi}{2}=1$$

解得　　　$A=\dfrac{1}{2}$,$B=\dfrac{1}{\pi}$.

用分布函数计算某些事件的概率.对于任意 $a<b$,a、$b \in \mathbf{R}$,则
$$P\{a<X \leqslant b\}=F(b)-F(a);$$

$$P\{X<a\}=F(a-0),\text{其中}\ F(a-0)=\lim_{x\to a^-}F(x);$$

$$P\{X=a\}=P\{X\leqslant a\}-P\{X<a\}=F(a)-F(a-0);$$

$$P\{X>a\}=1-P\{X\leqslant a\}=1-F(a);$$

$$P\{X\geqslant a\}=1-P\{X<a\}=1-F(a-0);$$

$$P\{a\leqslant X\leqslant b\}=F(b)-F(a-0);$$

$$P\{a\leqslant X<b\}=F(b-0)-F(a-0);$$

$$P\{a<X<b\}=F(b-0)-F(a).$$

例 6 已知随机变量 X 的分布函数为

$$F(x)=\begin{cases}0,x<0\\[4pt]\dfrac{1}{4},0\leqslant x<1\\[4pt]\dfrac{1}{2},1\leqslant x<2\\[4pt]\dfrac{7}{8},2\leqslant x<3\\[4pt]1,x\geqslant 3\end{cases}$$

求 $P\{X\leqslant 3\}$,$P\{X=1\}$,$P\{X>1/2\}$,$P\{2<X<4\}$.

解 $P\{X\leqslant 3\}=F(3)=1.$

$$P\{X=1\}=F(1)-F(1-0)=\frac{1}{2}-\frac{1}{4}=\frac{1}{4}.$$

$$P\{X>1/2\}=1-P\{X\leqslant 1/2\}=1-F(1/2)=1-\frac{1}{4}=\frac{3}{4}.$$

$$P\{2<X<4\}=P\{X<4\}-P\{X\leqslant 2\}=F(4-0)-F(2)=1-\frac{7}{8}=\frac{1}{8}.$$

例 7 设 X 的分布函数为

$$F(x)=\begin{cases}0,\quad x\leqslant 0\\ Ax^2,0<x\leqslant 1\\ 1,\quad x>1\end{cases}$$

试确定 A,并求 $P\{0.1<X<0.9\}$

解 由分布函数 $F(x)$ 的右连续性可知,$\lim_{x\to 1^+}F(x)=F(1).$

而 $\lim_{x\to 1^+}F(x)=1,F(1)=A\cdot 1^2,$得

$$A=1.$$

即
$$F(x)=\begin{cases}0, & x\leqslant 0 \\ x^2, & 0<x\leqslant 1 \\ 1, & x>1\end{cases}$$

所以 $P\{0.1<X<0.9\}=F(0.9-0)-F(0.1)=0.9^2-0.1^2=0.8.$

根据随机变量的取值情况,可以把随机变量分成两类:离散型随机变量和非离散型随机变量.

离散型随机变量就是取值可以一一列举出来的随机变量.非离散型随机变量的范围很广,情况比较复杂.其中最重要的,也是在实际中常遇到的是连续型随机变量.本书只讨论离散型和连续型随机变量.

6.2.2 离散型随机变量及其概率分布

1)离散型随机变量的概率分布

定义 3 如果随机变量 X 只可能取有限或至多可列多个值,则称 X 为**离散型随机变量**.

定义 4 设离散型随机变量 X 的所有可能取值为 $x_i(i=1,2,3,\cdots,n,\cdots)$,及对应的概率值的全体
$$P\{X=x_i\}=p_i \quad,i=1,2,3,\cdots,n,\cdots$$

称为离散型随机变量 X 的**概率分布**,或称为**概率函数**或**分布律(列)**.

离散型随机变量的概率分布也常用表 6.3 表示.

表 6.3

X	x_1	x_2	$\cdots$	x_n	$\cdots$
P_i	p_1	p_2	$\cdots$	p_n	$\cdots$

离散型随机变量的概率分布具有下列基本性质:

(1)**非负性**: $p_i\geqslant 0,i=1,2,3,\cdots$;

(2)**规范性**: $\sum\limits_i p_i=1.$

反之,任意一个满足以上两个性质的数列 $\{p_i\}$,都可以作为某离散型随机变量的概率分布.

若已知离散型随机变量 X 的概率分布 $P\{X=x_i\}=p_i,i=1,2,3,\cdots,n,\cdots$,则
$$F(x)=P\{X\leqslant x\}=\sum_{x_i\leqslant x}p_i.$$

若已知离散型随机变量 X 的分布函数 $F(x)$,则 $F(x)$ 的每个间断点是随机

变量 X 的可能取值点,且

$$P\{X=x_i\}=F(x_i)-F(x_i-0),i=1,2,3,\cdots,n,\cdots.$$

例8 设离散型随机变量 X 的概率分布为

X	-1	5	7
p_i	0.3	0.6	k

求:(1)k;(2)X 的分布函数;(3)$P\{X<0\}$,$P\{-1\leqslant X\leqslant 4\}$,$P\{X>5\}$.

解 (1)由 $\sum\limits_{i=1}^{3}p_i=1$,$0.3+0.6+k=1$,得 $k=0.1$.

(2)分布函数为

$$F(x)=P\{X\leqslant x\}=\sum_{x_i\leqslant x}p_i$$

$$=\begin{cases} 0, & x<-1 \\ 0.3, & -1\leqslant x<5 \\ 0.9, & 5\leqslant x<7 \\ 1, & 7\leqslant x \end{cases}$$

(3)$P\{X<0\}=P\{X=-1\}=0.3$,

$P\{-1\leqslant X\leqslant 4\}=P\{X=-1\}=0.3$,

$P\{X>5\}=P\{X=7\}=0.1$.

例9 袋中装有 5 只同样大小的球,编号为 1,2,3,4,5. 从中同时取出 3 只球,求:

(1)取出的最大号 X 的概率分布;

(2)X 的分布函数并画出其图形.

解 (1)由题意知,取出的最大号 X 的可能取值为 3,4,5.

当 $X=3$ 时,其他两个球的号码只能是 1,2.

$$P\{X=3\}=\frac{1}{C_5^3}=\frac{1}{10}.$$

当 $X=4$ 时,其他两个球的号码只能是 1,2,3 中的任意两个.

$$P\{\xi=4\}=\frac{C_3^2}{C_5^3}=\frac{3}{10}.$$

当 $X=5$ 时,其他两个球的号码只能是 1,2,3,4 中的任意两个.

$$P\{X=5\}=\frac{C_4^2}{C_5^3}=\frac{3}{5}.$$

所以,所求的 X 的概率分布列

X	3	4	5
p_i	$\dfrac{1}{10}$	$\dfrac{3}{10}$	$\dfrac{3}{5}$

（2）由 $F(x)=P\{X\leqslant x\}=\sum\limits_{x_i\leqslant x}p_i$,得

$$F(x)=\begin{cases} 0, & x<3 \\ \dfrac{1}{10}, & 3\leqslant x<4 \\ \dfrac{2}{5}, & 4\leqslant x<5 \\ 1, & x\geqslant 5 \end{cases}$$，如图 6.8 所示.

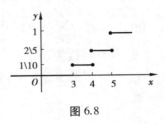

图 6.8

2）几种典型的离散型随机变量及概率分布

几种典型的离散型随机变量的概率分布,如表 6.4 所示.

表 6.4

函数名称	简 记	概率分布 $P\{X=k\}$	举 例
（0-1）分布	$X\sim B(1,p)$	$p^k(1-p)^{1-k}$, $k=0,1$	实验只有 2 个结果,如产品抽取中取到合格品,种子发芽等
二项分布	$X\sim B(n,p)$	$B(k;n,p)=C_n^k p^k(1-p)^{n-k}$, $k=0,1,2,\cdots,n$	实验在相同条件下可以独立重复进行,每次只有 2 个结果,如有放回的抽取
泊松分布	$X\sim P(\lambda)$	$\dfrac{\lambda^k}{k!}e^{-\lambda}$, $k=0,1,2,\cdots;\lambda>0$	容器内的细菌数、铸件的疵点数、电话交换台的呼唤次数等

二项分布的实际背景是:在 n 重伯努利试验中,每次试验事件 A 发生的概率都为 p,若用 X 表示事件 A 发生的次数,即用 X 表示 n 重伯努利试验中事件 A 发生的次数,则 $X\sim B(n,p)$.

例 10　某种电灯泡耐用时数在 1 000 小时以上的概率为 0.2,求 3 个这种电灯泡在使用 1 000 小时以内最多只有一个电灯泡损坏的概率.

解 1　设 A_1 表示"电灯泡使用时数在 1 000 小时以内"的事件,则 $P(A_1)=$

0.8.在某一时刻观察 3 个灯泡损坏情况可以看作是做了 3 次独立试验,设 X 表示 3 次独立试验中事件 A_1 出现的次数,则 $X \sim B(3,0.8)$,

$$P\{X=k\} = C_3^k (0.8)^k (0.2)^{3-k}, k=0,1,2,3.$$

于是,所求事件的概率为

$$\begin{aligned} P\{X \leqslant 1\} &= P\{X=0\} + P\{X=1\} \\ &= C_3^0 (0.2)^3 + C_3^1 (0.8)(0.2)^2 = 0.104. \end{aligned}$$

解 2 设 A_2 表示"电灯泡使用时数在 1 000 小时以上"的事件,则 $P(A_2)=$ 0.2.在某一时刻观察 3 个灯泡损坏情况可以看作是做了 3 次独立试验,用 Y 表示 3 次独立试验中事件 A_2 出现的次数,则 $Y \sim B(3,0.2)$,

$$P\{Y=k\} = C_3^k (0.2)^k (0.8)^{3-k}, k=0,1,2,3.$$

于是,所求事件"3 个这种电灯泡在使用 1 000 小时以内最多只有一个电灯泡损坏"相当于"3 个这种电灯泡最少有两个能使用 1 000 小时以上",其概率为

$$\begin{aligned} P\{Y \geqslant 2\} &= P\{Y=2\} + P\{Y=3\} \\ &= C_3^2 (0.2)^2 (0.8) + C_3^3 (0.2)^3 = 0.104. \end{aligned}$$

例 11 设在一批种子中,不合格种子占 0.5%.从中抽取 800 粒,求不合格种子不大于 5 粒的概率.

解 设 X 表示"800 粒种子中不合格的种子数",则 $X \sim B(800,0.005)$.

$$P\{X \leqslant 5\} = \sum_{k=0}^{5} P\{X=k\} = \sum_{k=0}^{5} C_{800}^k (0.005)^k (0.995)^{800-k}.$$

此类计算非常困难,必须寻求近似算法.

定理 1(泊松逼近定理) 设 $X_n \sim B(n,p_n)$,若 $np_n = \lambda$,其中 $\lambda > 0$ 是常数,则

$$\lim_{n \to \infty} C_n^k p_n^k (1-p_n)^{n-k} = \frac{\lambda^k}{k!} e^{-\lambda}.$$

泊松定理表明,当 n 很大,p 很小时有以下近似式,如图 6.9 所示.

$$C_n^k p^k (1-p)^{n-k} \approx \frac{\lambda^k}{k!} e^{-\lambda}, \text{其中 } \lambda = np.$$

实际计算中,$n \geqslant 100$,$np \leqslant 10$ 时,近似效果就很好.

例 11 解(续) $\lambda = np = 800 \times 0.005 = 4$,查泊松分布表,得

$$P\{X \leqslant 5\} \approx \sum_{k=0}^{5} \frac{4^k}{k!} e^{-4} = 0.7851.$$

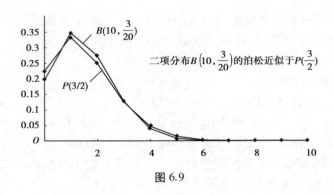

图 6.9

6.2.3 连续性随机变量及概率密度函数

1)连续性随机变量的概率密度函数

定义 5 对于随机变量 X,若存在非负可积函数 $f(x)$($-\infty < x < +\infty$)使得对任意实数 $a, b (a < b)$,都有

$$P(a < X \leq b) = \int_a^b f(x) \mathrm{d}x$$

则称 X 为**连续型随机变量**.其中,函数 $f(x)$ 称为**概率密度函数**(简称概率密度), $f(x)$ 的图像称为**概率密度曲线**.

概率密度函数 $f(x)$ 有如下性质:

(1)**非负性**:$f(x) \geq 0$;

(2)**规范性**:$\int_{-\infty}^{+\infty} f(x) \mathrm{d}x = 1$.

反之,任意一个满足以上两个性质的函数,都可以作为某连续型随机变量的密度函数.若 $f(x)$ 在点 x 处是连续的,则 $F'(x) = f(x)$.

根据定积分的几何意义可知,随机变量 X 取值落在区间 (a, b) 内的概率等于曲线 $y = f(x)$ 与直线 $x = a$, $x = b$ 以及 X 轴所围成的曲边梯形的面积,如图 6.10 所示;$f(x)$ 与 x 轴之间的面积为 1,如图 6.11 所示.

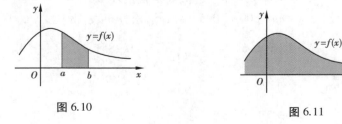

图 6.10

图 6.11

不难看出,对任意实数 a,$P\{X=a\}=0$.

由此可知,概率为 0 的事件不一定是不可能事件,称为**几乎不可能事件**;同样概率为 1 的事件也不一定是必然事件.这样,对连续性随机变量 X,有

$$P(a<X\leqslant b)=P(a\leqslant X<b)=P(a\leqslant X\leqslant b)=P(a<X<b)=\int_a^b f(x)\,\mathrm{d}x$$

$$P\{X\geqslant a\}=P\{X>a\}=\int_a^{+\infty} f(x)\,\mathrm{d}x$$

注 以后提到一个随机变量 X 的"概率函数"时,指的是它的分布函数;或者当 X 是离散型随机变量时指的是它的**概率分布**,当 X 是连续型随机变量时指的是它的概率密度函数.

例 12 已知连续型随机变量 X 的概率密度函数为

$$f(x)=\begin{cases}Ax^2, & 0\leqslant x\leqslant 1\\ 0, & \text{其他}\end{cases}$$

试求:(1)常数 A 的值;(2)$P\{-2<X\leqslant 0.5\}$.

解 (1)由概率密度函数的性质,$\int_{-\infty}^{+\infty} f(x)\,\mathrm{d}x=1$,即 $\int_0^1 Ax^2\,\mathrm{d}x=\left.\frac{1}{3}Ax^3\right|_0^1=\frac{A}{3}$,解得 $A=3$.

(2)$P\{-2<X\leqslant 0.5\}=\int_{-2}^{0.5} f(x)\,\mathrm{d}x=\int_0^{0.5} 3x^2\,\mathrm{d}x=0.125$.

2)几种典型的连续型随机变量

几种典型的连续型随机变量及密度函数,如表 6.5 所示.

表 6.5

函数名称	简 记	概率密度函数	举 例
均匀分布	$X\sim U[a,b]$	$f(x)=\begin{cases}\dfrac{1}{b-a}, & a\leqslant x\leqslant b\\ 0, & \text{其他}\end{cases}$	乘客在公共汽车站候车的时间、数值计算中由四舍五入引起的误差
指数分布	$X\sim E(\lambda)$	$f(x)=\begin{cases}\lambda e^{-\lambda x}, & x\geqslant 0\\ 0, & x<0\end{cases},\lambda>0$	电子元件的使用寿命、随机服务系统中的服务时间
正态分布	$X\sim N(\mu,\sigma^2)$	$f(x)=\dfrac{1}{\sqrt{2\pi}\sigma}e^{-\frac{(x-\mu)^2}{2\sigma^2}},-\infty<x<+\infty$	各种产品的质量指标(零件的尺寸、材料的强度)、同种群体的某种特征(身高、体重等)

若随机变量 X 服从在区间 $[a,b]$ 上的均匀分布,则对于任意子区间 $[c,d] \subset [a,b]$,有

$$P\{c \leqslant X \leqslant d\} = \int_c^d f(x)\,\mathrm{d}x = \int_c^d \frac{1}{b-a}\mathrm{d}x = \frac{d-c}{b-a}.$$

上式说明 X 落在在子区间 $[c,d]$ 上的概率等于子区间长度与整个区间长度之比,而与子区间 $[c,d]$ 在 $[a,b]$ 中的位置无关,这就是均匀分布的概率意义.

例 13 在某公共汽车站,某路车每隔 8 分钟有一辆公共汽车通过.一个乘客在任意时刻到达车站是等可能的,求此乘客候车时间不超过 5 分钟的概率.

解 1 依题意,乘客的候车时间 $X \sim U[0,8]$,其概率密度函数为

$$f(x) = \begin{cases} \dfrac{1}{8}, & 0 \leqslant x \leqslant 8 \\ 0, & \text{其他} \end{cases}.$$

所求的乘客候车时间不超过 5 分钟的概率为

$$P\{0 \leqslant X \leqslant 5\} = \int_0^5 f(x)\,\mathrm{d}x = \int_0^5 \frac{1}{8}\mathrm{d}x = \frac{5}{8}.$$

解 2 根据均匀分布的概率意义,所求的乘客候车时间不超过 5 分钟的概率为

$$P\{0 \leqslant X \leqslant 5\} = \frac{5}{8}.$$

例 14 已知某书每一页中印刷错误的个数 X 服从 $\lambda = 1$ 的泊松分布,求在该书中任意指定的一页中至少有 1 个错误的概率.

解 因为随机变量 X 服从参数为 $\lambda = 1$ 的泊松分布,所以

$$P\{X \geqslant 1\} = 1 - P\{X = 0\} = 1 - \frac{1^0}{0!}\mathrm{e}^{-1} = 1 - \mathrm{e}^{-1} \approx 0.632\ 1.$$

下面重点介绍正态分布.

定义 6 如果连续型随机变量 X 的概率密度函数为

$$f(x) = \frac{1}{\sqrt{2\pi}\,\sigma}\mathrm{e}^{-\frac{(x-\mu)^2}{2\sigma^2}},\ -\infty < x < +\infty,\ \sigma > 0$$

则 X 服从参数为 μ,σ^2 的**正态分布**或**高斯**(Gauss)**分布**,记作 $X \sim N(\mu,\sigma^2)$,这时称 X 为**正态随机变量**.

对于 $X \sim N(\mu,\sigma^2)$,概率密度曲线 $f(x)$ 在直角坐标系内的图形呈倒立的钟形,最大值点在 $x = \mu$;曲线 $f(x)$ 关于直线 $x = \mu$ 对称;在 $x = \mu \pm \sigma$ 处有拐点;当 $x \to \pm\infty$ 时,曲线以 x 轴为水平渐近线;μ 决定了图形的中心位置,σ 决定了图形中峰

的陡峭程度,σ 越大,曲线越平缓;σ 越小,曲线越陡峭,如图 6.12 所示.

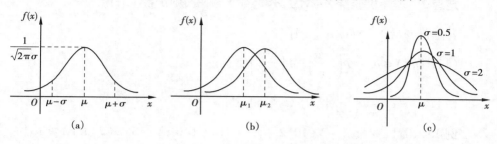

图 6.12

正态分布在概率统计的理论与应用中占有特别重要的地位,如测量一批产品的长度或强度等质量指标所产生的误差,都可以看作或近似看作服从正态分布.

若正态分布 $N(\mu,\sigma^2)$ 的参数 $\mu=0$,$\sigma=1$,则相应的分布 $N(0,1)$ 称为**标准正态分布**.它的概率密度函数用 $\varphi(x)$ 来表示,它的分布函数用 $\Phi(x)$ 来表示(图 6.13),即

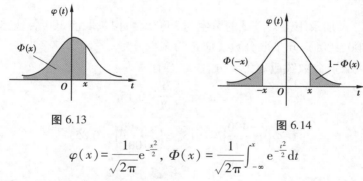

图 6.13   图 6.14

$$\varphi(x)=\frac{1}{\sqrt{2\pi}}\mathrm{e}^{-\frac{x^2}{2}},\ \Phi(x)=\frac{1}{\sqrt{2\pi}}\int_{-\infty}^{x}\mathrm{e}^{-\frac{t^2}{2}}\mathrm{d}t$$

注 当 $x>0$ 时,$\Phi(x)$ 的值可查附录 3.

$\Phi(x)$ 的性质如下:

(1)$\Phi(-x)=1-\Phi(x)$(当 $x>0$ 时),如图 6.14 所示.

(2)$P\{X<b\}=P\{X\leqslant b\}=\Phi(b)$;

(3)$P\{a<X\leqslant b\}=\Phi(b)-\Phi(a)$;

(4)$P\{X\geqslant a\}=P\{X>a\}=1-\Phi(a)$;

(5)$P\{|X|<\lambda\}=P\{|X|\leqslant\lambda\}=2\Phi(\lambda)-1$($\lambda>0$).

(6)$\Phi(0)=0.5$,当 $x\geqslant 5$ 时,$\Phi(x)\approx 1$,当 $x<-5$ 时,$\Phi(x)\approx 0$.

定理2 若随机变量 $X \sim N(\mu, \sigma^2)$，令 $Y = \dfrac{X-\mu}{\sigma}$，则 $Y \sim N(0,1)$.

若随机变量 $X \sim N(\mu, \sigma^2)$，则

（1）$P\{a < X \leqslant b\} = \varPhi\left(\dfrac{b-\mu}{\sigma}\right) - \varPhi\left(\dfrac{a-\mu}{\sigma}\right)$；

（2）$P\{X \leqslant c\} = \varPhi\left(\dfrac{c-\mu}{\sigma}\right)$，$P\{X > c\} = 1 - \varPhi\left(\dfrac{c-\mu}{\sigma}\right)$.

例15 随机变量 $X \sim N(10, 2^2)$，求：（1）$P\{10 < X < 13\}$；（2）$P\{X \geqslant 13\}$；（3）$P\{|X-10| < 2\}$.

解 （1）$P\{10 < X < 13\} = \varPhi\left(\dfrac{13-10}{2}\right) - \varPhi\left(\dfrac{10-10}{2}\right)$

$\qquad = \varPhi(1.5) - \varPhi(0) = 0.933\ 2 - 0.5 = 0.433\ 2.$

（2）$P\{X \geqslant 13\} = 1 - \varPhi\left(\dfrac{13-10}{2}\right) = 1 - \varPhi(1.5) = 1 - 0.933\ 2 = 0.066\ 8.$

（3）$P\{|X-10| < 2\} = P\left\{\left|\dfrac{X-10}{2}\right| < 1\right\} = 2\varPhi(1) - 1 = 2 \times 0.841\ 3 - 1 = 0.682\ 6.$

例16 参加录用工人考试的考生为2 000名，拟录取前300名，已知考试成绩 $X \sim N(400, 100^2)$，问录取分数线应定为多少分？

解 设录取分数线应定为 a 分，由题意有

$$P\{x \geqslant a\} = \frac{300}{2\ 000} = 0.15$$

于是 $\qquad 1 - \varPhi\left(\dfrac{a-400}{100}\right) = 0.15, \varPhi\left(\dfrac{a-400}{100}\right) = 0.85$

查表得 $\qquad \dfrac{a-400}{100} \approx 1.04 \quad$ 解得 $a \approx 504$

所以录取分数线应定为504分.

6.2.4　随机变量函数的分布

设 $g(x)$ 是一个实连续函数，那么随机变量 X 的函数 $g(X)$ 也是一个随机变量.

1）离散型随机变量函数的分布

离散型随机变量 X 的连续函数 $Y = g(X)$ 仍是离散型随机变量.那么，计算离散型随机变量函数的分布律，首先应找出它的一切可能值，然后计算它取每个

值的概率.

例 17 随机变量 X 的概率分布为:

X	-1	0	1	2
p_i	0.3	0.2	0.4	0.1

求:(1) $Y=3X+1$ 的概率分布;

(2) $Y=X^2$ 的概率分布.

解:(1)当 $Y=3X+1$ 时,

X	-1	0	1	2
$Y=3X+1$	-2	1	4	7
p_i	0.3	0.2	0.4	0.1

所以, $Y=3X+1$ 的概率分布为

Y	-2	1	4	7
p_i	0.3	0.2	0.4	0.1

(2)当 $Y=X^2$ 时,

X	-1	0	1	2
$Y=X^2$	1	0	1	4
p_i	0.3	0.2	0.4	0.1

所以, $Y=X^2$ 的概率分布为

Y	0	1	4
p_i	0.2	0.7	0.1

一般地,离散型随机变量 X 的概率分布为

X	x_1	x_2	$\cdots$	x_k	$\cdots$
p_i	p_1	p_2	$\cdots$	p_k	$\cdots$

则 $Y=f(X)$ 的概率分布为

当 $i\neq j, f(x_i)\neq f(x_j)$ 时

Y	$f(x_1)$	$f(x_2)$	$\cdots$	$f(x_k)$	$\cdots$
p_i	p_1	p_2	$\cdots$	p_k	$\cdots$

当 $i \neq j$，存在 $f(x_i) = f(x_j)$ 时，则将相等的 x_i、x_j 值所对应的概率相加，方法同上例.

2）连续型随机变量函数的分布*

如果 X 是连续型随机变量，那么它的连续函数 $Y = g(X)$ 仍为连续型随机变量.

例 18 已知连续型随机变量 X 的概率密度函数为

$$f_X(x) = \begin{cases} \dfrac{x}{8}, & 0 < x < 4 \\ 0, & \text{其他} \end{cases},$$

试求随机变量 $Y = 2X + 1$ 的概率密度函数.

解 记 Y 的分布函数为 $F_Y(y)$，则

$$F_Y(y) = P\{Y \leqslant y\} = P\{2X + 1 \leqslant y\} = P\left\{X \leqslant \frac{y-1}{2}\right\} = \int_{-\infty}^{\frac{y-1}{2}} f_X(x)\,\mathrm{d}x.$$

对 $F_Y(y)$ 求导，得 $Y = 2X + 1$ 的概率密度函数为

$$f_Y(y) = F'_Y(y) = f_X\left(\frac{y-1}{2}\right) \cdot \left(\frac{y-1}{2}\right)' = \begin{cases} \dfrac{1}{8} \cdot \dfrac{y-1}{2} \cdot \dfrac{1}{2}, & 0 < \dfrac{y-1}{2} < 4 \\ 0, & \text{其他} \end{cases}$$

$$= \begin{cases} \dfrac{y-1}{32}, & 1 < y < 9 \\ 0, & \text{其他} \end{cases}.$$

由上例可知，已知连续型随机变量 X 的概率密度函数，求连续函数 $Y = g(X)$ 的概率密度函数步骤如下：

（1）利用 X 的分布函数求出 Y 的分布函数 $F_Y(y)$；

（2）再利用 $f_Y(y) = F'_Y(y)$ 就可以求 $f_Y(y)$；

（3）最后按 $Y = g(X)$ 的定义域所决定的值域，确定出能使 $f_Y(y) > 0$ 的 y 值，即得随机变量 Y 的可能取值范围.

定理 3 设连续型随机变量 X 的概率密度函数 $f_X(x)$，当 $a < X < b$ 时，$f_X(x) > 0$. 又设 $y = g(x)$ 处处可导，且恒有 $g'(x) > 0$（或 $g'(x) < 0$），则 $Y = g(X)$ 是一个连续型随机变量，其概率密度为

$$f_Y(y) = \begin{cases} f_X[h(y)] \cdot |h'(y)|, & \alpha < y < \beta \\ 0, & \text{其他} \end{cases},$$

其中 $x = h(y)$ 是 $y = g(x)$ 的反函数,且 $\beta = \max\{g(a), g(b)\}$,$\alpha = \min\{g(a), g(b)\}$.

例 19 已知连续型随机变量 X 的概率密度函数为

$$f_X(x) = \begin{cases} \dfrac{2}{\pi(1+x^2)}, & x > 0 \\ 0, & x \leqslant 0 \end{cases},$$

试求:$Y = e^X$ 的概率密度函数.

解 设 $y = e^x$,则 $y' = e^x > 0$,$x = h(y) = \ln y \, (y > 0)$ 为 $y = e^x$ 的反函数且 $h'(y) = \dfrac{1}{y}$.

利用定理 3,得

$$f_Y(y) = \begin{cases} f_X[h(y)] \cdot |h'(y)| = \dfrac{2}{\pi(1+\ln^2 y)} \cdot \dfrac{1}{y}, & y > 0 \\ 0, & y \leqslant 0 \end{cases}.$$

即所求的概率密度函数为

$$f_Y(y) = \begin{cases} \dfrac{2}{\pi y(1+\ln^2 y)}, & y > 0 \\ 0, & y \leqslant 0 \end{cases}.$$

 习题 6.2

1.判断下列函数是否为分布函数:

$(1) F_1(x) = \begin{cases} 0, & x < 0 \\ \sin x, & 0 \leqslant x < \pi/2 \\ 1, & x \geqslant \pi/2 \end{cases}$; $(2) F_2(x) = \begin{cases} 0, & x < 0 \\ \cos x, & 0 \leqslant x < \pi \\ 1, & x \geqslant \pi \end{cases}$.

2.已知 X 的分布函数为:

$$F(x)=\begin{cases}0,x<0\\1/2,0\leq x<1\\2/3,1\leq x<2\\11/12,2\leq x<3\\1,x\geq3\end{cases}$$

求 $P\{X\leq3\}$,$P\{X=1\}$,$P\{X>1/2\}$,$P\{2<X<4\}$.

3.设某随机变量的分布函数为:

$$F(x)=\begin{cases}0,&x\leq-a\\A+B\arcsin\left(\dfrac{x}{a}\right),&-a<x\leq a\quad(a>0),求 A、B.\\1,&x>a\end{cases}$$

4.设随机变量 X 的分布函数为 $F(x)=\begin{cases}0,x<0\\x^2,0\leq x<1.\\1,x\geq1\end{cases}$

试求:$(1)P\left\{X\leq\dfrac{1}{2}\right\}$;$(2)P\left\{-1<X\leq\dfrac{3}{4}\right\}$;$(3)P\left\{X>\dfrac{1}{2}\right\}$.

5.投一颗骰子,用随机变量 X 表示出现的点数.

(1)写出随机变量 X 的概率分布,(2)求"出现的点数不小于3"的概率.

6.设离散型随机变量 X 的概率分布为

X	-1	0	1	2
p_i	0.4	0.1	0.3	c

求(1)c;(2)X 的分布函数 $F(x)$.

7.一辆汽车沿一个街道行驶,需通过三个设有红绿信号灯的路口.已知每个信号灯的工作是相互独立的,且每盏信号灯以 $p(0<p<1)$ 的概率禁止汽车通行.用 X 表示该汽车首次遇到红灯前通过路口的个数,求 X 的概率分布.

8.某大楼有两部电梯,每部电梯因故障不能使用的概率均为 0.02,设同时不能使用的电梯数为 X,求 X 的概率分布.

9.某厂每天用水量保持正常的概率为 $\dfrac{3}{4}$,求最近 6 天内用水量正常的天数的概率分布.

10.某银行营业部对其现金出纳员的要求首付款的差错率不能超过

$p=0.001.$试求在 5 000 次首付款中,出纳员有两次或两次以上出错的概率.

11.某电子计算机在发生故障前正常运行的时间 T(单位:小时)是一个连续型随机变量,概率密度函数为

$$f(t)=\begin{cases}\lambda e^{-\frac{t}{100}},t\geq 0\\0,\qquad t<0\end{cases}.$$

问:这个计算机在发生故障前能正常运行 50 至 150 小时的概率是多少? 运行时间少于 100 小时的概率是多少?

12.设随机变量 X 的概率密度函数为 $f(x)=\begin{cases}kx(1-x),0<x<1\\0,\qquad 其他\end{cases}$.其中,常数 $k>0$,试确定 k 的值并求概率 $P\{X>0.3\}$ 和 X 的分布函数.

13.已知连续型随机变量 X 的概率密度函数为

$$f(x)=\begin{cases}ax+b,0<x<2\\0,\qquad 其他\end{cases},$$

且 $P\{1<X<3\}=0.25,$试求:(1)a,b 的值;(2)$P\{X>1\}$.

14.设随机变量 X 服从参数为 $\lambda=0.015$ 的指数分布.(1)试求 $P\{X>100\}$;(2)若要使 $P\{X>a\}<0.1$,问 a 应当在哪个范围内?

15.某商店经销的灯泡的使用寿命 X 的概率分布由其概率密度函数 $f(t)=\dfrac{1}{5\,000}e^{-\frac{1}{5\,000}t}(t>0,$单位:小时)表示.试求:

(1)灯泡在 1 000 小时内失效的概率;

(2)这种灯泡使用寿命为 1 000~2 000 小时的概率;

(3)这种灯泡能使用 2 000 小时以上的概率.

16.某仪器有三只独立工作的同型号电子元件,其寿命(单位:小时)都服从同一指数分布,概率密度函数为

$$f(x)=\begin{cases}\dfrac{1}{600}e^{-\frac{x}{600}},x>0\\0,\qquad x\leq 0\end{cases}.$$

试求在仪器使用的最初 200 小时以内,至少有一只电子元件损坏的概率.

17.设 $X\sim N(0,1),$求 $P\{1<X<2\}$;$P\{-1<X<1\}$;$P\{X\geq 1\}$.

18.设 $X\sim N(1.5,2^2),$求 $P\{-4<X<3.5\}$.

19.公共汽车的高度是按男子与车门顶碰头的机会在 0.01 以下来设计的.设男子身高 $X\sim N(170,6^2),$试确定车门的高度.

20.设随机变量 X 的概率分布为

X	-1	0	1	2
p_i	0.4	0.1	0.3	0.2

试求下列随机变量的概率分布:(1)$Y=2X+1$,(2)$Y=X^2+1$.

任务6.3 计算随机变量的数字特征

从前一任务可以看出,分布函数(或概率密度函数、概率分布)给出了随机变量的一种最完全的描述.但是对许多实际问题来讲,要想精确地求出其分布是很困难的,有时只需要掌握它们的某些重要特征就可以了.例如要评价两个不同厂家生产的灯泡的质量,人们最关心的是谁家的灯泡使用的平均寿命更长些,而不需要知道其寿命的完全分布,同时还要考虑其寿命与平均寿命的偏离程度等,即随机变量取值的集中位置、分散程度的数字特征——数学期望、方差.

6.3.1 随机变量的数学期望

1)离散型随机变量的数学期望

引例 一批青年志愿者有100名学生,年龄组成为:17岁的15人;18岁的22人;19岁的30人;20岁的26人;21岁的7人.求这批青年志愿者的平均年龄.

解 $\dfrac{1}{100}\times(17\times15+18\times22+19\times30+20\times26+21\times7)$

$=17\times\dfrac{15}{100}+18\times\dfrac{22}{100}+19\times\dfrac{30}{100}+20\times\dfrac{26}{100}+21\times\dfrac{7}{100}=18.88.$

如果用X表示从100名学生中任抽一位学生的年龄,则$\dfrac{15}{100},\dfrac{22}{100},\dfrac{30}{100},\dfrac{26}{100},$

$\dfrac{7}{100}$正是X分别取17,18,19,20,21的概率,而18.88正是对随机变量取值的"加权平均".

粗略地讲,数学期望就是随机变量取值的加权平均值,因此数学期望也称均值,代表随机变量取值的集中位置.

定义1 设离散型随机变量X的概率分布为

$$P\{X=x_i\}=p_i \quad (i=1,2,\cdots).$$

如果 $\sum\limits_{i=1}^{+\infty}|x_i|p_i$ 存在,则称 $\sum\limits_{i=1}^{+\infty}x_ip_i$ 的值为随机变量 X 的**数学期望**,简称**期望**或**均值**,记为 $E(X)$,即

$$E(X)=\sum_{i=1}^{+\infty}x_ip_i.$$

例1 甲、乙两射手的成绩分别用 X_1、X_2 表示,则有

X_1	7	8	9	10
p_i	0.2	0.3	0.4	0.1

X_2	7	8	9	10
p_i	0.3	0.5	0.1	0.1

试确定甲、乙两射手的优劣.

解 甲的平均成绩:$E(X_1)=7\times0.2+8\times0.3+9\times0.4+10\times0.1=8.4$,

乙的平均成绩:$E(X_2)=7\times0.3+8\times0.5+9\times0.1+10\times0.1=8.0$.

故甲的成绩比乙的好.

2)连续型随机变量的数学期望

已知连续型随机变量 X 的概率密度为 $f(x)$.若积分 $\int_{-\infty}^{+\infty}|x|f(x)\,\mathrm{d}x$ 存在,则称积分 $\int_{-\infty}^{+\infty}xf(x)\,\mathrm{d}x$ 的值为随机变量 X 的**数学期望**,简称**期望**或**均值**,记为 $E(X)$,即

$$E(X)=\int_{-\infty}^{+\infty}xf(x)\,\mathrm{d}x.$$

例2 设连续型随机变量 X 的概率密度函数为

$$f(x)=\begin{cases}x, & 0<x\leqslant1 \\ 2-x, & 1<x\leqslant2 \\ 0, & \text{其他}\end{cases},$$

求 $E(X)$.

解 由连续型随机变量数学期望的定义可知:

$$E(X)=\int_{-\infty}^{+\infty}xf(x)\,\mathrm{d}x=\int_0^1 x^2\,\mathrm{d}x+\int_1^2 x(2-x)\,\mathrm{d}x=\frac{1}{3}x^3\Big|_0^1+\left(x^2-\frac{1}{3}x^3\right)\Big|_1^2=1.$$

3)数学期望的性质

以下假设随机变量的数学期望总是存在的:

(1)若 c 是常数,则 $E(c)=c$;

(2)设 X、Y 是任意两个随机变量,则 $E(aX+bY)=aE(X)+bE(Y)$,其中 a,b

为常数,特别地,$E(aX)=aE(X)$;

(3)若 X、Y 是两个相互独立的随机变量,则 $E(XY)=E(X)E(Y)$.

4)随机变量函数的数学期望

定理 设 Y 是随机变量 X 的函数 $Y=g(X)$,这里 $y=g(x)$ 是连续函数.

(1)设 X 是离散型随机变量,它的概率分布为

$$P\{X=x_i\}=p_i \quad (i=1,2,\cdots).$$

若级数 $\sum\limits_{i=1}^{+\infty}|g(x_i)|p_i$ 存在,则有

$$E(Y)=E[g(X)]=\sum_{i=1}^{+\infty}g(x_i)p_i.$$

(2)设 X 是连续型随机变量,它的概率密度函数为 $f(x)$.

若积分 $\int_{-\infty}^{+\infty}|g(x)|f(x)\mathrm{d}x$ 存在,则有

$$E(Y)=E[g(X)]=\int_{-\infty}^{+\infty}g(x)f(x)\mathrm{d}x.$$

例3 设随机变量 X 的概率分布为

X	-2	-1	0	1
p_i	0.4	0.1	0.2	0.3

试求 $Y=X^2+3$ 的数学期望.

解1 $E(Y)=E(X^2+3)$

$=[(-2)^2+3]\times0.4+[(-1)^2+3]\times0.1+[0^2+3]\times0.2+[1^2+3]\times0.3=5.0.$

解2 由 $Y=X^2+3$ 的所有可能取值为 $3,4,7$.

$P\{Y=3\}=P\{X=0\}=0.2.$

$P\{Y=4\}=P\{X=-1\}+P\{X=1\}=0.1+0.3=0.4.$

$P\{Y=7\}=P\{X=-2\}=0.4.$

得 Y 的概率分布为

Y	3	4	7
p_i	0.2	0.4	0.4

于是,$E(Y)=3\times0.2+4\times0.4+7\times0.4=5.0.$

例4 已知随机变量 X 的概率密度函数为

$$f(x)=\begin{cases}Ax^2,0\leqslant x\leqslant1\\0,\quad 其他\end{cases},$$

试求：（1）A；（2）$Y = X^3$的数学期望.

解 （1）由概率密度函数的性质，$\int_{-\infty}^{+\infty} f(x)\mathrm{d}x = \int_0^1 Ax^2\mathrm{d}x = 1$，得 $A = 3$.

（2）$E(Y) = E(X^3) = \int_{-\infty}^{+\infty} x^3 f(x)\mathrm{d}x = \int_0^1 x^3 \cdot 3x^2\mathrm{d}x = \frac{3}{6}x^6\Big|_0^1 = \frac{1}{2}$.

6.3.2 方差及其性质

随机变量的数学期望体现了随机变量取值的平均大小，但是两个均值一样的随机变量取值情况差异可能很大. 例如，甲、乙 5 次考试的平均成绩都是 70 分，而甲同学的成绩是 60，70，70，70，80；乙同学的成绩是 50，50，70，90，90. 显然，甲的成绩较稳定些. 因此，对于随机变量还要讨论它对数学期望的离散程度.

定义 2 设 X 是一个随机变量，若 $E[X-E(X)]^2$ 存在，则称 $E[X-E(X)]^2$ 为 X 的**方差**，记为 $D(X)$，即 $D(X) = E[X-E(X)]^2$.

称 $\sqrt{D(X)}$ 为 X 的**标准差**或**均方差**，并记为 $\sigma(X)$.

由方差的定义，有：

（1）对于离散型随机变量 X，若 X 的概率分布为 $P\{X = x_i\} = p_i$，$i = 1, 2,$ $\cdots$，则

$$D(X) = \sum_i [x_i - E(X)]^2 p_i;$$

（2）对于连续型随机变量 X，若 X 的概率密度函数为 $f(x)$，则

$$D(X) = \int_{-\infty}^{+\infty} [x - E(X)]^2 f(x)\mathrm{d}x.$$

方差的性质如下：

（1）若 c 为常数，则 $D(c) = 0$.

（2）若 c 为常数，则 $D(cX) = c^2 D(X)$.

（3）若 X、Y 是两个相互独立的随机变量，则有

$$D(X \pm Y) = D(X) + D(Y).$$

（4）$D(X) = E(X^2) - E^2(X)$.

证明 由于 $E(X)$ 是一个常量，则

$$
\begin{aligned}
D(X) &= E[X-E(X)]^2 = E\{X^2 - 2E(X)X + [E(X)]^2\} \\
&= E(X^2) - 2E(X)E(X) + [E(X)]^2 \\
&= E(X^2) - E^2(X)
\end{aligned}
$$

（5）$D(X) = 0 \Leftrightarrow P\{X = E(X)\} = 1$.

例5 甲、乙两工人,在一天生产中出现废品的概率分布如下:

$X_甲$	0	1	2	3
p_i	0.4	0.3	0.2	0.1

$Y_乙$	0	1	2	3
p_i	0.25	0.5	0.25	0

设两人的日产量相等,问谁的技术好?

解 首先求甲、乙二人出现废品数的均值.

$E(X_甲) = 0 \times 0.4 + 1 \times 0.3 + 2 \times 0.2 + 3 \times 0.1 = 1$,

$E(X_乙) = 0 \times 0.25 + 1 \times 0.5 + 2 \times 0.25 + 3 \times 0 = 1.$

两人平均废品数相等,仅根据均值比较不出谁的技术好,因此继续求甲、乙两人出现废品数的方差.

$E(X_甲^2) = 0^2 \times 0.4 + 1^2 \times 0.3 + 2^2 \times 0.2 + 3^2 \times 0.1 = 2$,

$E(X_乙^2) = 0^2 \times 0.25 + 1^2 \times 0.5 + 2^2 \times 0.25 + 3^2 \times 0 = 1.5.$

所以 $D(X_甲) = E(X_甲^2) - [E(X_甲)]^2 = 2 - 1 = 1$,

$D(X_乙) = E(X_乙^2) - [E(X_乙)]^2 = 1.5 - 1 = 0.5.$

由于 $D(X_甲) > D(X_乙)$,所以乙的生产技术比较稳定,即乙的技术较好.

例6 设随机变量 X 的概率密度函数为

$$f(x) = \begin{cases} 1+x, & -1 \leq x \leq 0 \\ 1-x, & 0 < x \leq 1 \\ 0, & 其他 \end{cases},$$

求:$E(X), D(X)$.

解 $E(X) = \int_{-\infty}^{+\infty} xf(x)\,dx = \int_{-1}^{0} x(1+x)\,dx + \int_{0}^{1} x(1-x)\,dx = 0$,

$E(X^2) = \int_{-\infty}^{+\infty} x^2 f(x)\,dx = \int_{-1}^{0} x^2(1+x)\,dx + \int_{0}^{1} x^2(1-x)\,dx = \frac{1}{6}$,

$D(X) = E(X^2) - [E(X)]^2 = \frac{1}{6} - 0 = \frac{1}{6}.$

6.3.3 几个重要的随机变量的数学期望与方差

表 6.6

分布名称	概率分布或概率密度函数	参数范围	均 值	方 差
(0-1)分布	$P\{X=k\} = p^k(1-p)^{1-k}$ $k=0,1$	$0 < p < 1$	p	$p(1-p)$
二项分布 $X \sim B(n,p)$	$P\{X=k\} = C_n^k p^k (1-p)^{n-k}$ $(k=0,1,\cdots,n)$	$0 < p < 1$ $n \in \mathbf{N}$	np	$np(1-p)$

续表

分布名称	概率分布或概率密度函数	参数范围	均　值	方　差
泊松分布 $X \sim P(\lambda)$	$P\{X=k\} = \dfrac{\lambda^k}{k!}e^{-\lambda}$ $(k=0,1,2,\cdots)$	$\lambda > 0$	λ	λ
均匀分布 $X \sim U[a,b]$	$f(x)=\begin{cases}\dfrac{1}{b-a}, a \leq x \leq b \\ 0, \quad 其他\end{cases}$	$b > a$	$\dfrac{a+b}{2}$	$\dfrac{(b-a)^2}{12}$
指数分布 $X \sim E(\lambda)$	$f(x)=\begin{cases}\lambda e^{-\lambda x}, x>0 \\ 0, \quad x \leq 0\end{cases}$	$\lambda > 0$	$\dfrac{1}{\lambda}$	$\dfrac{1}{\lambda^2}$
正态分布 $X \sim N(\mu, \sigma^2)$	$f(x)=\dfrac{1}{\sqrt{2\pi}\,\sigma}e^{-\frac{(x-\mu)^2}{2\sigma^2}}$	$-\infty < x < +\infty$ $\sigma > 0$	μ	σ^2

例7 在一篇字数很多的打字练习中,发现只有 13.5% 的页数没有打字错误. 如果假定每页的错字个数是服从泊松分布的随机变量,求每页的平均错字个数.

解 设 X 表示每页的错字个数,则

$$P\{X=k\} = \frac{\lambda^k}{k!}e^{-\lambda}, (k=0,1,2,\cdots).$$

由 $P\{X=0\} = \dfrac{\lambda^0 e^{-\lambda}}{0!} = e^{-\lambda} = 0.135$,得

$$\lambda = -\ln 0.135 \approx 2.$$

于是,每页的平均错字个数为

$$E(X) = \lambda \approx 2.$$

习题 6.3

1.有一批钢筋共 10 根,抗拉强度指标为 120 和 130 的各有 2 根,125 的有 3 根,110,135,140 的各有一根,求它们的平均抗拉强度指标.

2. 甲, 乙两人打靶, 所得分数分别为 X_1, X_2. 按如下规则记分: 规定射入区域 e_1 得 2 分, 射入区域 e_2 得 1 分, 射入区域 e_3 得 0 分 (如下图). 显然, X_1, X_2 为随机变量, 其分布分别如下:

X_1	0	1	2
p_i	0	0.2	0.8

X_2	0	1	2
p_i	0.6	0.3	0.1

试以平均分数为准则评定他们成绩的好坏.

3. 据统计, 一位 40 岁的健康者 (一般体检未发现病症) 在 5 年内仍然活着和自杀死亡的概率为 $p(0<p<1, p$ 已知), 在 5 年内死亡 (非自杀死亡) 的概率为 $1-p$. 保险公司开办 5 年人寿保险, 条件是参加者需要交保险费 a 元 (a 已知), 若 5 年之内死亡, 保险公司赔偿 b 元 ($b>a$), b 应定为何值才能使保险公司可期望获利? 若有 m 人参加保险, 保险公司可期望从中获利多少?

4. 设用一个匀称的骰子来玩游戏. 在这样的游戏中, 若骰子向上为 2, 则玩游戏的人赢 20 元; 若向上为 4 则赢 40 元; 若向上为 6 则输 30 元; 若其他面向上, 则玩游戏的人既不赢也不输, 求玩游戏的人赢得钱数的期望.

5. 设连续型随机变量 X 的概率密度函数为 $f(x) = \begin{cases} e^{-x}, & x>0 \\ 0, & x \leq 0 \end{cases}$ 求 $E(X)$.

6. 设 X 的概率分布为

X	-1	0	2	3
p_i	$\dfrac{1}{8}$	$\dfrac{1}{4}$	$\dfrac{3}{8}$	$\dfrac{1}{4}$

求: (1) $E(X)$; (2) $E(X^2)$; (3) $E\left(\sin\dfrac{\pi}{2}X\right)$.

7. 一台仪器由 10 个独立工作的元件组成, 每一个元件发生故障的概率都相等, 且在一规定时期内, 平均发生故障的元件数为 1. 试求在这一规定的时间内发生故障的元件数的方差.

8. 设随机变量 X 服从柯西分布, 即概率密度函数为 $f(x) = \dfrac{1}{\pi(1+x^2)}$, 证明: X 的数学期望不存在.

9. 求解本项目的导入案例.

项目6 任务关系结构图

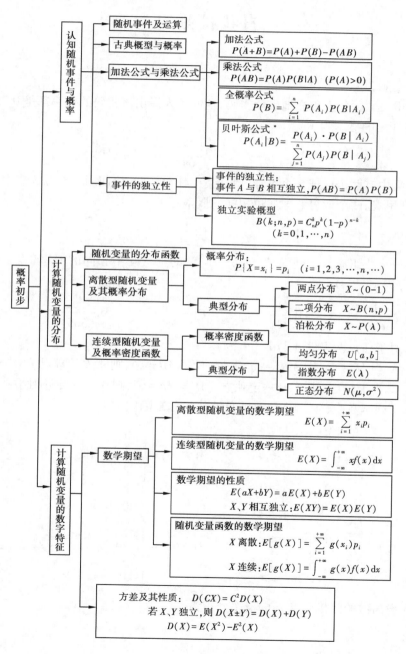

自我检测 6

一、选择题

1.甲、乙、丙三人独立地破译密码,他们每人译出该密码的概率都是 0.25,则密码被译出的概率为（　　）.

A.$\dfrac{1}{4}$ 　　　　 B.$\dfrac{1}{64}$ 　　　　 C.$\dfrac{37}{64}$ 　　　　 D.$\dfrac{63}{64}$

2.袋中有两个白球一个红球,甲从袋中任取一球,放回后, 乙再从袋中任取 1 球,则甲、乙两个取得的球颜色相同的概率为（　　）.

A.$\dfrac{1}{9}$ 　　　　 B.$\dfrac{2}{9}$ 　　　　 C.$\dfrac{4}{9}$ 　　　　 D.$\dfrac{5}{9}$

3.一个小组有 6 个同学,则这 6 个同学的生日互不相同的概率（设一年为 365 天）为（　　）.

A.$\dfrac{1}{C_{365}^{6}}$ 　　　 B.$\dfrac{1}{A_{365}^{6}}$ 　　　 C.$\dfrac{C_{365}^{6}}{(365)^{6}}$ 　　　 D.$\dfrac{A_{365}^{6}}{(365)^{6}}$

4.对于任意两事件 A 与 B（　　）.

A.若 $AB \neq \varnothing$,则 A、B 一定独立 　 B.若 $AB \neq \varnothing$,则 A、B 可能独立

C.若 $AB = \varnothing$,则 A、B 一定独立 　 D.若 $AB = \varnothing$,则 A、B 一定不独立

5.下列函数中,（　　）是随机变量 X 的分布函数.

A.$F(x)=\begin{cases} 0, & x<-2 \\ \dfrac{1}{2}, & -2 \leqslant x<0 \\ 2, & x \geqslant 0 \end{cases}$ 　　 B.$F(x)=\begin{cases} 0, & x<0 \\ \sin x, & 0 \leqslant x<\pi \\ 1, & x \geqslant \pi \end{cases}$

C.$F(x)=\begin{cases} 0, & x<0 \\ \sin x, & 0 \leqslant x<\dfrac{\pi}{2} \\ 1, & x \geqslant \dfrac{\pi}{2} \end{cases}$ 　　 D.$F(x)=\begin{cases} 0, & <0 \\ x+\dfrac{1}{4}, & 0 \leqslant x \leqslant \dfrac{1}{2} \\ 1, & x>\dfrac{1}{2} \end{cases}$

6.设离散的随机变量 X 的概率分布为

X	-1	0	1	2
p_i	0.1	0.2	0.3	0.4

其分布函数为 $F(x)$，则 $F\left(\dfrac{3}{2}\right) = ($ 　　 $)$.

  A.0.1   B.0.3   C.0.6   D.1.0

7.设随机变量 X 服从参数为 λ 的泊松分布，则 $\dfrac{D(X)}{E(X)} = ($ 　　 $)$.

  A.1   B.λ C.   D.4

8.设随机变量 X 的密度函数为 $f(x$ 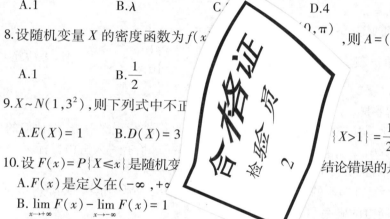 $(0,\pi)$，则 $A = ($ 　　 $)$.

  A.1   B.$\dfrac{1}{2}$

9.$X \sim N(1,3^2)$，则下列式中不正

  A.$E(X) = 1$ B.$D(X) = 3$ $\{X>1\} = \dfrac{1}{2}$

10.设 $F(x) = P\{X \leqslant x\}$ 是随机变 　　　　　　结论错误的是($\quad$).

  A.$F(x)$ 是定义在 $(-\infty, +\infty$

  B.$\lim\limits_{x \to +\infty} F(x) - \lim\limits_{x \to -\infty} F(x) = 1$

  C.$P\{a < X \leqslant b\} = F(b) - F(a)$

  D.对一切实数 x，有 $0 < F(x) < 1$

二、填空题

1.从 $1,2,3,4,5$ 这 5 个数字中，任意有放回地连续抽取 3 个数字，则 3 个数字完全不同的概率是_____.

2.从 $1,2,3,\cdots,9$ 这 9 个数字中任取 2 个数字.(1)2 个数字都是奇数的概率为_____;(2)2 个数字之和为偶数的概率为_____.

3.设 $P(A) = 0.4$，$P(A+B) = 0.9$.

  (1)若事件 A 与 B 互不相容，则 $P(B) = $_____;

  (2)若事件 A 与 B 独立，则 $P(B) = $_____.

4.对于事件 A,B，有 $P(A) = 0.5$，$P(B) = 0.6$ 且 $P(B \mid A) = 0.8$，则 $P(A \cup B) = $_____.

5.一批电子元件有 100 个，次品率为 0.05.现无放回地连续取两次，每次取

一个,则第二次才取到正品的概率为_____.

6.设随机变量 X 服从二项分布 $B(n,p)$,且 $E(X)=6,D(X)=3.6$,则(1)$n=$_____;(2)$p=$_____.

7.设随机变量 $X \sim N(-1,\sigma^2)$ 且 $P\{-3 \leqslant X \leqslant -1\} = 0.4$,则 $P\{X \geqslant 1\}=$_____.

8.某离散型随机变量 X 的分布函数为 $F(x) = \begin{cases} 0, & x<-1 \\ 0.7, & -1 \leqslant x<0 \\ 0.9, & 0 \leqslant x<1 \\ 1, & 1 \leqslant x \end{cases}$,则 $P\{X=0\}=$_____.

9.随机变量 $X \sim N(2,4)$,则 $D(2X+5)=$_____.

10.随机变量 X 的分布函数为 $F(x) = \begin{cases} 1-e^{-2x}, & x>0 \\ 0, & x \leqslant 0 \end{cases}$,则(1)$E(X)=$_____;(2)$D(X)=$_____.

三、解答题

1.甲、乙、丙三人在不同地点同时向同一目标进行一次射击,设他们的命中率分别为 0.6,0.7,0.8,试求下列事件的概率:(1)恰有一人击中目标;(2)至少有一人击中目标;(3)恰有两人击中目标.

2.三个元件串联的电路中,每个元件发生断电的概率依次为 0.3,0.4 和 0.6,求该系统断电的概率.

3.某厂由甲、乙、丙三个车间生产同一种产品,它们的产量之比为 3:2:1,各车间产品的不合格率依次为 8%,9%,12% 。现从该厂产品中任意抽取一件,求:(1)取到不合格产品的概率;(2)若取到的是不合格品,求它是由甲车间生产的概率.

4.设随机变量 X 的分布函数为

$$F(x) = \begin{cases} A-(1+x)e^x, & x>0 \\ 0, & x \leqslant 0 \end{cases},$$

试求:(1)常数 A,(2)X 的密度函数 $f(x)$,(3)$P\{X \leqslant 1\}$.

5.设随机变量 X 在 $[1,6]$ 上服从均匀分布,但对 X 进行三次独立观察,试求至少有两次观测值大于 3 的概率.

6.某射手有 5 发子弹,射击一次命中概率为 0.9,如果命中就停止射击,否则一直到子弹用尽,求耗用子弹数 ξ 的概率分布.

7.某公司有 5 万元资金用于投资开发项目.如果成功,一年后可获利 12%;

一旦失败,一年后将失去全部资金的 50%.下边是过去 200 例类似项目开发的实施结果:投资成功:192 次;投资失败:8 次.求该公司一年后估计可获收益的期望.

8.某地有 A、B、C、D 四人先后感染了甲型 H7N9 流感,其中只有 A 到过疫区.B 肯定是受 A 感染的.对于 C,因为难以断定他是受 A 还是受 B 感染的,于是假定他受 A 和受 B 感染的概率都是 $\frac{1}{2}$.同样也假定 D 受 A、B 和 C 感染的概率都是 $\frac{1}{3}$.在这种假定之下,B、C、D 中直接受 A 感染的人数 X 就是一个随机变量.

(1)写出 X 的概率分布(不要求写出计算过程),(2)求 X 的均值(即数学期望).

9.某运动员射击一次所得环数 X 的分布如下:

X	7	8	9	10
p_i	0.2	0.3	0.3	0.2

现进行两次射击,以该运动员两次射击中最高环数作为他的成绩,记为 ξ.

(1)求该运动员两次都命中 7 环的概率;

(2)求 ξ 的分布列及数学期望.

项目7 统计初步

【知识目标】

1.了解统计量的概念，理解 t 分布、λ^2 分布、F 分布的概念.

2.理解参数点估计的概念;掌握估计量的评价标准(无偏性、有效性与一致性).

3.理解区间估计的概念,掌握单个、两个正态总体均值与方差统计量的分布.

4.理解显著性检验的基本思想,掌握假设检验的一般步骤,了解假设检验的两类错误.

5.了解方差分析的基本思想,试验因素和水平的意义;了解回归分析的基本思想.

【技能目标】

1.会求 t 分布、λ^2 分布、F 分布的分为点;会判断典型统计量的分布.

2.会计算参数的矩估计和极大似然估计.

3.会求单个、两个正态总体均值与方差的置信区间.

4.会检验线性相关性,会利用回归方程进行预测和控制.

【相关链接】

软件可靠性是软件质量的重要属性.为了减少软件所含错误或缺陷,使软件具有高可靠性,在软件开发的各个阶段必须进行大量测试.利用其测试所得到的试验数据可对软件可靠性进行评估,研究分域测试数据的统计处理方法成为软件可靠性评估问题中的重要内容.

【推荐资料】

[1] 宁正元,王李进.统计与决策常用算法及其实现[M].北京:清华大学出

版社,2009.

本书以算法原理及其实现步骤为主线,以实际应用为副线,介绍分布检验、均值向量与协方差阵的假设检验、方差分析、回归分析、判别分析、聚类分析、多因子分析、线性规划与整数规划、动态规划、不确定型决策和风险型决策等方面的内容.

[2] 范年柏.概率统计与计算机应用专题-软件测试数据的统计分析[OL].
http://wenku.baidu.com/view/93b4814fcf84b9d528ea7ab5.html

[3] 张志华.软件测试数据的统计分析[J].工程数学学报,2005,22(1):53-57.

本文研究了软件分组数据的统计分析方法,利用样本点排序法得到了软件可靠度的最优置信下限;建立了软件分域测试的可靠性模型;利用分域测试数据的样本点排序法获得了软件可靠度置信下限;研究了该置信下限的性质;最后给出了一个例子说明本文方法的可行性.

【案例导入】

某灯泡厂在使用一项新工艺前后各取 10 个灯泡进行试验,计算得:采用新工艺前,灯泡寿命的样本均值为 2 450 h,标准差为 54 h;采用新工艺后,灯泡寿命的样本均值为 2 560 h,标准差为 49 h.已知灯泡寿命服从正态分布,在显著水平 $\alpha = 0.01$ 下能否认为采用新工艺后灯泡的平均寿命有显著提高?

任务7.1 数理统计的基本概念

7.1.1 统计量

1)样本

一个统计问题总有它明确的研究对象.研究对象的全体称为**总体(母体)**,总体中每个成员称为**个体**.在统计研究中,人们关心总体仅仅是关心其每个个体的一项(或几项)数量指标和该数量指标在总体中的分布情况.这时,每个个体具有的数量指标的全体就是总体.例如,研究本校同学的身高,则本校每个同学的身高的全体就是总体.由于每个个体的出现是随机的,所以相应的数量指标的出现也带有随机性.从而可以把这种数量指标看作一个随机变量,因此随机变量的分布就是该数量指标在总体中的分布,统计的任务是根据从总体中抽取的样本去推断总体的性质,而概率分布正是刻划个体的某项指标的集体性质的适当工具.因此在理论上可以把总体与概率分布等同起来.

由于作为统计研究对象的总体分布一般来说是未知的,有时虽然知道其分布的类型(如正态分布、二项分布等),但是不知这些分布中所含的参数等(如 $N(\mu,\sigma^2)$ 中的 $\mu,\sigma^2,P(\lambda)$ 中的 λ 等).为了推断总体分布及其各种特征,一般方法是按一定规则从总体中抽取 n 个个体 $X_1,X_2,\cdots,X_n$ 进行观察,通过观察得到关于总体 X 的一组数值.上述抽取过程为**抽样**,所抽取的部分个体称为**样本**.样本中所含个体数目称为**样本容量**.$(X_1,X_2,\cdots,X_n)$ 称为**容量为 n 的样本**.但是,一旦取定一组样本,得到的是 n 个具体的数 $(x_1,x_2,\cdots,x_n)$,称为样本的一次观察值,简称**样本值**.样本值的集合称为总体 X 的容量为 n 的**样本空间**.

定义 1 若样本的选取满足:

(1)**代表性**:$X_1,X_2,\cdots,X_n$ 中每一个与所考察的总体 X 有相同的分布;

(2)**独立性**:$X_1,X_2,\cdots,X_n$ 是相互独立的随机变量.

则称 $(X_1,X_2,\cdots,X_n)$ 是取自总体 X 的**简单随机样本**或简称为**样本**.以后若无特别说明,所提到的样本均指简单随机样本.

假设 $(X_1,X_2,\cdots,X_n)$ 是总体 X 中的样本.由于具体试验或观测受各种随机因素的影响,在不同试验或观测中,样本取值可能不同.因此,当脱离特定的具体试验或观测时,我们并不知道样本 $(X_1,X_2,\cdots,X_n)$ 的具体取值到底是多少.因此,可将样本看成随机变量.所以,样本又具有随机变量的属性.然而,在一次具体的观测或试验中,它们是一批测量值,是已经取到的一组数.这就是说,样本具有数的属性.比如,我们从某班大学生中抽取 10 人测量身高,得到 10 个数,它们是样本取到的值而不是样本.我们只能观察到随机变量取的值而见不到随机变量.但是,总体分布决定了样本取值的概率规律,也就是样本取到样本值的规律,因而可以用样本来估计总体,用局部来推断整体,这正是统计的基本思想.

2)统计量

定义 2 设 $(X_1,X_2,\cdots,X_n)$ 是来自总体 X 的一个容量为 n 的样本,$g(X_1,X_2,\cdots,X_n)$ 是定义在样本空间上不依赖于未知参数的一个连续函数,则称 $g(X_1,X_2,\cdots,X_n)$ 是一个**统计量**.

下面介绍几个最常用的统计量:

(1)样本均值:$\overline{X}=\dfrac{1}{n}\sum\limits_{i=1}^{n}X_i$;

（2）样本方差：$S^2 = \dfrac{1}{n-1}\sum\limits_{i=1}^{n}(X_i - \overline{X})^2 = \dfrac{1}{n-1}(\sum\limits_{i=1}^{n}X_i^2 - n\,\overline{X}^2)$ ；

（3）样本标准差：$S = \sqrt{\dfrac{1}{n-1}\sum\limits_{i=1}^{n}(X_i - \overline{X})^2}$ ；

（4）样本 k 阶原点矩：$A_k = \dfrac{1}{n}\sum\limits_{i=1}^{n}X_i^k \quad (k = 1,2,\cdots)$ ；

（5）样本 k 阶中心矩：$B_k = \dfrac{1}{n}\sum\limits_{i=1}^{n}(X_i - \overline{X})^k \quad (k = 1,2,\cdots)$ ．

7.1.2 抽样分布

统计量是样本的函数，是一个随机变量，有一定的分布，这个分布称为统计量的**抽样分布**．利用统计量对总体进行研究时，往往要求出统计量的分布．

定理 1（样本均值的分布） 设 $(X_1, X_2, \cdots, X_n)$ 是来自均值为 μ、方差为 σ^2 的总体的一个样本，则当 n 充分大时，近似地有

$$\overline{X} \sim N\left(\mu, \frac{\sigma^2}{n}\right),$$

或

$$\frac{\overline{X} - \mu}{\sigma/\sqrt{n}} \sim N(0,1).$$

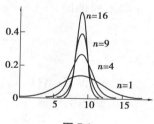

图 7.1

n 取不同值时样本均值 $\overline{X}$ 的分布，如图 7.1 所示．

1）χ^2 分布

定义 3 设 $(X_1, X_2, \cdots, X_n)$ 是取自总体 $N(0,1)$ 的样本，则称统计量

$$\chi^2 = X_1^2 + X_2^2 + \cdots + X_n^2$$

所服从的分布为自由度为 n 的 $\boldsymbol{\chi^2}$ **分布**，记为 $\chi^2 \sim \chi^2(n)$．

由 χ^2 分布的定义，不难得到：

（1）设 $X_1, X_2, \cdots, X_n$ 相互独立，都服从正态分布 $N(\mu, \sigma^2)$，则

$$\chi^2 = \frac{1}{\sigma^2}\sum_{i=1}^{n}(X_i - \mu)^2 \sim \chi^2(n).$$

（2）χ^2 分布的可加性：设 $\chi_1^2 \sim \chi^2(m)$，$\chi_2^2 \sim \chi^2(n)$，并且 χ_1^2, χ_2^2 相互独立，则

$$\chi_1^2 + \chi_2^2 \sim \chi^2(m + n).$$

（3）若 $X \sim \chi^2(n)$，则 $E(X) = n$，$D(X) = 2n$．

下面给出 χ^2 分布的水平 α 的上侧分位数(或临界值)的定义.

设 $0<\alpha<1$,对随机变量 X,称满足条件

$$P\{X>\chi_\alpha^2(n)\} = \alpha$$

的数 $\chi_\alpha^2(n)$ 为 χ^2 分布的水平 α 的**上侧分位数**,如图 7.2 所示.例如,

$$\chi_{0.025}^2(3) = 9.35, \chi_{0.01}^2(30) = 50.89.$$

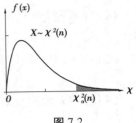

图 7.2

定理 2(样本方差的分布) 设 $(X_1, X_2, \cdots, X_n)$ 是取自正态总体 $X \sim N(\mu, \sigma^2)$ 的一个样本,$\overline{X}$ 与 S^2 分别是样本均值和样本方差,则有

① 统计量 $\dfrac{(n-1)S^2}{\sigma^2} = \dfrac{\sum\limits_{i=1}^{n}(X_i - \overline{X})^2}{\sigma^2} \sim \chi^2(n-1)$;

② $\overline{X}$ 与 S^2 相互独立.

n 取不同值时,$\dfrac{(n-1)S^2}{\sigma^2}$ 的分布如图 7.3 所示.

2) T 分布

定义 4 设 $X \sim N(0,1)$,$Y \sim \chi^2(n)$ 且 X、Y 相互独立,则称统计量

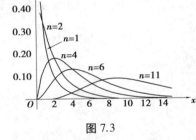

图 7.3

$$T = \frac{X}{\sqrt{Y/n}}$$

所服从的分布为自由度为 n 的 t 分布,记为 $T \sim t(n)$.

可以证明 T 分布以 $N(0,1)$ 分布为极限分布,当 n 较大(如 $n \geq 30$ 时),T 分布近似标准正态分布,如图 7.4(a)(b)所示.

设 $0<\alpha<1$,对随机变量 T,称满足条件

$$P\{T>t_\alpha(n)\} = \alpha$$

的数 $t_\alpha(n)$ 为 T 分布的水平 α 的**上侧分位数**,如图 7.4(c)所示.

例如,$t_{0.05}(16) = 1.746, t_{0.05}(9) = 1.833.$

定理 3 设 $(X_1, X_2, \cdots, X_n)$ 是取自正态总体 $X \sim N(\mu, \sigma^2)$ 的一个样本,$\overline{X}$ 与 S^2 分别是样本均值和样本方差,则有

$$\frac{\overline{X} - \mu}{S/\sqrt{n}} \sim t(n-1).$$

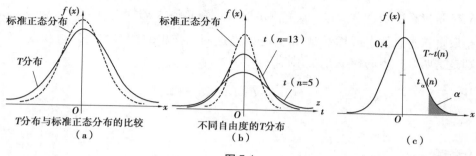

图 7.4

定理 4（两总体样本均值差的分布）　设 $X \sim N(\mu_1, \sigma_1^2)$，$Y \sim N(\mu_1, \sigma_2^2)$，$\sigma_1^2$，$\sigma_2^2$ 虽未知但有 $\sigma_1^2 = \sigma_2^2$，且 X 与 Y 相互独立，$(X_1, X_2, \cdots, X_{n_1})$ 是取自正态总体 X 的样本，$(Y_1, Y_2, \cdots, Y_{n_2})$ 是取自正态总体 Y 的样本，$\overline{X}$ 和 $\overline{Y}$ 分别是这两个样本的样本均值，S_1^2 和 S_2^2 分别是这两个样本的样本方差，则有

$$\frac{\overline{X} - \overline{Y} - (\mu_1 - \mu_2)}{\sqrt{\dfrac{(n_1-1)S_1^2 + (n_2-1)S_2^2}{n_1 + n_2 - 2}}\sqrt{\dfrac{1}{n_1} + \dfrac{1}{n_2}}} \sim t(n_1 + n_2 - 2).$$

3）F 分布

定义 5　设随机变量 $X \sim \chi^2(n_1)$，$Y \sim \chi^2(n_2)$，X 与 Y 相互独立，则称统计量

$$F = \frac{X/n_1}{Y/n_2}$$

服从自由度为 (n_1, n_2) 的 F 分布. 其中，n_1，n_2 分别为正整数，n_1 称为第一自由度（或分子自由度），n_2 称为第二自由度（或分母自由度），记为 $F \sim F(n_1, n_2)$.

设 $0 < \alpha < 1$，对随机变量 F，称满足条件

$$P\{F > F_\alpha(n_1, n_2)\} = \alpha$$

的数 $F_\alpha(n_1, n_2)$ 为 F 分布的水平 α 的上侧分位数，如图 7.5 所示.

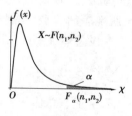

图 7.5

其中，　　　　$$F_{1-\alpha}(n_1, n_2) = \frac{1}{F_\alpha(n_2, n_1)}.$$

例如，$F_{0.05}(10, 7) = 3.64$，$F_{0.95}(7, 10) = \dfrac{1}{F_{0.05}(10, 7)} = \dfrac{1}{3.64} \approx 0.27.$

定理 5（两总体样本方差比的分布）　设 $X \sim N(\mu_1, \sigma_1^2)$，$Y \sim N(\mu_2, \sigma_2^2)$，且

X 与 Y 相互独立,$(X_1,X_2,\cdots,X_{n_1})$ 是取自正态总体 X 的样本,$(Y_1,Y_2,\cdots,Y_{n_2})$ 是取自正态总体 Y 的样本,$\overline{X}$ 和 $\overline{Y}$ 分别是这两个样本的样本均值,$S_1{}^2$ 和 $S_2{}^2$ 分别是这两个样本的样本方差,则有

$$\frac{S_1{}^2/\sigma_1{}^2}{S_2{}^2/\sigma_2{}^2}\sim F(n_1-1,n_2-1).$$

习题 7.1

1.总体 $X\sim N(\mu,\sigma^2)$,其中 μ 未知,σ^2 已知,$(X_1,X_2,\cdots,X_5)$ 是从中抽取的一个样本,试判别下列式子中哪些是统计量,哪些不是,为什么?

(1) $\overline{x}=\dfrac{1}{5}\sum\limits_{i=1}^{5}X_i$;   (2) $S^2=\dfrac{1}{5}\sum\limits_{i=1}^{5}(X_i-\overline{X})^2$;   (3) $\dfrac{\overline{X}-\mu}{\sigma/\sqrt{5}}$;

(4) $\dfrac{7\overline{X}}{\sigma/4}$;   (5) $\dfrac{1}{\sqrt{5}}(\overline{X}-\mu)$;   (6) $\sum\limits_{i=1}^{5}X_i^2-5\overline{X}$.

2.查表求 $\chi_{0.05}^2(10)$,并说明意义.

3.查表求 $t_{0.05}(5)$,并说明意义.

4.查表求 $F_{0.95}(4,5)$.

5.用机器向瓶子里灌装液体洗涤剂,规定每瓶装 μml.但实际灌装量总有一定波动.假定灌装量的方差 $\sigma_2=1$,如果每箱装这样的洗涤剂 25 瓶或 50 瓶.求这 25 瓶洗净剂的平均灌装量与标定值 μ 相差不超过 0.3 ml 的概率.

6.设总体 $X\sim N(0,0.2^2)$,$(X_1,X_2,\cdots,X_{10})$ 是来自总体 X 的一个样本,试求 $P\{\sum\limits_{i=1}^{10}X_i^2>0.64\}$.

7.从正态总体 $X\sim N(3.4,4^2)$ 中随机抽取容量为 n 的样本,若要求样本均值落在区间 $(1.4,5.4)$ 内的概率不小于 0.95,试问样本容量 n 至少应取多少?

任务 7.2 参数的点估计

统计推断,即由样本推断总体,是数理统计学的核心部分.其中的参数估计问题就是要利用样本对总体分布中包含的未知参数或未知参数的某些函数作出估计.参数估计分为点估计和区间估计.

其中,点估计的主要任务是通过样本求出总体参数的估计值.点估计问题的一般想法是:设总体 X 的分布 $F(x,\theta)$ 形式已知,但参数 θ 未知.对总体进行抽样,用总体的样本 $(X_1,X_2,\cdots,X_n)$ 构造一个适当的统计量 $\hat{\theta}(X_1,X_2,\cdots,X_n)$ 使其服从或渐近地服从已知的总体分布,并用它的观测值 $\hat{\theta}(x_1,x_2,\cdots,x_n)$ 作为未知参数 $\hat{\theta}$ 的估计值.称 $\hat{\theta}(X_1,X_2,\cdots,X_n)$ 为 θ 的**估计量**,称 $\hat{\theta}(x_1,x_2,\cdots,x_n)$ 为 θ 的**估计值**.

常用的点估计方法有矩估计法和极大似然估计法两种.

7.2.1 矩估计法

矩估计法的基本思想是用样本矩估计总体矩. 具体地说,用样本的 l 阶原点矩 $\dfrac{1}{n}\sum\limits_{i=1}^{n} X_i^l$ 作为总体的 l 阶原点矩 $E(X^l)$ 的估计, 记为 $\hat{E}(X^l) = \dfrac{1}{n}\sum\limits_{i=1}^{n} X_i^l$. (若未知参数有 k 个,则一般取 $l = 1,\cdots,k$).由矩估计法求得的估计量叫**矩估计量**,相应的估计值叫**矩估计值**.

例 1 设总体 X 以等概率 $\dfrac{1}{\theta}$ 取值为 $X = 1,2,\cdots,\theta$,试求参数 θ 的矩估计量.

解 X 的概率分布为

X	1	2	3	$\cdots$	θ
p_i	$\dfrac{1}{\theta}$	$\dfrac{1}{\theta}$	$\dfrac{1}{\theta}$	$\cdots$	$\dfrac{1}{\theta}$

则总体 X 的一阶原点矩为 $E(X) = 1\times\dfrac{1}{\theta}+2\times\dfrac{1}{\theta}+\cdots+\theta\times\dfrac{1}{\theta} = \dfrac{1}{2}(1+\theta)$.

样本一阶原点矩为 $\bar{X}$.

由矩估计法,令 $\hat{E}(X) = \bar{X}$,即 $\dfrac{1}{2}(1+\hat{\theta}) = \bar{X}$,解得 θ 的矩估计量为 $\hat{\theta} = 2\bar{X}-1$.

例 2 设总体 X 服从 $[0,\theta]$ 的均匀分布,θ 未知,$(X_1,X_2,\cdots,X_n)$ 是总体 X 的一个样本,试求参数 θ 的矩估计量.

解 由总体 X 服从 $[0,\theta]$ 的均匀分布,得总体 X 的一阶原点矩 为 $E(X)=\dfrac{\theta}{2}$,

样本一阶原点矩为 $\qquad \overline{X}=\dfrac{1}{n}\sum_{i=1}^{n}X_i,$

由矩估计法,令 $\hat{E}(X)=\overline{X}$,即 $\dfrac{1}{2}\hat{\theta}=\overline{X}$,得所求 θ 的矩估计量为

$$\hat{\theta}=2\overline{X}=\frac{2}{n}\sum_{i=1}^{n}X_i.$$

例 3 设总体 X 的均值 μ 及方差 σ^2 都存在,且有 $\sigma^2>0$,但 μ,σ^2 均为未知,又设 $(X_1,X_2,\cdots,X_n)$ 是来自 X 的一个样本. 试求 μ,σ^2 的矩估计量.

解 $E(X)=\mu,E(X^2)=D(X)+E^2(X)=\sigma^2+\mu^2,$

解得 $\mu=E(X),\sigma^2=E(X^2)-[E(X)]^2.$

由矩估计法,总体矩用相应的样本矩代替,得矩估计量:

$$\hat{\mu}=\hat{E}(X)=\frac{1}{n}\sum_{i=1}^{n}X_i=\overline{X},$$

$$\hat{\sigma}^2=\hat{E}(X^2)-[\hat{E}(X)]^2=\frac{1}{n}\sum_{i=1}^{n}X_i^2-\overline{X}^2=\frac{1}{n}\sum_{i=1}^{n}(X_i-\overline{X})^2.$$

7.2.2 极大似然估计法

极大似然估计法是在总体类型已知的条件下使用的一种参数估计方法.基本思想是概率最大的事件最可能发生.

定义 1 设 $(x_1,x_2,\cdots,x_n)$ 是取自概率函数为 $f(x,\theta)$ 的总体 X 的一个样本观测值,其中 θ 为未知参数,则称

$$L(\theta)=L(x_1,x_2,\cdots,x_n;\theta)=\prod_{i=1}^{n}f(x_i;\theta)$$

为 θ 的**似然函数**.

在这里,概率函数的意义是:若 X 是连续型的随机变量,则 $f(x_i;\theta)$ 是指其概率密度函数;若 X 是离散型的随机变量,则 $f(x_i;\theta)=P\{X=x_i\}$,其有关概率是在参数为 θ 时计算.

若对任意给定的样本值 $(x_1,x_2,\cdots,x_n)$,求 $\hat{\theta}=\hat{\theta}(x_1,x_2,\cdots,x_n)$ 使得

$L(\hat{\theta}) = \max_{\theta} L(\theta)$，如此求出的 $\hat{\theta}$ 作为 θ 的估计，称为 θ 的**极大似然估计**.

求 $\hat{\theta}$ 时，通常对 $\ln L(\theta)$ 求导，令 $\dfrac{d}{d\theta} L(\theta) = 0$，解得 $\hat{\theta}$.

例4 离散型随机变量 X 服从以 $p(0 < p < 1)$ 为参数的 (0-1) 分布，$(x_1, x_2, \cdots, x_n)$ 是来自总体 X 的一个样本观测值，试求参数 p 的极大似然估计量.

解 X 的概率分布为

$$P\{X = x\} = p^x (1-p)^{1-x}, \ (x = 0, 1) ,$$

则似然函数为

$$L(p) = \prod_{i=1}^{n} p^{x_i} (1-p)^{1-x_i} = p^{\sum_{i=1}^{n} x_i} (1-p)^{n - \sum_{i=1}^{n} x_i} .$$

对上式两边取自然对数得

$$\ln L(p) = \left(\sum_{i=1}^{n} x_i \right) \ln p + \left(n - \sum_{i=1}^{n} x_i \right) \cdot \ln (1-p) ,$$

令

$$\frac{d}{dp} [\ln L(p)] = \left(\sum_{i=1}^{n} x_i \right) \cdot \frac{1}{P} + \left(n - \sum_{i=1}^{n} x_i \right) \cdot \frac{1}{1-P} (-1) = 0 ,$$

得 p 的极大似然估计值为

$$\hat{p} = \frac{1}{n} \sum_{i=1}^{n} x_i = \bar{x} ,$$

于是，p 的极大似然估计量为

$$\hat{p} = \frac{1}{n} \sum_{i=1}^{n} X_i = \bar{X} .$$

例5 已知总体 X 的概率密度函数为

$$f(x) = \begin{cases} \lambda e^{-\lambda x}, & x > 0 \\ 0, & x \leq 0 \end{cases} .$$

其中 $\lambda > 0$ 为未知函数，设 $(x_1, x_2, \cdots, x_n)$ 是总体 X 的一个样本观测值，试求参数 λ 的极大似然估计值.

解 似然函数为

$$L(\lambda) = \prod_{i=1}^{n} f(x_i ; \lambda) = \begin{cases} \lambda^n e^{-\lambda \sum_{i=1}^{n} x_i}, & x_i > 0 \\ 0, & \text{其他} \end{cases} ,$$

L 最大当且仅当 $L_1 = \lambda^n e^{-\lambda \sum_{i=1}^{n} x_i}$ 最大，对 L_1 两边取自然对数得

$$\ln L_1 = n\ln\lambda - \lambda\sum_{i=1}^{n}x_i.$$

解方程

$$\frac{\mathrm{d}\ln L_1}{\mathrm{d}\lambda} = \frac{n}{\lambda} - \sum_{i=1}^{n}x_i = 0.$$

得参数 λ 的极大似然估计量值为

$$\hat{\lambda} = \frac{n}{\sum\limits_{i=1}^{n}x_i} = \frac{1}{\bar{x}}.$$

求极大似然估计并不总是通过求解似然方程得到.

例 6 设总体 X 服从 $[0,\theta]$ 上的均匀分布,θ 未知,$(x_1,x_2,\cdots,x_n)$ 是总体 X 的一个样本观测值,求 θ 的极大似然估计量.

解 随机变量 X 服从 $[0,\theta]$ 上的均匀分布,则 X 的概率密度函数为

$$f(x;\theta) = \begin{cases} \dfrac{1}{\theta}, & 0 \leqslant x \leqslant \theta \\ 0, & 其他 \end{cases},其中\ \theta>0,$$

似然函数为

$$L(\theta) = \prod_{i=1}^{n}f(x_i;\theta) = \begin{cases} \dfrac{1}{\theta^n}, & 0 \leqslant x \leqslant \theta \\ 0, & 其他 \end{cases},$$

注意到 $x_i \leqslant \theta(i=1,2,\cdots,n)$,故 θ 的取值范围为区间 $\left[\max\limits_{1\leqslant i\leqslant n}\{x_i\},+\infty\right)$. 由于 $\dfrac{1}{\theta^n}$ 是 θ 的单调递减函数,故 θ 取 $\max\limits_{1\leqslant i\leqslant n}\{x_i\}$ 时,似然函数 L 达到最大值,所以 θ 的极大似然估计值为

$$\hat{\theta} = \max_{1\leqslant i\leqslant n}\{x_i\}.$$

于是,所求 θ 的极大似然估计量为

$$\hat{\theta} = \max_{1\leqslant i\leqslant n}\{X_i\}.$$

7.2.3 估计量的评价标准

由例 2、例 6 知,对于同一个参数,用不同的方法去估计可能有不同的估计量,那么用哪一个估计量去估计 θ 更好呢?我们希望用较好的估计量去估计未知参数. 因而有必要讨论如何评价一个估计量的好坏.

1)无偏性

定义 2 设 $\hat{\theta}$ 是参数 θ 的估计量,若

$$E(\hat{\theta}) = \theta,$$

则称$\hat{\theta}$是θ的**无偏估计量**(简称**无偏估计**)或称$\hat{\theta}$**具有无偏性**.

$\hat{\theta}$具有无偏性的意义是:虽然$\hat{\theta}$的取值会由于随机性而偏离θ的真值,但取其平均数(数学期望)等于θ的真值,即没有系统误差.

例7 设$(X_1, X_2, \cdots, X_n)$是来自总体X的一个样本,构造统计量

$$\overline{X} = \frac{1}{2}X_1 + \frac{1}{2}X_2, \qquad \widetilde{X} = \frac{1}{4}X_1 + \frac{3}{4}X_2.$$

求证:$\overline{X}$与$\widetilde{X}$都是总体均值$E(X)$的无偏估计量.

证明 因为

$$E(\bar{x}) = E\left(\frac{1}{2}X_1 + \frac{1}{2}X_2\right)$$

$$= \frac{1}{2}E(X_1) + \frac{1}{2}E(X_2) = \frac{1}{2}E(X) + \frac{1}{2}E(X) = E(X);$$

$$E(\widetilde{X}) = E\left(\frac{1}{4}X_1 + \frac{3}{4}X_2\right)$$

$$= \frac{1}{4}E(X_1) + \frac{3}{4}E(X_2) = \frac{1}{4}E(X) + \frac{3}{4}E(X) = E(X),$$

所以$\overline{X}$与$\widetilde{X}$都是$E(X)$的无偏估计量.

例8 试判断$S_n^2 = \dfrac{1}{n}\displaystyle\sum_{i=1}^{n}(X_i - \overline{X})^2$是否为总体方差$D(X)$的无偏估计.

解 设$E(X) = u, D(X) = \sigma^2.$ $(X_1, X_2, \cdots, X_n)$为来自总体X的一个样本,则$E(X_i) = E(X) = u, \quad D(X_i) = D(X) = \sigma^2, i = 1, 2, \cdots, n$,此时

$$E(S_n^2) = E\left[\frac{1}{n}\sum_{i=1}^{n}(X_i - \overline{X})^2\right]$$

$$= \frac{1}{n}E\left\{\sum_{i=1}^{n}\left[(X_i - \mu) - (\overline{X} - \mu)\right]^2\right\}$$

$$= \frac{1}{n}E\left[\sum_{i=1}^{n}(X_i - \mu)^2 - 2\sum_{i=1}^{n}(X_i - \mu)(\overline{X} - \mu) + n(\overline{X} - \mu)^2\right]$$

$$= \frac{1}{n}E\left[\sum_{i=1}^{n}(X_i - \mu)^2 - n(\overline{X} - \mu)^2\right]$$

$$= \frac{1}{n} \sum_{i=1}^{n} E(X_i - \mu)^2 - E(\overline{X} - \mu)^2$$

$$= \frac{1}{n} \cdot nD(X) - D(\overline{X}) = \sigma^2 - \frac{1}{n}\sigma^2 = \frac{n-1}{n}\sigma^2,$$

故 $S_n^2 = \frac{1}{n} \sum_{i=1}^{n} (X_i - \overline{X})^2$ 不是总体方差 $D(X)$ 的无偏估计.

若取 $S^2 = \frac{n}{n-1}S_n^2 = \frac{1}{n-1} \sum_{i=1}^{n} (X_i - \overline{X})^2$,则

$$E(S^2) = E\left(\frac{n}{n-1}S_n^2\right) = \frac{n}{n-1}E(S_n^2) = \frac{n}{n-1} \cdot \frac{n-1}{n}\sigma^2 = \sigma^2,$$

即 $S^2 = \frac{1}{n-1} \sum_{i=1}^{n} (X_i - \overline{X})^2$ 是总体方差 $D(X)$ 的无偏估计. 于是,称 $S^2 = \frac{1}{n-1} \sum_{i=1}^{n} (X_i - \overline{X})^2$ 为**样本方差(修正样本方差)**,称 $S_n^2 = \frac{1}{n} \sum_{i=1}^{n} (X_i - \overline{X})^2$ 为未修正样本方差.

定理 设 $(X_1, \cdots, X_n)$ 为取自总体 X 的一个样本,总体 X 的均值为 μ,方差为 σ^2.则

(1)样本均值 $\overline{X}$ 是 μ 的无偏估计量;

(2)样本方差 S^2 是 σ^2 的无偏估计量;

(3)样本二阶中心矩 $\frac{1}{n} \sum_{i=1}^{n} (X_i - \overline{X})^2$ 是 σ^2 的有偏估计量.

2)有效性

定义3 设 $\hat{\theta}_1$ 与 $\hat{\theta}_2$ 都是 θ 的无偏估计,若对任意样本容量 n 都有

$$D(\hat{\theta}_1) < D(\hat{\theta}_2),\text{则称}\hat{\theta}_1\text{比}\hat{\theta}_2\text{有效}.$$

$\hat{\theta}_1$ 比 $\hat{\theta}_2$ 有效的意义在于:$\hat{\theta}_1$ 虽不是 θ 的真值,但 $\hat{\theta}_1$ 在 θ 附近取值的密集程度比 $\hat{\theta}_2$ 高,也就是说 $\hat{\theta}_1$ 估计的精确度较高.

例9 在例7中,试比较 $\overline{X}$ 与 $\widetilde{X}$ 哪一个更有效.

解 由

$$D(\overline{X}) = D\left(\frac{1}{2}X_1 + \frac{1}{2}X_2\right)$$

$$= \left(\frac{1}{2}\right)^2 D(X_1) + \left(\frac{1}{2}\right)^2 D(X_2) = \frac{1}{4}D(X) + \frac{1}{4}D(X) = \frac{1}{2}D(X),$$

$$D(\widetilde{X}) = D\left(\frac{1}{4}X_1 + \frac{3}{4}X_2\right)$$

$$= \left(\frac{1}{4}\right)^2 D(X_1) + \left(\frac{3}{4}\right)^2 D(X_2) = \frac{1}{16}D(X) + \frac{9}{16}D(X) = \frac{5}{8}D(X),$$

得 $D(\overline{X}) < D(\widetilde{X})$，故 $\overline{X}$ 比 $\widetilde{X}$ 有效.

3）一致性（相合性）

定义 4　设 $\hat{\theta} = \hat{\theta}(X_1, X_2, \cdots, X_n)$ 为参数 θ 的无偏估计量,当 $n \to \infty$ 时, $\hat{\theta} = \hat{\theta}(X_1, X_2, \cdots, X_n)$ 依概率收敛于 θ,即对任意 $\varepsilon > 0$,有

$$\lim_{n \to \infty} P(|\theta - \overline{\theta}| < \varepsilon) = 1,$$

则称 $\hat{\theta}$ 是 θ 的一致估计量.

设总体 X 的数学期望 $E(X) = \mu$ 与方差 $D(X) = \sigma^2$ 都存在.$(X_1, X_2, \cdots, X_n)$ 为来自总体 X 的一个样本.可以证明,样本均值 $\overline{X}$ 与修正样本方差 S^2 分别是 μ 和 σ^2 的一致估计量.

习题 7.2

1.某人做独立重复射击,每次击中目标的概率为 p,用"$X = k$"表示第 k 次射击时首次击中目标.

（1）试写出 X 的分布列;

（2）以此 X 为总体,从中抽取一个样本 $(X_1, X_2, \cdots, X_n)$,试求未知参数 p 的矩估计量和极大似然值估计量.

2.设总体 X 的概率密度函数为 $f(x; \theta) = \begin{cases} \theta x^{\theta-1}, & 0 < x < 1 \\ 0, & \text{其他} \end{cases}$, $(X_1, X_2, \cdots, X_n)$ 是取自总体 X 的一个样本,试求 θ 的矩估计量和极大似然估计量.

3.设总体 X 服从参数为 λ 的泊松分布,$(X_1, X_2, \cdots, X_n)$ 是取自总体 X 的一个样本,$\overline{X} = \frac{1}{n}\sum_{i=1}^{n}(X_i - \overline{X})^2$, $S^2 = \frac{1}{n-1}\sum_{i=1}^{n}(X_i - \overline{X})^2$,求证:$\overline{X} + S^2$ 为 2λ 的无偏

估计量.

4.设(X_1, X_2, X_3, X_4)是取自均值为θ的指数分布总体 X 的一个样本,θ为未知参数, 设有估计量 $T_1 = \dfrac{1}{6}(X_1 + X_2) + \dfrac{1}{3}(X_3 + X_4)$, $T_2 = \dfrac{1}{5}(X_1 + 2X_2 + 3X_3 + 4X_4)$, $T_3 = \dfrac{1}{4}(X_1 + X_2 + X_3 + X_4)$.

(1)指出 T_1, T_2, T_3 中哪几个是 θ 的无偏估计量?

(2)在上述 θ 的无偏估计中,哪一个最有效?

任务 7.3　对参数区间估计

参数的点估计给出了一个未知参数的单一数值,不但直观而且方便,但无法看出它的估计精度.估计量是存在一定的抽样误差的.我们希望根据样本不但能求出未知参数 θ 的估计区间,而且希望这个区间有较大的可靠程度,以保证 θ 的真值落在该区间,这种估计参数的方法称为**参数的区间估计**.

定义　设总体 X 的分布中含有未知参数 θ, 由样本$(X_1, X_2, \cdots, X_n)$确定两个统计量$\underline{\theta} = \underline{\theta}(X_1, X_2, \cdots, X_n)$, $\overline{\theta} = \overline{\theta}(X_1, X_2, \cdots, X_n)$.对于给定的$\alpha(0 < \alpha < 1$, 一般 α 取得较小), 则有

$$P\{\underline{\theta} < \theta < \overline{\theta}\} = 1 - \alpha,$$

则称随机区间$(\underline{\theta}, \overline{\theta})$为参数 θ 的置信度为 $1 - \alpha$ 的**置信区间**, 称 $1 - \alpha$ 为**置信度**(或**置信水平**),$\underline{\theta}$与$\overline{\theta}$分别为置信下限和置信上限.

区间估计就是求置信区间$(\underline{\theta},\ \overline{\theta})$, 其一般步骤如下:

(1)由样本$(X_1, X_2, \cdots, X_n)$构造一个合适的包含待估参数 θ 的统计量 $Y = Y(X_1, X_2, \cdots, X_n; \theta)$, Y 的分布已知并且不依赖于任何未知参数(当然也不依赖于待估参数 θ);

(2)对于给定的置信水平 $1 - \alpha$, 定出两个常数 a、b 使

$$P\{a < Y < b\} = 1 - \alpha;$$

(3)从 $a < Y < b$ 解出同解的不等式

$$\underline{\theta} < \theta < \overline{\theta},$$

其中 $\underline{\theta} = \underline{\theta}(X_1, X_2, \cdots, X_n)$ 和 $\overline{\theta} = \overline{\theta}(X_1, X_2, \cdots, X_n)$ 都是统计量,则 $(\underline{\theta}, \overline{\theta})$ 为所求的 θ 的一个置信水平为 $1-\alpha$ 的置信区间.

7.3.1 单正态总体均值的置信区间

1)总体 $X \sim N(\mu, \sigma^2)$,σ^2 已知,求 μ 的置信区间

我们知道 $\overline{X}$ 是 μ 的无偏估计,且有统计量 $U = \dfrac{\overline{X} - \mu}{\sigma/\sqrt{n}} \sim N(0,1)$.则称满足条件

$$P\{\,|U| > u_{\alpha/2}\} = \alpha$$

的数 $u_{\alpha/2}$ 为 U 分布的水平 α 的双侧分位数,如图 7.6 所示,则

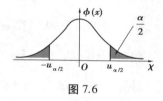

图 7.6

$$P\left\{\left|\frac{\overline{X} - \mu}{\sigma/\sqrt{n}}\right| < u_{\alpha/2}\right\} = 1 - \alpha,$$

即

$$P\left\{\overline{X} - \frac{\sigma}{\sqrt{n}} u_{\alpha/2} < \mu < \overline{X} + \frac{\sigma}{\sqrt{n}} u_{\alpha/2}\right\} = 1 - \alpha.$$

这样就得到了 μ 的一个置信水平为 $1-\alpha$ 的置信区间

$$\left(\overline{X} - \frac{\sigma}{\sqrt{n}} u_{\alpha/2}, \quad \overline{X} + \frac{\sigma}{\sqrt{n}} u_{\alpha/2}\right),$$

这样的置信区间常写成

$$\left(\overline{X} \pm \frac{\sigma}{\sqrt{n}} u_{\alpha/2}\right).$$

2)总体 $X \sim N(\mu, \sigma^2)$,σ^2 未知,求 μ 的置信区间

若 σ^2 未知,则 $\left(\overline{X} \pm \dfrac{\sigma}{\sqrt{n}} u_{\alpha/2}\right)$ 包含了未知参数 σ.考虑到 S^2 是 σ^2 的无偏估计,σ 用 $\sqrt{S^2}$ 代替.已知统计量 $\dfrac{\overline{X} - \mu}{S/\sqrt{n}} \sim t(n-1)$,可得

$$P\left\{-t_{\alpha/2}(n-1) < \frac{\overline{X} - \mu}{S/\sqrt{n}} < t_{\alpha/2}(n-1)\right\} = 1 - \alpha,$$

即
$$P\left\{\bar{X}-\frac{S}{\sqrt{n}}t_{\alpha/2}(n-1)<\mu<\bar{X}+\frac{S}{\sqrt{n}}t_{\alpha/2}(n-1)\right\}=1-\alpha.$$

于是得到 μ 的一个置信水平为 $1-\alpha$ 的置信区间

$$\left(\bar{X}\pm\frac{S}{\sqrt{n}}t_{\alpha/2}(n-1)\right).$$

例 1 从某工厂生产的零件中随机地抽取 6 个,测得其长度数值分别为 15.3,16.3,15.7,16.1,15.9,16.1.设零件长度 $X\sim N(\mu,\sigma^2)$,求该产品的零件长度的置信水平为 95% 的置信区间.

(1) $\sigma^2=0.04$; (2) σ^2 未知.

解 由 $1-\alpha=0.95$,得 $\alpha=0.05,\dfrac{\alpha}{2}=0.025$.

(1) $\sigma^2=0.04$,方差已知.

计算 $\bar{x}=\dfrac{1}{6}(15.4+16.3+15.7+16.1+15.9+16.0)=15.9$.

查正态分布表,得临界值: $u_{\alpha/2}=u_{0.025}=1.96$,得 μ 的置信水平为 95% 的置信区间为

$$\left(\bar{x}-\frac{\sigma}{\sqrt{n}}u_{\alpha/2},\bar{x}+\frac{\sigma}{\sqrt{n}}u_{\alpha/2}\right)=(15.74,16.06).$$

(2) σ^2 未知.

通过计算,得 $s^2=0.12,s=0.346\,4$.

查 t-分布表,得临界值: $t_{\alpha/2}(5)=t_{0.025}(5)=2.571$,得 μ 的置信水平为 95% 的置信区间为

$$\left(\bar{x}-\frac{s}{\sqrt{n}}t_{\alpha/2}(n-1),\bar{x}+\frac{s}{\sqrt{n}}t_{\alpha/2}(n-1)\right)\approx(15.54,16.26).$$

7.3.2 单正态总体方差的置信区间

正态总体 $X\sim N(\mu,\sigma^2)$,当 μ 已知时, $\dfrac{1}{\sigma^2}\sum\limits_{i=1}^{n}(X_i-\mu)^2\sim\chi^2(n)$,但是 χ^2 分布的概率密度图形不是对称的,对于已给的置信水平 $1-\alpha$,要想找到最短的置信区间是困难的.因此,习惯上仍然取对称的分位点 $\chi^2_{1-\alpha/2}$ 和 $\chi^2_{\alpha/2}$,可得

$$P\left\{\chi^2_{1-\alpha/2}(n)<\frac{1}{\sigma^2}\sum_{i=1}^{n}(X_i-\mu)^2<\chi^2_{\alpha/2}(n)\right\}=1-\alpha,$$

即

$$P\left\{\frac{\sum\limits_{i=1}^{n}(X_i-\mu)^2}{\chi^2_{\alpha/2}(n)}<\sigma^2<\frac{\sum\limits_{i=1}^{n}(X_i-\mu)^2}{\chi^2_{1-\alpha/2}(n)}\right\}=1-\alpha.$$

于是得到方差 σ^2 的一个置信水平为 $1-\alpha$ 的置信区间

$$\left(\frac{\sum\limits_{i=1}^{n}(X_i-\mu)^2}{\chi^2_{\alpha/2}(n)},\quad\frac{\sum\limits_{i=1}^{n}(X_i-\mu)^2}{\chi^2_{1-\alpha/2}(n)}\right).$$

正态总体 $X\sim N(\mu,\sigma^2)$，当 μ 未知时，$\dfrac{1}{\sigma^2}\sum\limits_{i=1}^{n}(X_i-\overline{X})^2\sim\chi^2(n-1)$ 类似于

上述讨论，于是得到方差 σ^2 的一个置信水平为 $1-\alpha$ 的置信区间

$$\left(\frac{\sum\limits_{i=1}^{n}(X_i-\overline{X})^2}{\chi^2_{\alpha/2}(n-1)},\quad\frac{\sum\limits_{i=1}^{n}(X_i-\overline{X})^2}{\chi^2_{1-\alpha/2}(n-1)}\right).$$

例2 已知某厂生产的零件的直径 $X\sim N(\mu,\sigma^2)$，从某天生产的零件中随机抽取 5 个，得样本观察值为 12.4，11.8，12.1，11.9，12.3. 求 σ^2 的置信区间.

解 计算 $\overline{x}=\dfrac{1}{5}(12.4+11.8+12.1+11.9+12.3)=12.1$，

$$\sum_{i=1}^{n}(x_i-\overline{x})^2$$
$$=(12.4-12.1)^2+(11.8-12.1)^2+(12.1-12.1)^2+(11.9-12.1)^2+(12.3-12.1)^2$$
$$=0.26.$$

由 $1-\alpha=0.9$，得 $\alpha=0.1$，$\alpha/2=0.05$，又 $n-1=4$.

查 χ^2 分布表，得临界值

$$\chi^2_{0.95}(4)=0.71,\qquad\chi^2_{0.05}(4)=9.49.$$

得 σ^2 的置信水平为 90% 的置信区间为

$$\left(\frac{\sum\limits_{i=1}^{n}(x_i-\overline{x})^2}{\chi^2_{\alpha/2}(n-1)},\quad\frac{\sum\limits_{i=1}^{n}(x_i-\overline{x})^2}{\chi^2_{1-\alpha/2}(n-1)}\right)=\left(\frac{0.26}{9.49},\frac{0.26}{0.71}\right)=(0.027,0.366).$$

为了方便应用，把正态总体参数的区间估计的结果进行汇总，如表 7.1 所示.

表 7.1

待估参数	条件	选取统计量及分布	置信水平为 $1-\alpha$ 的置信区间
μ	σ^2 已知	$U=\dfrac{\overline{X}-\mu}{\sigma/\sqrt{n}}\sim N(0,1)$	$\left(\overline{X}\pm\dfrac{\sigma}{\sqrt{n}}u_{\alpha/2}\right)$
	σ^2 未知	$T=\dfrac{\overline{X}-\mu}{S/\sqrt{n}}\sim t(n-1)$	$\left(\overline{X}\pm\dfrac{S}{\sqrt{n}}t_{\alpha/2}(n-1)\right)$
σ^2	μ 已知	$\chi^2=\dfrac{\sum\limits_{i=1}^{n}(X_i-\mu)^2}{\sigma^2}\sim\chi^2(n)$	$\left(\dfrac{\sum\limits_{i=1}^{n}(X_i-\mu)^2}{\chi_{\alpha/2}^{2}(n)},\dfrac{\sum\limits_{i=1}^{n}(X_i-\mu)^2}{\chi_{1-\alpha/2}^{2}(n)}\right)$
	μ 未知	$\chi^2=\dfrac{\sum\limits_{i=1}^{n}(X_i-\overline{X})^2}{\sigma^2}=\dfrac{(n-1)S^2}{\sigma^2}$ $\sim\chi_{\alpha/2}^{2}(n-1)$	$\left(\dfrac{(n-1)S^2}{\chi_{\alpha/2}^{2}(n-1)},\dfrac{(n-1)S^2}{\chi_{1-\alpha/2}^{2}(n-1)}\right)$ 或 $\left(\dfrac{\sum\limits_{i=1}^{n}(X_i-\overline{X})^2}{\chi_{\alpha/2}^{2}(n-1)},\dfrac{\sum\limits_{i=1}^{n}(X_i-\overline{X})^2}{\chi_{1-\alpha/2}^{2}(n-1)}\right)$
$\mu_1-\mu_2$	σ_1^{2}, σ_2^{2} 已知	$\dfrac{(\overline{X_1}-\overline{X_2})-(\mu_1-\mu_2)}{\sqrt{\dfrac{\sigma_1^{2}}{n_1}+\dfrac{\sigma_2^{2}}{n_2}}}\sim N(0,1)$	$\left[(\overline{X_1}-\overline{X_2})-\sqrt{\dfrac{\sigma_1^{2}}{n_1}+\dfrac{\sigma_2^{2}}{n_2}}u_{\alpha/2},\right.$ $\left.(\overline{X_1}-\overline{X_2})+\sqrt{\dfrac{\sigma_1^{2}}{n_1}+\dfrac{\sigma_2^{2}}{n_2}}u_{\alpha/2}\right]$
	$\sigma_1^{2}=\sigma_2^{2}=\sigma^2$ 但 σ^2 未知	$T=\dfrac{(\overline{X_1}-\overline{X_2})-(\mu_1-\mu_2)}{S_w\sqrt{\dfrac{1}{n_1}+\dfrac{1}{n_2}}}\sim t(n_1+n_2-2)$ 其中,$S_W^{2}=\dfrac{(n_1-1)S_1^{2}+(n_2-1)S_2^{2}}{n_1+n_2-2}$	$\left[(\overline{X_1}-\overline{X_2})-S_w\sqrt{\dfrac{1}{n_1}+\dfrac{1}{n_2}}\cdot t_{\alpha}(n_1+n_2-2),\right.$ $\left.(\overline{X_1}-\overline{X_2})+S_w\sqrt{\dfrac{1}{n_1}+\dfrac{1}{n_2}}\cdot t_{\alpha}(n_1+n_2-2)\right]$
$\dfrac{\sigma_1^{2}}{\sigma_2^{2}}$	μ_1, μ_2 未知	$F=\dfrac{S_1^{2}/\sigma_1^{2}}{S_2^{2}/\sigma_2^{2}}\sim F(n_1-1,n_2-1)$	$\left[\dfrac{1}{F_{\alpha/2}(n_1-1,n_2-1)}\dfrac{S_1^{2}}{S_2^{2}},\right.$ $\left.F_{\alpha/2}(n_2-1,n_1-1)\dfrac{S_1^{2}}{S_2^{2}}\right]$

 习题 7.3

1. 从某厂生产的滚珠中随机抽取 10 个,测得滚珠的直径(单位:mm)如下:

14.6, 15.0, 14.7, 15.1, 14.9, 14.8, 15.0, 15.1 , 15.2 , 14.8.

若滚珠直径服从正态分布 $N(\mu,\sigma^2)$,已知 $\sigma=0.16(\text{mm})$,求滚珠直径均值 μ 的置信水平为 95% 的置信区间.

2.在题 1 中,若未知 σ,求滚珠直径均值 μ 的置信水平为 95% 的置信区间.

3.在题 1 中,若已知 $\mu=14.9(\text{mm})$,求滚珠直径方差 σ^2 的置信水平为 95% 的置信区间.

4.在题 1 中,若未知 μ,求滚珠直径方差 σ^2 的置信水平为 95% 的置信区间.

5.某大学从该校学生中随机抽取 100 人,调查到他们平均每天参加体育锻炼的时间为 26 分钟.试以 95% 的置信水平估计该大学全体学生平均每天参加体育锻炼的时间(已知总体方差为 36 小时).

6.从一批钉子中随机地抽取容量为 16 的样本,经计算得样本均值 $\overline{x}=2.215$,样本均方差为 $s=0.017\ 13$.假设钉子的长度 X 服从正态分布 $N(\mu,\sigma^2)$,就下列两种情况下分别求总体均值,μ 的置信水平为 90% 的置信区间.

(1)已知 $\sigma=0.01$;   (2)σ 未知.

任务 7.4 假设检验

7.4.1 认知假设检验

1)基本概念

在实际工作中,对研究的总体往往不知道其分布,或者知道其分布却不知其分布参数.在这种情况下,为了推断总体的某些性质,首先提出了关于总体的假设,如一个有关随机变量未知分布的假设或一个仅牵涉随机变量的未知分布中含有 n 个未知参数的假设.然后根据样本对所提出的假设作判断,是接受还是拒绝,这一过程称为**假设检验**.作为检验对象的假设称为**原假设**(或**零假设**),用 H_0 表示,称与 H_0 相对立的假设为**备择假设**,用 H_1 表示.

2)基本思想

假设检验的基本思想是小概率原理,即小概率事件在一次试验中几乎是不可能发生的.

小概率事件的值记为 α,称为**显著性水平**.α 的取值大小根据具体实践而定,不同的问题有不同的要求,精度要求越高,α 的值就越小.α 通常取 0.1,0.05,

0.01,0.005 等值.

例 1 化肥厂用自动包装机包装化肥,每包质量服从正态分布 $N(100,1.2^2)$.某日开工后,为了确定这天包装机工作是否正常,随机地抽取 9 袋化肥,称得质量数值如下:

99.1, 98.9, 104.2, 102.5, 98.4, 99.1, 99.4, 102.1, 103.5.

设方差稳定不变,问这一天包装机的工作是否正常($\alpha = 0.05$)?

解 由已知求出样本均值的观测值为

$$\bar{x} = \frac{1}{9}(99.1+98.9+104.2+102.5+98.4+99.1+99.4+102.1+103.5) = 100.8.$$

从数据上看,$\bar{x} = 100.8$ 与 $\mu = 100$ 之间虽有差异(误差),但误差不大,似乎可接受.而这个误差可能是随机误差和条件误差.

(1)**随机误差**:生产过程中受偶然因素的影响而引起的误差,这种误差不可避免.

(2)**条件误差**:由于工艺条件的改变所造成的误差.

如何区分这两种误差呢?

假设不存在条件误差,也就是说,$\bar{x}$ 和 μ 的误差是随机误差,样本仍看作是从原来总体 $N(100,1.2^2)$ 中抽取的.即原假设 $H_0:\mu = 100$ 成立,此时有

$$\frac{\bar{X}-\mu}{\sigma/\sqrt{9}} = \frac{\bar{X}-100}{1.2/\sqrt{9}} \sim N(0,1).$$

由标准正态分布的性质,知

$$P\left\{\left|\frac{\bar{X}-100}{1.2/\sqrt{9}}\right| < 1.96\right\} = 0.95,$$

则

$$P\left\{\left|\frac{\bar{X}-100}{1.2/\sqrt{9}}\right| > 1.96\right\} = 1-0.95 = 0.05.$$

此时事件 $\left\{X \middle| \left|\frac{\bar{X}-100}{1.2/\sqrt{9}}\right| > 1.96\right\}$,即 $(-\infty,-1.96) \cup (1.96,+\infty)$,是小概率事件.这个拒绝原假设 H_0 的区域称为**否定域**,否定域的边界值称为**临界值**.

现在实际情况是:

$$\left|\frac{\bar{X}-100}{1.2/\sqrt{9}}\right| = \left|\frac{100.8-100}{1.2/\sqrt{9}}\right| = 2 > 1.96.$$

所以有理由不相信 H_0 是真的(因为小概率事件发生了),即认为这一天包装机的工作不正常.

3)两类错误

由于人们是通过样本的值作出判断的,故总有可能作出错误的判断.

第 I 类错误("**弃真**"错误):H_0 实际为真时,但拒绝了 H_0.

$$P(\text{拒绝 } H_0 | H_0 \text{ 真}) = \alpha.$$

第 II 类错误("**取伪**"错误):H_0 实际上不真时,但接受了 H_0.

$$P(\text{接受 } H_0 | H_0 \text{ 不真}) = \beta.$$

厂家出售产品给消费者时,通常要经过产品质量检验,厂家总是假定产品是合格的,但检验时厂家要承担把合格品误检为不合格品的风险,厂家承担风险的概率为 α,所以 α 也称为生产者风险,而消费者却担心把不合格产品误检为合格品而被接受,这是消费者承担的风险,其概率是 β,因此 β 也称消费者风险,正确的决策和犯错误的概率可以归纳为下表

	接受 H_0	拒绝了 H_0
H_0 为真	$1-\alpha$ 正确决策	α
H_0 为伪	β 取伪错误	$1-\beta$ 正确决策

当样本容量 n 固定时,α,β 不能同时都小,即 α 变小时,β 就变大;而 β 变小时,α 就变大.一般只有当样本容量 n 增大时,才有可能使两者变小.在实际应用中,一般原则是:控制犯第 I 类错误的概率,即给定 α,然后通过增大样本容量 n 来减小 β.

4)处理参数假设检验问题的步骤.

①提出原假设 H_0 与备择假设 H_1;

②在 H_0 成立时,选取统计量(该统计量含有待检验的参数)并确定其分布;

③求临界值,确定接受域;

④计算样本观测值;

⑤比较并作出判断.

7.4.2 单个正态总体参数的假设检验

1)设总体 $X \sim N(\mu, \sigma^2)$,方差 σ^2 已知,关于数学期望 μ 的假设检验

设总体 $X \sim N(\mu, \sigma^2)$,方差 σ^2 已知,关于数学期望 μ 的假设检验有三类:

①$H_0 : \mu = \mu_0, H_1 : \mu \neq \mu_0$;

②$H_0 : \mu \leqslant \mu_0, H_1 : \mu > \mu_0$;

③$H_0 : \mu \geqslant \mu_0, H_1 : \mu < \mu_0$.

第一种称为**双侧检验**;第二、三种分别称为**右侧检验**、**左侧检验**,统称为单侧检验.

先考虑检验假设 $H_0 : \mu = \mu_0, H_1 : \mu \neq \mu_0$.

①提出假设:$H_0 : \mu = \mu_0, H_1 : \mu \neq \mu_0$;

②在 H_0 成立时,选取统计量并确定其分布

$$U = \frac{\overline{X} - \mu_0}{\sigma / \sqrt{n}} \sim N(0,1) ;$$

③求临界值:对给定的检验水平 α,由 $\Phi(u_{\alpha/2}) = 1 - \alpha/2$ 查标准正态分布函数表得到临界值 $u_{\alpha/2}$(如图 7.7 所示);

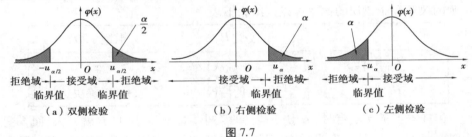

（a）双侧检验　　　　（b）右侧检验　　　　（c）左侧检验

图 7.7

④计算样本观测值 $u = \dfrac{\overline{x} - \mu_0}{\sigma / \sqrt{n}}$;

⑤比较并作出判断:

当 $|u| > u_{\alpha/2}$ 时,拒绝 H_0;

当 $|u| < u_{\alpha/2}$ 时,接受 H_0.

这种检验方法因检验量常用 U 来表示,习惯称为 **U 检验法**.

类似于双侧检验的讨论,可以得到单侧检验的结论.

对于总体 $N(\mu, \sigma^2)$,已知 σ^2,对 μ 的假设检验的方法进行汇总,如表 7.2 所示.

表 7.2

条　件	原假设 H_0	H_0 成立时的检验统计量及其分布	备择假设 H_1	在显著性水平 α 下关于 H_0 的拒绝域
$X \sim N(\mu, \sigma^2)$ σ^2 已知	$\mu = \mu_0$	$U = \dfrac{\overline{X} - \mu_0}{\sigma / \sqrt{n}} \sim N(0,1)$	$\mu \neq \mu_0$	$\lvert u \rvert > u_{\alpha/2}$（图 7.7（a））
	$\mu \leqslant \mu_0$		$\mu > \mu_0$	$u > u_{\alpha}$（图 7.7（b））
	$\mu \geqslant \mu_0$		$\mu < \mu_0$	$u < -u_{\alpha}$（图 7.7（c））

例 2　某厂生产的固体燃料的燃烧率 $X \sim N(40, 2^2)$（单位：cm/s），现在用新方法生产一批燃料，从中任取 25 个样本，测得燃料样本均值 $\overline{x} = 41.75$ cm/s，问新方法生产的固体燃料的燃烧率是否较以往生产的有显著提高？（取显著性水平 $\alpha = 0.025$）

解　①提出假设 $H_0 : \mu \leqslant \mu_0 = 40$（假设新方法没有提高燃烧率），

$H_1 : \mu > \mu_0 = 40$（假设新方法提高了燃烧率）.

②在 H_0 成立时，选取统计量并确定其分布

$$U = \frac{\overline{X} - \mu_0}{\sigma / \sqrt{n}} \sim N(0,1).$$

③求临界值：在显著性水平 $\alpha = 0.025$ 下，由单侧检验得临界值 $u_{\alpha} = u_{0.025} = 1.96$，拒绝域为 $(1.96, +\infty)$.

④计算样本观测值

$$u = \frac{\overline{x} - \mu_0}{\sigma / \sqrt{n}} = \frac{41.75 - 40}{2 / \sqrt{25}} = 4.375.$$

⑤比较并作出判断：因 $4.375 > 1.96$，故拒绝 H_0，即认为新方法生产的固体燃料的燃烧率较以往生产的有显著提高.

2）设总体 $X \sim N(\mu, \sigma^2)$，未知方差 σ^2，关于数学期望 μ 的假设检验

总体方差 σ^2 未知，很自然地想到用样本方差 S^2 来代替 σ^2.

①提出假设 $H_0 : \mu = \mu_0, H_1 : \mu \neq \mu_0$；

②在 H_0 成立时，选取统计量并确定其分布

$$T = \frac{\overline{X} - \mu_0}{S / \sqrt{n}} \sim t(n-1)\ ;$$

③求临界值：对给定的显著性水平

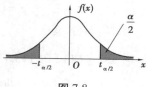

图 7.8

$\alpha(0<\alpha<1)$,由 t-分布表,查得临界值 $t_{\alpha/2}$,使 $P(|T|\geq t_{\alpha/2})=\alpha$(如图 7.8 所示);

④计算样本观测值 t;

⑤比较并作出判断:

若 $|t|<t_{\alpha/2}$ 时,则接受 H_0;

若 $|t|>t_{\alpha/2}$ 时,则拒绝 H_0,接受 H_1.

这种检验方法称为 T 检验法.

对于总体 $X\sim N(\mu,\sigma^2)$,未知方差 σ^2,关于数学期望 μ 的假设检验进行汇总,如表 7.3 所示.

表 7.3

条 件	原假设 H_0	H_0 成立时的检验统计量及其分布	备择假设 H_1	在显著性水平 α 下关于 H_0 的拒绝域
$X\sim N(\mu,\sigma^2)$ σ^2 未知	$\mu=\mu_0$	$T=\dfrac{\overline{X}-\mu_0}{S/\sqrt{n}}\sim t(n-1)$ 其中, $S^2=\dfrac{1}{n-1}\sum_{i=1}^{n}(X_i-\overline{X})^2$	$\mu\neq\mu_0$	$|t|>t_{\alpha/2}$
	$\mu\leq\mu_0$		$\mu>\mu_0$	$t>t_\alpha$
	$\mu\geq\mu_0$		$\mu<\mu_0$	$t<-t_\alpha$

例 3 用热敏电阻测温仪器测量地热,勘探井底温度,重复测量 7 次,测得温度(c°)分别为 112.0,113.4,111.2,112.0,114.5,112.9,113.6,而用某精确办法测得温度为 112.6(c°)(可看成温度真值).试问用热敏电阻测温仪间接测温有无系统偏差($\alpha=0.05$)?(设热敏电阻测温仪测得温度总体 X 服从正态分布 $N(\mu,\sigma^2)$,已知 $t_{0.025}(6)=2.447$,$t_{0.05}(6)=1.943$).

解 ①提出假设 $H_0:\mu=112.6$,$H_1:\mu\neq112.6$.

②在 H_0 成立时,选取统计量并确定其分布

$$T=\frac{\overline{X}-\mu}{S/\sqrt{n}}\sim t(n-1).$$

③求临界值:

$$\alpha=0.05 \text{ 时},t_{\alpha/2}=t_{0.025}(6)=2.447.$$

④计算样本值:

$$\overline{x}=\frac{1}{7}(112.0+113.4+111.2+112.0+114.5+112.9+113.6)=112.8,$$

$$s^2=\frac{1}{n-1}\sum_{i=1}^{n}(x_i-\overline{x})^2=\frac{1}{6}\times7.74=1.29,$$

$$t = \frac{\overline{x} - \mu_0}{s / \sqrt{n}} = \frac{112.8 - 112.6}{\sqrt{1.29} / \sqrt{7}} = 0.465\ 9.$$

⑤比较并作出判断:因为 $0.465\ 9 \in (-2.447, 2.447)$,所以接受 H_0,即认为用热敏电阻测温仪间接测温无系统偏差.

3)已知期望 μ,关于方差 σ^2 的假设检验

考虑检验假设 $H_0: \sigma^2 = \sigma_0^2$, $H_1: \sigma^2 \neq \sigma_0^2$.

①提出假设 $H_0: \sigma^2 = \sigma_0^2$, $H_1: \sigma^2 \neq \sigma_0^2$;

②在 H_0 成立时,选取统计量并确定其分布

$$\chi^2 = \sum_{i=1}^{n} \left(\frac{X_i - \mu}{\sigma_0} \right)^2 \sim \chi^2(n)\ ;$$

③求临界值:对给定的显著性水平 α,查 χ^2 表求 $\chi_{\alpha/2}^2(n)$, $\chi_{1-\alpha/2}^2(n)$ 使

$$P\{0 < \chi^2 < \chi_{1-\alpha/2}^2(n)\} = \frac{\alpha}{2}, \text{及} P\{\chi_{\alpha/2}^2(n) < \chi^2 < +\infty\} = \frac{\alpha}{2}$$

如图 7.9 所示;

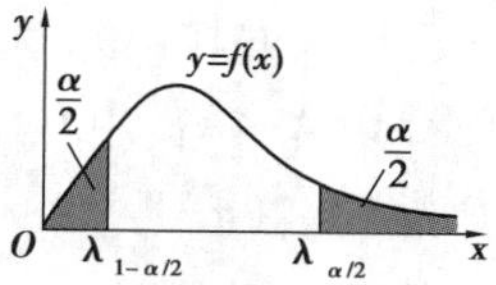

④计算样本值,得 $\chi^2 = \sum_{i=1}^{n} (\frac{x_i - \mu}{\sigma_0})^2$;

⑤比较并作出判断:

若 $0 < \chi^2 < \chi_{1-\alpha/2}^2(n)$ 或 $\chi^2 > \chi_{\alpha/2}^2(n)$,则拒绝 H_0;

若 $\chi_{1-\alpha/2}^2(n) < \chi^2 < \chi_{\alpha/2}^2(n)$,则接受 H_0.

这种检验法称为 χ^2 **检验法**.

图 7.9

对于总体 $X \sim N(\mu, \sigma^2)$,已知数学期望 μ,关于未知方差 σ^2 的假设检验进行汇总,如表 7.4 所示.

表 7.4

条 件	原假设 H_0	H_0 成立时的检验统计量及其分布	备择假设 H_1	在显著性水平 α 下关于 H_0 的拒绝域
$X \sim N(\mu, \sigma^2)$ μ 已知	$\sigma^2 = \sigma_0^2$	$\chi^2 = \frac{1}{\sigma_0^2} \sum_{i=1}^{n} (X_i - \mu_0)^2$ $\sim \chi^2(n)$	$\sigma^2 \neq \sigma_0^2$	$0 < \chi^2 < \chi_{1-\alpha/2}^2(n)$ 或 $\chi^2 > \chi_{\alpha/2}^2(n)$
	$\sigma^2 \leq \sigma_0^2$		$\sigma^2 > \sigma_0^2$	$\chi^2 > \chi_\alpha^2(n)$
	$\sigma^2 \geq \sigma_0^2$		$\sigma^2 < \sigma_0^2$	$0 < \chi^2 < \chi_{1-\alpha}^2(n)$

4) 未知期望 μ, 关于方差 σ^2 的假设检验

样本均值 $\overline{X} = \dfrac{1}{n} \sum\limits_{i=1}^{n} X_i$, 样本方差 $S^2 = \dfrac{1}{n-1} \sum\limits_{i=1}^{n} (X_i - \overline{X})^2$, 用 $\overline{X}$ 代替 μ.

考虑检验假设 $H_0 : \sigma^2 = \sigma_0^2$, $\quad H_1 : \sigma^2 \neq \sigma_0^2$;

① 提出假设 $H_0 : \sigma^2 = \sigma_0^2$, $\quad H_1 : \sigma^2 \neq \sigma_0^2$;

② 在 H_0 成立时, 选取统计量并确定其分布

$$\chi^2 = \frac{(n-1)S^2}{\sigma_0^2} = \sum_{i=1}^{n} \left(\frac{X_i - \overline{X}}{\sigma_0} \right)^2 \sim \chi^2(n-1) \,;$$

③ 求临界值: 对给定的显著性水平 α, 查 χ^2 表求 $\chi_{\alpha/2}^2(n-1)$, $\chi_{1-\alpha/2}^2(n-1)$, 使

$$P\{ 0 < \chi^2 < \chi_{1-\alpha/2}^2(n-1) \} = \frac{\alpha}{2}, \text{及 } P\{ \chi_{\alpha/2}^2(n-1) < \chi^2 < +\infty \} = \frac{\alpha}{2};$$

④ 计算样本值, 得 $\chi^2 = \sum\limits_{i=1}^{n} \left(\dfrac{x_i - \overline{x}}{\sigma_0} \right)^2$;

⑤ 比较并作出判断:

若 $0 < \chi^2 < \chi_{1-\alpha/2}^2(n-1)$ 或 $\chi^2 > \chi_{\alpha/2}^2(n-1)$, 则拒绝 H_0;

若 $\chi_{1-\alpha/2}^2(n-1) < \chi^2 < \chi_{\alpha/2}^2(n-1)$, 则接受 H_0.

对于总体 $X \sim N(\mu, \sigma^2)$, 未知数学期望 μ, 关于未知方差 σ^2 的假设检验进行汇总, 如表 7.5 所示.

表 7.5

条 件	原假设 H_0	H_0 成立时的检验统计量及其分布	备择假设 H_1	在显著性水平 α 下关于 H_0 的拒绝域
$X \sim N(\mu, \sigma^2)$ μ 未知	$\sigma^2 = \sigma_0^2$	$\chi^2 = \dfrac{(n-1)S^2}{\sigma_0^2} = \sum\limits_{i=1}^{n} \left(\dfrac{X_i - \overline{X}}{\sigma_0} \right)^2$ $\sim \chi^2(n-1)$	$\sigma^2 \neq \sigma_0^2$	$0 < \chi^2 < \chi_{1-\alpha/2}^2(n-1)$ 或 $\chi^2 > \chi_{\alpha/2}^2(n-1)$
	$\sigma^2 \leqslant \sigma_0^2$		$\sigma^2 > \sigma_0^2$	$\chi^2 > \chi_\alpha^2(n-1)$
	$\sigma^2 \geqslant \sigma_0^2$		$\sigma^2 < \sigma_0^2$	$0 < \chi^2 < \chi_{1-\alpha}^2(n-1)$

例 4 某种导线的电阻服从正态分布 $N(\mu, 0.005^2)$, 现从新生产的一批导线中随机抽取 11 根, 测其电阻得标准差 $s = 0.008$ Ω. 在检验水平 $\alpha = 0.05$ 之下, 能否认为这批电阻的标准差仍为 0.005?

解 ① 提出假设 $H_0 : \sigma^2 = 0.005^2$, $H_1 : \sigma^2 \neq 0.005^2$.

② 在 H_0 成立时, 选取统计量并确定其分布

$$\chi^2 = \sum_{i=1}^{n} \left(\frac{X_i - \overline{X}}{\sigma_0} \right)^2 \sim \chi^2(n-1).$$

③求临界值:由 $\alpha = 0.05$,查 χ^2 表得 $\chi^2_{0.025}(10) = 20.48$, $\quad \chi^2_{0.975}(10) = 3.25$.

④计算样本值,得 $\chi^2 = \sum_{i=1}^{n} \left(\frac{x_i - \overline{x}}{\sigma_0} \right)^2 = \frac{(n-1)s^2}{\sigma_0^2} = \frac{10 \times 0.008^2}{0.005^2} = 25.6$.

⑤比较并作出判断:

因 $25.6 > \chi^2_{0.025}(10) = 20.48$,故拒绝 H_0,即不能认为这批电阻的标准差仍为 0.005.

7.4.3 双正态总体参数的假设检验*

设 X、Y 是两个相互独立的随机变量,$X \sim N(\mu_1, \sigma_1^2)$,$Y \sim N(\mu_2, \sigma_2^2)$,$(X_1, X_2, \cdots, X_{n_1})$ 和 $(Y_1, Y_2, \cdots, Y_{n_2})$ 分别是来自总体 X 和 Y 的一个样本,它们的均值和样本方差分别记为 $\overline{X}$、S_1^2 和 $\overline{Y}$、S_2^2.

1)已知 σ_1^2, σ_2^2,假设检验 $H_0 : \mu_1 = \mu_2$

由假设可知 $\overline{X} \sim N(\mu_1, \frac{\sigma_1^2}{n_1})$,$\overline{Y} \sim N(\mu_2, \frac{\sigma_2^2}{n_2})$,且 $\overline{X}$ 与 $\overline{Y}$ 相互独立,则有

$$\overline{X} - \overline{Y} \sim N\left(\mu_1 - \mu_2, \quad \frac{\sigma_1^2}{n_1} + \frac{\sigma_2^2}{n_2} \right).$$

于是

$$\frac{(\overline{X} - \overline{Y}) - (\mu_1 - \mu_2)}{\sqrt{\frac{\sigma_1^2}{n_1} + \frac{\sigma_2^2}{n_2}}} \sim N(0,1).$$

①提出假设 $H_0 : \mu_1 = \mu_2$, $\quad H_1 : \mu_1 \neq \mu_2$;

②在 H_0 成立时,选取统计量并确定其分布

$$U = \frac{(\overline{X} - \overline{Y})}{\sqrt{\frac{\sigma_1^2}{n_1} + \frac{\sigma_2^2}{n_2}}} \sim N(0,1);$$

③求临界值 $u_{\alpha/2}$:对给定的显著性水平 α,查正态分布表,$\Phi(u_{\alpha/2}) = 1 - \alpha/2$,得临界值 $u_{\alpha/2}$;

④计算样本值,得

$$u = \frac{(\bar{x}-\bar{y})}{\sqrt{\dfrac{\sigma_1^2}{n_1}+\dfrac{\sigma_2^2}{n_2}}};$$

⑤比较并作出判断:若$|u|>u_{\alpha/2}$时,拒绝H_0;

若$|u|<u_{\alpha/2}$时,接受H_0.

2)σ_1^2、σ_2^2都未知,但$\sigma_1^2=\sigma_2^2=\sigma^2$,假设检验$H_0$: $\mu_1=\mu_2$

①提出假设$H_0:\mu_1=\mu_2$,$H_1:\mu_1\neq\mu_2$;

②在H_0成立时,选取统计量并确定其分布

$$T=\frac{(\bar{X}-\bar{Y})}{S_\omega\sqrt{\dfrac{1}{n_1}+\dfrac{1}{n_2}}}\sim t(n_1+n_2-2),$$

其中,$S_\omega=\sqrt{\dfrac{(n_1-1)S_1^2+(n_2-1)S_2^2}{n_1+n_2-2}}$;

③求临界值$t_{\alpha/2}(n_1+n_2-2)$,使

$$P\{|T|>t_{\alpha/2}(n_1+n_2-2)\}=\alpha/2;$$

④计算样本值,得

$$t=\frac{\bar{x}-\bar{y}}{s_\omega\sqrt{\dfrac{1}{n_1}+\dfrac{1}{n_2}}};$$

⑤比较并作出判断:当$|t|>t_{\alpha/2}(n_1+n_2-2)$时,拒绝$H_0$,

当$|t|<t_{\alpha/2}(n_1+n_2-2)$时,接受$H_0$.

同理考虑单测检验$H_0:\mu_1\leqslant\mu_2$, $H_1:\mu_1\geqslant\mu_2$(见表7.6).

3)未知μ_1,μ_2,关于$\sigma_1^2=\sigma_2^2$的假设检验

①提出假设$H_0:\sigma_1^2=\sigma_2^2$,$H_1:\sigma_1^2\neq\sigma_2^2$;

②在H_0成立时,选取统计量并确定其分布

$$F=\frac{S_1^2}{S_2^2}\sim F(n_1-1,n_2-1);$$

③求临界值:由给定的显著性水平α求临界值$f_{\alpha/2}(n_1-1,n_2-1)$
和$f_{1-\alpha/2}(n_1-1,n_2-1)$,

使$P\{0<F<f_{1-\alpha/2}(n_1-1,n_2-1)\}=\alpha/2$,

$P\{f_{\alpha/2}(n_1-1,n_2-1)<F<+\infty\}=\alpha/2$;

④计算样本值,得 $f=\dfrac{s_1^{\,2}}{s_2^{\,2}}$;

⑤比较并作出判断:当 $0<f<f_{1-\alpha/2}(n_1-1,n_2-1)$ 或 $f>f_{\alpha/2}(n_1-1,n_2-1)$,则拒绝 H_0;

当 $f_{1-\alpha/2}(n_1-1,n_2-1)<f<f_{\alpha/2}(n_1-1,n_2-1)$,则接受 H_0.

同理考虑单测检验 $H_0:\sigma_1^{\,2}\leqslant\sigma_2^{\,2}$,$H_0:\sigma_1^{\,2}\geqslant\sigma_2^{\,2}$(见表7.6).

表7.6

条 件	原假设	H_0 成立时的检验统计量及其分布	备择假设	在显著性水平 α 下关于 H_0 的拒绝域
已知 $\sigma_1^{\,2}$、$\sigma_2^{\,2}$	$H_0:\mu_1=\mu_2$	$U=\dfrac{(\overline{X}-\overline{Y})}{\sqrt{\dfrac{\sigma_1^{\,2}}{n_1}+\dfrac{\sigma_2^{\,2}}{n_2}}}\sim N(0,1)$	$H_1:\mu_1\neq\mu_2$	$\lvert u\rvert>u_{\alpha/2}$
	$H_0:\mu_1\leqslant\mu_2$		$H_1:\mu_1>\mu_2$	$u>u_{\alpha}$
	$H_0:\mu_1\geqslant\mu_2$		$H_1:\mu_1<\mu_2$	$u<-u_{\alpha}$
未知 $\sigma_1^{\,2}$、$\sigma_2^{\,2}$ 但 $\sigma_1^{\,2}=\sigma_2^{\,2}=\sigma^2$	$H_0:\mu_1=\mu_2$	$T=\dfrac{(\overline{X}-\overline{Y})}{S_\omega\sqrt{\dfrac{1}{n_1}+\dfrac{1}{n_2}}}$ $\sim t(n_1+n_2-2)$ 其中, $S_\omega^{\,2}=\dfrac{(n_1-1)S_1^{\,2}+(n_2-1)S_2^{\,2}}{n_1+n_2-2}$	$H_1:\mu_1\neq\mu_2$	$\lvert t\rvert>t_{\alpha/2}(n_1+n_2-2)$
	$H_0:\mu_1\leqslant\mu_2$		$H_1:\mu_1>\mu_2$	$t>t_{\alpha}(n_1+n_2-2)$
	$H_0:\mu_1\geqslant\mu_2$		$H_1:\mu_1<\mu_2$	$t<-t_{\alpha}(n_1+n_2-2)$
未知 μ_1、μ_2	$H_0:\sigma_1^{\,2}=\sigma_2^{\,2}$	$F=\dfrac{S_1^{\,2}}{S_2^{\,2}}\sim F(n_1-1,n_2-1)$	$H_0:\sigma_1^{\,2}\neq\sigma_2^{\,2}$	$0<f<f_{1-\alpha/2}(n_1-1,n_2-1)$ 或 $f>f_{\alpha/2}(n_1-1,n_2-1)$
	$H_0:\sigma_1^{\,2}\leqslant\sigma_2^{\,2}$		$H_0:\sigma_1^{\,2}>\sigma_2^{\,2}$	$f>f_{\alpha}(n_1-1,n_2-1)$
	$H_0:\sigma_1^{\,2}\geqslant\sigma_2^{\,2}$		$H_0:\sigma_1^{\,2}<\sigma_2^{\,2}$	$0<f<f_{1-\alpha/2}(n_1-1,n_2-1)$

例5(本项目导入案例) 某灯泡厂在使用一项新工艺前后,各取10个灯泡进行试验,计算得:采用新工艺前灯泡寿命的样本均值为 2 450 h,标准差为 54 h;采用新工艺后灯泡寿命的样本均值为 2 560 h,标准差为 49 h.已知灯泡寿命服从正态分布,在显著水平 $\alpha=0.01$ 下能否认为采用新工艺后灯泡的平均寿命有显著提高?

分析 设采用新工艺前灯泡的寿命为 $X\sim N(\mu_1,\sigma_1^{\,2})$,采用新工艺后灯泡的寿命为 $Y\sim N(\mu_2,\sigma_2^2)$,$\mu_1$、$\mu_2$ 与 $\sigma_1^{\,2}$、$\sigma_2^{\,2}$ 均未知,要检验 $H_0:\mu_1\geqslant\mu_2$,需用统计量

$$T = \frac{(\overline{X} - \overline{Y})}{S_\omega \sqrt{\frac{1}{n_1} + \frac{1}{n_2}}}, \text{其中}, S_\omega = \sqrt{\frac{(n_1-1)S_1^2 + (n_2-1)S_2^2}{n_1 + n_2 - 2}}.$$

而这个统计量要求两个总体的方差 σ_1^2、σ_2^2 虽未知,但应要求总体方差无显著差异,即要求 $\sigma_1^2 = \sigma_2^2$,故需先假设检验 $H_0: \sigma_1^2 = \sigma_2^2$.

解 设采用新工艺前灯泡的寿命 $X \sim N(\mu_1, \sigma_1^2)$,采用新工艺后灯泡的寿命 $Y \sim N(\mu_2, \sigma_2^2)$,

(1)先假设检验 $H_0: \sigma_1^2 = \sigma_2^2$

①提出假设 $H_0: \sigma_1^2 = \sigma_2^2$,　　$H_1: \sigma_1^2 \neq \sigma_2^2$;

②在 H_0 成立时,选取统计量并确定其分布

$$F = \frac{S_1^2}{S_2^2} \sim F(n_1-1, n_2-1);$$

③求临界值:由 $\alpha = 0.01$,求出 $f_{\alpha/2}(n_1-1, n_2-1) = f_{0.005}(9,9) = 6.54$,

$$f_{1-\alpha/2}(n_1-1, n_2-1) = f_{0.995}(9,9) = \frac{1}{f_{0.005}(9,9)} = 0.152\,9;$$

④计算样本观测值,得 $f = \frac{s_1^2}{s_2^2} = \frac{54^2}{49^2} \approx 1.21$;

⑤比较并作出判断:因 $0.152\,9 < f < 6.54$,故接受 H_0,即认为两总体的方差无显著差异.

(2)再检验假设 $H_0: \mu_1 \geqslant \mu_2$

①提出假设 $H_0: \mu_1 \geqslant \mu_2$,　　$H_1: \mu_1 < \mu_2$;

②在 H_0 成立时,选取统计量并确定其分布

$$T = \frac{(\overline{X} - \overline{Y})}{S_\omega \sqrt{\frac{\sigma_1^2}{n_1} + \frac{\sigma_2^2}{n_2}}} \sim t(n_1 + n_2 - 2),$$

其中,$S_\omega = \sqrt{\frac{(n_1-1)S_1^2 + (n_2-1)S_2^2}{n_1 + n_2 - 2}}$;

③求临界值:由 $\alpha = 0.01$,得 $-t_\alpha(n_1+n_2-2) = -t_{0.01}(18) = -2.552$;

④计算样本观测值:$s_\omega = \sqrt{\frac{9 \times 54^2 + 9 \times 49^2}{18}} \approx 51.56$,

$$t = \frac{2\,450 - 2\,560}{51.56 \times \sqrt{\dfrac{1}{10} + \dfrac{1}{10}}} = -4.771;$$

⑤比较并作出判断:因 $-4.771 < -2.552$,故拒绝 H_0,接受 H_1,即认为采用新工艺使灯泡的平均寿命显著提高了.

习题 7.4

1.设在正常情况下,某包装机包装出来的奶粉净重为 $X \sim N(500, 12^2)$.现从包装好的奶粉中随机抽取 9 袋,称得其净重(单位:g)为:502,498,493,517,495,509,497,513,521.问在检验水平 $\alpha = 0.05$ 下,该包装机工作是否正常?

2.某食品厂用自动包装罐头食品,每罐标准质量为 500 g,每隔一定时间需检包装机工作是否正常.现抽取 10 罐进行检验,计算得样本均值 $\bar{x} = 502$,样本均方差为 6.5,试问机器工作是否正常($\alpha = 0.01$)?

3.从正态总体 $X \sim N(\mu, \sigma^2)$ 中随机抽取容量为 8 的样本,经计算得 $\bar{x} = 61$,$\sum\limits_{i=1}^{8}(x_i - \bar{x})^2 = 652.8$.试检验假设 $H_0 : \sigma^2 = 32$,$H_1 : \sigma^2 \neq 32$(取 $\alpha = 0.005$).

4.设某次考试的考生成绩服从正态分布,从中随机抽取 25 位考生的成绩算得平均成绩为 72.3 分,标准差为 12 分.问在检验水平 $\alpha = 0.05$ 下,能否认为这次考试全体考生的平均成绩为 76 分? 给出检验过程.

任务 7.5 方差分析与回归分析

7.5.1 单因素方差分析[*]

1)什么是方差分析

在生产实践和社会生活中,某些体现目的的指标,如电池的寿命、水稻的产量等,其取值往往受诸多条件的影响,包括可以控制的试验条件的影响以及不可控制的偶然或随机波动的影响.一般地,称影响指标的种种条件为**因素**,通常用

大写字母 A、B、C 等表示,称因素所处的状态为**因素水平**,简称为**水平**,通常用 $A_1,A_2,\cdots;B_1,B_2\cdots$ 表示.

一般地,影响指标的因素都是可以控制的非随机变量,而指标是受因素及许多偶然性干扰的随机变量,方差分析就是考虑因素对指标是否有显著影响的统计方法.

2)单因素试验和单因素方差分析的概念

在试验中,为了考察某一因素的作用,可控制其他因素(条件)保持不变,而在该因素的各个水平下进行试验,这种试验称为**单因素试验**.基于单因素试验的方差分析称为**单因素方差分析**.

例 1 为了考察某种催化剂对合成物产出量的影响,在其他条件不变的情况下,对每种催化剂重复试验 4 次,试验数据见表 7.7.

表 7.7

次数 催化剂	1	2	3	4
A	35.2	36.3	33.1	34.9
B	32.3	37.1	34.9	35.8
C	34.9	36.3	37.1	35.7

从表 7.7 中不难看出,12 个试验数据不尽相同,以下考察造成差异的原因.

首先,不同催化剂对合成物平均产出量有差异,这表明催化剂这个因素的变化对合成物产出量有一定的影响.这类由因素(催化剂品种)造成的差异称为**条件(系统)误差**.

其次,同一催化剂的 4 次试验结果之间也有差异,这类差异称为**试验(随机)误差,**它是由诸多无法控制的偶然干扰造成的,与因素无直接联系.

在同一个试验中,这两类误差往往交织在一起,如果有一种方法能够证实条件误差大大超过试验误差,那么就可以推断因素对指标的影响是显著的,否则认为影响不显著.

3)单因素方差分析的一般原理及显著性检验

假定试验只考察一个因素 A,它有 r 个水平 $A_1,A_2,\cdots,A_r$,每个水平 $A_i(i=1,2,\cdots,r)$ 下重复试验 n_i 次,用 x_{ij} 表示 A 的第 i 个水平第 j 次试验的观测值,得数据如表 7.8 所示.

表 7.8

水平 试验序号	1	2	$\cdots$	n_i
A_1	x_{11}	x_{12}	$\cdots$	x_{1n_1}
A_2	x_{21}	x_{22}	$\cdots$	x_{2n_2}
$\vdots$	$\vdots$	$\vdots$		$\vdots$
A_i	x_{i1}	x_{i2}	$\cdots$	x_{in_i}
$\vdots$	$\vdots$	$\vdots$		$\vdots$
A_r	x_{r1}	x_{r2}	$\cdots$	x_{rn_r}

假设:

①每个总体均服从正态分布;

②每个总体的方差(虽未知)相同;

③从每个总体中抽取的样本相互独立.

在这种假设前提下,欲检验各个水平对试验结果有无显著性影响,只需看代表各水平的总体 $X_i(i=1,2,\cdots,r)$ 的分布是否相同.又因为它们都是正态分布总体,则只需看代表正态总体分布的主要参数(如数字特征)是否相同.由假设 $\sigma_i^2 = \sigma^2(i=1,2,\cdots,r)$ 知只需判定 $\mu_i(i=1,2,\cdots,r)$ 是否相等.设第 i 个总体的均值为 μ_i,则

假设检验为 $H_0:\mu_1=\mu_2=\cdots=\mu_r$;

备择检验为 $H_1:\mu_1,\mu_2,\cdots,\mu_r$ 不全相等.

在一定的显著性水平下,若 H_0 假设成立,说明 r 个总体之间无显著差异,导致 x_{ij} 之间的差异纯属随机波动引起的.

若 H_0 假设不成立(否定 H_0),说明各个 H_0 之间差异的原因除了随机波动以外,还存在因素水平的影响.为了确定哪一个影响较显著,是接受 H_0 还是否定 H_0,就要设法将两部分影响分开,为此引入以下概念.

(1)**行平均**(在水平 A_i 下数据的平均)

$$\overline{X_{i.}} = \frac{1}{n_i}\sum_{j=1}^{n_i} X_{ij};$$

(2)**总平均**(因素 A 下的所有水平的样本总均值)

$$\overline{X} = \frac{1}{n}\sum_{i=1}^{r}\sum_{j=1}^{n_i} X_{ij} = \frac{1}{r}\sum_{i=1}^{r}\overline{X_{i.}},\text{其中},n = \sum_{i=1}^{r} n_i;$$

（3）总偏差平方和

$$S_T = \sum_{i=1}^{r} \sum_{j=1}^{n_i} (X_{ij} - \overline{X})^2 \; ;$$

其自由度为 $k_T = (\sum_{i=1}^{r} n_i) - 1 = n - 1$，它刻画了存在于所有数据之间的全部差异性；

（4）组间（偏差）平方和（或称因素 A 的偏差平方和）

$$S_A = \sum_{i=1}^{r} n_i (\overline{X_{i.}} - \overline{X})^2 \; ;$$

其自由度为 $k_A = r - 1$，它反映了在每个水平下的样本均值与样本总均值的差异，描述了试验中与偶然干扰无关的条件误差，反映了因素及其水平对指标的影响.

（5）组内（偏差）平方和（或称误差（偏差）平方和）

$$S_E = \sum_{i=1}^{r} \sum_{j=1}^{n_i} (X_{ij} - \overline{X_{i.}})^2$$

其自由度为 $k_E = \sum_{i=1}^{r} (n_i - 1)$，它反映了在水平 A_i 下样本值与该水平下的样本均值之间的差异，集中了试验中与因素及其水平无关的全部随机误差.

总偏差平方和的分解

$$S_T = \sum_{i=1}^{r} \sum_{j=1}^{n_i} (X_{ij} - \overline{X})^2 = \sum_{i=1}^{r} \sum_{j=1}^{n_i} \left[(X_{ij} - \overline{X_{i.}}) + (\overline{X_{i.}} - \overline{X}) \right]^2$$

$$= \sum_{i=1}^{r} \sum_{j=1}^{n_i} (X_{ij} - \overline{X_{i.}})^2 + 2 \sum_{i=1}^{r} \sum_{j=1}^{n_i} (X_{ij} - \overline{X_{i.}})(\overline{X_{i.}} - \overline{X}) + \sum_{i=1}^{r} n_i (\overline{X_{i.}} - \overline{X})^2 ,$$

又

$$\sum_{i=1}^{r} \sum_{j=1}^{n_i} (X_{ij} - \overline{X_{i.}})(\overline{X_{i.}} - \overline{X}) = \sum_{i=1}^{r} (\overline{X_{i.}} - \overline{X}) \sum_{j=1}^{n_i} (X_{ij} - \overline{X_{i.}}) = 0$$

于是

$$S_T = \sum_{i=1}^{r} \sum_{j=1}^{n_i} (X_{ij} - \overline{X_{i.}})^2 + \sum_{i=1}^{r} n_i (\overline{X_{i.}} - \overline{X})^2 = S_E + S_A .$$

上式称为**平方和分解式**，它把表达所有数据之间的全部差异性的总偏差平方和 S_T 分解成两部分：一部分是刻画随机误差的组内（偏差）平方和 S_E；一部分是描述条件误差的组间（偏差）平方和 S_A. 直观上看，如果试验结果表明 S_A 大大地超过 S_E，就可以肯定因素对指标的影响是显著的，从而拒绝 H_0.

偏差平方和的简化计算如表 7.9 所示.

表 7.9

水平 ＼ 次数	1	2	…	n_i	$T_i.$	$T_i.^2$	$\dfrac{T_i.^2}{n_i}$
A_1	x_{11}	x_{12}	…	x_{1n_1}	$\sum\limits_j x_{1j}$	$(\sum\limits_j x_{1j})^2$	$(\sum\limits_j x_{1j})^2/n_1$
A_2	x_{21}	x_{22}	…	x_{2n_2}	$\sum\limits_j x_{2j}$	$(\sum\limits_j x_{2j})^2$	$(\sum\limits_j x_{2j})^2/n_2$
$\vdots$	$\vdots$	$\vdots$		$\vdots$	$\vdots$		$\vdots$
A_r	x_{r1}	x_{r2}	…	x_{rn_r}	$\sum\limits_j x_{rj}$	$(\sum\limits_j x_{rj})^2$	$(\sum\limits_j x_{rj})^2/n_r$
	$R = \sum\limits_{i=1}^{r}\sum\limits_{j=1}^{n_r} x_{ij}^2$				$T = \sum\limits_{i=1}^{r} T_i.$		$Q_A = \sum\limits_{i=1}^{n}\dfrac{T_i.^2}{n_i}$

引入记号

$$CT = \frac{T^2}{n}, Q_A = \sum_{i=1}^{n}\frac{T_i.^2}{n_i}, R = \sum_{i=1}^{r}\sum_{j=1}^{n_r} x_{ij}^2 ,$$

则有平方和简化计算公式

$$S_T = R - CT, S_A = Q_A - CT, S_E = R - Q_A.$$

如果 H_0 成立,则所有的 X_{ij} 都服从正态分布 $N(\mu, \sigma^2)$ 且相互独立,可以证明:

① $\dfrac{S_T}{\sigma^2} \sim \chi^2(n-1)$;

② $\dfrac{S_E}{\sigma^2} \sim \chi^2(n-r)$,且 $\dfrac{S_E}{(n-r)}$ 为 σ^2 的无偏估计量;

③ $\dfrac{S_A}{\sigma^2} \sim \chi^2(r-1)$,且 $\dfrac{S_A}{(r-1)}$ 为 σ^2 的无偏估计量;

④ S_E 与 S_A 相互独立.

统计量

$$F = \frac{\dfrac{S_A}{r-1}}{\dfrac{S_E}{n-r}} = \frac{(n-r)S_A}{(r-1)S_E}$$

在 H_0 为真时,有

$$F = \frac{(n-r)S_A}{(r-1)S_E} \sim F_\alpha(r-1, n-r).$$

如果在某次试验中的 F 远远超过1,说明组间差异比组内差异大得多,因此有充分理由拒绝 H_0,即说明因素的各水平间有显著差异.通常地,F 值越小,越有利于 H_0.为此在给定的显著性水平下选用 F-检验的右侧检验,即

①若 $F > F_a(r-1, n-r)$ 时,表示因素对指标的影响是显著的,拒绝 H_0,

若 $F \gg F_a(r-1, n-r)$ 时,表示因素对指标的影响是特别显著的,拒绝 H_0;

②若 $F < F_a(r-1, n-r)$ 时,表示因素对指标的影响并不显著,则接受 H_0.

为方便和直观,将上面的分析过程和结果制成一个表格(表7.10),称这个表为**单因素方差分析表**.

表7.10

方差来源	平方和	自由度	统计量	临界值
因素 A	S_A	$r-1$	$F = \dfrac{\dfrac{S_A}{r-1}}{\dfrac{S_E}{n-r}}$	$f_\alpha(r-1, n-r)$
误差 E	S_E	$n-r$		
总和 T	S_T	$n-1$		

例2 为了考察某种触媒用量对合成物产出量的影响,现选用三种触媒用量 A_1, A_2, A_3 各做4次试验,试验数据如表7.11所示.

表7.11

合成物产量 ＼ 次数 ＼ 催化剂	1	2	3	4
A_1	72	68	75	67
A_2	79	83	72	76
A_3	83	87	80	78

试判断在显著水平 $\alpha = 0.05$ 下,触媒用量对合成物产出量有无显著影响?

解 ①提出假设 $H_0: \mu_1 = \mu_2 = \mu_3 = \mu_4$,$H_1: \mu_1, \mu_2, \mu_3, \mu_4$ 不全相等.

②选取统计量并确定其分布

$$F = \frac{(12-3)S_A^2}{(3-1)S_E^2} = \frac{9S_A^2}{2S_E^2} F_{0.05}(2, 9).$$

由 $\alpha = 0.05$,确定出 $f_{0.05}(2, 9) = 4.26$.

③列表7.12进行计算.

表 7.12

水平＼次数	1	2	3	4	$T_{i\cdot}$	$T_{i\cdot}^2$
A_1	72	68	75	67	282	79 524
A_2	79	83	72	76	310	96 100
A_3	83	87	80	78	328	107 584
	$R=\sum\sum x_{ij}^2=70\ 954$				$T=\sum\sum x_{ij}=920$	$\sum T_{i\cdot}^2=283\ 208$

$$CT=\frac{T^2}{n}\approx70\ 533.33,$$

$$Q_A=\sum\frac{T_{i\cdot}^2}{n_i}=\frac{1}{r}\sum T_{i\cdot}^2=\frac{283\ 208}{4}=70\ 802,$$

$$S_T=R-CT=70\ 954-70\ 533.33=420.67,$$

$$S_A=Q_A-CT=70\ 802-70\ 533.33=268.67,$$

$$S_E=R-Q_A=70\ 954-70\ 802=152.$$

④计算样本观测值，

$$f=\frac{(12-3)S_A}{(3-1)S_E}=\frac{9\times268.67}{2\times152}\approx7.95.$$

得方差分析表(表 7.13).

表 7.13

方差来源	偏差平方和 S	自由度	F 统计量(值)	F_α 临界值
因素 A	268.67	2	7.95	4.26
误差 E	152	9		
总和	420.67	11		

⑤比较并作出判断.

因为 $f=7.95>f_{0.05}(2,9)=4.26$,否定 H_0,推断出因素 A 是显著的,即认为三种触媒用量对合成物产出量是有显著影响的.

7.5.2 回归分析

方差分析是考虑因素对指标影响的显著性,而在实际问题中,常考察当因素变化时指标的变化规律,也就是要找出指标与因素之间的某种依存关系.

现实世界中一切可能的依存关系不外乎两类:

①**确定性关系**,即函数关系,它总可以用形如 $y=f(x)$ 之类的函数来描述,y

随着 x 的确定而唯一确定.

②**相关关系**,即非确定性关系,就是说两种变量之间虽存在某种依存关系,但不能用形如 $y=f(x)$ 之类的函数来表达.换句话说,不能由一个确定的 x 值找出唯一确定的 y 值,它与某些随机干扰下产生的统计量相关.

一元回归分析就是研究随机指标(变量)y 与可控因素 x 之间的统计相关关系.

1)一元线性回归分析与最小二乘准则

设随机指标(变量)y 与可控因素 x 在试验中的实测数据对为

$$(x_1,y_1),(x_2,y_2),\cdots,(x_n,y_n).$$

以 x_i 为横坐标,以 y_i 为纵坐标,在 xOy 平面上作出这些散点图.

例3 某公司研究产量 x 与生产费用 y 间的关系,从公司内部随机抽取了 8 个部门作样本,得到的数据如表 7.14 所示.

表 7.14

产量 x(千件)	8	9	10	11	13	13	16	18
费用 y(万元)	5	7	9	9	10	12	13	16

将这 8 对数据都描绘在平面直角坐标系中,是平面上的 8 个点,从表面上看,这些点是散乱的,但大体上发散在某一条直线的附近,不妨设此直线方程为

$$\hat{y}=a+bx$$

并称此直线为**回归直线**.其中,a、b 为待定回归系数,用 x_i 代入后,得出的 $\hat{y}_i$ 称为**回归值**,它不同于实测值 y_i.

一元线性回归分析的主要任务就是由实测值确定出回归系数 a、b 的估计值 $\hat{a}$、$\hat{b}$,称

$$\hat{y}=\hat{a}+\hat{b}x$$

为 y 关于 x 的**线性回归方程**或经验公式.

如果直观地观察发现散点图在某一直线的附近,那么又怎么找出这一条与所有点的距离都"最短"的最佳拟合直线呢? 通常对每个 x_i,由直线回归方程可确定出一个回归值

$$\hat{y}_i=\hat{a}+\hat{b}x_i$$

它与实测值 y_i 的离差平方和:

$$Q(\hat{a},\hat{b})=\sum_{i=1}^{n}(y_i-\hat{y}_i)^2=\sum_{i=1}^{n}\left[y_i-(\hat{a}+\hat{b}x_i)\right]^2$$

为最小的条件下求出 $\hat{a}$、$\hat{b}$. 这种方法就是**最小二乘准则**.

利用微积分的求极值方法,令

$$\frac{\partial Q}{\partial \hat{a}} = -2\sum_{i=1}^{n}(y_i - \hat{a} - \hat{b}x_i) = 0,$$

$$\frac{\partial Q}{\partial \hat{b}} = -2\sum_{i=1}^{n}(y_i - \hat{a} - \hat{b}x_i)x_i = 0.$$

由此得 $\hat{a}$、$\hat{b}$ 的正规方程组为

$$\begin{cases} n\hat{a} + \hat{b}\left(\sum_{i=1}^{n}x_i\right) = \sum_{i=1}^{n}y_i \\ \left(\sum_{i=1}^{n}x_i\right)\hat{a} + \hat{b}\left(\sum_{i=1}^{n}x_i^2\right) = \sum_{i=1}^{n}x_iy_i \end{cases},$$

解得

$$\begin{cases} \hat{a} = \bar{y} - \hat{b}\bar{x} \\ \hat{b} = \dfrac{\left(\sum\limits_{i=1}^{n}x_iy_i - n\bar{x}\bar{y}\right)}{\left(\sum\limits_{i=1}^{n}x_i^2 - n\bar{x}^2\right)} \end{cases},$$

其中, $\bar{x} = \dfrac{1}{n}\sum\limits_{i=1}^{n}x_i, \bar{y} = \dfrac{1}{n}\sum\limits_{i=1}^{n}y_i$.

若令

$$L_{xy} = \sum_{i=1}^{n}(x_i - \bar{x})(y_i - \bar{y}) = \sum_{i=1}^{n}x_iy_i - n\bar{x}\bar{y},$$

$$L_{xx} = \sum_{i=1}^{n}(x_i - \bar{x})^2 = \sum_{i=1}^{n}x_i^2 - n\bar{x}^2,$$

则有

$$\hat{b} = \frac{L_{xy}}{L_{xx}}, \quad \hat{a} = \bar{y} - \hat{b}\bar{x}.$$

上式称为 b,a 的**最小二乘估计**,而

$$\hat{y} = \hat{a} + \hat{b}x$$

为 y 关于 x 的**线性回归方程**.

例 4　试求例 3 中的线性回归方程.

解　为了求出 $\hat{a}, \hat{b}$,列表 7.15 进行计算.

表 7.15

i	x_i	y_i	x_i^2	y_i^2	$x_i y_i$
1	8	5	64	25	40
2	9	7	81	49	63
3	10	9	100	81	90
4	11	9	121	81	99
5	13	10	169	100	130
6	13	12	169	144	156
7	16	13	256	169	208
8	18	16	324	256	288
$\sum$	98	81	1 284	905	1 074

于是，$\bar{x} = \dfrac{98}{8} = 12.25$，$\bar{y} = \dfrac{81}{8} = 10.125$，

$$L_{xy} = \sum_{i=1}^{8}(x_i - \bar{x})(y_i - \bar{y}) = \sum_{i=1}^{8} x_i y_i - 8\,\bar{x}\,\bar{y}$$
$$= 1\ 074 - 8 \times 12.25 \times 10.125 = 81.75,$$

$$L_{xx} = \sum_{i=1}^{8}(x_i - \bar{x})^2 = \sum_{i=1}^{8} x_i^2 - 8\,\bar{x}^2 = 1\ 284 - 8 \times 12.25^2 = 83.5,$$

$$L_{yy} = \sum_{i=1}^{8}(y_i - \bar{y})^2 = \sum_{i=1}^{8} y_i^2 - 8\,\bar{y}^2 = 905 - 8 \times 10.125^2 = 84.875,$$

则有

$$\hat{b} = \frac{L_{xy}}{L_{xx}} = \frac{81.75}{83.5} = 0.979,$$

$$\hat{a} = \bar{y} - \hat{b}\bar{x} = 10.125 - 0.979 \times 12.25 = -1.867\ 7,$$

故所求的**线性回归方程**为

$$\hat{y} = \hat{a} + \hat{b}x = -1.867\ 7 + 0.979x.$$

2) 线性相关显著性检验

欲检验 $\hat{y} = \hat{a} + \hat{b}x$ 给出的经验公式是否有效,即检验线性回归方程 $\hat{y} = \hat{a} + \hat{b}x$ 线性相关性是否成立,于是只需检验回归系数 $\hat{b} = 0$ 是否成立即可.

若 $\hat{b}=0$，导致 $\hat{y}=\hat{a}$，这表示 $\hat{y}$ 与 x 之间不存在线性关系；若 $\hat{b}\neq0$，表示 $\hat{y}$ 与 x 之间线性关系成立.

引入统计量 $R=\dfrac{L_{xy}}{\sqrt{L_{xx}L_{yy}}}$，当 $\hat{b}=0$ 时，可以证明

$$R=\frac{L_{xy}}{\sqrt{L_{xx}L_{yy}}}\sim r(n-2)$$

称 R 为**样本相关系数**，称 $(n-2)$ 为 R 统计量的**自由度**.

若 $|R|$ 越大，R^2 越接近于 1，则 y 与 x 的线性关系越显著，用回归方程 $\hat{y}=\hat{a}+\hat{b}x$ 描述 y 与 x 的线性关系就越精确；反之，若 $|R|$ 越小，R^2 越接近于 0，则 y 与 x 的线性关系越不显著，用回归方程 $\hat{y}=\hat{a}+\hat{b}x$ 描述 y 与 x 的线性关系就越不合理.

R 检验法的步骤如下：

①提出假设 $H_0:\hat{b}=0$；

②在 H_0 成立时，选取统计量并确定其分布

$$R=\frac{L_{xy}}{\sqrt{L_{xx}L_{yy}}}\sim r(n-2)；$$

③求临界值：对给定的检验水平 α，查相关系数表，得临界值 $r_{\alpha/2}(n-2)$；

④计算样本观察值 $r=\dfrac{L_{xy}}{\sqrt{L_{xx}L_{yy}}}$；

⑤比较并作出判断：当 $|r|>r_{\alpha/2}(n-2)$ 时，拒绝 H_0，即线性相关性显著；

当 $|r|\leqslant r_{\alpha/2}(n-2)$ 时，拒绝 H_0，即线性相关性不显著.

例 5 试检验例 3 中产量 x 与生产费 y 之间的线性相关性是否显著（$\alpha=0.05$）.

解 ①提出假设 $H_0:\hat{b}=0$；

②在 H_0 成立时，选取统计量并确定其分布

$$R=\frac{L_{xy}}{\sqrt{L_{xx}L_{yy}}}\sim r(6)；$$

③求临界值：由 $\alpha=0.05$ 得临界值 $r_{0.025}(6)=0.707$；

④计算样本观察值：$r=\dfrac{L_{xy}}{\sqrt{L_{xx}L_{yy}}}=\dfrac{81.75}{\sqrt{83.5\times84.875}}=0.971\ 1$；

⑤比较并作出判断:$0.9711>r_{0.025}(6)=0.707$,否定 H_0,即认为产量 x 与生产费 y 之间的线性相关性显著.

 习题 7.5

1.对下表所给数据 $(x_i,y_i)(i=1,2,3,4,5,6,7)$,求水稻产量 y 对化肥用量 x 的回归直线.

x_i	15	20	25	30	35	40	45
y_i	330	345	365	405	445	490	455

2.随机抽查联谊会员的四对夫妻的年龄 $(x_i,y_i)(i=1,2,3,4)$,其中,x_i 表示妻子年龄,y_i 表示丈夫年龄:$(41,47)$,$(41,48)$,$(42,46)$,$(44,43)$,试求 x 与 y 的线性回归方程.

项目7　任务关系结构图

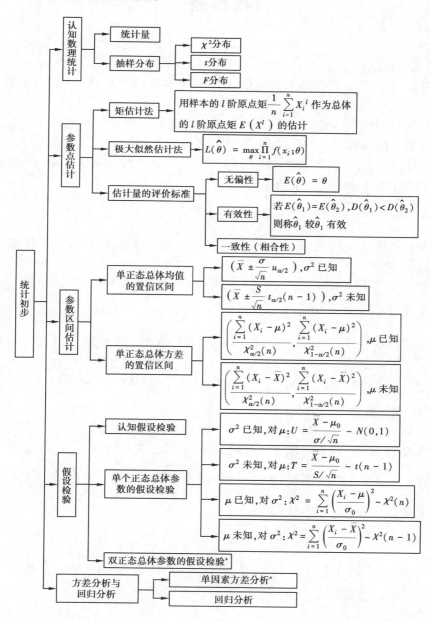

自我检测 7

一、选择题

1.设 $(X_1, X_2, \cdots, X_n)$ 是来自总体 X 的一个样本,则 $(X_1, X_2, \cdots, X_n)$ 必满足(   ).

A.独立但分布不同   B.分布相同但不相互独立

C.独立同分布   D.不能确定

2.设 $(X_1, X_2, \cdots, X_n)$ 是总体 $X \sim N(\mu, \sigma^2)$ 的一个样本,其中 μ 未知,σ^2 已知,下面样本函数中不是统计量的是(   ).

A. $\min\limits_{1 \leqslant i \leqslant n} X_i$ B.$\overline{X} - \mu$ C. $\sum\limits_{i=1}^{n} \dfrac{X_i}{\sigma}$ D. $X_n - X_1$

3.设总体 $X \sim N(\mu, \sigma^2)$,$(X_1, X_2, \cdots, X_{20})$ 为来自总体 X 的一个样本,则 $\sum\limits_{i=1}^{20} \dfrac{(X_i - \overline{X})^2}{\sigma^2}$ 服从(   ).

A.$N(0,1)$ B.$N(\mu, \sigma^2/n)$ C.$\chi^2(19)$ D.$\chi^2(20)$

4.设总体 $X \sim N(\mu, \sigma^2)$,(X_1, X_2) 为来自总体 X 的一个样本,记 $Y_1 = \dfrac{1}{3}X_1 + \dfrac{2}{3}X_2$,$Y_2 = \dfrac{1}{2}X_1 + \dfrac{1}{2}X_2$,$Y_3 = \dfrac{1}{4}X_1 + \dfrac{3}{4}X_2$,$Y_4 = \dfrac{3}{5}X_1 + \dfrac{2}{5}X_2$,这四个无偏估计量中,(   )为最优估计量.

A.Y_1 B.Y_2 C.Y_3 D.Y_4

5.设总体 X 服从 $(0, \theta)$ 内的均匀分布,其中 $\theta > 0$ 为未知参数,$(X_1, X_2, \cdots, X_n)$ 是来自总体 X 的一个样本,$\overline{X} = \dfrac{1}{n}\sum\limits_{i=1}^{n} X_i$,$S_n^2 = \dfrac{1}{n}\sum\limits_{i=1}^{n}(X_i - \overline{X})^2$,则 θ 的矩估计为(   ).

A.$\overline{X}$ B.$2\overline{X}$ C.S_n^2 D.$\dfrac{1}{2}\overline{X}$

6.$(X_1, X_2, \cdots, X_n)$ 为来自总体 X 的一个样本,并且 $D(X) = \sigma^2$,令 $Y = \dfrac{1}{n}\sum\limits_{i=1}^{n}(X_i - \overline{X})^2$,则(   ).

A.$E(Y)=\dfrac{\sigma^2}{n}$ B.$E(Y)=\dfrac{n-1}{n}\sigma^2$ C.$E(Y)=\sigma^2$ D.$E(Y)=\dfrac{n}{n-1}\sigma^2$

7.若总体 $X\sim N(\mu,\sigma^2)$,其中 σ^2 未知,当样本容量 n 保持不变时,如果置信度 $1-\alpha$ 变小,则 μ 的置信区间(   ).

  A.长度变大   B.长度变小   C.长度不变   D.长度不一定不变

8.假设检验中的显著性水平 α 表示(   ).

  A.H_0 不成立,否定 H_0 的概率   B.H_0 成立,但否定 H_0 的概率

  C.小于或等于 0.05 的一个数,无具体意义   D.置信度为 $1-\alpha$

9.对于正态总体 $X\sim N(\mu,\sigma^2)$,未知 μ,检验 $\sigma^2=\sigma_0^2$ 是否成立应选择统计量(   ).

  A.$U=\dfrac{\overline{X}-\mu_0}{\sigma_0^2/\sqrt{n}}$ B.$T=\dfrac{\overline{X}-\mu_0}{S/\sqrt{n}}$ C.$\chi^2=\dfrac{(n-1)S^2}{\sigma_0^2}$ D.$\chi^2=\dfrac{nS^2}{\sigma^2}$

10.已知一元线性回归方程 $\hat{y}=1+\hat{b}x$,且 $\overline{x}=2,\overline{y}=9$,则 $\hat{b}=$(   ).

  A.4   B.-4   C.18   D.0

二、填空题

1.设来自总体 X 的一个样本观察值为:2.1,5.4,3.2,9.8,3.5,则(1)样本均值 =_____,(2)样本方差 =_____.

2.设随机变量 $X_1,X_2,\cdots,X_{100}$ 独立同分布,且 $E(X_i)=0,D(X_i)=10$,$i=1,2,\cdots,100$.令 $\overline{X}=\dfrac{1}{100}\sum\limits_{i=1}^{100}X_i$,则 $E\left[\sum\limits_{i=1}^{n}(X_i-\overline{X})^2\right]=$_____.

3.在总体 $X\sim N(5,16)$ 中随机地抽取一个容量为 36 的样本,则均值 X 落在 4 与 6 之间的概率 =_____.

4.$(X_1,X_2,\cdots,X_n)$ 为来自总体 $X\sim N(0,1)$ 的一个样本,则当常数 $a=$_____时,统计量 $Y=\dfrac{aX_1}{\sqrt{X_2^2+X_3^2+\cdots+X_n^2}}$ 服从 t-分布.

5.设总体 X 服从参数为 $p=\dfrac{1}{3}$ 的(0-1)分布,记 $\overline{x}=\dfrac{1}{n}\sum\limits_{i=1}^{n}X_i$,则 $D(\overline{X})=$_____.

6.设某正态总体 $X\sim N(\mu,\sigma^2)$,$(X_1,X_2,\cdots,X_n)$ 为来自总体 X 的一个样本,记样本均值为 $\overline{X}=\dfrac{1}{n}\sum\limits_{i=1}^{n}X_i$,未修正样本方差为 $S_n^2=\dfrac{1}{n}\sum\limits_{i=1}^{n}(X_i-\overline{X})^2$,则 $\dfrac{\sqrt{n-1}(\overline{X}-\mu)}{S_n}$ 服从参数为_____的_____统计量.

7.设从正态总体 $X \sim N(\mu, 0.9^2)$ 中随机抽取容量为 9 的一个样本,计算样本均值 $\bar{x} = 5$,则未知参数 μ 的置信度为 0.95 的置信区间是_____.

8.设总体 X 的概率密度为

$$f(x; \theta) = \begin{cases} e^{-(x-\theta)}, & x \geq 0 \\ 0, & x < 0 \end{cases},$$

而 $(X_1, X_2, \cdots, X_n)$ 是来自总体 X 的一个样本,则未知参数 θ 的矩估计量为_____.

9.设 $(X_1, X_2, \cdots, X_{25})$ 是从均匀总体 $U[0, 5]$ 抽取的一个样本,则 $\bar{X}$ 的渐进分布为_____.

10.设 $(X_1, X_2, \cdots, X_8)$ 是从均匀总体 $U[0, 9]$ 抽取的一个样本,则样本均值的标准差为_____.

三、解答题

1.设 $(X_1, X_2, \cdots, X_n)$ 是来自几何分布

$$P(X = k) = p(1-p)^{k-1}, k = 1, 2, \cdots, \quad 0 < p < 1,$$

的一个样本,试求未知参数 p 的极大似然估计.

2.在一项关于软塑料管的实用研究中,工程师们想估计软管所承受的平均压力.他们随机抽取了 9 个压力读数,样本均值和标准差分别为 3.62 kg 和 0.45.假定压力读数近似服从正态分布,试求总体平均压力的置信度为 0.99 时的置信区间.

3.设 $(X_1, X_2, \cdots, X_{16})$ 是来自总体 $X \sim N(12, 4)$ 的一个样本,试求样本均值 $\bar{X}$ 不小于 13 的概率.

4.设某产品的指标服从正态分布,它的标准差 σ 已知为 150,今抽了一个容量为 26 的样本,计算得平均值 1 637.问在 5% 的显著水平下,能否认为这批产品的指标的期望值 μ 为 1 600?

5.某产品的次品率为 0.17,现对此产品进行新工艺试验,从中抽取 400 件检验,发现有次品 56 件,能否认为此项新工艺提高了产品的质量($\alpha = 0.05$)?

6.从某种试验物中取出 24 个样品,测量其发热量,计算得 $\bar{x} = 11\ 958$,样本标准差 $s = 323$,问以 5% 的显著水平是否可认为发热量的期望值是 12 100(假定发热量是服从正态分布的)?

7.测定某种溶液中的水分,它的 10 个测定值给出 $\bar{x} = 0.452\%$, $s = 0.037\%$,设测定值总体服从正态分布,μ 为总体均值,σ 为总体的标准差,试在 5% 显著水平下,分别检验假(1)$H_0: \mu = 0.5\%$; (2)$H_0: \sigma = 0.04\%$.

项目8 图 论

【知识目标】

1.理解无向图和有向图、多重图和简单图及其完全图的概念,并掌握握手定理及其运用.

2.掌握无向图和有向图的相邻矩阵、邻接矩阵及关联矩阵的表示法,了解无向图和有向图的简单通路、初级通路(路径)、简单回路及初级回路圈的概念.

3.理解树及其性质,掌握根树及二叉树的遍历法;掌握权图中最短路的求法.

【技能目标】

1.会通过图形直观判断图的类型,会利用握手定理判断某一个由自然数组成的序列是否为图的度数序列.

2.会判断两图是否同构,会作简单的非同构的图.

3.会通过图形直观了解树的性质,会画支撑树,会求最小支撑树,会求简单的最短路径问题.

【相关链接】

计算机科学,尤其是理论计算机科学的核心是算法,大量的算法是建立在图和组合的基础上的.现实中的一些问题表面上有不同的关系,其对应图却可能是同构的,在计算机中可用相同的数据结构来实现.

图论这门科学,技巧性太强,几乎每个问题都有一个独特的方法,这也正是它的魅力所在.

【推荐资料】

[1] 王树禾. 图论[M].2 版.北京:科学出版社,2009.

本书系统阐述图论与算法图论的基本概念、理论、算法及其应用,建立图的重要矩阵与线性空间,论述计算复杂度理论中的 NP 完全性理论和著名的一些 NPC 问题等,注重算法分析及其有效性.

[2] 殷剑宏,吴开亚.图论及其算法[M].北京:中国科学技术大学出版社,2003.

本书融有向图和无向图为一体,系统地阐述了图论的基本概念、理论、方法及其算法,内容包括图的基本概念、Euler 图与 Hamilton 图、图论算法、树及其应用、平面图、独立集与匹配、网络流和 Petri 网.书中附有大量例题和习题,而且大部分习题有详细解答.

[3] 杨裔.图论在计算机和无线传感器网络中的应用[D][OL].

http://wenku.baidu.com/view/0093467d5acfa1c7aa00ccda.html

[4] 王丽.图论在算法设计中的应用[D][OL].

http://www.doc88.com/p-186331235673.html

【案例导入】哥尼斯堡七桥问题

哥尼斯堡有七座桥将普莱格尔河中的两个岛 A、B 与河岸 C、D 连接起来,如图 8.1 所示.问题:能否从某个桥出发,走过所有的桥,但每座桥只经过一次?

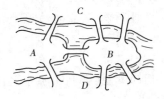

图 8.1

任务 8.1　认知图

图论是数学的一个分支,以图为研究对象.这种图由若干给定的点和连接两点的线构成,借以描述某些事物之间的关系.用点代表事物,用连接两点的线表示两个事物之间具有的特定的关系.

图论中讨论的图,与几何、微积分中的图的含义有所不同.

哥尼斯堡七桥问题,当然可以通过试验去尝试解决这个问题,但该城居民的任何尝试均未成功.欧拉为了解决这个问题,他将每一块陆地用一个点来代替,将每一座桥用连接相应两点的一条线来代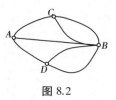
替,从而得到一个有 4 个"点",7 条"线"的"图",如图 8.2 所示.于
是问题就变成:从图中任一点出发,通过每条边一次而返
回原点的回路是否存在? 在此基础上,欧拉找到了存在
这样一条回路的充要条件,由此推得哥尼斯堡七桥问题
无解.

图 8.2

从这个例子可以看出,用图形来描述,问题就显得简单多了,只需关心图形
中有哪些点以及点与点之间是否有连线,而连线的长度及结点的位置是无关紧
要的.

8.1.1 无向图及有向图

1)基本图类与相关概念

图 G 是由非空结点集合 $V=\{v_1,v_2,v_3,\cdots,v_n\}$ 以及边集合 $E=\{e_1,e_2,e_3,\cdots,e_m\}$ 两部分所组成,其中每条边可用一个结点对表示,记作 $G=<V,E>$.

如果结点对与次序无关,这种结点对叫作**无序结点对**,它所对应的边称为
无向边,记作 $e_i=(v_{i_1},v_{i_2})$,$i=1,2,\cdots,m$.

如果结点对与次序有关,这种结点对叫作**有序结点对**,它所对应的边称为
有向边,记作 $e_i=<v_{i_1},v_{i_2}>$,$i=1,2,\cdots,m$.

利用图中边的无向与有向性可将图分成两种类型,即

①**无向图**:图中的所有边均为无向边.无向图用 G 表示,但有时用 G 泛指图
(无向的或有向的).

②**有向图**:图中的所有边均为有向边.有向图只能用 D 表示.

例1 $G=<V,E>$,其中 $V=\{v_1,v_2,v_3,v_4,v_5\}$,$E=\{(v_1,v_2),(v_2,v_3),(v_3,v_4),(v_3,v_5),(v_1,v_5),(v_1,v_5),(v_5,v_5)\}$.这便定义了一个无向图.

通常,图的顶点可用平面上的一个圆点来表示,边可用平面上的线段来表
示(直的或曲的),这样画出的平面图形称为**图的图示**.有时为了叙述方便,不区
分图与图形两个概念.具有 n 个结点,m 个边所组成的图称为(n,m)**图**.

有向边可在边上加箭头用来表示边的方向,而无向边则不需在边上加箭头.

有向图画法:用小圆圈表示顶点,若$<a,b>\in E$,则在顶点 a 与 b 之间画一
条有向边,其箭头从 a 指向 b.

由于表示顶点的平面点的位置的任意性,同一个图可以画出形状迥异的很多
图示.例如,图 8.3(a)与(b)都是例 1 中图的图示,(c)、(d)与(e)是相同的图示.

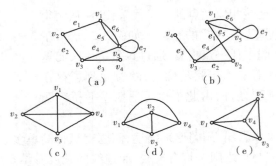

图 8.3

例 2 $G=<V,E>,V=\{v_1,v_2,v_3,v_4\},E=\{<v_1,v_2>,<v_1,v_3>,<v_2,v_2>,<v_3,v_4>,<v_4,v_2>,<v_4,v_2>\}$,是一个有向图,如图 8.4 所示.

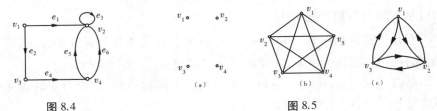

图 8.4   图 8.5

(1)有限图

V, E 均为有限集.

(2)n 阶图

$|V|=n$.其中,$|V|$ 表示结点集合 V 的结点的个数.

(3)孤立点

与任何边都不连接的顶点.例如,图 8.5(a)中的 4 个点均为孤立点.

(4)零图

$E=\varnothing$,即图中没有边,只有孤立点.例如,图 8.5(a)所示的图为有 4 个结点的零图.

(5)平凡图

$E=\varnothing$,且 $|V|=1$,即只有一个孤立点构成的图,它是点数最小的零图.如图 8.5(a)中的结点 v_1 构成一个平凡图.

(6)顶点与边的关联

若 $e_k=(v_i,v_j)\in E$(或 $e_k=<v_i,v_j>\in E$),称 e_k 与 $v_i(v_j)$ **关联**.

(7)环

如果 $e_k=(v_i,v_j)$(或 $e_k=<v_i,v_j>$),且 $v_i=v_j$,则称 e_k 为**环**.如图 8.3(a)、(b)

中的 e_7, 图 8.4 中的 e_3 均为环.

（8）顶点与顶点的相邻或邻接

若 e_k 为无向边, 即 $e_k = (v_i, v_j) \in E$, 称 v_i 与 v_j **相邻**;

若 e_k 为有向边, 即 $e_k = <v_i, v_j> \in E$, 称 v_i **邻接**到 v_j, v_j 邻接于 v_i. 还称 v_i 是 e_k 的**始点**, v_j 是 e_k 的**终点**.

（9）边与边的相邻

若 e_k 和 e_1 至少有一个公共端点, 则称 e_k 与 e_1 **相邻**.

（10）平行边

若在无向图中, 关联一对顶点的无向边多于 1 条, 则称这些边为**平行边**. 平行边的条数称为**重数**. 如图 8.3（a）、（b）中的 e_5 与 e_6 是平行边.

若在有向图中, 关联一对顶点的有向边多于 1 条, 并且有向边的始点和终点相同, 则称这些边为**平行边**. 图 8.4 中的 e_5 与 e_6 是平行边.

（11）多重图

含平行边的图. 如图 8.3（a）、（b）与图 8.4 都是多重图.

（12）简单图

既不含平行边也不含环的图. 如图 8.5 中的 3 个图都是简单图.

（13）完全图

在含 n 个点无向图中, 各点之间都有边相联的无向图叫作 n 个点的**完全图**, 用 K_n 表示. 如图 8.5（b）所示的图为 K_5.

容易证明, 完全图 K_n 具有 $\dfrac{n(n-1)}{2}$ 条边.

在有向图中, 各点之间都有两条相向的边连接的图, 叫作**有向完全图**. 图 8.5（c）所示的图为有 3 个结点的有向完全图.

（14）无向图结点的度数

在图 $G = <V, E>$ 中, 与结点 v 关联的边的条数称为结点 v 的**度数**, 记作 $\deg(v)$. 约定: 每个环算 2 条边.

例如, 在图 8.6 中, 结点 A 的度数为 2, 结点 B 的度数为 3, 结点 D 的度数为 4.

此外, 记 $\Delta(G) = \max\{\deg(v) \mid v \in V(G)\}$, $\delta(G) = \min\{\deg(v) \mid v \in V(G)\}$ 分别称为 $G = <V, E>$ 的**最大度**和**最小度**.

如图 8.6 中, $\Delta(G) = 4$, $\delta(G) = 2$.

零图中各点度数均为 0. 完全图 K_n 各点的度数均为 $n-1$.

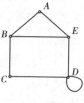

图 8.6

定理1（握手定理） 设图 G 是具有 n 个结点、m 条边的无向图,其中结点集合为 $V=\{v_1,v_2,\cdots,v_n\}$,则

$$\sum_{i=1}^{n} \deg(v_i) = 2m$$

即度数和等于边数的两倍.

定理1是显然的,因为在计算各点的度数时,每条边都计算两次,于是图 G 中全部顶点的度数之和就是边数的 2 倍.

定理2 在任何无向图中,度数为奇数的结点必定是偶数个.

证明 设 V_1 和 V_2 分别是 G 中奇数度数和偶数度数的结点集,则由定理1可知

$$\sum_{v \in V_1} \deg(v) + \sum_{v \in V_2} \deg(v) = \sum_{v \in V} \deg(v) = 2|E|$$

由于 $\sum\limits_{v \in V_2} \deg(v)$ 是偶数之和,必为偶数,而 $2|E|$ 是偶数,故可知 $\sum\limits_{v \in V_1} \deg(v)$ 是偶数,即度数为奇数的结点是偶数个.

（15）有向图结点的度数

在有向图中,$D = \langle V, E \rangle$,以 v 为起始结点的弧的条数,称为结点 v 的**出度**,记为 $\deg^+(v)$;以 v 为终止结点的弧的条数称为 v 的**入度**,记作 $\deg^-(v)$;结点 v 的出度与入度之和,称为结点 v 的**度数**,记为 $\deg(v)$,显然

$$\deg(v) = \deg^+(v) + \deg^-(v).$$

如图 8.7 中,结点 v_1 的出度 $\deg^+(v_1) = 2$,结点 v_1 的入度 $\deg^-(v_1) = 1$,因此,结点 v_1 的度为 $\deg(v_1) = 3$.

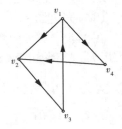

图 8.7

定理3 在任何有向图中,所有结点的入度之和等于所有结点的出度之和.

证明 因为每一条有向边必对应一个入度和一个出度,若一个结点具有一个入度或出度,则必关联一条有向边.所以,有向图中各结点入度之和等于边数,各结点出度之和也等于边数,因此,任何有向图中,入度之和等于出度之和.

（16）度数序列

设 $V=\{v_1,v_2,v_3,\cdots,v_n\}$ 为图 G 的顶点集,称 $\{d(v_1),d(v_2),d(v_3),\cdots,d(v_n)\}$ 为图 G 的**度数序列**.

例3 下列哪些能成为图的度数序列?

(1)｛2，2，2，3，3｝；(2)｛0，1，2，3，3｝；(3)｛1，3，4，4，5｝．

解 (1)、(2)、(3)中度为奇数的顶点个数分别是 2，3，3，因此由握手定理，(1)能构成图的度数序列，而(2)和(3)不能．

2）子图

(1)子图

如果 $V(H)\subseteq V(G)$ 且 $E(H)\subseteq E(G)$，则称图 H 是 G 的**子图**，记为 $H\subseteq G$．

(2)支撑子图

若 H 是 G 的子图且 $V(H)=V(G)$，则称 H 是 G 的**支撑子图**(或**生成子图**).

(3)诱导子图

设图 $H=<V',E'>$ 是图 $G=<V,E>$ 的子图．若对任意结点 u 和 v，如果 $(u,v)\in E$，有 $(u,v)\in E'$，则 H 由 V' 唯一地确定，并称 H 是结点集合 V' 的点诱导子图，记作 $G(V')$；如果 H 无孤立结点，且由 E' 所唯一确定，则称 H 是边集 E' 的边诱导子图，记为 $G(E')$．

例如，图 8.8 中，图(b)与(c)均为(a)的子图，(c)为(a)的支撑子图，(b)为(a)的点诱导子图也是(a)的边诱导子图．

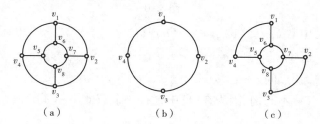

图 8.8

图 8.9 中，(a)—(f)都是(1)的子图，其中 (a)—(d)为(a)的支撑子图，(e)为(a)的点诱导子图，(f)为(a)的边诱导子图．

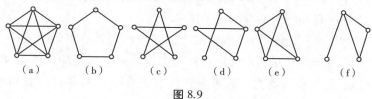

图 8.9

3)图同构

设图 G 的点集为 V, 边集为 E, 图 G' 的点集为 V', 边集为 E'. 如果存在着 V 到 V' 的双射函数 f, 使对任意的 $u, v \in V$, $(u, v) \in E$（或 $<u, v> \in E$）, 当且仅当 $(f(u), f(v)) \in E'$（或 $<f(u), f(v)> \in E'$）, 则称图 G 和 G' 同构, 记作 $G \cong G'$

例 4 判断图 8.10 中哪些图是同构的.

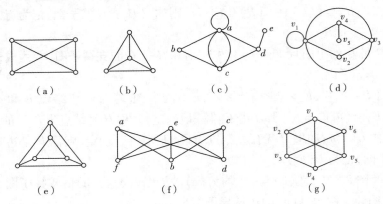

图 8.10

解 图 8.10 中 $(a) \cong (b)$, $(c) \cong (d)$, $(f) \cong (g)$

其中 $(c) \cong (d)$, 顶点间 $a \leftrightarrow v_1, b \leftrightarrow v_2, c \leftrightarrow v_3, d \leftrightarrow v_4, e \leftrightarrow v_5$.

$(f) \cong (g)$, 顶点间 $a \leftrightarrow v_1, b \leftrightarrow v_2, c \leftrightarrow v_3, d \leftrightarrow v_4, e \leftrightarrow v_5, f \leftrightarrow v_6$.

但是 (e)、(f) 不同构, 因为在 (f) 中存在 3 个彼此不相邻的顶点, 而在 (e) 中找不到.

两个同构的图, 除了图中各点的名字或符号不同外本质上是一样的, 可以把它们用完全相同的图形表示出来. 因此, 本书主要研究不同构的图.

例 5 (1) 画出 4 个顶点 3 条边的所有非同构的无向简单图; (2) 画出 3 个顶点 2 条边的所有非同构的有向简单图.

解 (1) 由握手定理可知, 所画的无向简单图各顶点度数之和为 $2 \times 3 = 6$, 最大度小于或等于 3. 于是所求无向简单图的度数列应满足的条件是: 将 6 分成 4 个非负整数, 每个整数均大于或等于 0 且小于或等于 3, 并且奇数的个数为偶数. 将这样的整数列排出来只有下面 3 种情况:

①3, 1, 1, 1;

②2, 2, 2, 0.

③2,2,1,1;

将每种度数列所有非同构的图都画出来即得所要求的全部非同构的图,如图 8.11 所示.

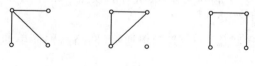

图 8.11

（2）由握手定理可知,所画有向简单图各顶点度数之和为4,最大出度和最大入度均小于或等于2.度数列及入度出度列如图 8.12 所示:

$$1,2,1\begin{cases}\text{入度列为 } 0,1,1 \text{ 或 } 0,2,0 \text{ 或 } 1,0,1\\\text{出度列为 } 1,1,0 \text{ 或 } 1,0,1 \text{ 或 } 0,2,0\end{cases}$$

$$2,2,0\begin{cases}\text{入度列为 } 1,1,0\\\text{出度列为 } 1,1,0\end{cases}$$

图 8.12

8.1.2 通路、回路、图的连通性

1）通路与回路

给定图 $G=<V,E>$,设 e_i 是关联结点 v_{i-1} 和 v_i 的边（G 为有向图时,要求 v_{i-1} 和 v_i 分别是 e_i 的始点和终点）,$i=1,2,\cdots,l$,G 中顶点与边的交替序列 $\Gamma=v_0e_1v_1e_2\cdots e_lv_l$ 称为连接顶点 v_0 到 v_l 的一条**通路**.

Γ 中边的数目 l 称为 Γ 的**长度**.

当 $v_0=v_l$ 时,称 Γ 为**回路**.

直观地说,通路就是通过相连的若干条边从一点到达另一点的路线.通路上的点、边均可以重复出现.

2）简单通路与回路

若 $\Gamma=v_0e_1v_1e_2\cdots e_lv_l$ 为通路,且所有的边 e_1、e_2、$\cdots$、e_l 互不相同,则称 Γ 为**简单通路**（或**迹**）.特别地,若 Γ 是所有边互不相同的回路,则称为**简单回路**（或**闭迹**）.

3) 初级通路与回路

若 $\Gamma = v_0 e_1 v_1 e_2 \cdots e_l v_l$ 为通路,且所有的顶点 v_0、v_1、$\cdots$、v_l 互不相同,则称 Γ 为**初级通路**(或**路径**).若 Γ 除 $v_0 = v_l$ 外,所有的顶点互不相同且边互不相同,则称 Γ 为**初级回路**(或**圈**).

显然,初级通路(回路)一定是简单通路(回路),但简单通路(回路)不一定是初级通路(回路).

例如,图 8.13 中,图(a)为 v_0 到 v_4 的长为 4 的初级通路(路径);图(b)为 v_0 到 v_8 的长为 8 的简单通路;图(c)是 v_0 到 v_5($=v_0$)的长为 5 的初级回路;图(d)为 v_0 到 v_8($=v_0$)的长为 8 的简单回路.

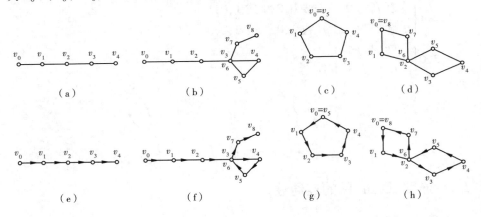

图 8.13

图 8.13 中,(e),(f),(g),(h)分别为有向图中的初级通路、简单通路、初级回路、简单回路的示意图.在有向图的通路或回路中,注意箭头方向的一致性.

在无向图中,环和两条平行边构成的回路分别是长度为 1 和 2 的初级回路(圈),在有向图中,环和两条方向相反边构成的回路分别是长度为 1 和 2 的初级回路(圈).

8.1.3 连通

1) 无向图中两顶点的连通

在一个无向图 G 中,若从顶点 u 到点 v 存在通路,则称点 u 与点 v **连通**.规定:u 到自身总是连通的.

2)有向图中两顶点的可达

在有向图 D 中,若存在从点 u 到点 v 的有向通路,则称点 u **可达**点 v.

规定:u 到自身总是可达的.

有向通路是有方向性的,所以在有向图中,u 可达 v 时,不一定有 v 可达 u.即使 u 可达 v 且 v 可达 u,从 u 到 v 的有向通路与从 v 到 u 的有向通路也是不同的.对于有向图,由于其边有方向性,可达关系不一定是对称的.因此有向图的连通性比无向图的连通性包含了更多的内容.

3)无向图的连通性

在无向图中,若从顶点 v_1 到顶点 v_2 有路径,则称顶点 v_1 与 v_2 是**连通**的.如果图中任意一对顶点都是连通的,则称此图是连通图.否则称 G 是非连通图.

4)有向图的连通性

一个有向图 $D=<V,E>$,将有向图的所有的有向边替换为无向边,所得到的图称为**原图的基图**.如果一个有向图的基图是连通图,则有向图 D 是**弱连通**的,否则称 D 为**非连通**的.若 D 中任意两点 u,v 都有从 u 可达 v 或从 v 可达 u,则称 D 是**单向连通**的;若 D 中每一点 u 均可达其他任一点 v,则称 D 是**强连通**的.

例如,图 8.14 中有 8 个结点数为 3 的有向图.其中(a)中是两个非连通图;(b)中是两个弱连通图;(c)中是两个单向连通图;(d)中是两个强连通图.

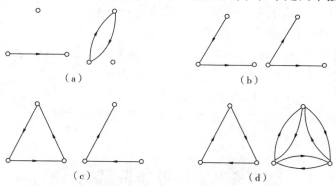

图 8.14

很显然,在有向图中,强连通图是单向连通的,也是弱连通的.同样,一个单向连通图必是弱连通的.但反之则不然,弱连通图不一定是单向连通的或强连通的,单向连通图也不一定是强连通的.

习题 8.1

1.画出下列图示:

(1)给定无向图 $G = <V, E>$,其中 ,$V = \{v_1, v_2, v_3, v_4, v_5\}$,$E = \{(v_1, v_1),$ $(v_1, v_2), (v_2, v_3), (v_2, v_3), (v_2, v_5), (v_1, v_5), (v_4, v_5)\}$.

(2)给定有向图 $D = <V, E>$,其中,$V = \{a, b, c, d\}$,$E = \{<a, a>, <a, b>,$ $<a, b>, <a, d>, <c, d><d, c>, <c, b>\}$.

2.在一个部门的 25 个人中间,由于意见不同,是否可能每个人恰好与其他 5 个人意见一致?

3.求出图 8.6、图 8.7 的度数序列.

4.无向图 G 有 12 条边,G 中有 6 个 3 度结点,其余结点的度数均小于 3,问 G 中至少有多少个结点?

5.有向图如图 8.15 所示,求:

(1)D 中有几种非同构的圈?

(2)D 中有几种非圈的非同构的简单回路?

(3)D 是哪类连通图?

(4)D 中 v_1 到 v_4 长度为 1,2,3,4 的通路各有多少条? 并指出其中有几条是非初级的简单通路.

(5)D 中 v_1 到 v_1 长度为 1,2,3,4 的回路各有多少条? 并讨论它们的类型.

(6)D 中长度为 4 的通路(不含回路)有多少条?

(7)D 中长度为 4 的回路有多少条?

(8)D 中长度 $\leqslant 4$ 的通路有多少条? 其中有几条是回路?

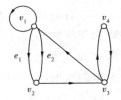

图 8.15

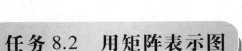

任务 8.2 用矩阵表示图

8.2.1 求图的邻接矩阵

定义 1(无向图的邻接矩阵) 设无向图 $G = <V, E>$ 的结点集 $V = \{v_1, v_2, \cdots, v_n\}$.

n 阶方阵

$$A(G) = \begin{array}{c} \\ v_1 \\ v_2 \\ \vdots \\ v_n \end{array} \begin{array}{cccc} v_1 & v_2 & \cdots & v_n \\ \begin{pmatrix} a_{11} & a_{12} & \cdots & a_{1n} \\ a_{21} & a_{22} & \cdots & a_{2n} \\ \vdots & \vdots & & \vdots \\ a_{n1} & a_{n2} & \cdots & a_{nn} \end{pmatrix} \end{array},$$

称为**无向图 G 的邻接矩阵**,其中 a_{ij} 表示顶点 v_i 与 v_j 相邻的次数.

邻接矩阵可以完全描述一个图.给定一个邻接矩阵,就能够确定一个图.

由于无向图中点的邻接关系是对称的,邻接矩阵一定是对称阵.

无向图的邻接矩阵中,行元素之和等于相应点的度.

例如,图 8.16,它的邻接矩阵为

$$A(G) = \begin{array}{c} \\ v_1 \\ v_2 \\ v_3 \\ v_4 \\ v_5 \end{array} \begin{array}{ccccc} v_1 & v_2 & v_3 & v_4 & v_5 \\ \begin{pmatrix} 0 & 1 & 1 & 1 & 1 \\ 1 & 0 & 1 & 0 & 0 \\ 1 & 1 & 0 & 1 & 0 \\ 1 & 0 & 1 & 0 & 1 \\ 1 & 0 & 0 & 1 & 0 \end{pmatrix} \end{array}$$

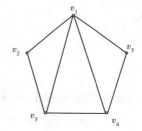

图 8.16

定义 2(有向图的邻接矩阵) 设有向图 $D = <V, E>$ 的结点集 $V = \{v_1, v_2, \cdots, v_n\}$. n 阶方阵

$$A(D) = \begin{array}{c} \\ v_1 \\ v_2 \\ \vdots \\ v_n \end{array} \begin{array}{cccc} v_1 & v_2 & \cdots & v_n \\ \begin{pmatrix} a_{11} & a_{12} & \cdots & a_{1n} \\ a_{21} & a_{22} & \cdots & a_{2n} \\ \vdots & \vdots & & \vdots \\ a_{n1} & a_{n2} & \cdots & a_{nn} \end{pmatrix} \end{array}$$

称为**有向图 D 的邻接矩阵**,其中 a_{ij} 表示有向边 $<v_i, v_j>$ 的条数.

由于有向图中边为有向边,故其邻接矩阵不一定是对称阵,只有两点间的边均成对出现,矩阵才是对称的.

有向图 D 的邻接矩阵 $A(D)$ 中每一行元素之和表示相应点的出度,每一列元素的和表示相应点的入度.只有当第 i 行、i 列元素全为 0 时,所对应点 v_i 才不与任何边关联,即为孤立点.

例如,图 8.17,它的邻接矩阵为

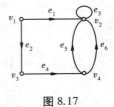

图 8.17

$$A(D) = \begin{array}{c} \\ v_1 \\ v_2 \\ v_3 \\ v_4 \end{array} \overset{\begin{array}{cccc} v_1 & v_2 & v_3 & v_4 \end{array}}{\begin{pmatrix} 0 & 1 & 1 & 0 \\ 0 & 1 & 0 & 0 \\ 0 & 0 & 0 & 1 \\ 0 & 2 & 0 & 0 \end{pmatrix}}$$

8.2.2 求图的关联矩阵

定义 3(无向图的关联矩阵） 设无向图 $G = <V, E>$ 的结点集 $V = \{v_1, v_2, \cdots, v_n\}$,边集为 $E = \{e_1, e_2, \cdots, e_m\}$. $n \times m$ 矩阵

$$M(G) = \begin{array}{c} \\ v_1 \\ v_2 \\ \vdots \\ v_n \end{array} \overset{\begin{array}{cccc} e_1 & e_2 & \cdots & e_m \end{array}}{\begin{pmatrix} b_{11} & b_{12} & \cdots & b_{1m} \\ b_{21} & b_{22} & \cdots & b_{2m} \\ \vdots & \vdots & \vdots & \vdots \\ b_{vn} & b_{n2} & \cdots & b_{nm} \end{pmatrix}},$$

称为**无向图 G 的关联矩阵**,其中 b_{ij} 表示顶点 v_i 与边 e_j 关联的次数.

例 1 求出无向图 8.18 的关联矩阵及邻接矩阵.

解 关联矩阵为

$$M(G) = \begin{array}{c} \\ v_1 \\ v_2 \\ v_3 \\ v_4 \end{array} \overset{\begin{array}{ccccccc} e_1 & e_2 & e_3 & e_4 & e_5 & e_6 & e_7 \end{array}}{\begin{pmatrix} 1 & 1 & 0 & 0 & 1 & 0 & 1 \\ 1 & 1 & 1 & 0 & 0 & 0 & 0 \\ 0 & 0 & 1 & 1 & 0 & 0 & 1 \\ 0 & 0 & 0 & 1 & 1 & 2 & 0 \end{pmatrix}}$$

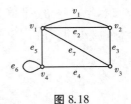

图 8.18

邻接矩阵为

$$A(G) = \begin{array}{c} \\ v_1 \\ v_2 \\ v_3 \\ v_4 \end{array} \overset{\begin{array}{cccc} v_1 & v_2 & v_3 & v_4 \end{array}}{\begin{pmatrix} 0 & 2 & 1 & 1 \\ 2 & 0 & 1 & 0 \\ 1 & 1 & 0 & 1 \\ 1 & 0 & 1 & 1 \end{pmatrix}}.$$

关联矩阵也可以完全描述一个图.关联矩阵中的每一行对应图中的一个点,每一列对应图中的一条边.每行元素之和为相应点的度.

定义 4（有向图的关联矩阵） 设简单有向图 $D = <V, E>$，结点集
$V = \{v_1, v_2, \cdots, v_n\}$，边集为 $E = \{e_1, e_2, \cdots, e_m\}$. $n \times m$ 矩阵

$$M(D) = \begin{array}{c} \\ v_1 \\ v_2 \\ \vdots \\ v_n \end{array} \begin{array}{cccc} e_1 & e_2 & \cdots & e_m \\ \begin{pmatrix} b_{11} & b_{12} & \cdots & b_{1m} \\ b_{21} & b_{22} & \cdots & b_{2m} \\ \vdots & \vdots & & \vdots \\ b_{\nu 1} & b_{n2} & \cdots & b_{nm} \end{pmatrix} \end{array}$$

称为**有向图 D 的关联矩阵**,其中

$$b_{ij} = \begin{cases} 1, & v_i \text{ 为 } l_j \text{ 的起点} \\ -1, & v_i \text{ 为 } l_j \text{ 的终点} \\ 0, & v_i \text{ 与 } l_j \text{ 不关联} \end{cases} .$$

例2 求出有向图 8.19 的关联矩阵

解 图 8.19 的关联矩阵为：

$$M(D) = \begin{array}{c} \\ v_1 \\ v_2 \\ v_3 \\ v_4 \end{array} \begin{array}{ccccc} e_1 & e_2 & e_3 & e_4 & e_5 \\ \begin{bmatrix} -1 & -1 & 0 & 0 & 0 \\ 0 & 0 & 1 & -1 & 1 \\ 0 & 1 & 0 & 1 & -1 \\ 1 & 0 & -1 & 0 & 0 \end{bmatrix} \end{array}$$

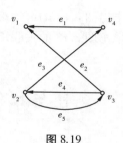

图 8.19

由例2可以看出,在有向图的关联矩阵中,非零元的值可以是 1 或-1.因为每列对应一条有向边,所以每列恰有两个非零元 1 和-1.每行对应一个点,所以每行元素的绝对值之和为对应点的度数,1 的个数为出度,-1 的个数为入度.矩阵的所有元素的代数和为 0,1 的个数等于-1 的个数,也等于有向图的边数.

8.2.3 求图的可达矩阵

定义5 设简单有向图 $D = <V, E>$,结点集 $V = \{v_1, v_2, \cdots, v_n\}$,令

$$p_{ij} = \begin{cases} 1, & v_i \text{ 可达 } v_j \\ 0, & v_i \text{ 不可达 } v_j \end{cases} , \quad i \neq j$$

$$p_{ii} = 1, \quad i = 1, 2, \cdots, n$$

则 $P(D) = (p_{ij})_n$ 为有向图 D 的可达矩阵.

例3 求出有向图 8.20 的可达矩阵.

解 注意到 $v_3 \rightarrow v_4 \rightarrow v_3, v_4 \rightarrow v_3 \rightarrow v_4,$
得有向图 8.19 的可达矩阵为:

$$P(D) = \begin{array}{c} \\ v_1 \\ v_2 \\ v_3 \\ v_4 \end{array} \begin{array}{cccc} v_1 & v_2 & v_3 & v_4 \\ \begin{pmatrix} 1 & 0 & 0 & 0 \\ 1 & 1 & 1 & 1 \\ 1 & 0 & 1 & 1 \\ 1 & 0 & 1 & 1 \end{pmatrix} \end{array}$$

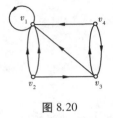

图 8.20

 习题 8.2

1.求出图 8.17 的可达矩阵.

2.求出图 8.18 的关联矩阵.

任务 8.3   认知欧拉图与哈密顿图

8.3.1   欧拉通路(回路)与欧拉图

欧拉通路(回路):通过图 G 的每条边一次且仅一次,而且走遍每个结点的通路(回路).

欧拉图:存在欧拉回路的图.

注 欧拉回路要求边不能重复,结点可以重复. 笔不离开纸不重复地走完所有的边且走过所有结点,就是所谓的一笔画.

定理 1 无向图具有欧拉通路,当且仅当 G 是连通图且有 0 个或两个奇数度数顶点.若无奇数度数顶点,则通路为回路;若有两个奇数度数顶点,则它们是每条欧拉通路的端点.

推论 1 无向图 G 为欧拉图(具有欧拉回路),当且仅当 G 是连通的,且 G 中无奇数度数顶点.

定理 1 给出了判别欧拉图的一个非常简单有效的方法.利用这个方法可以

马上看出哥尼斯堡七桥问题是无解的.因为哥尼斯堡七桥所对应的图,其每个结点的度数均为奇数.

定理2　一个有向图 D 具有欧拉通路,当且仅当 D 是连通的,且除了两个顶点外,其余顶点的入度均等于出度.这两个特殊的顶点中,一个顶点的入度比出度大1,另一个顶点的入度比出度小1.

推论2　一个有向图 D 是欧拉图(具有欧拉回路),当且仅当 D 是连通的,且所有顶点的入度等于出度.

例1　判断图8.21中哪些是欧拉图,哪些存在欧拉通路.

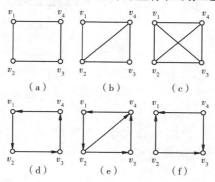

图8.21

解　图(a),(d)是欧拉图;图(b),(e)不是欧拉图,但存在欧拉通路:(b)中有两个奇数度数顶点 v_2 与 v_4;(e)中 v_1 与 v_3 的出度=入度=1,且 v_2 与 v_4 这两点出度与入度之差等于±1.所以,存在欧拉通路 $v_2 \rightarrow v_4 \rightarrow v_1 \rightarrow v_2 \rightarrow v_3 \rightarrow v_4$.

图(c),(f)不存在欧拉通路.

例2　判定图8.22中的两个图形是否可以一笔画.

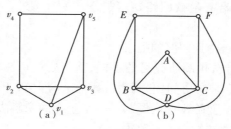

图8.22

解　在图8.22(a)中,

$$\deg(v_1) = \deg(v_2) = \deg(v_3) = 3$$

有两个以上的结点的度为 3. 故在(a)中不存在欧拉通路,不能一笔画出.

在图 8.22(b)中,$\deg(A) = 2$,$\deg(B) = \deg(C) = \deg(D) = 4$,$\deg(E) = \deg(F) = 3$.只有两个奇数度数的结点,所以存在欧拉通路,可以一笔画出.存在一条欧拉通路,如 $E \rightarrow D \rightarrow B \rightarrow E \rightarrow F \rightarrow C \rightarrow A \rightarrow B \rightarrow C \rightarrow D \rightarrow F$.

例 3 判定图 8.23 中的两个图是否有欧拉回路,若有请把欧拉回路写出来.

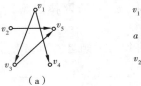

图 8.23

解 在图 8.23(a)中,v_1 点的出度为 2,入度为 0;v_5 的出度为 0,入度为 2,且这两点出度与入度之差不等于 ± 1,所以,图(a)不存在欧拉通路,图(a)不是欧拉图.

在图 8.23(b)中,各个结点的出度、入度都等于 2,所以存在欧拉回路,图(b)是欧拉图. 一个欧拉回路为 $v_1 \rightarrow a \rightarrow v_2 \rightarrow b \rightarrow v_3 \rightarrow f \rightarrow v_1 \rightarrow e \rightarrow v_3 \rightarrow c \rightarrow v_4 \rightarrow h \rightarrow v_2 \rightarrow g \rightarrow v_4 \rightarrow d \rightarrow v_1$.

8.3.2 哈密顿通路(回路)与哈密顿图

1859 年,英国数学家哈密顿发明了一种游戏:用一个规则的实心十二面体,在它的 20 个顶点标出世界著名的 20 个城市,要求游戏者找一条沿着各边通过每个顶点刚好一次的闭回路,即"绕行世界".用图论的语言来说,游戏的目的是在十二面体的图中找出一个生成圈.这个问题后来就叫作哈密顿问题.

哈密尔顿通路(哈密尔顿回路):经过图中每个顶点一次且仅一次的通路(回路).

哈密顿图:存在哈密顿回路的图.

注 欧拉图与哈密顿图研究目的不同,前者要遍历图的所有边,后者要遍历图的所有点.虽然都是遍历问题,两者的困难程度却大不相同.人们已较满意地解决了欧拉图问题,而哈密顿问题却是一个至今尚未解决的难题.在大多数情况下,人们还是采用尝试的方法来解决.

定理 3(欧拉图的判定定理 1) 设 G 是 $n(n \geqslant 3)$ 阶无向简单图,

(1)若 G 中任何一对不相邻的顶点的度数之和都大于等于 $n - 1$,则 G 中存在哈密尔顿通路.

（2）若 G 中任何一对不相邻的顶点的度数之和都大于等于 n，则 G 是哈密尔顿图.

定理4（欧拉图的判定定理2） 在 $n(n \geq 2)$ 阶有向图 $D = <V, E>$ 中，如果所有有向边均用无向边代替，所得无向图中含生成子图 K_n，则有向图 D 中存在哈密尔顿通路.

推论 $n(n \geq 3)$ 阶有向完全图是哈密尔顿图.

例4 指出图8.24中各图是否是哈密顿图，是否有哈密顿通路，是否有哈密顿回路.

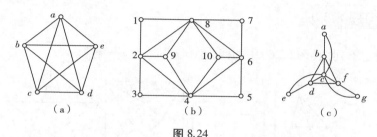

图8.24

解 （a）图有哈密顿通路，亦有哈密顿回路.比如：$a \rightarrow b \rightarrow c \rightarrow d \rightarrow e$ 为哈密顿通路，$a \rightarrow c \rightarrow e \rightarrow b \rightarrow d \rightarrow a$ 为哈密顿回路，此图为哈密顿图.

图（b）若有哈密顿回路，则此回路必通过与1,3,5,7点关联的边，而这些边已构成回路，但9,10点不在回路中，所以此图没有哈密顿回路.事实上，此图也无哈密顿通路.

图（c）有哈密顿通路，没有哈密顿回路.这是因为若此图有哈密顿回路，则此回路必通过边 $(a, c), (a, b); (f, g), (c, g); (d, e), (e, c)$.于是回路中通过 c 点有3条边，这是不可能的，所以图（c）无哈密顿回路.

例5 画出具有下列条件的有5个结点的无向图.

（1）不是哈密顿图，也不是欧拉图；

（2）有哈密顿回路，没有欧拉回路；

（3）没有哈密顿回路，有欧拉回路；

（4）是哈密顿图，也是欧拉图.

解 作图如图8.25（不唯一）所示.

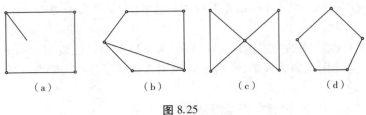

图 8.25

习题 8.3

1.判定下列图(图 8.26)中的四个图形是否可以一笔画.

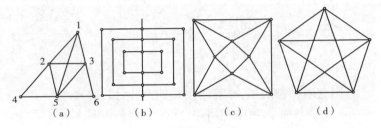

图 8.26

2.某次国际会议 8 人参加,已知每人至少与其余 7 人中的 4 人有共同语言,问服务员能否将他们安排在同一张圆桌就座,使得每个人都能与两边的人交谈?

3.某青年要骑自行车到 4 个景点去旅游. 各景点的位置之间的路线及距离(km)如图 8.27 所示. 他如何走使行程最短?

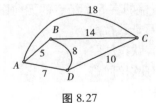

图 8.27

任务 8.4　求最优树

树是图论中的一个重要概念,由于树的模型简单实用,它在企业管理、线路设计等方面都有很重要的应用.

已知有 6 个城市,它们之间要架设电话线,要求任意两个城市均可以互相通话,并且电话线的总长度最短.如果用 6 个点 a,b,c,d,e,f 代表这 6 个城市,在任意两个城市之间架设电话线,即在相应的两个点之间连一条边.这样,6 个城市的一个电话网就可作成一个图.任意两个城市之间均可以通话,这个图必须是连通图.并且,这个图必须是无圈的.否则,从圈上任意去掉一条边,剩下的图仍然是六个城市的一个电话网.图 8.25(a)是一个不含圈的连通图,代表了一个电话线网.

8.4.1　认知树

定义 1　无回路的无向连通图称为**无向树**,简称**树**. 也可以说,无基本回路的无向连通图称为无向树.树一般用 T 表示.

定义 2　每个连通分图都是树的非连通图称为**森林**.

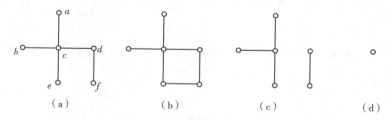

图 8.28

例如,图 8.28 中,(a)和(d)都是树;(b)中有回路,不是树;(c)不连通,也不是树,但(c)有两个连通分支,每个连通分支都是树,故(c)是森林.

在树中,度数为 1 的结点称为**树叶**,度数大于 1 的结点称为**分支点**.如图8.25(a)所示的树中,a,b,e,f 是树叶,c,d 是分支点.

平凡图($n=1$)为树,称为平凡树,如图 8.28(d)所示.

定理 1　设 $T=<V,E>$ 是 n 阶 m 条边的无向图,则下面各命题是等价的:

(1)T 是树(连通无回路);

（2）T 中任意两个顶点之间存在唯一的路径；

（3）T 连通，且去掉一条边则不连通；

（4）T 中无回路且 $m=n-1$；

（5）T 是连通的且 $m=n-1$；

（6）T 中无回路，且若在任意两不相邻结点间增加一条边，则恰有一条回路；

（7）T 中没有回路，但在任何两个不同的顶点之间加一条新边后所得图中有唯一的一个含新边的圈.

证 这里仅证明命题（1）与（2）等价.

（1）$\Rightarrow$（2）.因为 T 为树，所以每两点间均有路.若 T 某两点间有两条路，则此两条路构成一闭通道，其中必包含回路.这与树的定义矛盾.

（2）$\Rightarrow$（1）.若图 T 中任两点间有路，则 T 是连通的.又由于任两点间的路是唯一的，所以图中不包含回路.故 T 为树.

推论 1 非平凡树至少含 2 片树叶.

证明 由定理 1 可知，任何 n 阶 m 条边的树所有结点度之和为 $2m$.对于非平凡树而言，所有结点度之和必为 $2n-2$.若存在某树其树叶少于 2 片，则此时其分支点至少为 $n-1$，故此时树的度数的和必大于 $2n-2$，矛盾.证毕.

例 1 画出含 6 个顶点的树（非同构的）.

解 共 6 种，如图 8.29 所示.

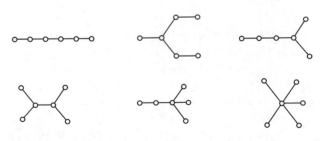

图 8.29

例 2 已知无向树 T 中，有 1 个 3 度顶点，2 个 2 度顶点，其余顶点全是树叶.试求树叶数，并画出满足要求的非同构的无向树.

解 设有 x 片树叶，于是顶点数为 $n=1+2+x=3+x$；

度数和为：$1\times3+2\times2+x\times1=7+x$.

由树的性质知，边数为：$m=n-1=2+x$；

由握手定理知： $2(2+x)=7+x$ ；

解出 $x=3$ ，故 T 有 3 片树叶.

T 的度数列为 1，1，1，2，2，3.

有 2 棵非同构的无向树，如图 8.30 所示.

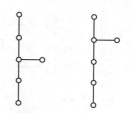

图 8.30

8.4.2 求图的支撑树

定义 3 设图 $T=<V,E'>$ 是图 $G=<V,E>$ 的支撑子图，如果 T 是一棵树，则称 T 是 G 的一棵**支撑树**或**生成树**.

如图 8.31 中，(b) 是 (a) 的支撑树.

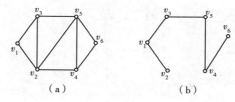

（a） （b）

图 8.31

定理 2 任何连通无向图 G 至少有一棵支撑树.

证（破圈法） 设 G 是 n 阶 m 条边的连通无向图.若 G 无简单回路,则 G 自己是一棵支撑树.否则,G 有简单回路 C_1 ,删去 C_1 的一条边所得 G 的生成子图记为 G_1 .若 G_1 无回路,则 G_1 为支撑树;否则 G_1 有简单回路 C_2 ,删去 C_2 的一条边所得 G_1 的生成子图记为 G_2 .若 G_2 无回路,则 G_2 为支撑树;照此继续.易见经 $m+1-n$ 步必可找到 G 的一棵支撑树.

推论 无向图 G 连通当且仅当 G 有支撑树.

由定理 2 的证明过程可以看出,一个连通图可以有许多生成树.因为在取定一个回路后,就可以从中去掉任意一条边.去掉的边不一样,就能得到不同的支撑树.

求支撑树的方法:避圈法（如图 8.32 所示）;破圈法（如图 8.33 所示）.

1）避圈法

在图中任取一条边 e_1 ,找一条与 e_1 不构成圈的边 e_2 ,再找一条与 $\{e_1,e_2\}$ 不构成圈的边 e_3 .一般设已有 $\{e_1,e_2,\cdots,e_k\}$,找一条与 $\{e_1,e_2,\cdots,e_k\}$ 中任何一些边都不构成圈的边 e_{k+1} ,重复这个过程,直到不能进行为止（其中的" 圈"指的是回路）.

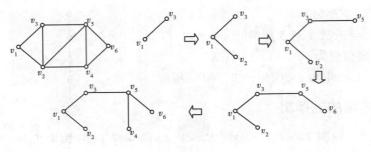

图 8.32

2) 破圈法

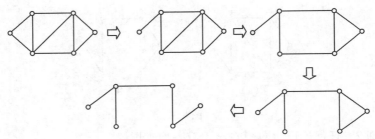

图 8.33

破圈法是"见圈破圈",即如果看到图中有一个圈,就将这个圈的边去掉一条,直至图中再无一圈为止(其中的"圈"指的是回路).

8.4.3　求最小支撑树

在已知的几个城市之间联结电话线网,要求总长度最短和总建设费用最少,这类问题的解决都可以归结为最小支撑树问题.

设图 T 中结点表示一些城市,各边表示城市间道路的连接情况,边的权表示道路的长度.如果现在需要铺设光缆把各城市联系起来,要求铺设光缆最短,这就是要求一棵支撑树,使该支撑树是图 T 的所有支撑树中边权和是最小的.

现在讨论一般的带权图的情况.假定 T 是具有 n 个结点的连通图.对应于 T 的每一条边 e,指定一个正数 $W(e)$,把 $W(e)$ 称为边 e 的权(可以是长度、运输费用等).T 的生成树 T 也有一个树权 $W(T)$,它是 T 的所有边权的和.

定义 4　在图 T 的所有支撑树中,树权最小的那棵支撑树称为图 T 的**最小支撑树**(对普通简单连通图不考虑最小支撑树).

最小支撑树的求法:

1）Kruskal 避圈法

第 1 步：把 $G=<V,E>$ 的边按权由小到大排好，即要求

$$w(e_1) \leqslant w(e_2) \leqslant \cdots \leqslant w(e_m).$$

图 G，$p=n$，$q=m$，令 $i=1$，$j=0$，$E_0=\varnothing$.

第 2 步：如果 $<V,E_{i-1} \cup \{e_i\}>$ 含圈，$E_i=E_{i-1}$，转至第 3 步，否则转至第 4 步.

第 3 步：i 换成 $i+1$，如果 $i \leqslant m$，转至第 2 步，否则结束，则 G 没有最小支撑树.

第 4 步：令 $E_i=E_{i-1} \cup \{e_i\}$，j 换成 $j+1$，如果 $j=n-1$，结束. $<V,E_i>$ 是所求最小支撑树，否则转至第 3 步.

Kruskal 避圈法的思想是在图中取一条最小权的边，以后每一步中，从总未被选取的边中选一条权最小的边，并使之与已选取的边不构成圈（每一步中，如果有两条或两条以上的边都是最小权的边，则从中任选一条）.

例 3 求图 8.34 的最小支撑树 T 及 $W(T)$.

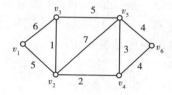

图 8.34

解 e_{ij} 表示连接 v_i 与 v_j 的边，w_{ij} 表示边 e_{ij} 的权.

将各边按权从小到大排为：

$$w_{23} \leqslant w_{24} \leqslant w_{45} \leqslant w_{56} \leqslant w_{46} \leqslant w_{12} \leqslant w_{35} \leqslant w_{13} \leqslant w_{25}.$$

$i=1$，$j=0$，$E_0=\varnothing$，$n=6$，$m=9$，

$<V,E_0 \cup \{e_{23}\}>$ 无圈，$E_1=E_0 \cup \{e_{23}\}=\{e_{23}\}$，$j=1<n-1$；

$i=2$，$<V,E_1 \cup \{e_{24}\}>$ 无圈，$E_2=E_1 \cup \{e_{24}\}=\{e_{23} \cup e_{24}\}$，$j=2<n-1$；

$i=3$，$<V,E_2 \cup \{e_{45}\}>$ 无圈，$E_3=E_2 \cup \{e_{45}\}=\{e_{23},e_{24},e_{45}\}$，$j=3<n-1$；

$i=4$，$<V,E_3 \cup \{e_{56}\}>$ 无圈，$E_4=E_3 \cup \{e_{56}\}=\{e_{23},e_{24},e_{45},e_{56}\}$，$j=4<n-1$；

$i=5$，$<V,E_4 \cup \{e_{46}\}>$ 含圈，$E_5=E_4$；

$i=6$，$<V,E_5 \cup \{e_{12}\}>$ 无圈，$E_6=E_5 \cup \{e_{12}\}=\{e_{23},e_{24},e_{45},e_{56},e_{12}\}$，$j=5=n-1$，结束.

$<V,E6>$ 是所求的最小支撑树（如图 8.35 所示），且 $W(T)=15$.

注意，图 T 的最小支撑树可能不唯一，但图 T 的不同最小支撑树的树权的

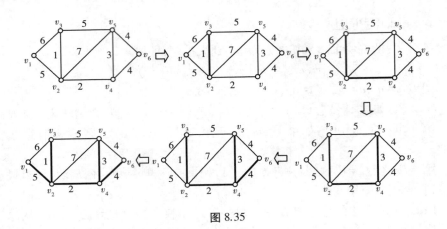

图 8.35

值相同.

2) 破圈法

任取一个圈,从圈中去掉一条权最大的边(如果有两条或两条以上的边都是权最大的边,则任意去掉其中一条).在余下的图中重复这个步骤,直到得到一个不含圈的图为止,这时的图便是最小树.

例 4　用破圈法求解例 3.

解　用破圈法解题过程由图 8.36 给出.

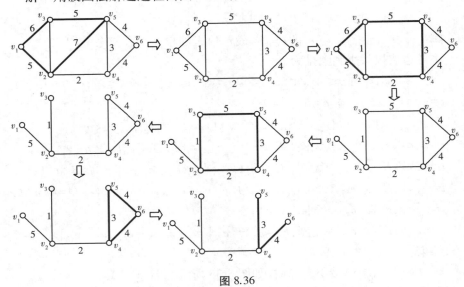

图 8.36

3）Dijkstra 算法（避圈法）

定义 5 图 G 的一个支路集合称为割集，如果把这些支路移去将使 G 分离为两个部分，但是如果少移去一条支路，图仍将是连通的.

需要说明的是，在移去支路时，与其相连的结点并不移去.

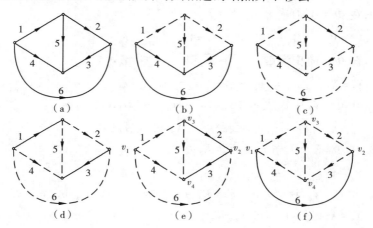

图 8.37

图 G 是一个连通图，如图 8.37（a）所示，支路集合 $\{1,5,2\}$，$\{1,5,3,6\}$，$\{2,5,4,6\}$ 均为图 G 的割集.将这些割集的支路用虚线表示，分别如图 8.37（b）、（c）、（d）所示.不难看出，去掉虚线支路后，各图均被分成了两部分，但是只要少去掉其中的一条虚线支路，图仍然是连通的，故满足割集所要求的条件.

而支路集合 $\{1,5,4,6\}$，$\{1,2,3,4,5\}$ 不是图 G 的割集.将集合中的支路用虚线表示后如图 8.37（e）、（f）所示.对于图 8.37（e）来说，移去支路 $\{1、5、4、6\}$ 后，图虽说被分成两部分（结点 v_1 为其中的一部分），但如不移去支路 5，图仍被分成两部分；而对于图 8.37（f）来说，移去支路 $\{1、2、3、4、5\}$ 后，图被分成三部分，故以上两种支路集合不是割集.

Dijkstra 算法思想：在 $n-1$ 个独立割集中（这 $n-1$ 个独立割集由图中不同的点集所确定），取每个割集的一条最小权边，构成一个最小支撑树.

Dijkstra 算法步骤：

第 1 步：取 $X_0=\{v_1\}$，$\overline{X_0}=V/X_0$，$E_0=\Phi$，$i=0$；

第 2 步：在 X_i 确定的割集 $\Phi=X_i$ 中选一条最小权边 e_k.令 $e_k=<v',v_k>$，其中 $v'\in X_i$，$v_k\in\overline{X_i}$，$E_{i+1}=E_i\cup\{e_k\}$，$X_{i+1}=X_i\cup\{v_k\}$，$\overline{X_{i+1}}=\overline{X_i}\setminus\{v_k\}$；

第3步:若 $X_{i+1}=V$,则结束,$<V,E_{i+1}>$ 就是所求的最小支撑树.否则,把 i 换成 $i+1$,返回第2步.

例5 用 Dijkstra 算法求解例3.

解 Dijkstra 算法如下:$X_0=\{v_1\}$,$\overline{X}_0=\{v_2,v_3,v_4,v_5,v_6\}$.

$i=0$,在 $\Phi=X_0$ 中选边 e_{12},$E_1=E_0\cup\{e_{12}\}=\{e_{12}\}$,

$$X_1=X_0\cup\{v_2\}=\{v_1,v_2\},\overline{X}_1=\{v_3,v_4,v_5,v_6\};$$

$i=1$,在 $\Phi=X_1$ 中选边 e_{23},$E_2=E_1\cup\{e_{23}\}=\{e_{12},e_{23}\}$,

$$X_2=X_1\cup\{v_3\}=\{v_1,v_2,v_3\},\overline{X}_2=\{v_4,v_5,v_6\};$$

$i=2$,在 $\Phi=X_2$ 中选边 e_{24},$E_3=E_2\cup\{e_{24}\}=\{e_{12},e_{23},e_{24}\}$,

$$X_3=X_2\cup\{v_4\}=\{v_1,v_2,v_3,v_4\},\overline{X}_3=\{v_5,v_6\};$$

$i=3$,在 $\Phi=X_3$ 中选边 e_{45},$E_4=E_3\cup\{e_{45}\}=\{e_{12},e_{23},e_{24},e_{45}\}$,

$$X_4=X_3\cup\{v_5\}=\{v_1,v_2,v_3,v_4,v_5\},\overline{X}_4=\{v_6\};$$

$i=4$,在 $\Phi=X_4$ 中选边 e_{56},$E_5=E_4\cup\{e_{56}\}=\{e_{12},e_{23},e_{24},e_{45},e_{56}\}$,

$$X_5=X_4\cup\{v_6\}=\{v_1,v_2,v_3,v_4,v_5,v_6\}=V.$$

具体步骤如图8.38所示:

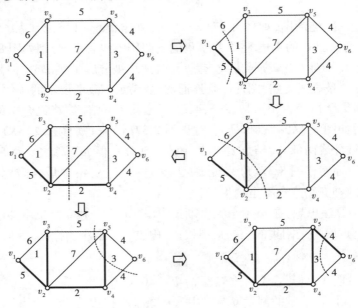

图8.38

前面讨论的树都是无向图中的树,下面简单地讨论有向图中的树.

8.4.4　根树

定义 6　在有向图中,如果不考虑边的方向而构成树,则称此有向图为**有向树**.

定义 7　在有向树 T 中,如果有且仅有一个入度为 0 的点,其他点的入度均为 1,则称有向树 T 为**有根树**,简称**根树**.入度为 0 的点称为**根**,出度为 0 的点称为**树叶**或**叶片**,出度不为 0 的点称为**分枝点**或**内结点**.

例如,图 8.39 为一棵根树,其中 v_1 为根,v_1,v_2,v_4,v_6,v_8 为分枝点,其余结点为树叶.

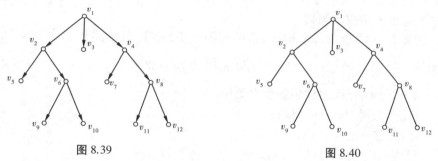

图 8.39　　　　　　　　　　　　　　　　图 8.40

在根树中,任一结点 v 的层次就是从根到该结点的单向通路长度.例如在图 8.39 中,结点 v_1 层次为 0,结点 v_2,v_3,v_4 层次为 1,结点 v_5,v_6,v_7,v_8 层次为 2,结点 v_9,v_{10},v_{11},v_{12} 层次为 3.

习惯上,我们把根树的根画在上方,叶画在下方,这样就可以省去根树的箭头,如图 8.39 可以表示为图 8.40.

定义 8　在根树中,若从 v_i 到 v_j 可达,则称 v_i 是 v_j 的**祖先**,v_j 是 v_i 的**后代**;又若 $<v_i,v_j>$ 是根树中的有向边,则称 v_i 是 v_j 的**父亲**,v_j 是 v_i 的**儿子**;如果两个结点是同一结点的儿子,则称这两个结点是**兄弟**.

例如,图 8.39(图 8.40)中,v_1 是 v_2 与 v_3 的父亲,v_2 与 v_3 是 v_1 的儿子,v_2 与 v_3 是兄弟;v_2 是 v_5 与 v_6 的父亲,v_5 与 v_6 是 v_2 的儿子,v_5 与 v_6 是兄弟.

定义 9　在根树中,如果每一个结点的出度小于或等于 k,则称这棵树为 k **叉树**.若每一个结点的出度恰好等于 k 或零,则称这棵树为**完全 k 叉树**.若所有树叶的层次相同,称为**正则 k 叉树**.当 $k=2$ 时,称为**二叉树**.

定义 10　对 T 的每个顶点访问且仅访问一次,称为**行遍(周游)根树 T**.

行遍二叉树的方式:

（1）**中序行遍法**（中根次序遍历法）：左子树、根、右子树；

（2）**前序行遍法**（先根次序遍历法）：根、左子树、右子树；

（3）**后序行遍法**（后根次序遍历法）：左子树、右子树、根.

例 6 分别用中序、前序、后序行遍法访问图（图 8.41）所示根树.

解 中序：$a*((\underline{b+c})÷(\underline{e-d}))$；

前序：$\underline{*}\,a(\underline{÷}(\underline{+}\,bc)(\underline{-}\,ed))$；

后序：$a((bc\underline{+})(ed\underline{-})\underline{÷})\underline{*}$.

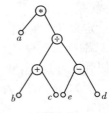

图 8.41

其中，带下划线的是（子）树根，一对括号内是一棵子树.

给定一组权 $w_1,w_2,\cdots,w_t$，不妨设 $w_1\leqslant w_2\leqslant\cdots\leqslant w_t$. 设有一棵二叉树，共有 t 片树叶，分别带权 $w_1,w_2,\cdots,w_t$，该二叉树称为**带权二叉树**.

定义 11 在带权二叉树中，若带权为 w_i 的树叶，其通路长度为 $L(w_i)$，称 $w(T)=\sum_{i=1}^{t}w_iL(w_i)$ 为该带权二叉树的**权**. 在所有带权 $w_1,w_2,\cdots,w_t$ 的二叉树中，$w(T)$ 最小的那棵树称为**最优二叉树**.

最优二叉树 Huffman 算法：

给定实数 $w_1,w_2,\cdots,w_t$，

（1）作 t 片树叶，分别以 $w_1,w_2,\cdots,w_t$ 为权.

（2）在所有入度为 0 的顶点（不一定是树叶）中选出两个权最小的顶点，添加一个新分支点，以这 2 个顶点为儿子，其权等于这 2 个儿子的权之和.

（3）重复步骤（2），直到只有 1 个入度为 0 的顶点为止.

$W(T)$ 等于所有分支点的权之和.

例 7 求带权 1,3,4,5,6 的最优二叉树 T 及 $W(T)$.

解 解题过程由图 8.42 给出，$W(T)=42$.

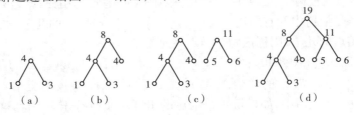

（a） （b） （c） （d）

图 8.42

8.4.5 求最短路径问题

例 8 设有一批货物要从 $v1$ 运到 $v7$（如图 8.43 所示），求最短运输路线.

这类问题就是求最短路径问题.我们以例 8 为例,介绍最短路径的算法.

解 1 Dijkstra 算法:

$K=1:S=\{V_1(0)\},\bar{S}=\{v_2,v_3,v_4,v_5,v_6,v_7\}$.

$\quad k_{12}=d(v_1)+L(v_1,v_2)=0+1=1$;

$\quad k_{13}=d(v_1)+L(v_1,v_3)=0+4=4$;

$\quad k_{14}=d(v_1)+L(v_1,v_4)=0+\infty=\infty$;

$$\vdots$$

$\quad k_{17}=d(v_1)+L(v_1,v_7)=0+\infty=\infty$.

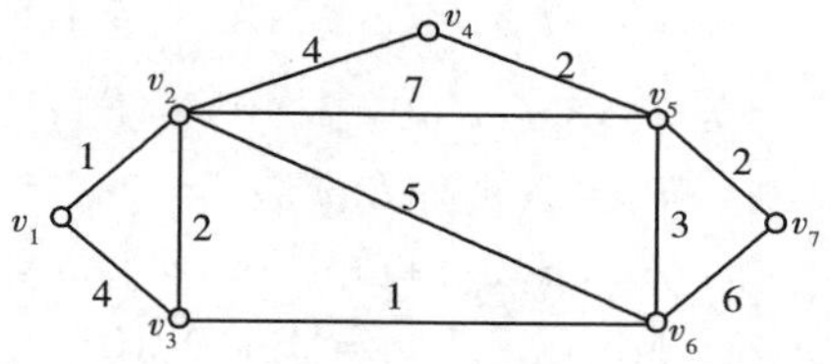

$\quad \text{Min}\{k_{12},k_{13}\}=\text{Min}\{1,4\}=1,v_2$ 进

入 S(图 8.44(a)).

图 8.39

$K=2:S=\{v_1(0),v_2(0)\},\quad \bar{S}=\{v_3,v_4,v_5,v_6,v_7\}$.

$\quad k_{13}=d(v_1)+L(v_1,v_3)=0+4=4$;$\quad k_{23}=d(v_2)+L(v_2,v_3)=1+2=3$;

$\quad k_{14}=d(v_1)+L(v_1,v_4)=0+\infty=\infty$;$k_{24}=d(v_2)+L(v_2,v_4)=1+4=5$;

$\quad k_{15}=d(v_1)+L(v_1,v_5)=0+\infty=\infty$;$k_{25}=d(v_2)+L(v_2,v_5)=1+7=8$;

$\quad k_{16}=d(v_1)+L(v_1,v_6)=0+\infty=\infty$;$k_{26}=d(v_2)+L(v_2,v_6)=1+5=6$;

$\quad k_{17}=d(v_1)+L(v_1,v_7)=0+\infty=\infty$;$k_{27}=d(v_2)+L(v_2,v_7)=1+\infty=\infty$;

$\quad \text{Min}\{k_{12},k_{23},k_{24},k_{25},k_{26}\}=\text{Min}\{4,3,5,8,6\}=3,v_3$ 进入 S(图 8.44(b)).

$K=3:S=\{v_1(0),v_2(0),v_3(3)\},\quad \bar{S}=\{v_4,v_5,v_6,v_7\}$.

$\quad k_{24}=d(v_2)+L(v_2,v_4)=1+4=5$;$\quad k_{34}=d(v_3)+L(v_3,v_4)=3+\infty=\infty$;

$\quad k_{25}=d(v_2)+L(v_2,v_5)=1+7=8$;$\quad k_{35}=d(V_3)+L(v_3,v_5)=3+\infty=\infty$;

$\quad k_{26}=d(v_2)+L(v_2,v_6)=1+5=6$;$\quad k_{36}=d(V_3)+L(v_3,v_6)=3+1=4$;

$\quad k_{27}=d(v_2)+L(v_2,v_7)=1+\infty=\infty$;$k_{37}=d(v_3)+L(v_3,v_7)=3+\infty=\infty$.

$\quad \text{Min}\{k_{12},k_{23},k_{24},k_{25},k_{26}\}=\text{Min}\{5,8,6,4\}=4,v_6$ 进入 S(图 8.44(c)).

$K=4:S=\{v_1(0),v_2(0),v_3(3),v_6(3)\},\bar{S}=\{v_4,v_5,v_7\}$.

$\quad k_{24}=d(v_2)+L(v_2,v_4)=1+4=5$;

$\quad k_{25}=d(v_2)+L(v_2,v_5)=1+7=8$;

$\quad k_{64}=d(v_6)+L(v_6,v_4)=4+\infty=\infty$;

$\quad k_{65}=d(v_6)+L(v_6,v_5)=4+3=7$;

$\quad k_{67}=d(v_6)+L(v_6,v_7)=4+6=10$.

$\quad \text{Min}\{k_{24},k_{25},k_{64},k_{65},k_{67}\}=\text{Min}\{5,8,7,10\}=5,v_4$ 进入 S(图 8.44(d)).

$K=5:S=\{v_1(0),v_2(0),v_3(3),v_6(4),v_4(7)\},\bar{S}=\{v_5,v_7\}$.

$\quad k_{25}=d(v_2)+L(v_2,v_5)=1+7=8$;

$k_{45} = d(v_4) + L(v_4, v_5) = 5 + 2 = 7;$

$k_{65} = d(v_6) + L(v_6, v_5) = 4 + 3 = 7;$

$k_{67} = d(v_6) + L(v_6, v_7) = 4 + 6 = 10.$

Min$\{k_{25}, k_{45}, k_{65}, k_{67}\}$ = Min$\{8, 7, 7, 10\}$ = 7, v_5 进入 S (图 8.44(e)).

$K = 6 : S = \{v_1(0), v_2(0), v_3(3), v_6(4), v_4(7), v_5(7)\}, \bar{S} = \{v_7\}.$

$k_{57} = d(v_5) + L(v_5, v_7) = 7 + 2 = 9;$

$k_{67} = d(v_6) + L(v_6, v_7) = 4 + 6 = 10;$

Min$\{k_{57}, k_{67}\}$ = Min$\{9, 10\}$ = 9, v_7 进入 S (图 8.44(f)).

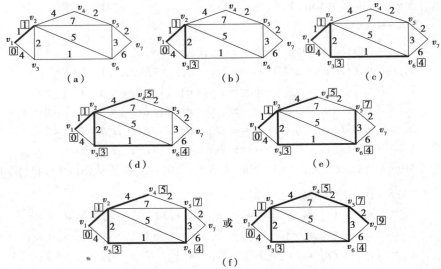

图 8.44

得最短路线: $v_1 \rightarrow v_2 \rightarrow v_4 \rightarrow v_5 \rightarrow v_7$

或 $v_1 \rightarrow v_2 \rightarrow v_3 \rightarrow v_6 \rightarrow v_5 \rightarrow v_7.$

(例 8) 解 2　先将图表示为矩阵形式: 两顶点间有边连接的记为该边的权数. 无边相连的记为 ∞, 对角线上的数是 0.

	v_1	v_2	v_3	v_4	v_5	v_6	v_7
v_1	0	1	4	∞	∞	∞	∞
v_2	1	0	2	4	7	5	∞
v_3	4	2	0	∞	∞	1	∞
v_4	∞	4	∞	0	2	∞	∞
v_5	∞	7	∞	2	0	3	2
v_6	∞	5	1	∞	3	0	6
v_7	∞	∞	∞	∞	2	6	0

第一步：

		v_1	v_2	v_3	v_4	v_5	v_6	v_7
[0]	v_1	0	1	4	∞	∞	∞	∞
	v_2	1	0	2	4	7	5	∞
	v_3	4	2	0	∞	∞	1	∞
	v_4	∞	4	∞	0	2	∞	∞
	v_5	∞	7	∞	2	0	3	2
	v_6	∞	5	1	∞	3	0	6
	v_7	∞	∞	∞	∞	2	6	0

⇩

		v_1	v_2	v_3	v_4	v_5	v_6	v_7
[0]	v_1	0	①1	4	∞	∞	∞	∞
[1]	v_2	1	0	2+1	4+1	7+1	5+1	∞
	v_3	4	2	0	∞	∞	1	∞
	v_4	∞	4	∞	0	2	∞	∞
	v_5	∞	7	∞	2	0	3	2
	v_6	∞	5	1	∞	3	0	6
	v_7	∞	∞	∞	∞	2	6	0

⇩

		v_1	v_2	v_3	v_4	v_5	v_6	v_7
[0]	v_1	0	①1	4	∞	∞	∞	∞
[1]	v_2	1	0	3	5	8	6	∞
	v_3	4	2	0	∞	∞	1	∞
	v_4	∞	4	∞	0	2	∞	∞
	v_5	∞	7	∞	2	0	3	2
	v_6	∞	5	1	∞	3	0	6
	v_7	∞	∞	∞	∞	2	6	0

如图 8.44（a）所示.

第二步：

		v_1	v_2	v_3	v_4	v_5	v_6	v_7
[0]	v_1	0	①1	4	∞	∞	∞	∞
[1]	v_2	1	0	③3	5	8	6	∞
	v_3	4	2	0	∞	∞	1	∞
	v_4	∞	4	∞	0	2	∞	∞
	v_5	∞	7	∞	2	0	3	2
	v_6	∞	5	1	∞	3	0	6
	v_7	∞	∞	∞	∞	2	6	0

⇩

		v_1	v_2	v_3	v_4	v_5	v_6	v_7
[0]	v_1	0	①1	4	∞	∞	∞	∞
[1]	v_2	1	0	③3	5	8	6	∞
[3]	v_3	4	2	0	∞	∞	1+3	∞
	v_4	∞	4	∞	0	2	∞	∞
	v_5	∞	7	∞	2	0	3	2
	v_6	∞	5	1	∞	3	0	6
	v_7	∞	∞	∞	∞	2	6	0

⇩

		v_1	v_2	v_3	v_4	v_5	v_6	v_7
[0]	v_1	0	①1	4	∞	∞	∞	∞
[1]	v_2	1	0	③3	5	8	6	∞
[3]	v_3	4	2	0	∞	∞	4	∞
	v_4	∞	4	∞	0	2	∞	∞
	v_5	∞	7	∞	2	0	3	2
	v_6	∞	5	1	∞	3	0	6
	v_7	∞	∞	∞	∞	2	6	0

如图 8.44（b）所示.

第三步：

		v_1	v_2	v_3	v_4	v_5	v_6	v_7
[0]	v_1	0	(1)	4	∞	∞	∞	∞
[1]	v_2	1	0	(3)	5	8	6	∞
[3]	v_3	4	2	0	∞	∞	(4)	∞
	v_4	∞	4	∞	0	2	∞	∞
	v_5	∞	7	∞	2	0	3	2
	v_6	∞	5	1	∞	3	0	6
	v_7	∞	∞	∞	∞	2	6	0

⬇

		v_1	v_2	v_3	v_4	v_5	v_6	v_7
[0]	v_1	0	(1)	4	∞	∞	∞	∞
[1]	v_2	1	0	(3)	5	8	6	∞
[3]	v_3	4	2	0	∞	∞	(4)	∞
	v_4	∞	4	∞	0	2	∞	∞
	v_5	∞	7	∞	2	0	3	2
[4]	v_6	∞	5	1	∞	3+4	0	6+4
	v_7	∞	∞	∞	∞	2	6	0

⬇

		v_1	v_2	v_3	v_4	v_5	v_6	v_7
[0]	v_1	0	(1)	4	∞	∞	∞	∞
[1]	v_2	1	0	(3)	5	8	6	∞
[3]	v_3	4	2	0	∞	∞	(4)	∞
	v_4	∞	4	∞	0	2	∞	∞
	v_5	∞	7	∞	2	0	3	2
[4]	v_6	∞	5	1	∞	7	0	10
	v_7	∞	∞	∞	∞	2	6	0

如图 8.44(c)所示.

第四步：

		v_1	v_2	v_3	v_4	v_5	v_6	v_7
[0]	v_1	0	(1)	4	∞	∞	∞	∞
[1]	v_2	1	0	(3)	(5)	8	6	∞
[3]	v_3	4	2	0	∞	∞	(4)	∞
	v_4	∞	4	∞	0	2	∞	∞
	v_5	∞	7	∞	2	0	3	2
[4]	v_6	∞	5	1	∞	7	0	10
	v_7	∞	∞	∞	∞	2	6	0

⬇

		v_1	v_2	v_3	v_4	v_5	v_6	v_7
[0]	v_1	0	(1)	4	∞	∞	∞	∞
[1]	v_2	1	0	(3)	(5)	8	6	∞
[3]	v_3	4	2	0	∞	∞	(4)	∞
	v_4	∞	4	∞	0	2+5	∞	∞
	v_5	∞	7	∞	2	0	3	2
[4]	v_6	∞	5	1	∞	7	0	10
	v_7	∞	∞	∞	∞	2	6	0

⬇

		v_1	v_2	v_3	v_4	v_5	v_6	v_7
[0]	v_1	0	(1)	4	∞	∞	∞	∞
[1]	v_2	1	0	(3)	(5)	8	6	∞
[3]	v_3	4	2	0	∞	∞	(4)	∞
[5]	v_4	∞	4	∞	0	7	∞	∞
	v_5	∞	7	∞	2	0	3	2
[4]	v_6	∞	5	1	∞	7	0	10
	v_7	∞	∞	∞	∞	2	6	0

如图 8.44(d)所示.

第五步：

		v_1	v_2	v_3	v_4	v_5	v_6	v_7
[0]	v_1	0	(1)	4	∞	∞	∞	∞
[1]	v_2	1	0	(3)	(5)	8	6	∞
[3]	v_3	4	2	0	∞	∞	(4)	∞
[5]	v_4	∞	4	∞	0	(7)	∞	∞
	v_5	∞	7	∞	2	0	3	2
[4]	v_6	∞	5	1	∞	7	0	10
	v_7	∞	∞	∞	∞	2	6	0

⬇

第六步：

		v_1	v_2	v_3	v_4	v_5	v_6	v_7
[0]	v_1	0	(1)	4	∞	∞	∞	∞
[1]	v_2	1	0	(3)	(5)	8	6	∞
[3]	v_3	4	2	0	∞	∞	(4)	∞
[5]	v_4	∞	4	∞	0	(7)	∞	∞
[7]	v_5	∞	7	∞	2	0	3	(9)
[4]	v_6	∞	5	1	∞	(7)	0	10
[9]	v_7	∞	∞	∞	∞	2	6	0

⬇

		v_1	v_2	v_3	v_4	v_5	v_6	v_7
[0]	v_1	0	1	4	∞	∞	∞	∞
[1]	v_2	1	0	3	5	8	6	∞
[3]	v_3	4	2	0	∞	∞	4	∞
[5]	v_4	∞	4	∞	0	7	∞	∞
[7]	v_5	∞	7	∞	2	0	3	2
[4]	v_6	∞	5	1	∞	7	0	10
	v_7	∞	∞	∞	∞	2	6	0

		v_1	v_2	v_3	v_4	v_5	v_6	v_7
[0]	v_1	0	1	4	∞	∞	∞	∞
[1]	v_2	1	0	3	5	8	6	∞
[3]	v_3	4	2	0	∞	∞	4	∞
[5]	v_4	∞	4	∞	0	7	∞	∞
[7]	v_5	∞	7	∞	2	0	3	9
[4]	v_6	∞	5	1	∞	7	0	10
[9]	v_7	∞	∞	∞	∞	2	6	0

如图 8.44(f) 所示.

⇩

		v_1	v_2	v_3	v_4	v_5	v_6	v_7
[0]	v_1	0	1	4	∞	∞	∞	∞
[1]	v_2	1	0	3	5	8	6	∞
[3]	v_3	4	2	0	∞	∞	4	∞
[5]	v_4	∞	4	∞	0	7	∞	∞
[7]	v_5	∞	7	∞	2	0	3	2+7
[4]	v_6	∞	5	1	∞	7	0	10
	v_7	∞	∞	∞	∞	2	6	0

⇩

		v_1	v_2	v_3	v_4	v_5	v_6	v_7
[0]	v_1	0	1	4	∞	∞	∞	∞
[1]	v_2	1	0	3	5	8	6	∞
[3]	v_3	4	2	0	∞	∞	4	∞
[5]	v_4	∞	4	∞	0	7	∞	∞
[7]	v_5	∞	7	∞	2	0	3	9
[4]	v_6	∞	5	1	∞	7	0	10
	v_7	∞	∞	∞	∞	2	6	0

如图 8.44(e) 所示.

得最短路线: $v_1 \to v_2 \to v_4 \to v_5 \to v_7$

或 $v_1 \to v_2 \to v_3 \to v_6 \to v_5 \to v_7$.

习题 8.4

1.已知某棵树有 2 个 2 度结点、3 个 3 度结点、4 个 4 度结点,问有几片树叶 (无其他度数点)?

2.已知无向树 T 有 5 片树叶, 2 度与 3 度顶点各 1 个, 其余顶点的度数均为 4. 求 T 的阶数 n, 并画出满足要求的所有非同构的无向树.

3.求下图(图 8.45)中(a)和(b)的最小支撑树 T 及 $W(T)$:

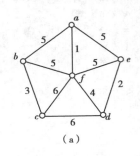

（a）

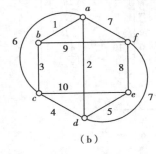

（b）

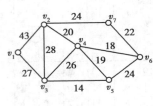

图 8.45　　　　　　　　　　　　　　图 8.46

4.如图 8.46 所示是一个无向网络,求最小支撑树.

5.求带权为 1, 1, 2, 3, 4, 5 的最小支撑树.

项目8 任务关系结构图

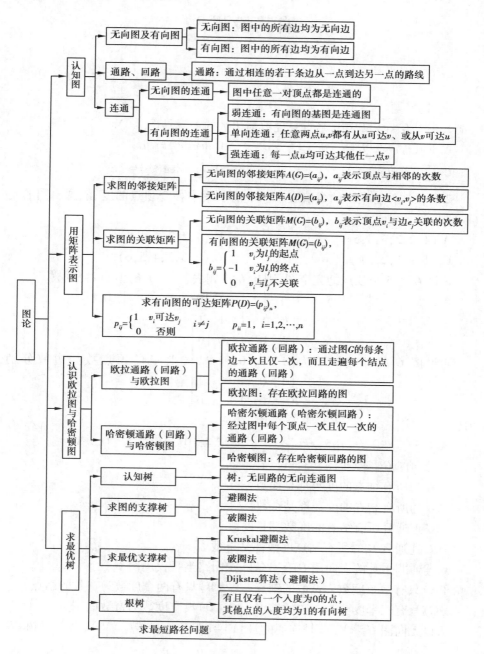

图论

- 认知图
  - 无向图及有向图
    - 无向图：图中的所有边均为无向边
    - 有向图：图中的所有边均为有向边
  - 通路、回路
    - 通路：通过相连的若干条边从一点到达另一点的路线
  - 连通
    - 无向图的连通
      - 图中任意一对顶点都是连通的
    - 有向图的连通
      - 弱连通：有向图的基图是连通图
      - 单向连通：任意两点u,v都有从u可达v、或从v可达u
      - 强连通：每一点u均可达其他任一点v
- 用矩阵表示图
  - 求图的邻接矩阵
    - 无向图的邻接矩阵$A(G)=(a_{ij})$，a_{ij}表示顶点与相邻的次数
    - 无向图的邻接矩阵$A(D)=(a_{ij})$，a_{ij}表示有向边$<v_i,v_j>$的条数
  - 求图的关联矩阵
    - 无向图的关联矩阵$M(G)=(b_{ij})$，b_{ij}表示顶点v_i与边e_j关联的次数
    - 有向图的关联矩阵$M(G)=(b_{ij})$，$b_{ij}=\begin{cases}1 & v_j为l_i的起点\\-1 & v_j为l_i的终点\\0 & v_i与l_j不关联\end{cases}$
  - 求有向图的可达矩阵$P(D)=(p_{ij})_n$，$p_{ij}=\begin{cases}1 & v_i可达v_j\\0 & 否则\end{cases}$ $i\neq j$ $p_{ii}=1$，$i=1,2,\cdots,n$
- 认识欧拉图与哈密顿图
  - 欧拉通路（回路）与欧拉图
    - 欧拉通路（回路）：通过图G的每条边一次且仅一次，而且走遍每个结点的通路（回路）
    - 欧拉图：存在欧拉回路的图
  - 哈密顿通路（回路）与哈密顿图
    - 哈密尔顿通路（哈密尔顿回路）：经过图中每个顶点一次且仅一次的通路（回路）
    - 哈密顿图：存在哈密顿回路的图
- 求最优树
  - 认知树
    - 树：无回路的无向连通图
  - 求图的支撑树
    - 避圈法
    - 破圈法
  - 求最优支撑树
    - Kruskal避圈法
    - 破圈法
    - Dijkstra算法（避圈法）
  - 根树
    - 有且仅有一个入度为0的点，其他点的入度均为1的有向树
  - 求最短路径问题

自我检测 8

一、选择题

1. 在图 $G=<V,E>$ 中,结点总度数与边数的关系是(　　).

A.$\deg(v_i)=2|E|$

B.$\deg(v_i)=|E|$

C.$\sum_{v\in V}\deg(v_i)=2|E|$

D.$\sum_{v\in V}\deg(v_i)=|E|$

2. 若供选择答案中的数值表示一个简单图中各个顶点的度,能画出图的是(　　).

A.$(1,2,2,3,4,5)$

B.$(1,2,3,4,4,5)$

C.$(1,1,1,2,3)$

D.$(2,3,3,4,5,6)$

3. 设 G 是 5 个顶点的完全图,则从 G 中删去(　　)条边可以得到树.

A.6　　　　　B.5　　　　　C.10　　　　　D.4

4. 设图 G 的邻接矩阵为 $\begin{bmatrix} 0 & 1 & 1 & 1 & 1 \\ 1 & 0 & 1 & 0 & 0 \\ 1 & 1 & 0 & 1 & 1 \\ 1 & 0 & 1 & 0 & 1 \\ 1 & 0 & 1 & 1 & 0 \end{bmatrix}$,则 G 的顶点数与边数分别

为(　　).

A.4,5　　　　B.5,6　　　　C.4,10　　　　D.5,8

5. 无向图 G 是欧拉图,当且仅当(　　).

A.G 的所有结点的度数都是偶数

B.G 的所有结点的度数都是奇数

C.G 连通且所有结点的度数都是偶数

D.G 连通且 G 的所有结点度数都是奇数

6. 连通非平凡的无向图 G 有一条欧拉回路当且仅当图 G(　　).

(A)只有一个度数为奇数的结点　　　(B)只有两个度数为奇数的结点

(C)只有三个度数为奇数的结点　　　(D)没有度数为奇数的结点

7. 设无向图 $G=<V,E>$ 是连通的且 $|V|=n$,$|E|=m$.若(　　),则 G 是树.

A.$m=n+1$ B.$n=m+1$ C.$m\leqslant 3n-6$ D.$n\leqslant 3m-6$

8.下列各有向图是强连通图的是( ).

(A) (B) (C) (D)

9.下图中既不是 Eular 图,也不是 Hamilton 图的图是( ).

(A) (B) (C) (D)

10.在一棵树中有 7 片树叶,3 个 3 度结点,其余都是 4 度结点,则该树有( )个 4 度结点.

A.1 B.2 C.3 D.4

二、填空题

1.设 G 是完全二叉树,G 有 15 个点,其中 8 片树叶,则(1)G 的总度数为_____;(2)分枝点数为_____.

2.设完全图 K_n 有 n 个顶点($n\geqslant 2$),当_____时,K_n 中存在欧拉回路.

3.已知图 G 中有 1 个 1 度结点,2 个 2 度结点,3 个 3 度结点,4 个 4 度结点,则 G 的边数是_____.

4.设有向图 D 为欧拉图,则图 D 中每个结点的入度_____.

5.树是不包含_____的_____图.

6.无向完全图 K_6 有_____条边.

7.有三个顶点的所有互不同构的简单无向图有_____个.

8.设树 T 中有 2 个 3 度顶点和 3 个 4 度顶点,其余的顶点都是树叶,则 T 中有_____片树叶.

9.一棵无向树的顶点数为 n,则(1)其边数为_____;(2)其结点度数之和是_____.

10.设连通无向图 G 有 k 个奇顶点,要使 G 变成欧拉图,在 G 中至少要加_____条边.

三、解答题

1.一棵树有两个节点度数为 2,一个节点度数为 3,三个节点度数为 4,问它有几个度数为 1 的节点?

2.画出有 1 个 4 次顶点,2 个 2 次顶点,4 个 1 次顶点的所有非同构的树.

3.求叶的权分别为 2、4、6、8、10、12、14 的最优二叉树及其权.

4.求下面带权图的最小支撑树,并计算它的权.

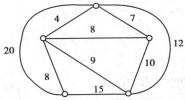

5.图 $G=<V,E>$,其中 $V=\{a, b, c, d, e, f\}$,$E=\{(a, b), (a, c), (a, e),$ $(b, d), (b, e), (c, e), (d, e), (d, f), (e, f)\}$,对应边的权值依次为 5,2,1,2, 6,1,9,3 及 8.

(1)画出 G 的图形;

(2)写出 G 的邻接矩阵;

(3)求出 G 权最小的支撑树及其权值.

项目9　二元关系与数理逻辑

【知识目标】

1.理解关系的概念,掌握关系的运算及性质;了解复合映射与逆映射.

2.理解命题和联结词的基本概念;掌握命题公式的类型、真值表表示方法、命题公式的等值演算、命题逻辑基本推理.

3.理解谓词的基本概念;掌握谓词公式的解释、等价与蕴含.

【技能目标】

1.会求笛卡儿积;会用关系矩阵、关系图表示二元关系;会5种类型的二元关系及其判断方法;会判断等价关系;会求关系的闭包.

2.会判断命题的真假,会将命题符号化;会构造命题公式的真值表,会根据真值表判别公式的类型.

3.会利用等值演算验证等值式、化简复杂命题公式和判别公式的类型.

【相关链接】

最常和理论计算机科学放在一起的一个词是什么？答:离散数学.离散数学包括图论、二元关系、数理逻辑等.其中,数理逻辑不仅是整个计算机数学的基础,也是计算机科学的基础.离散数学课程自20世纪70年代出现以来一直是计算机专业的核心课程之一.这两者的关系是如此密切,以至于它们在不少场合下成为同义词.传统上,数学是以分析为中心的.随着计算机科学的出现,一些以前不太受到重视的数学分支突然重要起来.人们发现,这些分支处理的数学对象与传统的分析有明显的区别:分析研究的问题解决方案是连续的,因而微分、积分成为基本的运算;而这些分支研究的对象是离散的,人们从而称这些分支为"离散数学"."离散数学"的名字越来越响亮,最后导致以分析为中心的传统数学分支被相对称为"连续数学".

【推荐资料】

[1] 陆钟万.面向计算机科学的数理逻辑[M].北京:科学出版社,2002.

本书叙述了与计算机科学有紧密联系并且相互之间也有联系的数理逻辑基础性内容,包括经典逻辑和非经典逻辑中的构造性逻辑和模态逻辑.本书在选材时考虑了逻辑系统的特征,并且适应计算机科学的要求.本书研究各种逻辑的背景、语言、语义、形式推演,以及可靠性和完备性等问题.

[2] 刘维.计算机中应用到的数学知识[OL].

http://wenku.baidu.com/view/3d97d7eeb8f67c1cfad6b886.html

【案例导入】案件推理

公安局受理某单位发生的一桩案件,已获取如下事实:

(1)疑犯甲或疑犯乙,至少有一人参与作案;

(2)如果甲作案,则作案不在上班时间;

(3)如果乙的证词正确,则大门还未上锁;

(4)如果乙的证词不正确,则作案发生在上班时间;

(5)已证实大门上了锁.

试判断谁是作案人,写出推理过程.

任务9.1 认知二元关系

9.1.1 二元关系

1)笛卡尔积

定义1 由两个元素 x 和 y 按一定顺序排成的二元组,称为**有序对**(或称序偶),记作$<x,y>$.其中 x 是它的第一元素,y 是它的第二元素.

如平面直角坐标系点的坐标.

有序对(序偶)特点:

(1)当 $x \neq y$ 时,$<x,y> \neq <y,x>$;

(2)$<x,y>=<u,v>$当且仅当 $x=u,y=v$.

定义2 设 A、B 是两个集合,$x \in A,y \in B$,则所有有序对$<x,y>$的集合,称为 A 和 B 的**笛卡尔积**,记为 $A \times B$,即

$$A \times B = \{<x, y> | x \in A \text{ 且 } y \in B\}$$

用 $|A|$ 表示集合 A 中的元素个数. 一般地, 若 $|A| = m$, $|B| = n$, 则

$$|A \times B| = |B \times A| = mn.$$

设 A 是一个集合, 由 A 的所有子集构成的集合称为 A 的**幂集**, 记作 $P(A)$ 或 2^A, 则

$$|P(A)| = 2^{|A|}.$$

例1 设 $A = \{a, b\}$, $B = \{0, 1, 2\}$, 求 $A \times B$, $B \times A$.

解 由笛卡尔积的定义知

$$A \times B = \{<a, 0>, <a, 1>, <a, 2>, <b, 0>, <b, 1>, <b, 2>\},$$
$$B \times A = \{<0, a>, <0, b>, <1, a>, <1, b>, <2, a>, <2, b>\}.$$

例2 若 $A = \{\varnothing\}$, $P(A) \times A$.

解 若 $A = \{\varnothing\}$, 则 $P(A) = \{\varnothing, \{\varnothing\}\}$.

于是,

$$P(A) \times A = \{<\varnothing, \varnothing>, <\{\varnothing\}, \varnothing>\}.$$

笛卡尔积运算的性质:

(1) 如果 A、B 中有一个空集, 则笛卡儿积是空集, 即: $\varnothing \times B = A \times \varnothing = \varnothing$;

(2) 当 $A \neq B$ 且 A、B 都不是空集时, 有 $A \times B \neq B \times A$, 即笛卡尔积不满足交换律;

(3) 当 A、B、C 都不是空集时, 有 $(A \times B) \times C \neq A \times (B \times C)$, 即笛卡尔积不满足结合律;

(4) 笛卡尔积运算对 $\cup$ 或 $\cap$ 运算满足分配律, 即

$$A \times (B \cup C) = (A \times B) \cup (A \times C), \quad (B \cup C) \times A = (B \times A) \cup (C \times A),$$
$$A \times (B \cap C) = (A \times B) \cap (A \times C), \quad (B \cap C) \times A = (B \times A) \cap (C \times A).$$

例3 设 $A = \{1, 2\}$, 求 $P(A) \times A$.

解 因为 $P(A) = \{\varnothing, \{1\}, \{2\}, \{1, 2\}\}$,

所以, $P(A) \times A$

$= \{\varnothing, \{1\}, \{2\}, \{1, 2\}\} \times \{1, 2\}$

$= \{<\varnothing, 1>, <\varnothing, 2>, <\{1\}, 1>, <\{1\}, 2>, <\{2\}, 1>, <\{2\}, 2>, <\{1, 2\}, 1>, <\{1, 2\}, 2>\}.$

2) 二元关系

定义3 如果一个集合为空集或者它的元素都是二元有序对, 则这个集合称为一个**二元关系**, 记作 R.

对一个二元关系 R,如果 $<x,y> \in R$,记作 xRy;如果 $<x,y> \notin R$,记作 $x\overline{R}y$.

例如,小于等于关系 $L_A = \{<x,y> \mid x,y \in A$ 且 $x \leqslant y\}$,$A \subseteq R$,R 为实数集合;

包含关系 $R_\subseteq = \{<x,y> \mid x,y \in A$ 且 $x \subseteq y\}$,A 是集合族.

人群中的父子关系 $= \{<x,y> \mid x,y$ 是人,并且 x 是 y 的父亲$\}$ 等.

定义 4 设 A,B 为集合,$A \times B$ 的任何子集所定义的二元关系称为从 A 到 B 的**二元关系**.特别地,当 $A = B$ 时,称为 A **上的二元关系**.

若 A 为 n 元集,记 $|A| = n$,则 $|A \times A| = n^2$,$A \times A$ 的子集共有 2^{n^2} 个,每个子集都是 A 上的一个关系.所以,n 元集 A 上不同的关系共有 2^{n^2} 个.如三元集 A 上共有 $2^{3^2} = 512$ 个不同关系.

A 的 3 种特殊关系:空关系、全域关系 U_A、恒等关系 I_A.

空关系即空集.

全域关系:$U_A = \{<x,y> \mid x \in A$ 且 $y \in A\} = A \times A$.

恒等关系:$I_A = \{<x,x> \mid x \in A\}$.

例 4 设 $A = \{a,b\}$,写出 $P(A)$ 上的包含关系 R.

解 $P(A) = \{\varnothing, \{a\}, \{b\}, \{a,b\}\}$

$R = \{<\varnothing,\varnothing>, <\varnothing,\{a\}>, <\varnothing,\{b\}>, <\varnothing,\{a,b\}>,$
$<\{a\},\{a\}><\{a\}, \{a,b\}>, <\{b\},\{b\}>, <\{b\},\{a,b\}>, <\{a,b\},\{a,b\}>\}$.

9.1.2 表示二元关系

1) 用关系矩阵表示

设给定集合 $A = \{a_1, a_2, \cdots, a_n\}$,集合 $B = \{b_1, b_2, \cdots, b_m\}$.$R$ 是 A 到 B 的二元关系.

令

$$r_{ij} = \begin{cases} 1, & \text{若 } a_i R b_j \\ 0, & \text{若 } a_i \overline{R} b_j \end{cases}$$

$$(i = 1,2,3,\cdots,n, j = 1,2,3,\cdots,m)$$

称

$$(r_{ij})_{n \times m} = \begin{array}{c} \\ a_1 \\ a_2 \\ \vdots \\ a_n \end{array} \begin{array}{cccc} b_1 & b_2 & \cdots & b_m \end{array} \\ \begin{pmatrix} r_{11} & r_{12} & \cdots & r_{1m} \\ r_{21} & r_{22} & \cdots & r_{2m} \\ \vdots & \vdots & & \vdots \\ r_{n1} & r_{n2} & \cdots & r_{nm} \end{pmatrix}$$

为 R 的**关系矩阵**.

说明：

①空关系$\varnothing$的关系矩阵$M_{\varnothing}$的所有元素为0.

②全域关系U_A的关系矩阵M_U的所有元素为1.

③恒等关系I_A的关系矩阵M_I的所有对角元为1,非对角均为0,此矩阵在线性代数中称为单位矩阵,记作E(或I).

2)用关系图表示

设给定集合$A=\{a_1,a_2,\cdots,a_n\}$,集合$B=\{b_1,b_2,\cdots,b_m\}$.R是A到B的二元关系.

首先在平面上作出n个结点,分别记作$a_1,a_2,\cdots,a_n$.然后另外作出m个结点,分别记作$b_1,b_2,\cdots,b_m$.如果$a\in A$、$b\in B$且$<a,b>\in R$,则自结点a到结点b作出一条有向弧,其箭头指向b.如果$<a,b>\notin R$,则结点a和结点b之间没有线段联结.用这种方法得到的图称为R**的关系图**.

例5 已知$A=\{1,2,3,4\}$,A上关系$R=\{<1,2>,<1,3>,<2,1>,<2,2>,<3,3>,$<4,3>\}$.求R的关系矩阵M_R和关系图.

解 关系矩阵M_R:

$$M_R=\begin{pmatrix} 0 & 1 & 1 & 0 \\ 1 & 1 & 0 & 0 \\ 0 & 0 & 1 & 0 \\ 0 & 0 & 1 & 0 \end{pmatrix},$$

图9.1

关系图(图9.1):

9.1.3 关系的运算

1)关系的定义域与值域

关系R的定义域:$\mathrm{dom}R=\{x\mid$存在y,使得$<x,y>\in R\}$,即R中所有有序对的第一元素构成的集合.

关系R的值域:$\mathrm{ran}R=\{y\mid$存在x,使得$<x,y>\in R\}$,即R中所有有序对的第二元素构成的集合.

关系R的域:$\mathrm{fld}R=\mathrm{dom}R\cup\mathrm{ran}R$

例6 分别求出下列关系的定义域和值域.

(1)$R_1=\{<x,y>\mid x,y\in Z$ 且 $x\le y\}$;

(2)$R_2=\{<x,y>\mid x,y\in Z$ 且 $x^2+y^2=1\}$;

解 (1)$\mathrm{dom}R_1=\mathrm{ran}R_1=Z$.

（2）$R_2 = \{<0, 1>, <0, -1>, <1, 0>, <-1, 0>\}$；

$\text{dom} R_2 = \text{ran} R_2 = \{ 0, 1, -1 \}$.

2）关系的常用运算

关系运算包括类似于集合的交、并、差、补运算，这些比较简单，这里只介绍复合关系与逆关系.

（1）复合关系

设 F 是从集合 A 到集合 B 上的二元关系，G 是从集合 B 到集合 C 上的二元关系，则 $F \circ G$ 称为 F 和 G 的**复合关系**，表示为

$$F \circ G = \{<x,y> | \text{存在} z, <x,z> \in F \text{ 且} <z,y> \in G\}.$$

例 7 已知 $R = \{<1,2>, <2,3>, <1,4>, <2,2>\}, S = \{<1,1>, <1,3>, <2,3>, <3,2>, <3,3>\}$，求 $R \circ S, S \circ R$.

解 利用图 9.2（不是关系图）方法求合成.

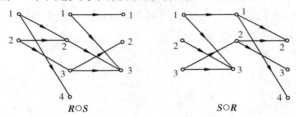

图 9.2

$R \circ S = \{<1,3>, <2,2>, <2,3>\}$；

$S \circ R = \{<1,2>, <1,4>, <3,2>, <3,3>\}$.

定理 1 设 R 是从 A 到 B 的关系，S 是从 B 到 C 的关系，其中 $A = \{a_1, a_2, \cdots, a_m\}, B = \{b_1, b_2, \cdots, b_n\}, C = \{c_1, c_2, \cdots, c_t\}$. 而 M_R, M_S 和 $M_{R \circ S}$ 分别为关系 R, S 和 $R \circ S$ 的关系矩阵，则有 $M_{R \circ S} = M_R \cdot M_S$，其中 $1+1 = 1+0 = 0+1 = 1, 0+0 = 0$, $1 \cdot 0 = 0 \cdot 1 = 0 \cdot 0 = 0$.

定理 2 设 R 是从集合 A 到集合 B 上的二元关系，S 是从集合 B 到集合 C 上的二元关系，T 是从集合 C 到集合 D 上的二元关系，则有：

（1）$R \circ (S \cup T) = R \circ S \cup R \circ T$；

（2）$R \circ (S \cap T) \subseteq R \circ S \cap R \circ T$；

（3）$(R \cup S) \circ T = R \circ T \cup S \circ T$；

（4）$(R \cap S) \circ T \subseteq R \circ T \cap S \circ T$；

（5）$R \circ (S \circ T) = (R \circ S) \circ T$.

定义 5 设 R 是从 A 上的关系，n 为整数，关系 R 的 n 次幂定义如下：

（1）$R^0 = \{\langle x,x \rangle \mid x \in A\} = I_A$；

（2）$R^{n+1} = R^n \circ R$.

从关系 R 的 n 次幂定义可得出下面的结论：

（1）$R^{n+m} = R^n \circ R^m$；

（2）$(R^n)^m = R^{nm}$.

例 8 设 $A = \{a, b, c, d\}$，A 上的一个关系 $R = \{<a, b>,$
$<b, a>, <b, c>, <c, d>\}$，求 R^0, R^2, R^3.

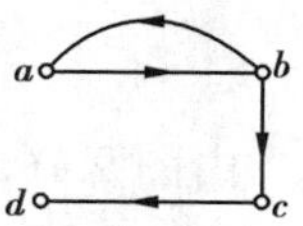

解 1 利用关系矩阵

$R^0 = \{<a, a>, <b, b>, <c, c>, <d, d>\}$，

由 R 的关系图（图 9.3）知，

图 9.3

$R^2 = R \circ R = \{<a, a>, <a, c>, <b, b>, <b, d>\}$；

$R^3 = \{<a, b>, <a, d>, <b, a>, <b, c>\}$.

解 2 利用关系矩阵

$$M = \begin{pmatrix} 0 & 1 & 0 & 0 \\ 1 & 0 & 1 & 0 \\ 0 & 0 & 0 & 1 \\ 0 & 0 & 0 & 0 \end{pmatrix}, M^2 = \begin{pmatrix} 1 & 0 & 1 & 0 \\ 0 & 1 & 0 & 1 \\ 0 & 0 & 0 & 0 \\ 0 & 0 & 0 & 0 \end{pmatrix}, M^3 = \begin{pmatrix} 0 & 1 & 0 & 1 \\ 1 & 0 & 1 & 0 \\ 0 & 0 & 0 & 0 \\ 0 & 0 & 0 & 0 \end{pmatrix},$$

得　$R^2 = R \circ R = \{<a, a>, <a, c>, <b, b>, <b, d>\}$；

$R^3 = R^2 \circ R = \{<a, b>, <a, d>, <b, a>, <b, c>\}$.

例 9 设集合 $A = \{1, 2, 3, 4\}$，A 上的关系 $R = \{<1,1>, <1,2>, <2,3>,$
$<4,3>, <4,4>\}$，$S = \{<1,1>, <1,4>, <2,1>, <2,2>, <2,4>, <3,3>, <4,4>\}$，求：$R \circ S$，
$S \circ R$.

解 1

$$M_R = \begin{pmatrix} 1 & 1 & 0 & 0 \\ 0 & 0 & 1 & 0 \\ 0 & 0 & 0 & 0 \\ 0 & 0 & 1 & 1 \end{pmatrix}, M_S = \begin{pmatrix} 1 & 0 & 0 & 1 \\ 1 & 1 & 0 & 1 \\ 0 & 0 & 1 & 0 \\ 0 & 0 & 0 & 1 \end{pmatrix},$$

$$M_{R \circ S} = M_R \cdot M_S = \begin{pmatrix} 1 & 1 & 0 & 1 \\ 0 & 0 & 1 & 0 \\ 0 & 0 & 0 & 0 \\ 0 & 0 & 1 & 1 \end{pmatrix}, M_{S \circ R} = M_S \cdot M_R = \begin{pmatrix} 1 & 1 & 1 & 1 \\ 1 & 1 & 1 & 1 \\ 0 & 0 & 0 & 0 \\ 0 & 0 & 1 & 1 \end{pmatrix},$$

$R \circ S = \{<1,1>, <1,2>, <1,4>, <2,3>, <4,3>, <4,4>\}$；

$S \circ R = \{<1,1>, <1,2>, <1,3>, <1,4>, <2,1>, <2,2>, <2,3>, <2,4>,$
$<4,3>, <4,4>\}$.

解 2

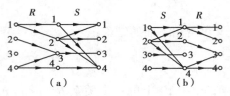

图 9.4

由图 9.4（a）得，

$R \circ S = \{<1,1>,<1,2>,<1,4>,<2,3>,<4,3>,<4,4>\}$；

由图 9.3（b）得

$S \circ R = \{<1,1>,<1,2>,<1,3>,<1,4>,<2,1>,<2,2>,<2,3>,<2,4>,$
$<4,3>,<4,4>\}$.

（2）逆关系

定义 6　设 R 是从集合 A 到集合 B 的二元关系，如果将 R 中每序偶的第一元素和第二元素的顺序互换，所得到的集合称为 R 的**逆关系**，记为 R^{-1}，即

$$R^{-1} = \{<y,x> \mid <x,y> \in R\}$$

例如，例 9 的 $R^{-1} = \{<1,1>,<2,1>,<3,2>,<3,4>,<4,4>\}$，$S^{-1} = \{<1,1>,<4,1>,<1,2>,<2,2>,<4,2>,<3,3>,<4,4>\}$.

定理 3　设 R,S 和 T 都是从 A 到 B 的二元关系，则下列各式成立：

（1）$((R)^{-1})^{-1} = R$；

（2）$(R \cup S)^{-1} = R^{-1} \cup S^{-1}$；

（3）$(R \cap S)^{-1} = R^{-1} \cap S^{-1}$；

（4）$(A \times B)^{-1} = B \times A$；

（5）$(R \circ S)^{-1} = S^{-1} \circ R^{-1}$.

9.1.4　关系的性质

定义 7　设 R 为 A 上的关系.

（1）$\forall x \in A$，有 $<x,x> \in R$，则称 R 在 A 上是**自反的**；

（2）$\forall x \in A$，有 $<x,x> \notin R$，则称 R 在 A 上是**反自反的**；

（3）若 $<x,y> \in R$，则 $<y,x> \in R$，则称 R 为 A 上**对称的**关系；

（4）若 $<x,y> \in R$ 且 $x \neq y$，则 $<y,x> \notin R$，称 R 为 A 上的**反对称关系**；

（5）若 $<x,y> \in R$ 且 $<y,z> \in R$，则 $<x,z> \in R$，则称 R 是 A 上的**传递关系**.

例如 $A=\{1,2,3\}$，R_1，R_2，R_3 和 R_4 是 A 上的关系，其中：

①$R_1=\{<1,1>,<2,2>\}$，既不是自反的也不是反自反的，既是对称也是反对称的，是 A 上的传递关系；

②$R_2=\{<1,1>,<2,2>,<3,3>,<1,2>\}$，是自反的；

③$R_3=\{<1,3>\}$，是反自反的，是 A 上的传递关系；

④$R_4=\{<1,1>,<1,2>,<2,1>\}$，是对称的但不是反对称的；

⑤$R_5=\{<1,2>,<1,3>\}$，是反对称的但不是对称的；

⑥$R_6=\{<1,2>,<2,1>,<1,3>\}$，既不是对称的也不是反对称的.

为了便于比较，将关系的表达式、关系矩阵、关系图特征列表给出（R 为 A 上的关系），见表9.1.

表9.1

	自 反	反自反	对 称	反对称	传 递
表达式	$I_A \subseteq R$	$R \cap I_A = \varnothing$	$R = R^{-1}$	$R \cap R^{-1} \subseteq I_A$	$R \circ R \subseteq R$
关系矩阵	主对角线元素全是1	主对角线元素全是0	矩阵是对称矩阵	若 $r_{ij}=1$，且 $i \neq j$，则 $r_{ji}=0$	对 M^2 中1所在的位置，M 相应位置都是1
关系图	每个顶点都有环	每个顶点都没有环	如果两个顶点之间有边，是一对方向相反的边（无单边）	如果两点之间有边，是一条有向边（无双向边）	如果顶点 x_i 连通到 x_k，则从 x_i 到 x_k 有边

例 10 判断图9.5中的关系分别具有哪些性质.

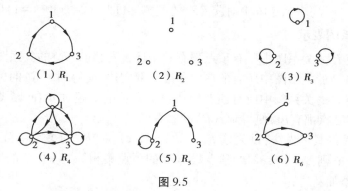

图 9.5

解 （1）R_1 是反自反，反对称，不是传递的；

（2）R_2 是空关系，是反自反，既是对称又是反对称的，传递的；

（3）R_3 是恒等关系，是自反的，既是对称又是反对称的，传递的；

（4）R_4 是全域关系，是自反的，对称的，传递的；

（5）R_5 既不是自反也不是反自反的，反对称的，传递的；

（6）R_6 是反自反的，既不是对称又不是反对称，不是传递的.

9.1.5　关系的闭包

定义8　设 R 是 A 上的关系，则包含 R 而使之具有自反性质（对称性质或传递性质）的最小关系，称为 R 的**自反闭包**（**对称闭包**或**传递闭包**）.

自反闭包记作 $r(R)$；对称闭包记作 $s(R)$；传递闭包记作 $t(R)$.

定理4　设 R 是集合 A 上的二元关系，则

（1）$r(R) = R \cup R^0$；

（2）$s(R) = R \cup R^{-1}$；

（3）$t(R) = R \cup R^2 \cup R^3 \cup \cdots$

特别地，设 $A = \{a_1, a_2, \cdots, a_n\}$，则存在一个正整数 $k \leqslant n$，使得

$$t(R) = R \cup R^2 \cup R^3 \cup \cdots \cup R^k$$

1）关系的闭包的矩阵表示

设 M 是 R 的关系矩阵，则

（1）$M_r = M + E$，其中 E 为单位矩阵；

（2）$M_s = M + M^T$，其中 M^T 为 M 的转置矩阵；

（3）$M_t = M + M^2 + M^3 + \cdots$，

其中，"+" 均表示矩阵中对应元素的逻辑加，即 $0+0=0, 1+1=1+0=0+1=1$.

2）关系图表示

（1）使 R 的关系图中所有顶点都有一个环，便得到 $r(R)$ 的关系图；

（2）将 R 的关系图中所有的单向边改成双向边，便得到 $s(R)$ 的关系图；

（3）使 R 的关系图中所有顶点到从它出发长度不超过 n（n 是图中顶点个数）的所有终点都有边，便得到 $t(R)$ 的关系图.

关系图的具体做法：设关系 R，$r(R)$，$s(R)$，$t(R)$ 的关系图分别记为 G，Gr，Gs，Gt，则 Gr，Gs，Gt 的顶点集与 G 的顶点集相等. 除了 G 的边以外，以下述方法添加新边：

考察 G 的每个顶点，如果没有环就加上一个环，最终得到 Gr. 考察 G 的每条边，如果有一条 x_i 到 x_j 的单向边，$i \neq j$，则在 G 中加一条 x_j 到 x_i 的反方向边，

最终得到 Gs. 考察 G 的每个顶点 x_i，找从 x_i 出发的每一条路径，如果从 x_i 到路径中任何结点 x_j 没有边，就加上这条边. 当检查完所有的顶点后就得到图 Gt.

例 11 设 $A=\{a,b,c,d\}$，$R=\{<a,b>,<b,a>,<b,c>,<c,d>\}$，求 $r(R),s(R),t(R)$

解 1 利用定理 4，

$r(R)=R\cup R^0$

$\quad=\{<a,b>,<b,a>,<b,c>,<c,d>\}\cup\{<a,a>,<b,b>,<c,c>,<d,d>\}$

$\quad=\{<a,b>,<b,a>,<b,c>,<c,d>,<a,a>,<b,b>,<c,c>,<d,d>\}$.

$s(R)=R\cup R^{-1}$

$\quad=\{<a,b>,<b,a>,<b,c>,<c,d>\}\cup\{<b,a>,<a,b>,<c,b>,<d,c>\}$

$\quad=\{<a,b>,<b,a>,<b,c>,<c,b>,<c,d>,<d,c>\}$.

$t(R)=R\cup R^2\cup R^3\cup\cdots$

$\quad=\{<a,b>,<b,a>,<b,c>,<c,d>\}\cup\{<a,a>,<a,c>,<b,b>,<b,d>\}$

$\quad\cup\{<a,b>,<b,a>,<a,d>,<b,c>\}$.

$\quad=\{<a,a>,<a,b>,<a,c>,<a,d>,<b,a>,<b,b>,<b,c>,<b,d>,<c,d>\}$.

解 2 利用关系图.

先画出 R 的关系图，再画出 $r(R),s(R),t(R)$ 的关系图，如图 9.6 所示.

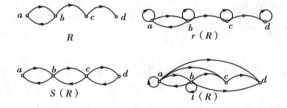

图 9.6

解 3 利用关系矩阵(略).

例 12 设集合 $A=\{1,2,3,4\}$，A 上的关系 $R=\{<1,1>,<1,2>,<2,3>,<4,3>,<4,4>\}$，$S=\{<1,1>,<1,4>,<2,1>,<2,2>,<2,4>,<3,3>,<4,4>\}$.

(1)求 $r(R),s(R),t(R)$；

(2)说明 S 的性质.

解 1 (1)$r(R)=R\cup R^0=R\cup\{<1,1>,<2,2>,<3,3>,<4,4>\}$

$\quad\quad\quad=\{<1,1>,<1,2>,<2,2>,<2,3>,<3,3>,<4,3>,<4,4>\}$.

$\quad s(R)=R\cup R^{-1}$

$\quad\quad\quad=\{<1,1>,<1,2>,<2,1>,<2,3>,<3,2>,<4,3>,<3,4>,<4,4>\}$.

由 $M_R{}^2 = \begin{pmatrix} 1 & 1 & 1 & 0 \\ 0 & 0 & 0 & 0 \\ 0 & 0 & 0 & 0 \\ 0 & 0 & 1 & 1 \end{pmatrix}$, $M_R{}^3 = M_R{}^2, M_t = M_R + M_R{}^2 = \begin{pmatrix} 1 & 1 & 1 & 0 \\ 0 & 0 & 1 & 0 \\ 0 & 0 & 0 & 0 \\ 0 & 0 & 1 & 1 \end{pmatrix}$,

得 $\quad t(R) = \{<1,1>,<1,2>,<1,3>,<2,3>,<4,3>,<4,4>\}$.

（2）由

$$M_S = \begin{pmatrix} 1 & 0 & 0 & 1 \\ 1 & 1 & 0 & 1 \\ 0 & 0 & 1 & 0 \\ 0 & 0 & 0 & 1 \end{pmatrix}, \quad M_S{}^2 = \begin{pmatrix} 1 & 0 & 0 & 1 \\ 1 & 1 & 0 & 1 \\ 0 & 0 & 1 & 0 \\ 0 & 0 & 0 & 1 \end{pmatrix} = M_S, \quad M_{t(S)} = M_S.$$

得 S 具有自反性,反对称性和传递性.

解 2

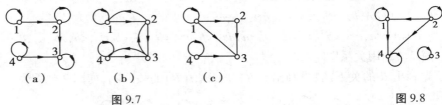

（a）　　　　（b）　　　　（c）

图 9.7　　　　　　　　　　图 9.8

（1）由图 9.7（a）得, $r(R) = \{<1,1>,\ <1,2>,\ <2,2>,\ <2,3>,\ <3,3>,$ $<4,3>,\ <4,4>\}$.

由图 9.7（b）得, $s(R) = \{<1,1>,\ <1,2>,\ <2,1>,\ <2,3>,\ <3,2>,\ <4,3>,$ $<3,4>,\ <4,4>\}$.

由图 9.7（c）得, $t(R) = \{<1,1>,\ <1,2>,\ <1,3>,\ <2,3>,\ <4,3>,\ <4,4>\}$.

（2）由图 9.8 知, S 具有自反性、反对称性和传递性.

习题 9.1

1.计算下列幂集:

(1) $P(\varnothing)$; (2) $P(\{\varnothing\})$; (3) $P(\{a,\{b,c\}\})$.

2. $A = \{1,2,3\}$, $B = \{a,b,c\}$,求 $A \times B, B \times A$.

3.若 $A = \{\varnothing\}$, 求 $P(A) \times A$.

4.设 $A = \{1,2,3,4\}$,试列出下列关系 R 的元素:

(1) $R = \{<x,y> \mid x$ 是 y 的倍数$\}$;

(2) $R = \{<x,y> \mid (x-y)^2 \in A\}$；

(3) $R = \{<x,y> \mid \dfrac{y}{x}$ 是素数$\}$；

(4) $R = \{<x,y> \mid x \neq y\}$；

(5) $R = \{<x,y> \mid x,y \in A$ 且 $x<y\}$.

5. 设 $A = \{a,b,c,d\}$，$R = \{<a,b>,<b,a>,<b,c>,<c,d>\}$，求 R 的各次幂，分别用关系矩阵和关系图表示.

6. 求出下列关系 R 的关系矩阵并画出关系图：

(1) $A = \{1,2,3,4\}$，$R = \{<1,1>,<1,2>,<2,3>,<2,4>,<4,2>\}$；

(2) $A = \{1,2,3,4\}$，$B = \{5,6,7\}$，$R = \{<1,7>,<2,5>,<3,6>,<4,7>\}$；

(3) $A = \{1,2,3,4\}$，$R = \{<1,2>,<2,2>,<3,3>,<4,1>\}$；

(4) $A = \{1, 2, 3, 4\}$，$R = \{<1, 2>, <1, 3>, <2, 2>, <2, 4>, <3, 4>, <4, 2>\}$；

(5) $A = \{1,2,3,4\}$，$R = \{<1,1>,<1,2>,<2,3>,<2,4>,<4,2>\}$.

7. 设集合 $A = \{a,b,c,d\}$，判定下列关系，哪些是自反的，对称的，反对称的和传递的：

(1) $R_1 = \{(a,a),(b,a)\}$；(2) $R_2 = \{(a,a),(b,c),(d,a)\}$；

(3) $R_3 = \{(c,d)\}$；(4) $R_4 = \{(a,a),(b,b),(c,c)\}$；(5) $R_5 = \{(a,c),(b,d)\}$.

8. 设 $A = \{1,2,3,4,5\}$，A 上的关系 $R = \{<x,y> \mid x$ 整除 $y, x,y \in A\}$. 试判断 R 的性质.

9. 设 $A = \{a, b, c\}$，A 上的关系 $R = \{<a, b>, <a, c>, <b, a>, <b, c>\}$，求 $r(R)$，$s(R)$，$t(R)$.

任务 9.2   认知命题逻辑

命题逻辑是数理逻辑的基础，它以命题为研究对象，研究基于命题的符号逻辑体系及推理规律，它也可称为命题演算.

9.2.1 命题符号化及联结词

1) 命题的概念

定义 1 能够判断真假的陈述句称为**命题**.

命题的真值:判断的结果.

真值的取值:真与假.

真命题:真值为真的命题.

假命题:真值为假的命题.

注 ①判断一个语句是否为命题,首先看其是否为陈述句,再看其真值是否唯一.命题是具有唯一真值的陈述句.

②感叹句、祈使句、疑问句都不是命题.陈述句中的悖论以及判断结果不唯一确定的也不是命题.

③"能判断真假"并不同于"已知真假".例如,"别的星球上有生物."虽然目前无法确定真假,但随着科技的发展总有一天能确定真假.这句话是命题.

例1 判断下列句子中哪些是命题.

(1)北京是中国的首都.

(2)雪是黑色的.

(3)$1+2=3$.

(4)请把门关上!

(5)$\sqrt{2}$ 是有理数.

(6)明年十月一日是晴天.

(7)明天有课吗?

(8)这朵花真美呀!

(9)$5x - 1 > 3$.

(10)我正在说谎话.

解 (1)、(2)、(3)、(5)、(6)是命题;

(4)是祈使句,(7)是疑问句,(8)是感叹句,(9)真值不确定,(10)是悖论,都不是命题.

2)命题联结词

不能分解成更简单命题的命题,称为**简单命题(原子命题)**.

命题和原子命题常用大小写英文字母 P、Q、R、p、q、r、… 表示.通常将表示命题的符号放在该命题的前面,称为**命题符号化**.

由简单命题与联结词按一定规则复合而成的命题,称为**复合命题**.

在命题逻辑中,复合命题可以由原子命题通过"联结词"构成.常用的联结词有¬ , ∧ , ∨ , → , ↔ 五种.

(1)否定式与否定联结词"¬"

定义2 设 P 为命题,复合命题"非 P "称作 P 的**否定式**,记作" $\neg P$ ",符号" $\neg$ "称作否定联结词,并规定 $\neg P$ 为真当且仅当 P 为假.

" $\neg$ "代表的运算是一元运算(即只有一个运算对象),常称为"非"运算,将所有可能的运算结果进行汇总,如表9.2(真值表)所示.

表 9.2

P	$\neg P$
0	1
1	0

例如,①P:3是偶数,则$\neg P$:3不是偶数,或"说 3 是偶数是不对的".

②Q:今天下雨且下雪,则 $\neg Q$:今天不下雨或者不下雪.

联结词"非""不""没有""无""并非""并不"……都可符号化为$\neg$.

(2)合取联结词" $\wedge$ "

定义3 设 P、Q 为命题,复合命题"P 并且 Q"(或"P 与 Q")称为 P 与 Q 的**合取式**,记作 $P \wedge Q$,读作"P 合取 Q".符号" $\wedge$ "称作合取联结词,并规定 $P \wedge Q$ 为真当且仅当 P 与 Q 同时为真.

" $\wedge$ "代表的运算是二元运算(即有两个运算对象),常称为"与"运算,所有可能的运算结果的真值表如表9.3所示.

表 9.3

P	Q	$P \wedge Q$
0	0	0
0	1	0
1	0	0
1	1	1

注 在自然语言中,无关联的两命题的"与"是无意义的,但在数理逻辑中是一个新的命题,有逻辑值.例如,用 P 表示命题"今天是星期五",Q 表示命题"今天下雨",则命题 $P \wedge Q$ 是"今天是星期五,而且今天下雨."如果今天是星期五又下雨,则该命题为真;如果今天是除星期五外的任意一天,或者虽是星期五但没下雨,则该命题为假.

联结词"同时""和""与""同""以及""而且""不但……而且……""既……又……""又""尽管……仍然……""虽然……依旧……""虽然……但是……""一面……一面……"等,都可符号化为 $\wedge$.在使用时,要注意描述合取式的灵活性与多样性. $\wedge$ 连接的是两个句子,不是词,不要见到"与"或"和"就使用联结词 $\wedge$,要分清简单命题与复合命题.

例2 将下列命题符号化：

(1)小明既用功又聪明；

(2)小明不仅聪明,而且用功；

(3)小明虽然聪明,但不用功；

(4)小明不是不聪明,而是不用功；

(5)小明与小丽都是三好生；

(6)小明与小丽是同学.

解 令 P:小明用功,Q:小明聪明,则

(1)$P \wedge Q$；

(2)$P \wedge Q$；

(3)$P \wedge \neg Q$；

(4)$\neg(\neg P) \wedge \neg Q$；

(5)令 R:小明是三好学生,S:小丽是三好学生,则符号化为 $R \wedge S$.

(6)令 T:小明与小丽是同学."小明与小丽"中的"与"联结的是句子的主语成分,因而(6)中句子是简单命题.

(3)析取联结词"$\vee$"

定义4 设 P、Q 为命题,复合命题"P 或 Q"称作 P 与 Q 的**析取式**,记作 $P \vee Q$,读作"P 析取 Q"."$\vee$"为析取联结词. $P \vee Q$ 为真当且仅当 P 和 Q 中至少一个为真,或说 $P \vee Q$ 为假当且仅当 P 与 Q 同时为假.

列真值表如表9.4所示：

表9.4

P	Q	$P \vee Q$
0	0	0
0	1	1
1	0	1
1	1	1

注 自然语言中的"或"的含义有两种:一是"可兼或"(或称"相容或"),另一种是"排斥或".析取式 $P \vee Q$ 表示的是一种可兼或,即允许 P 与 Q 同时为真.

例3 将下列命题符号化：

(1)2 或 4 是素数；

(2)今晚我写字或看书 ；

(3)派小明或小丽中的一人去开会；

(4)小明生于 1990 年或 1991 年.

解 (1)令 P:2 是素数,Q:3 是素数,则符号化为 $P \lor Q$.

(2)这里的"或"是可兼或.令 P:今晚我写字,Q:今晚我看书,则符号化为 $P \lor Q$.

(3)这里的"或"是排斥或.令 P:派小明去开会,Q:派小丽去开会,则符号化为 $(P \land \neg Q) \lor (\neg P \land Q)$.

(4)这里的"或"本来是排斥或,排斥或一般不能直接用"$\lor$"联结,但两个命题不能同时为真时例外.

令 P:小明生于 1990 年,Q:小明生于 1991 年,则符号化为 $P \lor Q$ 或 $(P \land \neg Q) \lor (\neg P \land Q)$.

(4)条件联结词"$\to$"

定义 5 如果 P 和 Q 是命题,那么"如果 P,则 Q"也是命题,记为 $P \to Q$,称为**蕴含式**,读作"P 蕴含 Q".运算对象 P 叫作前提、假设或前件,而 Q 叫作结论或后件.命题 $P \to Q$ 是假,当且仅当 P 是真而 Q 是假.

列真值表如表 9.5 所示:

表 9.5

P	Q	$P \to Q$
0	0	1
0	1	1
1	0	0
1	1	1

注 在自然语言中,"如果 P,则 Q"中的 P 与 Q 往往有某种内在的联系,这样的蕴含式叫形式蕴含.但在数理逻辑中,"$P \to Q$"中的 P 与 Q 不一定有什么内在联系,这样的蕴含式叫实质蕴含.$P \to Q$ 的逻辑关系:Q 为 P 的必要条件.

在数学中,"如果 P,则 Q"往往表示前件 P 为真,后件 Q 为真的推理关系,但在数理逻辑中,当 P 为假时,$P \to Q$ 恒为真,称为空证明,此时我们规定为"善意的推定".

常出现的错误:不分充分与必要条件.

联结词"当 P 则 Q""若 P 那么 Q""假如 P 那么 Q""只要 P 就 Q""P 仅当 Q""只有 Q 才 P""除非 Q,才 P""除非 Q,否则非 P"等,都可符号化为 $P \to Q$.

例 4 用 P 表示命题"天下雨",用 Q 表示命题"我骑自行车上班",将下列命题符号化:

(1)只要不下雨,我就骑自行车上班.

(2)只有不下雨,我才骑自行车上班.

解 在(1)中,$\neg P$ 是 Q 的充分条件,因而符号化为 $\neg P \to Q$;

在(2)中,$\neg P$ 是 Q 的必要条件,因而符号化为 $Q \to \neg P$.

（5）双条件联结词"↔"（也称为等价联结词）

定义 6 设 P、Q 为命题，复合命题"P 当且仅当 Q"称作 P 与 Q 的等价式，记作 $P \leftrightarrow Q$，"↔"称作等价联结词. 并规定 $P \leftrightarrow Q$ 为真当且仅当 P 与 Q 同时为真或同时为假.

列真值表如表 9.6 所示：

表 9.6

P	Q	$P \leftrightarrow Q$
0	0	1
0	1	0
1	0	0
1	1	1

注 与前面的联结词一样，双条件命题也可以不顾其因果关系，而只根据联结词定义确定真值. 双条件联结词也可记为"iff"，它也是二元运算.

联结词"充分必要""只有……才能……""相同""相等""一样""等同"等，都可符号化为 $P \leftrightarrow Q$.

例 5 将下列命题符号化，并讨论它们的真值：

（1）雪是白色的当且仅当北京是中国的首都；

（2）$2+2 \neq 4$ 当且仅当 3 不是奇数；

（3）金子是会发光的当且仅当太阳从西方升起；

（4）函数 $f(x)$ 在点 x_0 处可导的充要条件是它在点 x_0 处连续.

解 （1）令 P：雪是白色的，Q：北京是中国的首都，则符号化为 $P \leftrightarrow Q$；

（2）令 P：$2+2=4$，Q：3 是奇数，则符号化为 $\neg P \leftrightarrow \neg Q$；

（3）令 P：金子是会发光的，Q：太阳从西方升起，则符号化为 $P \leftrightarrow Q$；

（4）令 P：函数 $f(x)$ 在点 x_0 处可导，Q：函数 $f(x)$ 在点 x_0 处连续，则符号化为 $P \leftrightarrow Q$.

它们的真值分别为 $1,1,0,0$.

在命题联结词中有些地方与一般习惯用语是不同的：

①两个逻辑上完全没有联系的命题可加以命题联结词而形成新的复合命题；

②有的联结词在日常用语中可有多种逻辑含义，但在命题逻辑中有确定含义，如命题逻辑中的"或"是"可兼或"的"或"；

③对于"蕴含"，在自然语言中，条件式中前提和结论间必含有某种因果关系，但在数理逻辑中可以允许两者无必然因果关系. 也就是说，并不要求前件和后件有什么联系；在命题逻辑中，当其前件为假时，则不论其后件是真还是假

其整个蕴含式一定为真;

④命题联结词是命题间的联结词而不是名词或形容词间的联结词;

⑤5个联结词的优先顺序为:¬,∧,∨,→,↔. 如果出现的联结词同级,又无括号时,则按从左到右的顺序运算;若遇有括号时,应该先进行括号中的运算,最外层括号可省去.注意:本任务中使用的括号全为圆括号.

在命题逻辑中,可用上述联结词将各种各样的复合命题符号化.基本步骤如下:

①先分析找出所包含的原子命题,将它们符号化;

②再根据含义使用合适的联结词,把原子命题逐个联结起来.

例6 将下列命题符号化:

(1)说离散数学是枯燥无味的或毫无价值的,那是不对的;

(2)如果我上街,我就去书店看看,除非我很累;

(3)小明是计算机系的学生,他生于1990年或1991年,他是三好学生;

(4)计算机机房规则:"凡进入机房者,必须换拖鞋,穿工作服;否则罚款人民币10元".

解 (1)令P:离散数学是有味道的,Q:离散数学是有价值的,则符号化为$¬(¬P∨¬Q)$.

(2)令P:我上街,Q:我去书店看看,R:我很累,则符号化为$¬R→(P→Q)$.

(3)令P:小明是计算机系的学生,Q:他生于1990年,R:他生于1991年,S:他是三好学生,则符号化为$P∧(Q∨R)∧S$.

(4)令P:某人进入机房,Q:某人换拖鞋,R:某人穿工作服,S:某人需罚款人民币10元,则符号化为$¬(P→Q∧R)↔S$

9.2.2 命题公式及分类

1)命题公式

定义7 命题公式,简称公式,定义为:

(1)单个命题变元是公式;

(2)如果P是公式,则$¬P$是公式;

(3)如果P、Q是公式,则$P∧Q$、$P∨Q$、$P→Q$、$P↔Q$都是公式;

(4)当且仅当能够有限次地应用(1)、(2)、(3)所得到的包括命题变元、联结词和括号的符号串是公式.

2)命题公式的解释

定义8 设G为一命题公式,P_1,P_2,$\cdots$,P_n为出现在G中的所有的命题变项.给 P_1, P_2, $\cdots$, P_n 指定一组真值,称为对公式 G 的一个**赋值**或**解释**,记作 I,公式 G 在 I 下的真值记作 $T_I(G)$.一组真值称为对公式 G 的一个赋值或解释.

若使 G 为 1,则称这组值为公式 G 的**成真赋值**;若使 G 为 0,则称这组值为公式 G 的**成假赋值**.

定义 9 将命题公式 G 在所有赋值下取值的情况列成表,称作 G 的**真值表**.

构造真值表的步骤:

①找出公式中所含的全部命题变项 P_1, P_2, $\cdots$, P_n(若无下角标则按字母顺序排列),列出 2^n 个全部赋值,从 $00\cdots0$ 开始,按二进制加法,每次加 1,直至 $11\cdots1$ 为止;

②按从低到高的顺序写出公式的各个层次;

③对每个赋值依次计算各层次的真值,直到最后计算出公式的真值为止.

例 7 写出下列公式的真值表,并求它们的成真赋值和成假赋值:

(1)$\neg(\neg P)\wedge\neg Q$;

(2)$(P\vee Q)\rightarrow\neg R$.

解 (1)真值表如表 9.7 所示.

表 9.7

P Q	$\neg(\neg P)$	$\neg Q$	$\neg(\neg P)\wedge\neg Q$
0 0	0	1	0
0 1	0	0	0
1 0	1	1	1
1 1	1	0	0

成真赋值:10;成假赋值:00,01,11.

(2)真值表如表 9.8 所示.

表 9.8

P Q R	$P\vee Q$	$\neg R$	$(P\vee Q)\rightarrow\neg R$
0 0 0	0	1	1
0 0 1	0	0	1
0 1 0	1	1	1
0 1 1	1	0	0
1 0 0	1	1	1
1 0 1	1	0	0
1 1 0	1	1	1
1 1 1	1	0	0

成真赋值:000,001,010,100,110;成假赋值:011,101,111.

3)命题公式的分类

定义 10 设 G 为公式:(1)如果 G 在所有解释下取值均为真,则称 G 是**永真式**或**重言式**;(2)如果 G 在所有解释下取值均为假,则称 G 是**永假式**或**矛盾式**;(3)如果至少存在一种解释使公式 G 取值为真,则称 G 是**可满足式**.

注 重言式是可满足式,但反之不真.

9.2.3 等值演算

定义 11 设 A 和 B 是两个命题公式,如果 A 和 B 在任意赋值情况下都具有相同的真值,则称 A 和 B **等值**.记为 $A \Leftrightarrow B$.

定理 1 设 A、B、C 是公式,则

(1)自反性:$A \Leftrightarrow A$;

(2)对称性:若 $A \Leftrightarrow B$ 则 $B \Leftrightarrow A$;

(3)传递性:若 $A \Leftrightarrow B$ 且 $B \Leftrightarrow C$ 则 $A \Leftrightarrow C$.

满足自反的、对称的和传递的,称为**等价关系**.

定理 2 设 A、B、C 是公式,则

(1)双重否定律:$\neg A \Leftrightarrow A$.

(2)等幂律:$A \wedge A \Leftrightarrow A$; $A \vee A \Leftrightarrow A$.

(3)交换律:$A \wedge B \Leftrightarrow B \wedge A$; $A \vee B \Leftrightarrow B \vee A$.

(4)结合律:$(A \wedge B) \wedge C \Leftrightarrow A \wedge (B \wedge C)$;
$(A \vee B) \vee C \Leftrightarrow A \vee (B \vee C)$.

(5)分配律:$(A \wedge B) \vee C \Leftrightarrow (A \vee C) \wedge (B \vee C)$;
$(A \vee B) \wedge C \Leftrightarrow (A \wedge C) \vee (B \wedge C)$.

(6)德·摩根律:$\neg (A \vee B) \Leftrightarrow \neg A \wedge \neg B$;
$\neg (A \wedge B) \Leftrightarrow \neg A \vee \neg B$.

(7)吸收律:$A \vee (A \wedge B) \Leftrightarrow A$; $A \wedge (A \vee B) \Leftrightarrow A$.

(8)零一律:$A \vee 1 \Leftrightarrow 1$; $A \wedge 0 \Leftrightarrow 0$.

(9)同一律:$A \vee 0 \Leftrightarrow A$; $A \wedge 1 \Leftrightarrow A$.

(10)排中律:$A \vee \neg A \Leftrightarrow 1$.

(11)矛盾律:$A \wedge \neg A \Leftrightarrow 0$.

(12)蕴涵等值式:$A \rightarrow B \Leftrightarrow \neg A \vee B$.

(13)假言易位:$A \rightarrow B \Leftrightarrow \neg B \rightarrow \neg A$.

(14)等价等值式:$A \leftrightarrow B \Leftrightarrow (A \rightarrow B) \wedge (B \rightarrow A)$.

（15）等价否定等值式：$A \leftrightarrow B \Leftrightarrow \neg A \leftrightarrow \neg B \Leftrightarrow \neg B \leftrightarrow \neg A$.

（16）归缪式：$(A \rightarrow B) \wedge (A \rightarrow \neg B) \Leftrightarrow \neg A$.

定义 12　由已知的等值式推演出新的等值式的过程称为**等值演算**.

定理 3（置换规则）　设 $\varphi(A)$ 是一个含有子公式 A 的命题公式，$\varphi(B)$ 是用公式 B 置换了 $\varphi(A)$ 中的子公式 A 后得到的公式，如果 $A \Leftrightarrow B$，那么 $\varphi(A) \Leftrightarrow \varphi(B)$.

等值演算的基础：

（1）等值关系的性质，如自反、对称、传递；

（2）基本的等值式；

（3）置换规则.

例 8　证明 $P \rightarrow (Q \rightarrow R) \Leftrightarrow (P \wedge Q) \rightarrow R$.

证 1　真值表法（略）.

证 2　$P \rightarrow (Q \rightarrow R)$

$\Leftrightarrow \neg P \vee (\neg Q \vee R)$　　（蕴涵等值式，置换规则）

$\Leftrightarrow (\neg P \vee \neg Q) \vee R$　　（结合律，置换规则）

$\Leftrightarrow \neg (P \wedge Q) \vee R$　　（德摩根律，置换规则）

$\Leftrightarrow (P \wedge Q) \rightarrow R$　　（蕴涵等值式，置换规则）

例 9　用等值演算法判断公式的类型：

$$(P \rightarrow Q) \wedge \neg P.$$

解 1　列真值表如表 9.9 所示.

表 9.9

$P \quad Q$	$\neg P$	$P \rightarrow Q$	$(P \rightarrow Q) \wedge \neg P$
0　0	1	1	1
0　1	1	1	1
1　0	0	0	0
1　1	0	1	0

为可满足式.

解 2　$(P \rightarrow Q) \wedge \neg P$

$\Leftrightarrow (\neg P \vee Q) \wedge \neg P$　　（蕴涵等值式，置换规则）

$\Leftrightarrow \neg P$　　　　　　　　（吸收律，置换规则）

由最后一步可知，该式为可满足式.

9.2.4　推理理论

数理逻辑的主要任务是借助于数学的方法来研究推理的逻辑.

推理是从前提推出结论的思维过程,前提是已知的命题公式,结论是从前提出发应用推理规则推出的命题公式.

定义 13 若 $A_1 \wedge A_2 \wedge \cdots \wedge A_k \to B$ 为重言式,则称从 $A_1, A_2, \cdots, A_k$ 推出结论 B 的**推理正确**,记作 $A_1 \wedge A_2 \wedge \cdots \wedge A_k \Rightarrow B$. B 是 $A_1, A_2, \cdots, A_k$ 的**逻辑结论**或**有效结论**.称 $A_1 \wedge A_2 \wedge \cdots \wedge A_k \to B$ 为**推理的形式结构**.

常见的推理的形式结构:

(1) $A_1 \wedge A_2 \wedge \cdots \wedge A_k \to B$.

若推理正确,记为 $A_1 \wedge A_2 \wedge \cdots \wedge A_k \Rightarrow B$.

(2) 前提:$A_1, A_2, \cdots, A_k$,

结论:B.

常用的推理定律:

(1) 附加律: $A \Rightarrow (A \vee B)$.

(2) 化简律: $(A \wedge B) \Rightarrow A$.

(3) 假言推理: $(A \to B) \wedge A \Rightarrow B$.

(4) 拒取式: $(A \to B) \wedge \neg B \Rightarrow \neg A$.

(5) 析取三段论: $(A \vee B) \wedge \neg B \Rightarrow \neg A$.

(6) 假言三段论: $(A \to B) \wedge (B \to C) \Rightarrow (A \to C)$.

(7) 等价三段论: $(A \leftrightarrow B) \wedge (B \leftrightarrow C) \Rightarrow (A \leftrightarrow C)$.

(8) 构造性二难: $(A \to B) \wedge (C \to D) \wedge (A \vee C) \Rightarrow (B \vee D)$.

　　　构造性二难(特殊形式): $(A \to B) \wedge (\neg A \to B) \Rightarrow B$.

(9) 破坏性二难: $(A \to B) \wedge (C \to D) \wedge (\neg B \vee \neg D) \Rightarrow (\neg A \vee \neg C)$.

例 10 判断下列推理是否正确:如果天气凉快,小王就不去游泳.天气凉快,所以小王没去游泳.

注 解这类推理问题,应先将命题符号化,然后写出前提、结论和推理的形式结构,最后进行判断.

解 设 P:天气凉快;Q:小王去游泳.

前提:$P \to \neg Q, P$;结论:$\neg Q$.

推理的形式结构:$((P \to \neg Q) S \wedge P) \to \neg Q$ 　　　　　　($*$)

下面分别用两种方法来判断该蕴含式是否为重言式.

(1) 真值表法.列真值表如表 9.10 所示.

表 9.10

P Q	$\neg Q$	$P \to \neg Q$	$(P \to \neg Q) \wedge P$	$(*)$
0 0	1	1	0	1
0 1	0	1	0	1
1 0	1	1	1	1
1 1	0	0	0	1

真值表的最后一列全为 1,因而($*$)是重言式,所以推理正确.

(2)等值演算法.

$$((P \to \neg Q) \wedge P) \to \neg Q$$
$$\Leftrightarrow ((\neg P \vee \neg Q) \wedge P) \to \neg Q$$
$$\Leftrightarrow \neg ((\neg P \vee \neg Q) \wedge P) \vee \neg Q$$
$$\Leftrightarrow \neg (\neg P \vee \neg Q) \vee \neg P \vee \neg Q$$
$$\Leftrightarrow \neg (\neg P \vee \neg Q) \vee (\neg P \vee \neg Q)$$
$$\Leftrightarrow 1$$

该蕴含式是重言式,所以推理正确.

例 11 (本项目案例导入)试判断谁是作案人? 写出推理过程.

前提:$P \vee Q$, $P \to \neg R$, $S \to \neg T$, $\neg S \to R$, T

结论:待定,但只有两种可能(P 或 Q)

证明　①$S \to \neg T$; 　　前提引入

　　　　②T; 　　　　　　前提引入

　　　　③$\neg S$; 　　　　　①②拒取式

　　　　④$\neg S \to R$; 　　前提引入

　　　　⑤R; 　　　　　　③④假言推理

　　　　⑥$P \to \neg R$; 　　前提引入

　　　　⑦$\neg P$; 　　　　　⑤⑥拒取式

　　　　⑧$P \vee Q$; 　　　　前提引入

　　　　⑨Q. 　　　　　　⑦⑧析取三段论

为了更好地判断推理的正确性,引入构造证明的方法.在使用构造证明法来进行推理时,常常采用一些技巧,下面介绍两种:

1)附加前提证明法(适用于结论为蕴涵式)

欲证

　　　前提:$A_1, A_2, \cdots, A_k$

　　　结论:$C \to B$

等价地证明

前提:A_1,A_2,$\cdots$,A_k,C

结论:B

2)归谬法

欲证

前提:A_1,A_2,$\cdots$,A_k

结论:B

做法

在前提中加入$\neg B$,推出矛盾.

例12 用附加前提证明法证明下面推理:

如果小张去看电影,则当小王去看电影时,小李也去.小赵不去看电影或小张去看电影,小王去看电影.所以当小赵去看电影时,小李也去.

解 将简单命题符号化:

P:小张去看电影; Q:小王去看电影;

R:小李去看电影; S:小赵去看电影.

前提:$P\to(Q\to R)$,$\neg S\vee P$,Q.

结论:$S\to R$.

证明:① $\neg S\vee P$; 前提引入

　　② S; 附加前提引入

　　③ P; ①②析取三段论

　　④ $P\to(Q\to R)$; 前提引入

　　⑤ $Q\to R$; ③④假言推理

　　⑥ Q; 前提引入

　　⑦ R. ⑤⑥假言推理

例13 用归谬法构造下面推理的证明:

前提:$P\to(\neg(R\wedge S)\to\neg Q)$,$P$,$\neg S$.

结论:$\neg Q$.

证明:①$P\to(\neg(R\wedge S)\to\neg Q)$; 前提引入

　　②P 前提引入

　　③$\neg(R\wedge S)\to\neg Q$; ①②假言推理

　　④$\neg(\neg Q)$; 否定结论引入

　　⑤Q; ④置换

　　⑥$R\wedge S$; ③⑤拒取式

⑦S；　　　　　　　　　　⑥化简

⑧$\neg S$；　　　　　　　　　前提引入

⑨$S \wedge \neg S$.　　　　　　　　⑦⑧合取

⑨为矛盾式，根据归谬法说明推理正确.

习题 9.2

1.将下列命题符号化：

（1）豆沙包是由面粉和红小豆做成的；

（2）苹果树和梨树都是落叶乔木；

（3）小红或小明是软件班学生；

（4）小红或小明中的一人是软件班学生；

（5）由于交通阻塞，他迟到了；

（6）如果交通不阻塞，他就不会迟到；

（7）他没迟到，所以交通没阻塞；

（8）除非交通阻塞，否则他不会迟到；

（9）他迟到当且仅当交通阻塞.

2.设 P：2 是素数，Q：北京比天津人口多，R：美国的首都是旧金山，求下面命题的真值：

（1）$(P \vee Q) \rightarrow R$；

（2）$(Q \vee R) \rightarrow (P \rightarrow \neg R)$；

（3）$(Q \rightarrow R) \leftrightarrow (P \wedge \neg R)$；

（4）$(Q \rightarrow P) \rightarrow ((P \rightarrow \neg R) \rightarrow (\neg R \rightarrow \neg Q))$.

3.用真值表判断下面公式的类型：

（1）$P \wedge R \wedge \neg (Q \rightarrow P)$；

（2）$((P \rightarrow Q) \rightarrow (\neg Q \rightarrow \neg P)) \vee R$；

（3）$(P \rightarrow Q) \leftrightarrow (P \rightarrow R)$.

4.证明 $\neg (P \vee (\neg P \wedge Q))$ 与 $\neg P \wedge \neg Q$ 是等值的.

5.证明：$(P \wedge Q) \rightarrow (P \vee Q)$ 是重言式.

6.构造下列推理的证明.

（1）前提：$P \rightarrow (Q \rightarrow R)$，$\neg S \vee P$，$Q$

结论：$S \rightarrow R$.

（2）前提：$P \to (\neg (R \wedge S) \to \neg Q), P, \neg S$；

结论：$\neg Q$.

7.写出对应下面推理的证明：

若数 a 是实数，则它不是有理数就是无理数.若 a 不能表示成分数，则它不是有理数.a 是实数且它不能表示成分数.所以 a 是无理数.

任务 9.3 认知谓词逻辑

在任务 9.2 中，我们研究的基本单位是原子命题，由此建立的关于命题的理论称为命题逻辑.在进一步的研究中，发现很多思维过程在命题逻辑中不能恰当地表现出来.

例如，逻辑学中著名的三段论：

所有的人都将死去

苏格拉底是人

所以苏格拉底将死去

从人们的实践经验可知，这是一个有效的推论.但在命题逻辑中却无法判断它的正确性.因为在命题逻辑中只能将推理中的三个简单命题符号化为 P、Q、R，那么由 P、Q 这两个命题无论如何都不可能得出 R 为有效结论.

为此，我们将引入谓词的概念，研究由此产生的一些逻辑关系的理论，称之为谓词逻辑.

9.3.1 谓词逻辑的基本概念及命题符号化

1）谓词逻辑的基本概念

一般地，原子命题作为具有真假意义的句子至少由主语和谓语两部分组成.

例如，"苏格拉底是人"中，"苏格拉底"是主语，是个体.所谓的**个体**是所研究对象中可以独立存在的具体或抽象的客体.如果是具体的事物，称为**个体常项**，用 a，b，c，$\cdots$ 表示；如果抽象的事物，称为**个体变项**，用 x，y，z，$\cdots$ 表示.个体变项的取值范围称为**个体域**.宇宙间一切事物组成称为**全总个体域**.

"苏格拉底是人"中，"是人"是个体谓词.所谓**谓词**，即表示个体词性质或相互之间关系的词.表示一个事物的性质的谓词称为**一元谓词**.例如，$F(x)$：x 具有

性质 F.表示事物之间的关系的谓词称为**多元谓词**(n 元谓词，$n \geq 2$).例如，$L(x,y)$:x 与 y 有关系 L.所说的 0 元谓词指的是不含个体变项的谓词，即命题常项或命题变项.表示具体性质或关系的谓词，称为**谓词常项**，用大写字母 F，G，H，…表示；表示抽象的或泛指的性质或关系的谓词，称为**谓词变项**，也用字母 F，G，H，…表示.一般根据上下文区分谓词常项和谓词变项.

表示数量的词，称为**量词**.

定义 1 表示"任意的""所有的""一切的"等的量词称为**全称量词**，用符号"$\forall$"表示.表示"存在""有的""至少有一个"等的量词称为**存在量词**，用符号"$\exists$"表示.

$\forall x$ 表示个体域中的所有个体，$\forall x F(x)$ 表示个体域中的所有个体都有性质 F.

$\exists x$ 表示存在个体域中的个体，$\exists x F(x)$ 表示存在个体域中的个体具有性质 F.

2）谓词逻辑命题符号化

例 1 分别在命题逻辑、谓词逻辑的 0 元谓词中将下列命题符号化：

（1）墨西哥位于南美洲；

（2）$\sqrt{2}$ 是无理数仅当 2 是有理数.

解 （1）在命题逻辑中，设 P：墨西哥位于南美洲，则符号化为 P，这是真命题，

在谓词逻辑中，设 a:墨西哥，$F(x)$:x 位于南美洲，则符号化为 $F(a)$；

（2）在命题逻辑中，设 P:$\sqrt{2}$ 是无理数，Q：2 是有理数，则符号化为 $P \rightarrow Q$，这是真命题，

在谓词逻辑中，设 $F(x)$：x 是无理数，$G(x)$：x 是有理数，则符号化为 $F(\sqrt{2}) \rightarrow G(2)$.

定义 2 在全总个体域的情况下，为了指定某个个体变项的范围而引入的谓词称为**特征谓词**.

在谓词逻辑中将命题符号化的步骤是：

①找到所有的个体词；

②确定是否要引入特征谓词；

③描述个体词的性质（一元谓词）、描述个体词的关系（二元谓词）；

④按命题的实际意义进行刻画.

例 2 将下列命题符号化：

（1）所有的人都会死；（2）有的人活百岁以上.

解　当个体域为人类集合时.

（1）符号化为 $\forall x F(x)$，其中 $F(x)$：x 会死；

（2）符号化为 $\exists x G(x)$，其中 $G(x)$：x 能活百岁以上.

在全总个体域时，引入特征谓词 $M(x)$：x 是人，则

（1）符号化为：$\forall x(M(x) \rightarrow F(x))$，

或"不存在不会死的人"：$\neg \exists x(M(x) \wedge \neg(F(x)))$；

（2）符号化为：$\exists x(M(x) \wedge G(x))$，

或"并不是所有人都不能活到百岁以上"：$\neg \forall x(M(x) \rightarrow \neg(G(x)))$.

例3　将下列命题在谓词逻辑中符号化，并讨论它们的真值：

（1）如果 4 是素数，则 8 也是素数.

（2）如果 2 小于 3，则 8 小于 7.

解　（1）设谓词 $G(x)$：x 是素数，符号化为：$G(4) \rightarrow G(8)$.

由于此蕴涵式的前件为假，所以（1）中的命题为真；

（2）设谓词 $H(x, y)$：x 小于 y，

符号化为：$H(2, 3) \rightarrow H(8, 7)$.

由于此蕴涵式的前件为真，后件为假，所以（2）中的命题为假.

9.3.2　谓词逻辑公式与解释

1）谓词逻辑的合式公式

定义3　不出现命题联结词和量词的命题函数 $P(x_1, x_2, \cdots, x_n)$ 是 n **元谓词公式**，其中，$x_1, x_2, \cdots, x_n$ 是个体变项，则称 $P(x_1, x_2, \cdots, x_n)$ 为谓词演算的**原子公式**.

定义4　谓词演算的合式公式定义如下：

（1）原子公式是合式公式；

（2）若 A, B 是合式公式，则 $(\neg A)$、$(A \wedge B)$、$(A \vee B)$、$(A \rightarrow B)$、$(A \leftrightarrow B)$ 是合式公式；

（3）若 A 是合式公式，则 $\forall x A$、$\exists x A$ 是合式公式；

（4）只有有限次地应用（1）—（4）构成的符号串才是合式公式.

合式公式也称**谓词公式**，简称为**公式**.

公式中，量词运算优先级高于所有的联结词.

2)约束变元与自由变元

定义 5 在公式 $\forall xA$ 和 $\exists xA$ 中,称 x 为**指导变项**,A 为相应量词的**辖域**. 在 $\forall x$ 和 $\exists x$ 的辖域中,x 的所有出现都称为**约束出现**,A 中不是约束出现的其他变项均称为是**自由出现的**.

例如, 在公式 $\forall x(F(x,y)\to G(x,z))$ 中,$A=(F(x,y)\to G(x,z))$ 为 $\forall x$ 的辖域,x 为指导变元,A 中 x 的两次出现均为约束出现,y 与 z 均为自由出现.

例 4 指出下列各式量词的辖域及变元的约束情况:

（1）$\forall x(F(x,y)\to G(x,z))$;

（2）$\forall x(F(x)\to\exists yH(x,y))$;

（3）$\forall x\;\forall y(R(x,y)\vee L(y,z))\wedge\exists xH(x,y)$.

解 （1）对于 $\forall x$ 的辖域是 $A=(F(x,y)\to G(x,z))$.在 A 中,x 是约束出现的,而且约束出现两次,y,z 均为自由出现,而且各自由出现一次;

（2）$\exists yH(x,y)$ 中,y 为指导变项,$\exists$ 的辖域为 $H(x,y)$,其中 y 是约束出现的,x 是自由出现的.整个公式中,x 是指导变项,$\forall$ 的辖域为 $(F(x)\to\exists yH(x,y))$,x,y 都是约束出现的.x 约束出现 2 次,y 约束出现 1 次;

（3）$\forall x\;\forall y(R(x,y)\vee L(y,z))$ 中,x、y 为指导变项,两个 $\forall$ 的辖域为 $R(x,y)\vee L(y,z)$.其中,x 约束出现 1 次,y 约束出现 2 次,z 自由出现 1 次.在 $\exists xH(x,y)$ 中,x 为指导变项,$\exists$ 的辖域为 $H(x,y)$.其中,x 约束出现 1 次,y 自由出现 1 次.在整个公式中,x 约束出现 2 次,y 约束出现 2 次,自由出现 1 次,z 自由出现 1 次.

例 4（3）中,y 既充当约束变项又是自由变项,或者其他,容易混淆,所以,提出约束变项的换名与自由变项的代入规则.

约束变项的换名规则:将量词辖域中出现的某个约束出现的个体变项及对应的指导变项改成另一个辖域中未曾出现过的个体变项符号,公式中其余部分不变,则所得公式与原来的公式等值.

自由变项的代入规则是:

（1）对于谓词公式中的自由变项,可以代入,此时需要对公式中出现该自由变项的每一处进行代入;

（2）用以代入的变项与原公式中所有变项的名称都不能相同.

比如,例 4（3）中

先换名:$\forall x\forall y(R(x,y)\vee L(y,z))\wedge\exists uH(u,y)$;

后代入:$\forall x\forall y(R(x,y)\vee L(y,z))\wedge\exists uH(u,v)$

3)谓词逻辑公式的解释

定义6 谓词逻辑公式的一个解释I,是由非空区域D和对G中常项符号、函数符号、谓词符号以下列规则进行的一组指定组成:

(1)对每一个常项符号指定D中一个元素;

(2)对每一个n元函数符号指定一个函数;

(3)对每一个n元谓词符号指定一个谓词.

显然,对任意公式G,如果给定G的一个解释I,则G在I的解释下有一个真值,记作$T_I(G)$.

若个体域为有限集,如$D=\{a_1,a_2,\cdots,a_n\}$,则

$$\forall xA(x)\Leftrightarrow A(a_1)\wedge A(a_2)\wedge\cdots\wedge A(a_n);$$
$$\exists xA(x)\Leftrightarrow A(a_1)\vee A(a_2)\vee\cdots\vee A(a_n).$$

从而谓词公式的真值等价于命题公式的真值.

例5 给定解释I如下:

(1)$D_I=\{2,3\}$;

(2)D_I中特定元素$a=2$;

(3)函数$f(x)$为$f(2)=3,f(3)=2$;

(4)谓词$F(x)$为$F(2)=0,F(3)=1$;

   $G(x,y)$为$G(i,j)=1$,$i,j=2,3$.

在解释I下,求下列各式的真值:

(1)$\forall x(F(x)\wedge G(x,a))$;

(2)$\exists x(F(f(x))\wedge G(x,f(x)))$.

解 在解释I下:

(1)$\forall x(F(x)\wedge G(x,a))$

 $\Leftrightarrow(F(2)\wedge G(2,2))\wedge(F(3)\wedge G(3,2))$

 $\Leftrightarrow(0\wedge1)\wedge(1\wedge1)$

 $\Leftrightarrow0.$

(2)$\exists x(F(f(x))\wedge G(x,f(x)))$

 $\Leftrightarrow(F(f(2))\wedge G(2,f(2)))\vee(F(f(3))\wedge G(3,f(3)))$

 $\Leftrightarrow(F(3)\wedge G(2,3))\vee(F(2)\wedge G(3,2))$

 $\Leftrightarrow(1\wedge1)\vee(0\wedge1)$

 $\Leftrightarrow1.$

定义 7　若存在解释 I,使得 G 在解释 I 下取值为真,则称公式 G 为**可满足式**,简称 I **满足** G.若不存在解释 I,使得 I 满足 G,则称公式 G 为**永假式**(或**矛盾式**).若 G 的所有解释 I 都满足 G,则称公式 G 为**永真式**(或**重言式**).

定义 8　设 A_0 是含命题变项 $P_1,P_2,\cdots,P_n$ 的命题公式,$A_1,A_2,\cdots,A_n$ 是 n 个谓词公式,用 A_i 代替 A_0 中的 $P_i(1 \leq i \leq n)$,所得公式 A 称为 A_0 的**代换实例**.

例如:$F(x) \to G(x)$,$\forall xF(x) \to \exists yG(y)$ 等都是 $P \to Q$ 的代换实例,$\forall x(F(x) \to G(x))$ 等不是 $P \to Q$ 的代换实例.

定理 1　重言式的代换实例都是永真式,矛盾式的代换实例都是矛盾式.

例 7　下列公式中,哪些是永真式,哪些是矛盾式?

$(1)\forall xF(x) \to (\exists x \exists yG(x,y) \to \forall xF(x))$;

$(2)\neg(\forall xF(x) \to \exists yG(y)) \wedge \exists yG(y)$;

$(3)\forall x(F(x) \to G(x))$.

解　(1)重言式 $P \to (Q \to P)$ 的代换实例,故为永真式.

(2)矛盾式 $\neg(P \to Q) \wedge Q$ 的代换实例,故为永假式.

(3)解释 I_1:个体域 N,$F(x)$:$x>5$,$G(x)$:$x>4$,公式为真.

解释 I_2:　个体域 N,$F(x)$:$x<5$,$G(x)$:$x<4$,公式为假.

故为可满足式.

习题 9.3

1.在个体域分别限制为(a)和(b)条件时,将下面两个命题符号化:

(1)凡人都呼吸;(2)有的人用左手写字.

其中,(a)个体域 D_1 为人类集合;(b)个体域 D_2 为全总个体域.

2.在个体域限制为(a)和(b)条件时,将下列命题符号化:

(1)对于任意的 x,均有 $x^2-3x+2=(x-1)(x-2)$;(2)存在 x,使得 $x+5=3$.

其中,(a)个体域 $D_1=\mathbf{N}$($\mathbf{N}$ 为自然数集合),(b)个体域 $D_2=\mathbf{R}$($\mathbf{R}$ 为实数集合).

3.将下列命题符号化,并讨论真值.

(1)所有的人都长着黑头发;(2)有的人登上过月球;(3)没有人登上过木星;(4)在美国留学的学生未必都是亚洲人.

4.在一阶逻辑中将下列命题符号化:

(1)大熊猫都可爱;　　　　　　　　(2)有人爱发脾气;

（3）说所有人都爱吃面包是不对的；　（4）没有不爱吃糖的人；

（5）一切人都不一样高；　（6）并不是所有的汽车都比火车快.

5.给定解释 I 如下：

（a）个体域 $D=\mathbf{N}$（$\mathbf{N}$ 为自然数集合）；（b）$a=0$；

（c）$f(x,y)=x+y,g(x,y)=x\cdot y$；　（d）$F(x,y)$ 为 $x=y$.

在 I 下，下列哪些公式为真？哪些为假？哪些的真值还不能确定？

（1）$F(f(x,y),g(x,y))$；　（2）$F(f(x,a),y)\rightarrow F(g(x,y),z)$；

（3）$\neg F(g(x,y),g(y,z))$；　（4）$\forall xF(g(x,y),z)$；

（5）$\forall xF(g(x,a),x)\rightarrow F(x,y)$；　（6）$\forall xF(g(x,a),x)$；

（7）$\forall x\forall y(F(f(x,a),y)\rightarrow F(f(y,a),x))$；

（8）$\forall x\forall y\exists zF(f(x,y,z))$；　（9）$\exists xF(f(x,x),g(x,x))$.

6.证明下面公式既不是永真式，也不是矛盾式：

（1）$\forall x(F(x)\rightarrow G(x))$；　（2）$\exists x(F(x)\wedge G(x))$；

（3）$\forall x\forall y(F(x)\wedge G(y)\rightarrow H(x,y))$.

项目 9　任务关系结构图

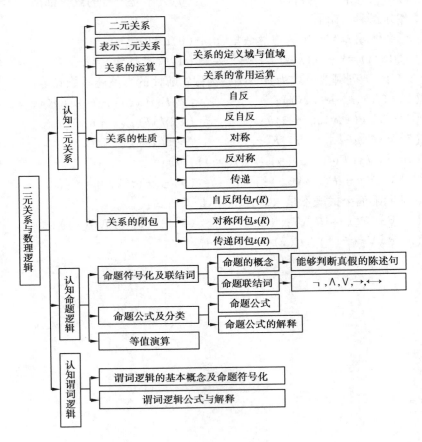

自我检测 9

一、选择题

1.设集合 $A=\{2,\{a\},3,4\}$，$B=\{\{a\},3,4,1\}$，E 为全集,则下列命题正确的是(　　).

A.$\{2\}\in A$　　　　　　　　　　B.$\{a\}\subseteq A$

C.$\varnothing\subseteq\{\{a\}\}\subseteq B\subseteq E$　　　　D.$\{\{a\},1,3,4\}\subset B$

2.设集合 $A = \{1,2,3\}$，A 上的关系 $R = \{(1,1),(2,2),(2,3),(3,2),$ $(3,3)\}$，则 R 不具备(　　).

　A.自反性　　　　B.传递性　　　　C.对称性　　　　D.反对称性

3.下列语句中,(　　)是命题.

　A.请把门关上　　　　　　　　　B.地球外的星球上也有人

　C.$x + 5 > 6$　　　　　　　　　D.下午有会吗?

4.设 I 是如下一个解释:$D = \{a,b\}$, $\dfrac{P(a,a)\quad P(a,b)\quad P(b,a)\quad P(b,b)}{1\qquad\quad 0\qquad\quad 1\qquad\quad 0}$

则在解释 I 下取真值为 1 的公式是(　　).

　A.$\exists x \forall y P(x,y)$　　　　　　　B.$\forall x \forall y P(x,y)$

　C.$\forall x P(x,x)$　　　　　　　　D.$\forall x \exists y P(x,y)$

5.设集合 $A = \{a,b,c\}$，A 上的关系 $R = \{(a,a),(a,b),(b,c)\}$，则$R^2 = ($　　$)$.

　A.$\{(a,a),(a,b),(a,c)\}$；　　　　B.$\{(a,b),(a,c),(b,c)\}$；

　C.$\{(a,b),(a,c),(b,b)\}$；　　　　D.$\{(a,a),(a,b),(c,c)\}$.

6.下列式子不是谓词合式公式的是(　　).

　A.$(\forall x)P(x) \rightarrow R(y)$

　B.$(\forall x) \neg P(x) \Rightarrow (\forall x)(P(x) \rightarrow Q(x))$

　C.$(\forall x)(\exists y)(P(x) \wedge Q(y)) \rightarrow (\exists x)R(x)$

　D.$(\forall x)(P(x,y) \rightarrow Q(x,z)) \vee (\exists z)R(x,z)$

7.下列式子为重言式的是(　　).

　A.$(\neg P \wedge R) \rightarrow Q$　　　　　　B.$P \vee Q \wedge R \rightarrow \neg R$

　C.$P \vee (P \wedge Q)$　　　　　　　D.$(\neg P \vee Q) \Leftrightarrow (P \rightarrow Q)$

8.在指定的解释下,下列公式为真的是(　　).

　A.$(\forall x)(P(x) \vee Q(x))$,$P(x):x=1$,$Q(x):x=2$,论域:$\{1,2\}$

　B.$(\exists x)(P(x) \wedge Q(x))$,$P(x):x=1$,$Q(x):x=2$,论域: $\{1,2\}$

　C.$(\exists x)(P(x) \rightarrow Q(x))$,$P(x):x>2$,$Q(x):x=0$,论域:$\{3,4\}$

　D.$(\forall x)(P(x) \rightarrow Q(x))$,$P(x):x>2$,$Q(x):x=0$,论域:$\{3,4\}$

9.对于公式$(\forall x)(\exists y)(P(x) \wedge Q(y)) \rightarrow (\exists x)R(x,y)$,下列说法正确的是(　　).

　A.y 是自由变元　　　　　　B.y 是约束变元

　C.$(\exists x)$的辖域是 $R(x,y)$

　D.$\forall(x)$的辖域是$(\exists y)(P(x) \wedge Q(y)) \rightarrow (\exists x)R(x,y)$

10.设论域为$\{1,2\}$,与公式$(\forall x)A(x)$等价的是(　　　).

A.$A(1)\vee A(2)$　B.$A(1)\rightarrow A(2)$　C.$A(1)\wedge A(2)$　D.$A(2)\rightarrow A(1)$

二、填空题

1.设$A=\{a\}$,$B=\{2,4\}$,则$A\times B=$_____.

2.设$A=\{1,2,3\}$,则A上的二元关系有_____个.

3.集合$A=\{\{\varnothing,2\},\{2\}\}$的幂集$2^A=$_____.

4.若对命题P赋值1,Q赋值0,则命题$P\leftrightarrow Q$的真值为_____.

5.命题"如果你不看电影,那么我也不看电影"(P:你看电影,Q:我看电影)的符号化为_____.

6.在谓词逻辑中将命题"参加考试的人未必都能取得好成绩"符号化:_____.

7.设$A=\{2,3,4,5,6\}$上的二元关系$R=\{<x,y>|x<y\vee x$是质数$\}$,则

（1）$R=$_____（列举法）；（2）R的关系矩阵M_R

$=$_____.

8.命题"对于任意给定的正实数,都存在比它大的实数"令$F(x):x$为实数,$L(x,y):x>y$则命题的逻辑谓词公式为_____.

9.公式$A=\exists x(P(x)\rightarrow Q(x))$的解释$I$为:个体域$D=\{2\}$,$P(x):x>3$,$Q(x):x=4$,则$A$的真值为_____.

10.将量词辖域中出现的_____和指导变元交换为另一变元符号,公式其余的部分不变,这种方法称为换名规则.

三、解答题

1.已知$A=\{1,2,3,4,5\}$和$R=\{<1,2>,<2,1>,<2,3>,<3,4>,<5,4>\}$,求$r(R)$、$s(R)$和$t(R)$.

2.设集合$A=\{a,b,c,d\}$,A上的二元关系$R=\{<a,b>,<a,c>,<b,a>,<b,c>,<c,a>,<c,d>,<d,c>\}$,讨论$R$的性质,写出$R$的关系矩阵,画出$R$的关系图.

3. 用等值演算法和真值表法判断公式$A=((P\rightarrow Q)\wedge(Q\rightarrow P))\leftrightarrow(P\leftrightarrow Q)$的类型.

4.如果厂方拒绝增加工资,那么罢工就不会停止,除非罢工超过一年并且工厂撤换了厂长.问:若厂方拒绝增加工资,罢工刚开始,罢工是否能够停止.

5.将下列命题符号化:

（1）兔子比乌龟跑得快.

（2）有的兔子比所有的乌龟跑得快.

（3）并不是所有的兔子都比乌龟跑得快.

（4）不存在跑得同样快的两只兔子.

6.设 I 是如下一个解释：$D=\{2,3\}$，

$F(2)$	$F(3)$	$P(2)$	$P(3)$	$Q(2,2)$	$Q(2,3)$	$Q(3,2)$	$Q(3,3)$
3	2	0	1	1	1	0	1

求 $\exists x \forall y (P(x) \wedge Q(F(x),y))$ 的真值.

项目10 数学软件包MATLAB及其应用

【知识目标】

了解 MATLAB 软件的安装,掌握 MATLAB 的操作命令,掌握 MATLAB 数值计算等在微积分、线性代数、概率统计中的应用;掌握 MATLAB 绘图的方法和技巧.

【技能目标】

1.会安装 MATLAB 软件,会利用 MATLAB 进行数值计算、作图,计算极限、导数、积分、微分、矩阵,会求解方程及方程组等.

2.熟悉常用的数学软件,培养使用计算机解决实际问题的意识与能力.

【相关链接】

MATLAB 的产生是与数学计算紧密联系在一起的.20 世纪 70 年代中期,美国的穆勒教授在给学生开线性代数课时,为了让学生能使用子程序库又不至于在编程上花费过多的时间,便为学生编写了使用子程序的接口程序.他将这个接口程序取名为 MATLAB,意为"矩阵实验室".20 世纪 80 年代初他们又采用 C 语言编写了 MATLAB 的核心.目前 MATLAB 已成为国际公认的最优秀的数学应用软件之一.

【推荐资料】

1.薛定宇,陈阳泉.高等应用数学问题的 MATLAB 求解[M].北京:清华大学出版社,2004.

该书首先介绍了 MATLAB 语言程序设计的基本内容,在此基础上系统介绍了各个应用数学领域的问题求解,如基于 MATLAB 的微积分问题、线性代数问题的计算机求解、积分变换和复变函数问题、非线性方程与最优化问题、常微分方程与偏微分方程问题、数据插值与函数逼近问题、概率论与数理统计问题的解析解和数值解法等,还介绍了较新的非传统方法,如模糊逻辑与模糊推理、神经网络、遗传算法、小波分析、粗糙集及分数阶微积分学等领域.

2.王海英.图论算法及其 MATLAB 实现[M].北京:航空航天大学出版社,2010.

该书系统介绍了图论的重要算法思想及其 MATLAB 实现.全书分为相对独立的9章,每章都是解决一类问题的算法思想及其 MATLAB 实现.该书首先介绍有关基础知识,然后给出相关著名实际问题及解决此问题的算法思想,最后给出 MATLAB 实现.

【案例导入】

项目5中的案例导入的剑桥减肥食谱,用 MATLAB 如何求解?

任务 10.1　初识数学软件包 MATLAB

MATLAB 是 Matrix Laboratory 的缩写,是 Mathworks 公司于 1984 年推出的一套科学计算软件,分为总包和若干工具箱.一方面可以实现数值分析、优化、统计、偏微分方程数值解、自动控制、信号处理、系统仿真等若干个领域的数学计算;另一方面可以实现二维、三维图形绘制、三维场景创建和渲染、科学计算可视化、图像处理、虚拟现实和地图制作等图形图像方面的处理.本任务将以 MATLAB7.0 为基础简要介绍数学软件包 MATLAB 及其在数值计算中的应用.

10.1.1　MATLAB 的工作界面

MATLAB7.0 安装完成后,在程序栏里便有了 MATLAB7.0 选项,桌面上出现 MATLAB 的快捷方式,双击桌面上 MATLAB 的快捷方式或选择程序栏里 MAT-LAB7.0 选项即可启动 MATLAB7.0. 启动 MATLAB7.0 后主界面如图 10.1 所示.

它大致包括以下几个部分:

1)菜单栏和工具栏

MATLAB 的菜单栏(单击即可打开相应的菜单)和工具栏(使用它们能使操作更快捷)与 Windows 程序的界面类似,只要稍加实践就可以掌握其功能和使用方法.

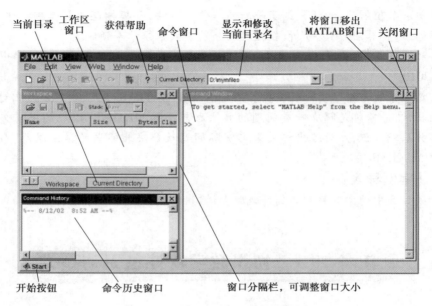

图 10.1　MATLAB 启动后的工作界面

2) Command Window(**命令窗口**)

MATLAB 命令窗口是用来接受 MATLAB 命令的窗口. 在命令窗口中直接输入命令,可以实现显示、清除、储存、调出、管理、计算和绘图等功能如表 10.1 所示. MATLAB 命令窗口中的符号">>"为运算提示符,表示 MATLAB 处于准备状态. 当在提示符后输入一段程序或一段运算式后按回车键,MATLAB 会给出计算结果并将其保存在工作空间管理窗口中,然后再次进入准备状态.

表 10.1　MATLAB 常用管理命令

命　　令	功能说明
>>clear	清除内存中的所有内容
>>clc	清除命令窗口中的所有内容,但不会真正删除已定义的变量和函数
>>dir	显示当前工作目录或指定目录下的文件
>>cd	显示当前工作目录
>>clf	清除图形窗口
>>quit(exit)	退出 MATLAB

为了便于对输入的内容进行编辑,MATLAB 提供了一些控制光标位置和进行简单编辑的一些常用操作键,如表 10.2 所示.掌握这些命令可以在输入命令的过程中起到事半功倍的效果.

表10.2 命令窗口中行编辑的常用操作键

命 令	功 能	命 令	功 能
↑	向前调回已输入过的命令行	↓	向后调回已输入过的命令行
←	在当前行中左移光标	→	在当前行中右移光标
home	使光标置于当前行首	end	使光标置于当前行尾
Esc	清除当前行的全部内容	Ctrl+C	中断MATLAB命令的运行
del	删除光标右边的字符	backspace	删除光标左边的字符

在以上按键中,反复使用"↑"键,可以调出以前键入的所有命令.

3)Workspace(工作空间管理窗口)

工作空间管理窗口显示当前MATLAB的内存中使用的所有变量的变量名、变量的大小和变量的数据结构等信息,数据结构不同的变量对应不同的图标.

4)Current Directory(当前目录窗口)

当前目录窗口显示当前目录下所有文件的文件名、文件类型和最后的修改时间.

5)Command History(命令历史记录窗口)

命令历史记录窗口显示所有执行过的命令.在默认设置下,该窗口会保留自MATLAB安装后使用过的所有命令,并标明使用的时间. 利用该窗口,一方面可以查看曾经执行过的命令;另一方面,可以重复利用原来输入的命令,这只需在命令历史窗口中直接双击某个命令,就可以执行该命令.

10.1.2 MATLAB基础知识

1)MATLAB的变量

变量是任何程序设计语言的基本要素之一.与一般常规的程序设计语言不同的是,MATLAB语言并不要求对所使用的变量进行事先声明,也不需要指定变量类型,它会自动根据赋予变量的值或对变量进行的操作来确定变量的类型并为其分配内存空间. 在赋值过程中,如果变量已存在,MATLAB将使用新值代替旧值,并以新的变量类型代替旧的变量类型.

MATLAB中变量的命名规则是:

①变量名区分大小写,如:变量myvar和MyVar是不同变量;sin是MATLAB定义的正弦函数名,但SIN、Sin等都不是.

②变量名的长度不超过31位,第31个字符之后的字符将被忽略.

③变量名必须以字母开头,之后可以是任意字母、数字或下划线.变量名中

不允许使用标点符号,如 fun,hao123 都是变量名.

MATLAB 中有一些预定义的变量,这些特殊的变量称为常量,如表 10.3 所示.

表 10.3　MATLAB 语言中的常量

常量名	常量值	常量名	常量值
i,j	虚数单位	pi	圆周率 π
ans	用于结果的缺省变量名	inf	正无穷大,如 1/0

在 MATLAB 语言中,定义变量时应避免与常量名相同,以免改变常量的值.

2)MATLAB 的函数

MATLAB 语言中最基本、最重要的成分是函数. 一个函数由函数名、输入变量和输出变量组成. 同一个函数,不同数目的输入变量和不同数目的输出变量均代表不同的含义.MATLAB 常用函数,如表 10.4 所示.

表 10.4　MATLAB 常用函数

函数名	解　释	MATLAB 命令	函数名	解　释	MATLAB 命令
三角函数	$\sin x$	sin(x)	反三角函数	$\arcsin x$	asin(x)
	$\cos x$	cos(x)		$\arccos x$	acos(x)
	$\tan x$	tan(x)		$\arctan x$	atan(x)
	$\cot x$	cot(x)		$\text{arccot} x$	acot(x)
幂函数	x^a	x^a	对数函数	$\ln x$	log(x)
	$\sqrt{x}$	sqrt(x)		$\log_{10} x$	log10(x)
指数函数	a^x	a^x	绝对值函数	$|x|$	abs(x)
	e^x	exp(x)	符号函数	$\text{sign} x$	sign(x)

3)MATLAB 的算术运算符

MATLAB 的算术运算符如表 10.5 所示.

表 10.5　MATLAB 算术运算符

算术运算	数学表达式	MATLAB 运算符	MATLAB 表达式
加	$a+b$	+	a+b
减	$a-b$	−	a−b
乘	$a \times b$	*	a*b
除	$a \div b$	/ 或 \	a/b 或 b\a
幂	a^b	^	a^b

在 MATLAB 中,还有一种特殊的运算,因为其运算符是在有关算术运算符前面加点,所以叫点运算. 点运算符有".*"".⁄"".\"和".^"两矩阵进行点运算

是指它们的对应元素进行相关运算,要求两矩阵的维参数相同.

例1 矩阵 $A = \begin{pmatrix} 1 & 2 \\ 2 & 3 \end{pmatrix}, B = \begin{pmatrix} 1 & 0 \\ 2 & 2 \end{pmatrix}$, 求 $A.*B, A*B$.

解 用键盘在命令窗口输入以下内容

>> A = [1 2;2 3];B = [1 0;2 2]; % 输入矩阵 A、B

>>A. * B   %A. * B 表示两矩阵对应元素相乘

ans =

  1   0

  4   6

>> A * B   %A * B 表示线性代数中的矩阵乘法

ans =

  5   4

  8   6

10.1.3 利用 MATLAB 进行基本数值计算

1)命令行基础

(1)简单的运算

例2 求 $[30+3\times(6-4)]\div 3^2$.

解 用键盘在命令窗口输入以下内容

>> (30+3 * (6-4))/3^2

ans =

4

(2)MATLAB 表达式的输入

例3 已知 $y=f(x)=x^3+\sqrt[3]{x}-8\sin x$, 求 $f(3)$.

解 用键盘在命令窗口输入以下内容:

 >>x = 3;y = x^3+x^(1/3)-8 * sin(x)   %输入过程中乘号 * 不能省略

y =

 27.313 3

(3)用"↑"键重新显示以前使用过的语句

例4 求 $y_1 = \dfrac{2\sin(0.6\pi)}{1+\sqrt{7}}; y_2 = \dfrac{2\cos(0.6\pi)}{1+\sqrt{7}}$.

解 用键盘在命令窗口输入以下内容:

>> y1 = 2 * sin(0.6 * pi)/(1+sqrt(7))

y1 =

      0.521 7

按"↑"键重新显示:

>> y1 = 2 * sin(0.6 * pi)/(1+sqrt(7))

用"←"键修改为:

>> y2 = 2 * cos(0.6 * pi)/(1+sqrt(7))

y2 =

      -0.169 5

注 ①当命令行有错误,MATLAB 会用红色字体提示;

②标点符号要在英文状态下输入,因为 MATLAB 不能识别中文标点符号;

③同一行中若有多个表达式,则必须用分号或逗号隔开;若表达式后面是分号,将运行但不显示结果;而表达式后面是逗号时,将运行并显示结果;

④在 MATLAB 的命令窗口中输入一个表达式或利用 MATLAB 进行编程时,如果表达式太长,可以用续行符号"…"将其延续到下一行;

⑤编写 MATLAB 程序时,通常利用符号"%"对程序或其中的语句进行注释.

2)初等代数运算

代数符号运算主要包括因式分解、化简、展开和合并等.表 10.6 给出了相关的代数运算命令格式.

表 10.6　代数运算命令格式

命　　令	功能说明
factor(y)	对符号表达式 y 进行因式分解
simple(y)或 simplify(y)	对符号表达式 y 进行因式化简
expand(y)	对符号表达式 y 进行展开
collect(y)	对符号表达式 y 进行合并同类项
finverse(y)	求函数 y 的反函数

需注意的是,表 10.6 中出现的变量或表达式要先通过命令 sym( )或 syms 定义后才可以使用.其中,sym 函数用来建立单个符号变量,例如,a = sym('a')建立符号变量 a;而 syms 函数用于定义多个符号变量,它的调用格式为: syms　var1 var2 … varn,用这种格式定义符号变量时不要在变量名上加字符分

界符(′),变量间用空格而不要用逗号分隔.

例5 因式分解:$3ax+4by+4ay+3bx$.

解 用键盘在命令窗口输入以下内容:

\>>clear

\>> syms x y a b; %生成符号变量 x,y,a,b

\>> s=3＊a＊x+4＊b＊y+4＊a＊y+3＊b＊x; %生成符号表达式

\>> factor(s) %对 s 因式分解

ans =

(3＊x+4＊y)＊(a + b)

例6 化简$(x^2+y^2)^2+(x^2-y^2)^2$.

解 用键盘在命令窗口输入以下内容:

\>>clear

\>>syms x y; s=(x^2+y^2)^2+(x^2−y^2)^2;

\>>simplify(s) %对 *s* 化简

ans =

2＊x^4+2＊y^4

例7 将 $s=(-7x^2-8y^2)(-x^2+3y^2)$ 展开.

解 用键盘在命令窗口输入以下内容:

\>>clear

\>>syms x y;s=(−7＊x^2−8＊y^2)＊(−x^2+3＊y^2);

\>>expand(s) %对 s 展开

ans =

7＊x^4 − 13＊x^2＊y^2 − 24＊y^4

例8 求函数 $y=\dfrac{1}{\tan x}$ 的反函数.

解 用键盘在命令窗口输入以下内容:

\>>clear

\>>syms x ;y=1/tan(x);

\>>g=finverse(y) %对 y 求反函数

g =

atan(1/x)

3)解方程(组)

解方程是符号运算中的一个基本功能,可以用命令函数

solve('eqn1','eqn2',…,'eqnN','var1,var2,…,varN')

来求解方程和方程组.其中,eqn1 表示方程组中的第一个方程,var1 为方程组中的第一个变量声明,其他的以此类推.如果没有变量声明,系统则按人们的习惯确定符号方程中的解变量.

例 9 解下列方程:

$$(1)\frac{1}{x+2}+\frac{4x}{x^2-4}=1+\frac{2}{x-3};\qquad (2)x-(x^3-4x-7)^{\frac{1}{3}}=1.$$

解 用键盘在命令窗口输入以下内容:

```
>>clear
>>x=solve('1/(x+2)+4*x/(x^2-4)=1+2/(x-2)','x')   %解方程(1),
```
解方程的第一种表示方式
```
x =
1
>>f=sym('x-(x^3-4*x-7)^(1/3)=1');
>>x=solve(f)
```
%解方程(2),解方程的第二种表示方式
```
x =
3
```

例 10 解方程组 $\begin{cases}\dfrac{1}{x^3}+\dfrac{1}{y^3}=28\\[2mm]\dfrac{1}{x}+\dfrac{1}{y}=4\end{cases}.$

解 用键盘在命令窗口输入以下内容:

```
>>clear
>>[x y]=solve('1/x^3+1/y^3=28','1/x+1/y=4','x','y')   %解方程组
x =
    1
1/3
y =
1/3
    1
```

所以原方程组的解为 $\begin{cases}x=1\\[1mm]y=\dfrac{1}{3}\end{cases}$ 或 $\begin{cases}x=\dfrac{1}{3}\\[1mm]y=1\end{cases}.$

习题 10.1

1.计算下列各式的数值：

（1）$\sqrt{\pi^2-1}$；（2）$\lg 180$；（3）$\sin 35°+\cos 40°$；（4）125^{10}.

2.分解下列因式：

（1）$\dfrac{x^2}{4}+xy+y^2$；（2）$x^4+4x^3-19x^2-46x+120$.

3.将下列各式展开：

（1）$(x+y+1)^3$；（2）$(x^2+y^3)^5$.

4.解下列方程及方程组：

（1）$3x^3-8x^2+5x=0$；（2）$\begin{cases} x+y-z=4 \\ x^2+y^2-z^2=12 \\ x^3+y^3-z^3=34 \end{cases}$.

5.用 MATLAB 求解项目 5 中的剑桥减肥食谱.

任务 10.2　MATLAB 在微积分、线性代数、概率统计中的应用

10.2.1　MATLAB 在微积分中的应用

1）利用 MATLAB 求极限

在 MATLAB 中,用命令函数 limit( ) 求函数 f 的极限.表 10.7 给出了用 MATLAB 求极限的命令格式.

表 10.7　求函数极限的命令

命令格式	功能说明	命令格式	功能说明
$\text{limit}(f,x,x_0)$	求极限 $\lim\limits_{x\to x_0}f(x)$	$\text{limit}(f,x,\text{inf})$	求极限 $\lim\limits_{x\to\infty}f(x)$
$\text{limit}(f,x,x_0,'\text{left}')$	求左极限 $\lim\limits_{x\to x_0^-}f(x)$	$\text{limit}(f,x,+\text{inf})$	求极限 $\lim\limits_{x\to+\infty}f(x)$
$\text{limit}(f,x,x_0,'\text{right}')$	求右极限 $\lim\limits_{x\to x_0^+}f(x)$	$\text{limit}(f,x,-\text{inf})$	求极限 $\lim\limits_{x\to-\infty}f(x)$

需注意的是,表 10.7 中出现的变量或表达式要先通过命令 sym( )或 syms 定义后才可以使用.

例 1　求下列函数的极限:

(1) $\lim\limits_{x\to 1}\dfrac{x^2+2x-3}{x-1}$;　　　　(2) $\lim\limits_{x\to 0}\dfrac{e^x-e^{-x}-2x}{x-\sin x}$;

(3) $\lim\limits_{x\to 0^+}x\ln x$;　　　　(4) $\lim\limits_{x\to +\infty}\left(\sqrt{x^2+3x}-x\right)$.

解　(1)输入命令:

\>\>syms x

\>\>f=(x^2+2*x-3)/(x-1);

\>\>limit(f,x,1)　%求极限,也可用 limit(f,1)

ans=

4

(2)输入命令:

\>\>syms x

\>\>g=(exp(x)-exp(-x)-2*x)/(x-sin(x));

\>\>limit(g,x,0)　%也可用 limit(g)或 limit(g,x)

ans=

2

(3)输入命令:

\>\>syms x

\>\>h=x*log(x);

\>\>limit(h,x,0,'right')

ans=

0

(4)输入命令:

\>\>syms x

\>\>t=sqrt(x^2+3*x)-x;

\>\>limit(t,x,+inf)

ans=

3/2

2)利用 MATLAB 求导数

在 MATLAB 中,用表 10.8 给出的命令格式求导数.

表 10.8 求解函数导数的命令格式

命令格式	功能说明
diff(f,x,n)	求函数 f 对自变量 x 的 n 阶导数
$-$diff(f,x)/diff(f,y)	求由 $f(x,y)=0$ 所确定的隐函数的导数

例2 已知 $y=\mathrm{e}^{-3x}\sin x$，求 $\dfrac{\mathrm{d}y}{\mathrm{d}x}, \dfrac{\mathrm{d}^4 y}{\mathrm{d}x^4}$.

解 输入命令：

\>>syms x

\>>y = exp($-3*x$) $*$ sin(x);

\>>diff(y,x,1) %求导,也可用 diff(y)或 diff(y,x)

ans =

cos(x)/exp(3 $*$ x)$-$(3 $*$ sin(x))/exp(3 $*$ x)

\>>diff(y,x,4)

ans =

(28 $*$ sin(x))/exp(3 $*$ x)$-$(96 $*$ cos(x))/exp(3 $*$ x)

例3 求函数 $f(x)=\dfrac{x}{\sqrt{x^2+1}}$ 的一阶导数 $f'(x)$ 及二阶导数 $f'(x)$，并求当 $x=1$ 时对应的一阶导数和二阶导数的值.

解 输入命令：

\>>clear

\>>syms x

\>>y = x/sqrt(x^2+1) ;

\>>dy_dx = diff(f) ; simplify(dy_dx) %求一阶导数并化简

ans =

1/(x^2+1)^(3/2)

\>>d2y = diff(f,2) ; simplify(d2y) %求二阶导数并化简

ans =

$-$(3 $*$ x)/(x^2 + 1)^(5/2)

\>>x = 1 ; eval(dy_dx) , eval(d2y) %求导数在 x=1 处的值

ans =

 0.353 6

ans =

 $-$0.530 3

例4 求由方程 $e^y - xy - 1 = 0$ 所确定的隐函数的导数.

解 输入命令:

\>\>clear

\>\>syms x y

\>\>f = exp(y) - x * y - 1;

\>\>dy_dx = -diff(f,x)/diff(f,y)

dy_dx =

-y/(x - exp(y))

3)利用 MATLAB 求积分

在 MATLAB 中,求函数的不定积分、定积分及反常积分用表 10.9 给出的命令格式.

表 10.9　求解积分的命令格式

命令格式	功能说明
int(f,x)	求不定积分 $\int f(x)\mathrm{d}x$,在此仅求函数 $f(x)$ 的一个原函数
int(f,x,a,b)	求定积分 $\int_a^b f(x)\mathrm{d}x$,也适用于求积分区间为无穷的反常积分

例5 用 MATLAB 求下列积分.

(1) $\int \dfrac{x + (\arctan x)^2}{1 + x^2}\mathrm{d}x$;

(2) $\int x^2 \arctan x\mathrm{d}x$;

(3) $\int_1^e \dfrac{1 + \ln x}{x}\mathrm{d}x$;

(4) $\int_0^{+\infty} \left(\dfrac{1}{2}\right)^x \mathrm{d}x$.

解 (1)输入命令:

\>\>clear

\>\>syms x

\>\>f = (x+(atan(x)^2))/(1+x^2);

\>\>int(f,x)　　%求积分,也可用 int(f)

ans =

log(x^2 + 1)/2 + atan(x)^3/3

所以 $\int \dfrac{x + (\arctan x)^2}{1 + x^2}\mathrm{d}x = \dfrac{1}{2}\ln(x^2 + 1) + \dfrac{1}{3}(\arctan x)^3 + C$.

(2)输入命令:

\>\>clear

\>\>syms x

>>f = x^2 * atan(x) ;

>>int(f,x)

ans =

log(x^2 + 1)/6 + (x^3 * atan(x))/3 − x^2/6

所以 $\int x^2 \arctan x \mathrm{d}x = \dfrac{1}{6}\ln(x^2+1)+\dfrac{1}{3}x^3\arctan x-\dfrac{1}{6}x^2+C.$

（3）输入命令：

>>clear

>>syms x

>>f = (1+log(x))/x ;

>>int(f,x,1,exp(1))

ans =

4

（4）输入命令：

>>clear

>>syms x

>>f = (1/2)^x ;

>>int(f,x,0,+inf)

ans =

1/log(2)

例6 计算变上限积分 $\displaystyle\int_x^{x^2} \dfrac{\mathrm{d}t}{\sqrt{1+t}}$，并求它的导数.

解 输入命令：

>>clear

>>syms t x

>>f = 1/sqrt(1+t) ;

>>y = int(f,t,x,x^2)

y =

2 * (x^2 + 1)^(1/2) − 2 * (x + 1)^(1/2)

>>diff(y)

ans =

(2 * x)/(x^2 + 1)^(1/2) − 1/(x + 1)^(1/2)

10.2.2　MATLAB 在线性代数中的应用

1）矩阵及其基本运算

（1）矩阵的输入

在 MATLAB 中，矩阵的首尾要以"[ ]"括起来，按行输入每个元素；同一行中的元素用逗号或者用空格符来分隔，且空格个数不限；行与行之间用分号或"Enter"键分隔。例如，矩阵 $A = \begin{bmatrix} 1 & 2 & 3 \\ 6 & 5 & 4 \\ 7 & 8 & 9 \end{bmatrix}$ 在 MATLAB 中的输入方法为：$A = [1, 2, 3; 6, 5, 4; 7, 8, 9]$ 或 $A = [1\ 2\ 3; 6\ 5\ 4; 7\ 8\ 9]$。

建立向量的时候也可以利用冒号表达式，冒号表达式可以产生一个行向量，一般格式是：e1:e2:e3，其中 e1 为初始值，e2 为步长，e3 为终止值。例如：x = 0:0.1:30 表示向量 $(0, 0.1, 0.2, \cdots, 30)$。还可以用 linspace 函数产生行向量，其调用格式为：linspace(a, b, n)，其中，a 和 b 是生成向量的第一个和最后一个元素，n 是元素总数。可以看出来 linspace(a, b, n) 与 a:(b-a)/(n-1):b 等价。

矩阵除了直接在命令窗口键入外，也可以利用 MATLAB 系统内部提供的函数生成，基本矩阵函数如表 10.10 所示。

表 10.10　常用的矩阵函数

命令格式	功能说明	命令格式	功能说明
ones(m, n)	全部元素都为 1 的矩阵	zeros(m, n)	m×n 维零矩阵
rand(m, n)	产生 $m×n$ 维随机矩阵	randn(m, n)	正态分布的随机矩阵
eye(m, n)	$m×n$ 维单位矩阵	compan(A)	矩阵 A 的伴随矩阵

（2）矩阵的运算。

为了方便实现矩阵的基本运算，MATLAB 命令列于表 10.11。

表 10.11　矩阵的基本运算

命令格式	功能说明	命令格式	功能说明
A+B	矩阵对应元素相加	A−B	矩阵对应元素相减
A. * B	矩阵对应元素相乘	A./B	矩阵对应元素相除
A.^n	矩阵 A 的各元素 n 次方	k * A	常数 k 乘矩阵 A 的各元素
A * B	矩阵 A 左乘矩阵 B	A^n	方阵 A 的 n 次方
A′	求矩阵 A 转置	rank(A)	求矩阵 A 的秩
inv(A) 或 A^(−1)	求矩阵 A 的逆	det(A)	求 A 的行列式
B/A	B 右乘 A 的逆，即 BA^{-1}	A\B	B 左乘 A 的逆，即 $A^{-1}B$

例 7   已知矩阵 $A = \begin{pmatrix} 1 & 1 & 1 \\ 1 & 1 & -1 \\ 1 & -1 & 1 \end{pmatrix}$，$B = \begin{pmatrix} 1 & 2 & 3 \\ -1 & -2 & 4 \\ 0 & 5 & 1 \end{pmatrix}$，求 $|A|$，B^{-1}，

$3AB-2A$，$A^{\mathrm{T}}B$.

解   输入命令：

>>A = [1 1 1;1 1 −1;1 −1 1]; B = [1 2 3;−1 −2 4;0 5 1];%输入矩阵 A、B

>>det(A)   %求 A 的行列式

ans =

　　　 −4

>>format rat   %结果用有理数的形式表示

>>inv(A)   %求 A 的逆矩阵,也可用 A^(−1)

ans =

0	1/2	1/2
1/2	0	−1/2
1/2	−1/2	0

>>3 * A * B−2 * A

ans =

−2	13	22
−2	−17	20
4	29	−2

>> A′ * B   %求 $A^{\mathrm{T}}B$

ans =

0	5	8
0	−5	6
2	9	0

2)线性方程组

线性方程组 $AX=b$ 的求解可分为两类. 一类是方程组求唯一解或求特解,另一类是方程组求无穷解或通解,可以通过方程组系数矩阵的秩 $r(A)$ 和增广矩阵的秩 $r(\overline{A})$ 来判断：

①若 $r(A)=r(\overline{A})=n$（n 为方程组中未知变量的个数）,则方程组 $AX=b$ 有唯一解；

②若 $r(A)=r(\overline{A})<n$,则方程组 $AX=b$ 有无穷多组解,通解＝对应齐次线性方程组的通解＋非齐次线性方程组的一个特解；

③若 $r(A) \neq r(\overline{A})$,则方程组 $AX = b$ 无解.

（1）线性方程组唯一解或特解的解法

这类问题的解法直接调用 $X = A \backslash b$ 或用 rref( ) 将增广矩阵化为行简化阶梯型即可得到解.

例 8 求方程组 $\begin{cases} 5x_1 + 6x_2 && = 1 \\ x_1 + 5x_2 + 6x_3 && = 0 \\ x_2 + 5x_3 + 6x_4 & = 0 \\ x_3 + 5x_4 & = 0 \end{cases}$ 的解.

解 原方程组简写为矩阵,先通过对应矩阵的秩看解的情况. 输入:

```
>>clear
>>A=[5 6 0 0;1 5 6 0;0 1 5 6;0 0 1 5];
>>b=[1;0;0;0];
>>C=[A b];                    %增广矩阵
>>R_A=rank(A),R_C=rank(C)     %求秩
R_A =
    4
R_C =
    4
```

显然 $\mathrm{rank}(A) = \mathrm{rank}(C) = 4$,所以原方程组有唯一解.

①方法一.在 MATLAB 命令窗口输入:

```
>>X=A\b
```

得到

```
X =
    0.308 1
   -0.090 0
    0.023 7
   -0.004 7
```

②方法二.（用 rref 求解）在 MATLAB 命令窗口输入:

```
>>rref(C)              %将 C 化成行简化阶梯行矩阵
ans =
    1.000 0         0         0         0    0.308 1
         0    1.000 0         0         0   -0.090 0
         0         0    1.000 0         0    0.023 7
         0         0         0    1.000 0   -0.004 7
```

则矩阵最后一列元素就是所求的解.

（2）齐次线性方程组通解的解法

MATLAB 中用函数 $Z=\text{null}(A,'r')$ 求 $AX=0$ 的基础解系，其中 Z 的列向量即为所求基础解系.

例9 求方程组 $\begin{cases} x_1+2x_2+2x_3+x_4=0 \\ 2x_1+x_2-2x_3-2x_4=0 \\ x_1-x_2-4x-3x_4=0 \end{cases}$ 的通解.

解1 在 MATLAB 中输入：

```
>>A=[1,2,2,1;2,1,-2,-2;1,-1,-4,-3];
>>Z=null(A,'r')          %求基础解系
Z=
```

$$\begin{array}{cc} 2 & 5/3 \\ -2 & -4/3 \\ 1 & 0 \\ 0 & 1 \end{array}$$

故所求通解为：$X=k_1\begin{pmatrix} 2 \\ -2 \\ 1 \\ 0 \end{pmatrix}+k_2\begin{pmatrix} 5 \\ -4 \\ 0 \\ 3 \end{pmatrix}$，其中 k_1,k_2 为任意常数.

解2 （用 rref 求解）在 MATLAB 命令窗口输入：

```
>>A=[1,2,2,1;2,1,-2,-2;1,-1,-4,-3];
>>format rat      %结果用有理数的形式表示
>>rref(A)         %通过行简化阶梯型矩阵得到基础解系
ans=
```

$$\begin{array}{cccc} 1 & 0 & -2 & -5/3 \\ 0 & 1 & 2 & 4/3 \\ 0 & 0 & 0 & 0 \end{array}$$

所以原方程组的通解为：$X=k_1\begin{pmatrix} 2 \\ -2 \\ 1 \\ 0 \end{pmatrix}+k_2\begin{pmatrix} \dfrac{5}{3} \\ -\dfrac{4}{3} \\ 0 \\ 1 \end{pmatrix}$，其中 k_1,k_2 为任意常数.

（3）非齐次线性方程组通解的解法

其基本步骤是：

①判断 $AX=b$ 是否有无穷多个解，若有无穷多个解则进行下一步；

②求 $AX=b$ 的一个特解；

③求 $AX=0$ 的通解；

④$AX=b$ 的通解=对应齐次方程组 $AX=0$ 的通解

　　　　　+非齐次方程组 $AX=b$ 的一个特解.

例 10　求方程组 $\begin{cases} x_1+x_2-3x_3-x_4=1 \\ 3x_1-x_2-3x_3+4x_4=4 \\ x_1+5x_2-9x-8x_4=0 \end{cases}$　的通解.

解　原方程组简写为矩阵形式，先通过对应矩阵的秩看解的情况. 输入：

```
>>clear
>>A=[1 1 -3 -1;3 -1 -3 4;1 5 -9 -8];
>>b=[1;4;0];
>>C=[A b];              %增广矩阵
>>R_A=rank(A),R_C=rank(C)   %求秩
R_A=
    2
R_C=
    2
```

显然 $\mathrm{rank}(A)=\mathrm{rank}(C)<4$（未知数个数），所以原方程组有无穷多组解.

①方法一. 在 MATLAB 命令窗口输入：

```
>> format rat              %结果用有理数的形式表示
>> X0=A\b                  %得到原方程组的一个特解
Warning：Rank deficient, rank = 2, tol = 8.837 264e-015.
X0 =
        0
        0
     -8/15
      3/5
>>X1=null(A,'r')           %求对应的齐次线性方程组的基础解系
X1 =
      3/2           -3/4
      3/2            7/4
```

$$\begin{matrix} 1 & 0 \\ 0 & 1 \end{matrix}$$

所以原方程组的通解为 $X = k_1\begin{pmatrix} 3/2 \\ 3/2 \\ 1 \\ 0 \end{pmatrix} + k_2\begin{pmatrix} -3/4 \\ 7/4 \\ 0 \\ 1 \end{pmatrix} + \begin{pmatrix} 0 \\ 0 \\ -8/15 \\ 3/5 \end{pmatrix}$，其中 k_1, k_2 为任意常数.

②方法二.（用 rref 求解）在 MATLAB 命令窗口输入：

```
>>rref(C)                 %将 C 化成行简化阶梯行矩阵
ans =
```

1	0	-3/2	3/4	5/4
0	1	-3/2	-7/4	-1/4
0	0	0	0	0

则对应的齐次线性方程组的基础解系为 $\xi_1 = \begin{pmatrix} 3/2 \\ 3/2 \\ 1 \\ 0 \end{pmatrix}, \xi_2 = \begin{pmatrix} -3/4 \\ 7/4 \\ 0 \\ 1 \end{pmatrix}$，非齐次线性方

程组的特解为 $\eta^* = \begin{pmatrix} \dfrac{5}{4} \\ -\dfrac{1}{4} \\ 0 \\ 0 \end{pmatrix}$，所以原方程组的通解为 $X = k_1\xi_1 + k_2\xi_2 + \eta^*$，其中 k_1, k_2

为任意常数.

其实,求非齐次线性方程组通解更一般的代码为：

```
>>clear
>>A=[1 1 -3 -1;3 -1 -3 4;1 5 -9 -8];
>>b=[1;4;0];
>>C=[A b];                 %增广矩阵
>>n=4;                     %未知量的个数
>>R_A=rank(A);             %系数矩阵的秩
```

```
>>R_C=rank(C);                  %增广矩阵的秩
>>if R_A==R_C&R_A==n,           %判断有唯一解的情况
    X=A\b
  elseif R_A==R_C&R_A<n,        %判断有无穷多个解的情况
    X0=A\b
    X1=null(A,'r')              % 或用 rref(C)
  else X='Equation has no solves'  %无解的情况
  end                            %MATLAB 运行后得到的结果见方法一
```

10.2.3　概率统计应用

1)随机变量的概率密度计算

(1)计算概率密度函数值的通用函数 pdf

调用格式:Y=pdf('name',K,A)

　　　　　Y=pdf('name',K,A,B)

　　　　　Y=pdf('name',K,A,B,C)

说明:返回在 $X=K$ 处、参数为 A、B、C 的概率密度值,对于不同的分布,参数个数不同;name 为分布函数名,其取值如表 10.12.

表 10.12　常见分布函数表

name 的取值	函数说明
'bino'或'Binomial'	二项分布
'poiss'或'Poisson'	泊松分布
'unif'或'Uniform'	均匀分布
'exp'或'Exponential'	指数分布
'norm'或'Normal'	正态分布
'chi2'或'Chisquare'	卡方分布
't'或'T'	T 分布
'f'或'F'	F 分布

例如二项分布中,设一次试验事件 A 发生的概率为 p,那么在 n 次独立重复试验中,事件 A 恰好发生 K 次的概率 P_K 为:$P\_K=P\{X=K\}=pdf('bino',K,n,p)$.

例 11　计算正态分布 $N(0,1)$ 的随机变量 X 在点 0.657 8 的密度函数值.

解　>>pdf('norm',0.657 8,0,1)

ans =

　　0.321 3

（2）计算概率密度函数值的专用函数

表 10.13 专用函数计算概率密度函数值表

函数名	调用形式	功能说明
binopdf	binopdf(K,n,p)	参数为 n,p 的二项分布的概率密度函数值,等同于 pdf（′bino′,K,n,p）
poisspdf	poisspdf(K,Lambda)	参数为 Lambda 的泊松分布的概率密度函数值,等同于 pdf('pioss',K,Lambda)
Unifpdf	unifpdf（x, a, b）	$[a,b]$ 上均匀分布的概率密度在 $X=x$ 处的函数值,等同于 pdf（′unif′,x, a, b）
Exppdf	exppdf(x, Lambda)	参数为 Lambda 的指数分布概率密度函数值,等同于 pdf('exp',x, Lambda)
normpdf	normpdf(x,mu,sigma)	参数为 mu,sigma 的正态分布概率密度函数值,等同于 pdf('norm',x,mu,sigma）
chi2pdf	chi2pdf(x, n)	自由度为 n 的卡方分布概率密度函数值,等同于pdf('chi2',x, n)
Tpdf	tpdf(x, n)	自由度为 n 的 t 分布概率密度函数值,等同于pdf('t',x, n)
Fpdf	fpdf(x, n_1, n_2)	第一自由度为 n_1,第二自由度为 n_2 的 F 分布概率密度函数值,等同于 pdf('f',x, n_1, n_2)

例 12 绘制卡方分布密度函数在自由度分别为 1、5、15 的图形.(绘图命令参见任务 10.3)

解 输入命令:

>>x＝0:0.1:30;

>>y1＝chi2pdf(x,1);plot(x,y1,′:′)

>>hold on

>>y2＝chi2pdf(x,5);plot(x,y2,′+′)

>>y3＝chi2pdf(x,15);plot(x,y3,′o′)

>>axis（[0,30,0,0.2]）   %指定显示的图形区域

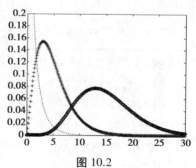

图 10.2

结果如图 10.2 所示.

2）随机变量的分布函数值的计算

（1）计算随机变量 $X\leqslant K$ 的概率之和(分布函数值)的通用命令 cdf

调用格式:cdf（′name′,K,A）

cdf（′name′,K,A,B）

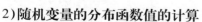

$$\mathrm{cdf}('name', K, A, B, C)$$

说明:返回以 name 为分布、随机变量 $X \leqslant K$ 的概率之和的分布函数值,name 的取值见表 10.12.

例 13 求标准正态分布随机变量 X 落在区间 $(-\infty, 0.4)$ 内的概率.

解 >> cdf('norm', 0.4, 0, 1)

ans =

　　0.655 4

例 14 求自由度为 16 的卡方分布随机变量落在 $[0, 6.91]$ 内的概率

解 >> cdf('chi2', 6.91, 16)

ans =

　　0.025 0

（2）计算分布函数值的专用函数

表 10.14　专用函数计算分布函数值表

函数名	调用形式	功能说明
binocdf	binocdf(x, n, p)	参数为 n, p 的二项分布的分布函数值 $F(x) = P\{X \leqslant x\}$
poisscdf	poisscdf(x, Lambda)	参数为 Lambda 的泊松分布的分布函数值 $F(x) = P\{X \leqslant x\}$
unifcdf	unifcdf (x, a, b)	$[a, b]$ 上均匀分布的分布函数值 $F(x) = P\{X \leqslant x\}$
expcdf	expcdf(x, Lambda)	参数为 Lambda 的指数分布的分布函数值 $F(x) = P\{X \leqslant x\}$
normcdf	normcdf(x, mu, sigma)	参数为 mu, sigma 的正态分布的分布函数值 $F(x) = P\{X \leqslant x\}$
chi2cdf	chi2cdf(x, n)	自由度为 n 的卡方分布的分布函数值 $F(x) = P\{X \leqslant x\}$
tcdf	tcdf(x, n)	自由度为 n 的 t 分布的分布函数值 $F(x) = P\{X \leqslant x\}$
fcdf	fcdf(x, n_1, n_2)	第一自由度为 n_1,第二自由度为 n_2 的 F 分布的分布函数值

例 15 设 $X \sim N(3, 2^2)$,求 $P\{2 < X < 5\}, P\{-4 < X < 10\}, P\{|X| > 2\}, P\{X > 3\}$.

解 令 $p1 = P\{2 < X < 5\}, p2 = P\{-4 < X < 10\}, p3 = P\{|X| > 2\} = 1 - P\{|X| \leqslant 2\}$, $p4 = P\{X > 3\} = 1 - P\{X \leqslant 3\}$.

则有:

>>p1 = normcdf(5, 3, 2) - normcdf(2, 3, 2)

p1 =

　　0.532 8

>>p2 = normcdf(10, 3, 2) - normcdf(-4, 3, 2)

p2 =

　　0.999 5

>>p3 = 1 - normcdf(2, 3, 2) - normcdf(-2, 3, 2)

p3 =

　　0.685 3

>>p4 = 1−normcdf(3 , 3 , 2)

p4 =

　　0.500 0

3）常见分布的期望和方差

表 10.15　常见分布的均值和方差

函数名	调用形式	功能说明（M 为期望，V 为方差）
Binostat	$[M,V]=$binostat（n,p）	二项分布的期望和方差
Poisstat	$[M,V]=$poisstat（Lambda）	泊松分布的期望和方差
unifstat	$[M,V]=$unifstat（a,b）	均匀分布的期望和方差
expstat	$[M,V]=$expstat（p,Lambda）	指数分布的期望和方差
normstat	$[M,V]=$normstat（mu,sigma）	正态分布的期望和方差
chi2stat	$[M,V]=$chi2stat（x,n）	卡方分布的期望和方差
tstat	$[M,V]=$tstat（n）	T 分布的期望和方差
fstat	$[M,V]=$fstat（n_1,n_2）	F 分布的期望和方差

例 16　设 $X\sim N(3,2^2)$，求 $E(X),D(X)$.

解　输入命令 >>$[M,V]=$normstat（3,2）

M =

　　3

V =

　　4

所以 $E(X)=3,D(X)=4$.

 习题 10.2

1.求下列函数的极限.

（1）$\lim\limits_{x\to\frac{\pi}{4}}\dfrac{1+\sin 2x}{1-\cos 4x}$;　　（2）$\lim\limits_{x\to-1}\left(\dfrac{1}{x+1}-\dfrac{3}{x^3+1}\right)$;　　（3）$\lim\limits_{x\to\infty}\left(\dfrac{x+1}{x-1}\right)^x$;

（4）$\lim\limits_{x\to0}\dfrac{\tan x-\sin x}{x^3}$;　　（5）$\lim\limits_{x\to0^+}x^x$;　　　　（6）$\lim\limits_{x\to0^+}(\cot x)^{\frac{1}{\ln x}}$.

2.求下列函数的导数:

(1) $y = \ln\left[\sin\sqrt{x^2+1}\right]$,求 y',$y'(0)$;(2) $y = e^{\arctan\frac{1}{x}}$,求 $y''(x)$;

(3)设 $\arctan\dfrac{y}{x} = \ln\sqrt{x^2+y^2}$,求 $\dfrac{dy}{dx}$.

3.计算下列积分:

(1) $\displaystyle\int\frac{\sin 2x}{\sqrt{1+\sin^2 x}}dx$;   (2) $\displaystyle\int\frac{dx}{\sqrt{4-x^2}}$;   (3) $\displaystyle\int x^2 e^{-2x}dx$;

(4) $\displaystyle\int_4^9\frac{\sqrt{x}}{\sqrt{x}-1}dx$;   (5) $\displaystyle\int_{-\infty}^0 xe^x dx$;   (6) $\displaystyle\int_{-1}^1\frac{x^3\sin^2 x}{x^4+2x^2+1}dx$.

4.求 $\displaystyle\int_2^t\frac{1+\ln x}{(x\ln x)^2}dx$,并用 diff 对结果求导.

5.已知 $A = \begin{pmatrix} 1 & 2 & 3 & 4 \\ 2 & 3 & 4 & 1 \\ 3 & 4 & 1 & 2 \\ 4 & 1 & 2 & 3 \end{pmatrix}$,$P = \begin{pmatrix} 1 \\ -1 \\ -1 \\ 1 \end{pmatrix}$,求 AP,A^3,A^{-1},PP^T,P^TP.

6.求矩阵 $\begin{pmatrix} 1 & -1 & 5 & -1 \\ 1 & 1 & -2 & 3 \\ 3 & -1 & 8 & 1 \\ 1 & 3 & -9 & 7 \end{pmatrix}$ 的秩.

7.求解下列方程组:

(1) $\begin{cases} x_1 + x_2 - 3x_3 - x_4 = 0 \\ 3x_1 - x_2 - 3x_3 + 4x_4 = 0 \\ x_1 + 5x_2 - 9x_3 - 8x_4 = 0 \end{cases}$;   (2) $\begin{cases} x_1 - 3x_2 - 6x_3 + 5x_4 = 0 \\ 2x_1 + x_2 + 4x_3 - 2x_4 = 1 \\ 5x_1 - x_2 + 2x_3 + x_4 = 7 \end{cases}$;

(3) $\begin{cases} x_1 + 2x_2 - 3x_3 = -9 \\ 3x_1 + 8x_2 - 12x_3 = -38 \\ -2x_1 - 5x_2 + 3x_3 = 10 \end{cases}$;   (4) $\begin{cases} 4x_1 + x_2 + 2x_3 + x_4 = 3 \\ x_1 - 2x_2 - x_3 - 2x_4 = 2 \\ 2x_1 + 5x_2 - x_4 = -1 \\ 3x_1 + 3x_2 - x_3 - 3x_4 = 1 \end{cases}$.

8.设 $X \sim P(8)$,求 $P\{X \leq 4\}$,$P\{2 < X \leq 5\}$.

9.某批产品长度(单位:cm)服从正态分布 $N(50, 0.25^2)$,求以下随机事件的概率:

(1)长度小于 49.4;   (2)长度在 49.5 与 50.5 之间.

任务 10.3 用 MATLAB 绘制函数图形

10.3.1 利用 MATLAB 绘制平面图形

1)绘制二维图形的一般步骤

为了对绘制图形的过程有一个宏观的了解,在这里先介绍绘制二维图形的一般步骤,具体细节将在后面进行展开.

绘制二维图形的一般步骤如下:

(1)数据的准备

产生自变量采样向量,计算相应的函数值向量

典型命令:$x = 0 : pi/100 : 2 * pi ; y = sin(x) ;$　%具体见例1

(2)选定作图窗口及其子图的位置

缺省时,打开 Figure No.1,或当前窗、当前子图,可用命令指定图形窗号和子图号.

典型命令:figure(n)　　　　　　　%指定 n 号图形窗口

subplot(2,2,2)　　　　　%指定子图

(3)调用绘图命令

典型命令:$plot(x,y)$,$fplot('f',[a,b])$, $ezplot('f',[a,b])$

(4)设置图形格式

①线型、色彩、数据点形的设置.

典型命令:$plot(x,y,'-ro')$　　　%用红色实线画曲线,其数据点类型为 o

②坐标轴的范围、坐标轴标识、网格线的设置.

典型命令:$axis([0, inf, -1, 1])$　%设置坐标轴的范围

grid on　　　　　　　%显示网格线

③图形注释,包括:图名、坐标名、图例、文字说明等.

典型命令:title('专家系统')　　　%图名

xlabel('x'); ylabel('y')　%轴名

legend('sinx','cosx')　%图例

text(2,1,'y = sinx')　%文字说明

步骤(1),(3)是最基本的绘图步骤.至于其他步骤,并不完全必需.

2)基本绘图函数

对于不同的曲线表达式,在 MATLAB 中有不同的对应命令进行绘图.MAT-LAB 中主要用 plot,fplot,ezplot 等命令来绘制曲线.常用绘图函数见表 10.16.

表 10.16　常用绘图函数

命令格式	功能说明
plot(x)	绘制以 (i, x_i) 为节点的折线图
plot(x,y)	绘制以 (x_i, y_i) 为节点的折线图,其中 x,y 为同维数的向量
plot(x1,y1,x2,y2,⋯)	绘制多组数据折线图
fplot(f,[a,b])	在区间 $[a,b]$ 上绘制函数 f 的图形
ezplot(f,[a,b])	在区间 $[a,b]$ 上绘制函数 f 的图形
figure(n)	指定 n 号图形窗口
subplot(m,n,k)	将图形窗口分为 $m * n$ 个子图,指向第 k 幅图
hold on/hold off	保留/释放图形窗口的图形

例1　绘制 $y = \sin(x), x \in [0, 2\pi]$ 的图形.

解　方法一:(利用 plot 作图)

>>x = 0 : pi/100 : 2 * pi;

>>y = sin(x);

>>plot(x,y);　　%绘制 y = sin(x) 的图形

方法二:(利用 fplot 作图)

>> fplot('sin(x)',[0,2 * pi])　%绘制 y = sin(x) 的图形

结果如图 10.3 所示.

例2　在同一坐标系中绘制 $y = \sin(x), z = \cos(x), w = 0.25x - 0.5$ 的曲线,其中 $x \in [0, 2\pi]$.

解1　利用 plot 作图.

>>x = 0 : pi/100 : 2 * pi;

>>y = sin(x);

>>z = cos(x);

>>w = 0.25 * x - 0.5;

>>plot(x,y,x,z,x,w);　　%绘制 3 个函数的图形

结果如图 10.4 所示.

解2　利用 fplot 作图.

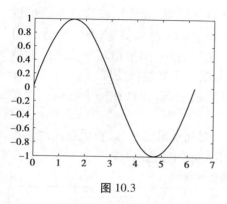

图 10.3

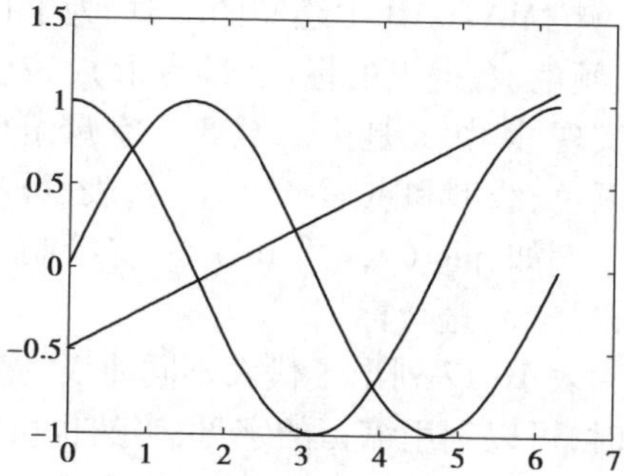

>> fplot(′sin(x)′,[0,2 * pi])   %绘制第一个函数的图形,fplot 一次只能画一条曲线

>>hold on   %等待继续添加图形

>>fplot(′cos(x)′,[0,2 * pi])   %绘制第二个函数的图形

>>fplot(′0.25 * x−0.5′,[0,2 * pi])   %绘制第三个函数的图形

结果如图 10.5 所示.

图 10.4

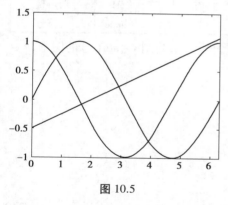

图 10.5

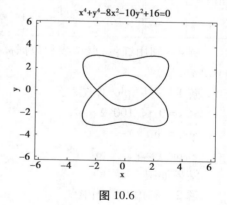

图 10.6

例 3   作出方程 $x^4+y^4-8x^2-10y^2+16=0$ 所表示的图形.

解   这是一个由方程确定的隐函数,且无法化为显函数,只能用 ezplot 命令绘制图形.

>>ezplot(′x^4+y^4−8 * x^2−10 * y^2+16=0′)   %绘制隐函数的图形

结果如图 10.6 所示.

3)图形格式的设置

(1)颜色、线型和点形

在 MATLAB 中绘制图形时,为了得到满意的结果,允许用户改变曲线的线型、颜色、数据点的标记(即点形),该功能可由 plot(x,y,'s') 或 fplot(x,y,'s') 来实现.其中,s 是由 1 至 3 个字母组成的一个字符串,用来指定所绘制的曲线的颜色、线型和点形. s 为空时,表示按系统的缺省定义进行处理.

例如:plot(x,y,'-ro') % 将绘制一条红色的实线,并且在每个数据点上都用符号"o"进行标记.

表 10.17 列出了代表不同曲线的颜色、线型和点形的符号,在设置曲线的颜色时,可以利用缩写的字母,当然也可以利用实际的颜色名称.

表 10.17　线型、颜色和点形

线　型		颜　色				点　形			
选项	意义	选项	意义	选项	意义	选项	意义	选项	意义
'—'	实线	'b'	蓝色	'c'	青色	'+'	加号	'^'	△
'――'	虚线	'g'	绿色	'k'	黑色	'o'	圆圈	'V'	▽
':'	点线	'm'	粉红色	'r'	红色	'*'	星号	'>'	朝右的三角形
'-.'	点划线	'w'	白色	'y'	黄色	'.'	点号	'<'	朝左的三角形
none	无线					'X'	×	'P'	五角星
						'S'	□	'H'	六角星
						'd'	◇	none	无符号

例 4　利用红色,点划线和数据标记点符号 o 来绘制 $y = \sin(x)$ 的图形,$x \in [0, 2\pi]$.

解 1　利用 plot 作图.

\>>x = 0:pi/100:2 * pi;

\>>y = sin(x);

\>>plot(x,y,'-.ro')

结果如图 10.7 所示.

解 2　利用 fplot 作图.

\>> fplot('sin(x)',[0,2 * pi],'-.ro')

结果如图 10.8 所示.

(2)坐标轴、网格线的设置

MATLAB 在绘图时会根据数据的分布范围自动选择坐标轴的刻度范围. 用户也可以根据自己的实际要求,利用 axis 命令来指定坐标轴的刻度范围.

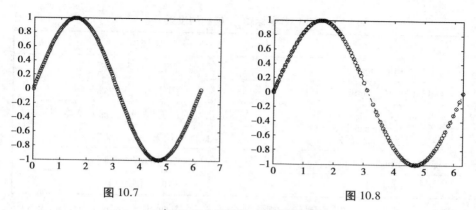

图 10.7   图 10.8

表 10.18   坐标轴、网格线的设置

命令格式	功能说明
axis([xmin,xmax,ymin,ymax])	指定坐标轴的刻度范围
axis equal	使横、纵坐标轴单位长度相同
axis square	使横、纵坐标轴长度相同
axis on/off	显示/取消坐标轴
grid on/grid off	打开/关闭网格线

例5 演示坐标轴设置的例子.

```
>>x=0:pi/100:2*pi;
>>y=sin(x);
>>plot(x,y,'-.mo')
>>axis([-1,11,-2,2]);
```

%设置 X 轴和 Y 轴的最大值和最小值

```
>>set(gca,'xtick',[-1,3,7,11])
```

%在 X 轴上的 -1,3,7,11 处标记刻度

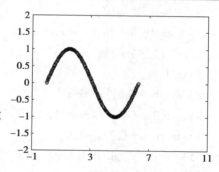

图 10.9   对坐标轴和刻度的控制

效果如图 10.9 所示.

（3）图形的注释

MATLAB 提供了许多图形的标注命令如 title、xlabel、ylabel、text 和 gtext 等可用来在当前坐标系中附加适当的标注. 除了加标注外，还可以在图形的任意位置上放置文本. 它们的基本用法如表 10.19 所示.

表 10.19　坐标轴、网格线的设置

命令格式	功能说明
title('text')	给图形加上标题
xlable('text'),ylable('text')	给坐标轴加入标记
text(X,Y,'string')	在图形指定的位置(X,Y)上加入文本字符串
gtext('string')	在鼠标的位置上加入文本字符串
legend('string1','string2',…)	给图形加入图例
legend off	移掉图例说明盒

例 6　演示图形控制的例子:在同一个坐标系内画出 $y = \sin x, z = \cos x, w = 0.25x - 0.5$ 在区间 $[0, 2\pi]$ 上的图形.

解　>>x = linspace(0,2 * pi,50);

　　>>y = sin(x);

　　>>z = cos(x);

　　>>w = 0.25 * x - 0.5;

　　>>plot(x,y,'b:',x,z,'r-',x,w,'-.b * ')　　　　%绘图

　　>>xlabel('X axis');　　　　　　　　　　%轴的标注

　　>> ylabel('function y,z and w');　　　　%轴的标注

　　>>title('三个函数');　　　　　　　　　%图形的标题

　　>>grid on　　　　　　　　　　　　　　%添加网格

　　>>text(6,-0.5,'y = sinx')　　　　　　　%在点(6,-0.5)处标注

　　>>text(2,-0.5,'z = cosx')　　　　　　　%在鼠标处标注

　　>>gtext('w = 0.25x-0.5')　　　　　　　%在鼠标处标注

　　>>legend('y = sinx','z = cosx','w = 0.25x-0.5')　%制作图例说明盒

效果如图 10.10 所示.

10.3.2　利用 MATLAB 绘制空间图形

1) 利用 MATLAB 绘制空间(三维)曲线的命令

绘制空间图形用 plot3,plot3 与 plot 用法十分相似,其调用格式为:

　　　plot3(x1,y1,z1,选项 1,x2,y2,z2,选项 2,…,xn,yn,zn,选项 n)

其中,每一组 x,y,z 组成一组曲线的坐标参数,选项的定义和 plot 函数相同.当 x,y,z 是同维向量时,则 x,y,z 对应元素构成一条空间曲线.当 x,y,z 是同

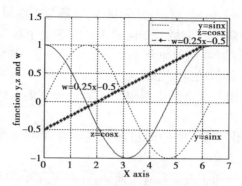

图 10.10 坐标网格、标注及图例说明

维矩阵时,则以 x,y,z 对应列元素绘制空间曲线,曲线条数等于矩阵列数.

例 7 绘制空间曲线
$$\begin{cases} x = 20t\sin\dfrac{\pi}{6}\cos\dfrac{\pi}{6}t \\[2mm] y = 20t\sin\dfrac{\pi}{6}\sin\dfrac{\pi}{6}t \\[2mm] z = 20t\cos\dfrac{\pi}{6} \end{cases}.$$

解 输入命令:

\>>t = 0:pi/100:50 * pi;

\>>x = 20 * t * sin(pi/6). * cos(pi/6 * t);

\>>y = 20 * t * sin(pi/6). * sin(pi/6 * t);

\>>z = 20 * t * cos(pi/6);

\>>plot3(x,y,z);

\>>title('三维空间曲线');

\>>xlabel('X');ylabel('Y');zlabel('Z');

\>>grid on

结果如图 10.11 所示.

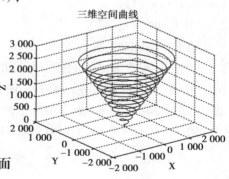

图 10.11

2)利用 MATLAB 绘制空间(三维)曲面

(1)产生空间(三维)数据

在 MATLAB 中,利用 meshgrid 函数产生空间区域内的网格坐标矩阵. 其格式为:

$$x = a:d1:b; \quad y = c:d2:d; \quad [X,Y] = meshgrid(x,y);$$

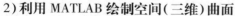

语句执行后,矩阵 X 的每一行都是向量 X,行数等于向量 y 的元素的个数,矩阵 Y 的每一列都是向量 y,列数等于向量 X 的元素的个数.

(2)绘制空间(三维)曲面的命令

surf 函数和 mesh 函数的调用格式为:

①mesh(x,y,z):用三维空间中两组相交的平行平面上的网状线方式来表示曲面;

②surf(x,y,z):用三维空间中两组网状线和补片填充色彩的方式来表示曲面;

③mesh(x,y,z,c):用①的方式表示曲面,并附带有等高线;

④surf(x,y,z,c):用②的方式表示曲面,并附带有等高线.

一般情况下,x,y,z 是维数相同的矩阵.x,y 是网格坐标矩阵,z 是网格点上的高度矩阵,c 用于指定在不同高度下的颜色范围.

例8 绘制空间曲面图 $z = xe^{-(x^2+y^2)}$.

解 输入命令:

$[x,y] = \text{meshgrid}(-2:0.1:2);$

$z = x.*\exp(-(x.^2+y.^2));$

$\text{subplot}(1,2,1);$

$\text{mesh}(x,y,z);$

$\text{title}('\text{mesh}(x,y,z)')$

$\text{subplot}(1,2,2);$

$\text{surf}(x,y,z);$

$\text{title}('\text{surf}(x,y,z)')$

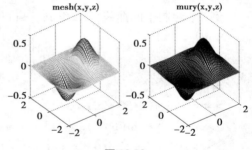

图 10.12

结果如图 10.12 所示.

此外,还有带等高线的三维网格曲面函数 meshc 和带底座的三维网格曲面函数 meshz.其用法与 mesh 类似,不同的是 meshc 还在 xOy 平面上绘制曲面在 z 轴方向的等高线,meshz 还在 xOy 平面上绘制曲面的底座.

例9 在 xOy 平面内选择区域 $[-8,8] \times [-8,8]$,绘制 4 种空间曲面图

$$z = \frac{\sin(\sqrt{x^2+y^2})}{\sqrt{x^2+y^2}}.$$

解 输入命令:

$[x,y] = \text{meshgrid}(-8:0.5:8);$

$z = \sin(\text{sqrt}(x.^2+y.^2))./\text{sqrt}(x.^2+y.^2+\text{eps});$

subplot(2,2,1);

mesh(x,y,z);

title('mesh(x,y,z)')

subplot(2,2,2);

meshc(x,y,z);

title('meshc(x,y,z)')

subplot(2,2,3);

meshz(x,y,z)

title('meshz(x,y,z)')

subplot(2,2,4);

surf(x,y,z);

title('surf(x,y,z)')

结果如图 10.13 所示.

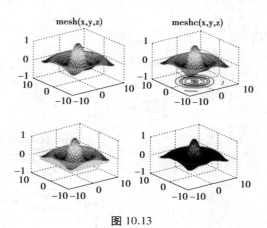

图 10.13

习题 10.3

1.用蓝色实线画出 $y=x^2$ 在区间 $-1 \leqslant x \leqslant 1$ 的图形.

2.在同一个坐标系内画出 $y=\mathrm{e}^{0.1x}\sin 2x$（红色星形实线）和 $y=x\cos x$（蓝色+虚线）在区间 $[-\pi,\pi]$ 上的图形.

3.在单窗口分图绘制 $y=\sin 2x$ 和 $y=2\cos x$ 在区间 $[0,2\pi]$ 上的图形.

4.在单窗口分图绘制下列图形：

(1) $x^2+y^2=9$; (2) $x^3+y^3-5xy=1.$

5.在区间 $[0,20\pi]$ 上绘制螺旋线的三维图,其参数方程为 $\begin{cases} x=2\cos t \\ y=2\sin t \\ z=t \end{cases}$.

6.用 mesh(x,y,z)和 surf(x,y,z)在同一窗口分图绘制下列图形.

(1) $3z=x^2-y^2$; (2) $\dfrac{x^2}{4}+\dfrac{y^2}{9}+z^2=1.$

7.在同一个坐标系内画出 $N(2,2^2)$, $N(2,3^2)$, $N(2,4^2)$, $N(2,5^2)$ 的概率密度函数的图形.

项目 10 任务关系结构图

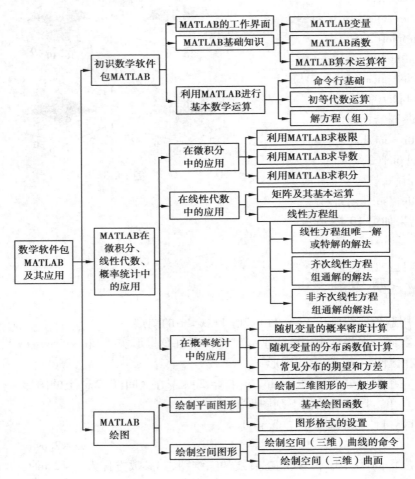

自我检测 10

一、选择题

1.以下表示命令窗口的是(　　　).

A.Command Window　　　　　　　B.Workspaces

C.Current Directory　　　　　　D.Command History

2.使命令行不显示运算结果的符号是(　　　).

A.分号　　　　B.百分号　　　　C.逗号　　　　D.点号

3.下列哪个变量的定义是不合法的(　　　).

A.$abcd-3$　　B.$xyz3$　　C.$abcdef$　　D.$x3yz$

4.下列哪条指令是求矩阵的行列式的值(　　　).

A.inv　　　　B.diag　　　　C.det　　　　D.eig

5.清空 MATLAB 工作空间内所有变量的指令是(　　　).

A.clc　　　　B.cls　　　　C.clear　　　　D.clf

6.已知 a＝2:2:8, b＝2:5,下面的运算表达式中,出错的为(　　　).

A.$a'*b$　　B.$a.*b$　　C.$a*b$　　D.$a-b$

7.在 MATLAB 中能实现对非负数 x 取自然对数的命令是(　　　).

A.$abs(x)$　　B.$\log 10(x)$　　C.$\exp(x)$　　D.$\log(x)$

8.在 MATLAB 中能实现运算 $\dfrac{\pi}{3}$ 的正弦值的命令是(　　　).

A.$\sin pi/3$　　B.$\cos(pi/3)$　　C.$\sin(pi/3)$　　D.$\operatorname{asin}(pi/3)$

9.保持图形显示的 MATLAB 语句是(　　　).

A.grid on　　B.grid off　　C.axis off　　D.hold on

10.平面直角坐标系下在一个窗口中绘制平面图形 $y_1=f(x)$,$y_2=f(x)$ 的 MATLAB 库函数名是(　　　).

A.$plot(x,y1,y2)$　　　　　　B.$plot2(x,y1,y2)$

C.$plot(x,y1,x,y2)$　　　　　　D.$plot2(x,y1,x,y2)$

二、填空

1.清除命令窗口内容的命令是＿＿＿＿＿＿＿.

2.设 x 是非负数,取 x 的开平方存入变量 y 的语句是＿＿＿＿＿＿＿.

3.定义符号变量的命令是＿＿＿＿＿＿＿.

4.直角坐标系下绘制图形的 MATLAB 库函数名是＿＿＿＿＿＿＿.

5.求函数不定积分、定积分的 MATLAB 库函数名是＿＿＿＿＿＿＿.

6.三维曲线绘图的 MATLAB 库函数名是＿＿＿＿＿＿＿.

7.绘制投影在某一个平面上的等高线 MATLAB 库函数名是＿＿＿＿＿＿＿.

8.求多项式函数所有复数根的 MATLAB 库函数名是＿＿＿＿＿＿＿.

9.将多项式 p 系数转化成多项式表达式的 MATLAB 库函数名

是_____.

10.对多项式 f 进行因式分解的 MATLAB 库函数名是_____.

三、程序题

1.绘制极坐标下 $r = \sin(2t)\cos(3t), t \in [0, \pi]$ 的图形.

2.已知多项式 $f(x) = 3x^5 - 2x^3 + x^2 + 7, g(x) = \dfrac{1}{3}x^3 - x^2 + 3x$ ，计算下列问题的 MATLAB 命令序列:

（1）求当 $x \to 3$ 时 $f(x)$ 的值； （2）求 $g(x)$ 的根；

（3）求 $f(x)$ 的当 $x \to 2$ 时的极限；

（4）求 $f(x)$ 在闭区间 $[-1,2]$ 上的最小值；

（5）求 $g(x)$ 在闭区间 $[-1,2]$ 上的积分.

3. $z = xe^{-x^2-y^2}$,当 x 和 y 的取值范围均为 -2 到 2 时,用建立子窗口的方法在同一个图形窗口中绘制出三维线图、网线图、表面图和带渲染效果的表面图.

4.计算 $A = \begin{bmatrix} 4 & 2 & -6 \\ 7 & 5 & 4 \\ 3 & 4 & 9 \end{bmatrix}$ 的逆矩阵.

5. 求解下列线性方程组的解:

$$\begin{cases} x_1 + x_2 + x_3 + x_4 = 5 \\ x_1 + 2x_2 - x_3 + 4x_4 = -2 \\ 2x_1 - 3x_2 - x_3 - 5x_4 = -2 \\ 3x_1 + x_2 + 2x_3 + 11x_4 = 0 \end{cases}$$

参考答案

习题 1.1

1.不同.　2.（1）$D_f=(-2,2]$；（2）$D_f=(1,+\infty)$；（3）$D_f=(-\infty,-1)\cup(1,+\infty)$；（4）$D_f=(-\infty,1)\cup(1,2]\cup[3,+\infty)$.

3.$1,-2,\dfrac{a-1}{a+1},\dfrac{-x}{2+x}$.　4.$1-\dfrac{1}{x}(x\neq1,0)$；$x(x\neq0,1)$.

5.（1）偶函数；（2）奇函数；（3）非奇非偶函数.

6.（1）由 $y=\mathrm{e}^u,u=x^2$ 复合而成的；（2）由 $y=\sqrt{u},u=1+x$ 复合而成的；（3）由 $y=u^2,u=\arcsin v,v=\sqrt{x}$ 复合而成的；（4）由 $y=\mathrm{e}^u,u=\sqrt{v},v=\sin w,w=x+1$ 复合而成的；（5）由 $y=u^3,u=\cos v,v=2x+6$ 复合而成的.

习题 1.2

1.（1）$+\infty$；（2）0；（3）不存在；（4）$-\infty$；（5）$-\infty$.

2.$\lim\limits_{x\to0}f(x)$ 不存在，$\lim\limits_{x\to1}f(x)=1$.　3.$\lim\limits_{x\to2}f(x)=4,\lim\limits_{x\to3}f(x)=5$.

4.$\lim\limits_{x\to2}f(x)=4$，$\lim\limits_{x\to3}f(x)=5$.　5.$\lim\limits_{x\to2}$ 不存在，$\lim\limits_{x\to3}f(x)=5$.

习题 1.3

1.（1）$x\to0$，无穷大，$x\to\pm1$，无穷小；（2）$x\to-3$，无穷大，$x\to-5$，无穷小；（3）$x\to0^+$ 或 $x\to+\infty$ 无穷大，$x\to1$ 无穷小；（4）$x\to+\infty$，无穷大，$x\to-\infty$，无穷小.

2.略.　3.（1）-1；（2）$\dfrac{2}{3}$；（3）2；（4）0；（5）$\dfrac{1}{4}$；（6）12；（7）∞；（8）$\dfrac{2\sqrt{2}}{3}$；

（9）$\dfrac{1}{3}$.　4.1.

371

习题 1.4

1.(1) $\dfrac{5}{3}$；(2) $\dfrac{1}{2}$；(3)1；(4) e^4；(5) e；(6) e^2；(7) e^{-4}；(8)1. 2.略. 3.略.

习题 1.5

1.$(-\infty,+\infty)$ 内连续. 2.$k=3$. 3.(1) $x=-1$ 是函数 $f(x)$ 的第一类间断点，且是可去间断点，$x=2$ 是函数 $f(x)$ 的第二类间断点.(2) $x=1$ 为 $f(x)$ 的可去间断点，$x=0$ 为 $f(x)$ 的第二类间断点. 4.略.

自我检测 1

一、1.B 2.C 3.D 4.C 5.B 6.A 7.A 8.D 9.A 10.C

二、1.$[-2,2]$ 2.$\dfrac{x+1}{x+2}$ 3.$y=u^2, u=2x+3$ 4.2 5.7 6.$\dfrac{3}{4}$ 7.0

8.$[1,+\infty)$ 9.$(-\infty,0)\cup(0,+\infty)$ 10.e^4

三、1.(1) $\dfrac{2}{3}$ (2)12 (3) $\dfrac{1}{2}$ (4) $\dfrac{2}{3}$ (5) $\dfrac{9}{16}$ (6) e^2 (7) e^{-3} (8)3

(9)4 (10)0 2.(1) $x=0$ 是可去间断点 (2) $x=-1$ 是可去间断点，$x=2$ 是第二类间断点 (3) $(-\infty,+\infty)$ 内连续. 3.$a=2,b=-8$

习题 2.1

1.(1) $-f'(x_0)$；(2) $2f'(x_0)$. 2.-1. 3.$y-1=3(x-1)$. 4.$\left(\dfrac{1}{3},-\ln 3\right)$.

5.$a=1,b=1$.

习题 2.2

1.(1) $6(2x+1)^2$； (2) $-e^{-x}$； (3) $\dfrac{1}{x\ln x}$； (4) $2x\cos x^2$； (5) $\cos 2x$；

(6) $e^x\sin 2x+2e^x\cos 2x$； (7) $-\dfrac{1}{2}\left(x^{-\frac{1}{2}}+x^{-\frac{3}{2}}\right)$；(8) $\dfrac{2}{3}x^{-\frac{1}{3}}-\dfrac{1}{6}x^{-\frac{5}{6}}-\dfrac{1}{3}x^{-\frac{4}{3}}$.

2.$100!$. 3.$y'=\dfrac{y}{y-1}$. 4.$y'=\dfrac{2e^{2x}-1}{1+e^y}$. 5.$y'=\dfrac{1}{2}\sqrt{\dfrac{(x-2)^2}{x(x^2-1)}}\left(\dfrac{1}{x}+\dfrac{2x}{x^2-1}-\dfrac{2}{x-2}\right)$.

6.$y^{(4)}=24+e^x$. 7.-12.

习题 2.3

1. $\Delta y\big|_{\substack{x=1\\ \Delta x=0.1}}=0.21$, $\quad dy\big|_{\substack{x=1\\ \Delta x=0.1}}=0.2$. 2.（1）$(2x+\cos x)dx$; （2）$\sec^2 x\,dx$;

（3）$e^x(1+x)dx$; （4）$200(2x-3)^{99}dx$. 3. $\dfrac{1}{300}$. 4. $e^{3x}(3\sin 2x+2\cos 2x)dx$.

5. $\dfrac{e^y+\cos x}{1-xe^y}dx$. 6.（1）1.01; （2）0.484 9.

习题 2.4

1.（1）$\dfrac{3}{2}$; （2）$\dfrac{1}{2}$. 2.（1）-2; （2）1; （3）2; （4）$\dfrac{1}{6}$; （5）2; （6）1.

3. 单调递增区间为$(-\infty,0)$与$(0,+\infty)$,函数$f(x)$的单调递减区间为$(0,1)$.

4. 极大值:$f(-1)=10$;极小值:$f(3)=-22$.

5. 极小值:$f(-1)=5$,$f(x)=5$,极大值:$f(0)=6$.

6. 单调递增区间为$(-\infty,0)$,单调递减区间为$(0,+\infty)$.极大值为$f(0)=-1$.

7. 最小值$f(-2)=-81$,最大值$f(3)=4$.

自我检测 2

一、1.A 2.D 3.A 4.B 5.C 6.D 7.B 8.C 9.D 10.A 二、1.$y=x-1$

2. $ex^{e-1}+e^x+\dfrac{1}{x}$ 3. $f'(\sin\sqrt{x})\cdot\cos\sqrt{x}\cdot\dfrac{1}{2\sqrt{x}}$ 4. $n!$ 5. $\dfrac{\pi}{2}$ 6. $\left(-\dfrac{1}{2},+\infty\right)$ 7.3

8. $1-\sin 1$ 9.2 10.$(4,2\ln 2)$

三、1.（1）1 （2）6 （3）3 （4）0 2.（1）$3e^{3x}$ （2）$\dfrac{\cos(\ln x)}{x}$

（3）$2\cos 2x\ln x+\dfrac{1}{x}\sin 2x$ （4）$\dfrac{1}{\sqrt{x^2+1}}$ 3. 连续可导 4. $dy=\dfrac{e^{x+y}-y}{x-e^{x+y}}dx$

5. 单调增加区间为$(-\infty,-1)$,$(2,+\infty)$;单调减少区间为$(-1,2)$;$x=-1$处

取得极大值,$f(-1)=28$,在$x=2$处取得极小值,$f(2)=1$ 6. $y''=24x-\dfrac{1}{x^2}$

7. $a=b=1$ 8. $a=10$,$b=-23$

习题 3.1

1. $y=x^3+x$.

2.（1）$-\dfrac{3}{2}\dfrac{1}{\sqrt[3]{x^2}}+C$; （2）$e^{x+1}+C$; （3）$e^x+\dfrac{3}{4}x^{\frac{4}{3}}+C$; （4）$-\cot x+\tan x+C$;

(5) $3\arctan x - 2\arcsin x + C$; （6） $\dfrac{2}{3}x\sqrt{x} - 2\sqrt{x} + C$; （7） $e^x + \dfrac{x^5}{5} + 7\ln$

$|x| + C$;

（8） $-2x^{-\frac{1}{2}} - \dfrac{2}{3}x^{\frac{3}{2}} + C$; （9） $-\dfrac{1}{x} - \arctan x + C$; （10） $\dfrac{6}{13}x^{\frac{13}{6}} - \dfrac{6}{7}x^{\frac{7}{6}} + C$;

（11） $\dfrac{x^3}{3} - x + \arctan x + C$; （12） $-\dfrac{1}{x} + \arctan x + C$.

习题 3.2

1.（1） $\dfrac{\sin^4 x}{4} + C$; （2） $\sin x - \dfrac{\sin^3 x}{3} + C$; （3） $-2\cos\sqrt{x} + C$; （4） $\dfrac{1}{2}\ln^2 2x + C$;

（5） $\dfrac{1}{6}(2x+3)^3 + C$; （6） $\dfrac{1}{2}\arcsin^2 x + C$; （7） $\dfrac{1}{3}\arctan^3 x + C$; （8） $2\sin\sqrt{x} + C$;

（9） $\ln|e^x - 1| + C$; （10） $\dfrac{1}{3}\ln^3 x + C$; （11） $\dfrac{\sqrt{2}}{2}\arctan\dfrac{\sqrt{2}}{2}x + C$; （12） $\arcsin\dfrac{\sqrt{2}}{2}x$

$+ C$.

2.（1） $4\sqrt{x} - 4\ln|1+\sqrt{x}| + C$; （2） $-\dfrac{1}{2}(5-3x)^{\frac{2}{3}} + C$;

（3） $\dfrac{6}{7}\sqrt[6]{x^7} - \dfrac{6}{5}\sqrt[6]{x^5} + 2\sqrt{x} - 6\sqrt[6]{x} + 6\arctan\sqrt[6]{x} + C$;

（4） $2\sqrt{x} - 3\sqrt[3]{x} + 6\sqrt[6]{x} + 6\ln|\sqrt[6]{x} + 1| + C$.

习题 3.3

1.（1） $x\ln 2x - x + C$; （2） $x\arctan 2x - \dfrac{1}{4}\ln(1+4x^2) + C$; （3） $\dfrac{1}{2}xe^{2x} - \dfrac{1}{4}e^{2x} + C$.

（4） $\dfrac{x^2}{2}\arctan 2x - \dfrac{x}{4} + \dfrac{1}{8}\arctan 2x + C$; （5） $x\arctan\sqrt{x} - \sqrt{x} + \arctan\sqrt{x} + C$;

（6） $\dfrac{2}{3}(e^x+1)^{\frac{3}{2}} - 2(e^x+1)^{\frac{1}{2}} + C$.

自我测试 3

一、1.A 2.B 3.B 4.D 5.C 6.C 7.A 8.C 9.C 10.C

二、1. $\dfrac{1}{3}\sin(3x+4)$ 2. $\dfrac{1}{4}x^4 + C$ 3. $-2x^{-\frac{1}{2}} + 3$ 4. $-\dfrac{1}{x\sqrt{1-x^2}}$ 5. $F(u) + C$

$6. t=\sqrt[3]{1-x}$ $7. -\dfrac{1}{2}x^4+x^2+C$ $8. -\dfrac{1}{x^2}$ $9. y=x^2$ $10. \cos x$

三、1.（1）$\dfrac{2}{5}x^{\frac{5}{2}}-2x^{\frac{3}{2}}+C$ （2）$-2x+3\arctan x+C$ （3）$\dfrac{8}{15}x^{\frac{15}{8}}+C$

（4）$-\dfrac{1}{x}-\arctan x+C$ （5）$2\sin\sqrt{t}+C$ （6）$\dfrac{6}{11}\tan^{11}x+C$ （7）$\dfrac{1}{3}\ln|1+3\ln x|+C$

（8）$2\sqrt{x-1}-4\ln|\sqrt{x-1}+2|+C$ （9）$-\dfrac{1}{2}x\cos(2x-3)+\dfrac{1}{4}\sin(2x-3)+C$

（10）$\arctan e^x+C$ 2. $-\dfrac{x\sin x+2\cos x}{x}+C$

习题 4.1

1.（1）π；   （2）$\dfrac{1}{2}$.   2.（1）$\displaystyle\int_0^1 x^2\,dx<\int_0^1\sqrt{x}\,dx$；   （2）$\displaystyle\int_1^2\ln x\,dx\geqslant\int_1^2\ln x^2\,dx$.

3.（1）$3\leqslant\displaystyle\int_0^3 e^x\,dx\leqslant 3e^3$ （2）$\dfrac{\pi}{4}\leqslant\displaystyle\int_0^{\frac{\pi}{2}}2^{-\sin x}\,dx\leqslant\dfrac{\pi}{2}$；

（3）$\dfrac{\pi}{12}\leqslant\displaystyle\int_{\frac{\pi}{6}}^{\frac{\pi}{3}}\sin x\,dx\leqslant\dfrac{\sqrt{3}\,\pi}{12}$.

习题 4.2

1.（1）$\sqrt{1+\cos x}$；   （2）$-\dfrac{\sin x}{\sqrt{1+x^2}}$.   2.（1）$1$；   （2）$\dfrac{1}{2e}$.   3.（1）$\dfrac{1}{3}$；   （2）$\dfrac{e-1}{2}$；

（3）-1；   （4）$\dfrac{1}{e^3}-\dfrac{1}{e}-\ln 3$；   （5）$-\sqrt{3}-2+\dfrac{\pi}{6}$；   （6）$\dfrac{\pi}{2}$.   4. $\dfrac{8}{3}$.   5. 5.

习题 4.3

1.（1）31；   （2）$\dfrac{1}{6}$；   （3）$\dfrac{1}{2}(e^a-1)$；   （4）$-\dfrac{16}{3}$；   （5）$\dfrac{1}{2}\left(\dfrac{\pi}{4}-\dfrac{1}{2}\right)$；

（6）$e-2$；   （7）$\dfrac{1}{2}\left(\dfrac{\pi}{2}-1\right)$；   （8）$2\ln 2-1$；   （9）$2-\dfrac{2}{e}$；   （10）$\dfrac{8}{3}$；   （11）$2\ln\dfrac{3}{2}$；   （12）$\dfrac{2}{3}$.

习题 4.4

1. 发散.   2.（1）$\dfrac{1}{100}e^{-100}$；   （2）$\dfrac{1}{2}$；   （3）发散；   （4）1.   3. $A=\dfrac{1}{\pi}$.

4.3$(\sqrt[3]{2}+\sqrt[3]{4})$.

习题 4.5

1.2.　　2.$\dfrac{9}{2}$.　　3.$\dfrac{2}{3}$.　　4.$2\sqrt{2}-2$.　　5.165.　　6.$\dfrac{28}{15}\pi$.　　7.$\dfrac{4}{3}\pi a^2 b$.　　8.12π.

9.$V_x=\dfrac{4}{5}\pi$,$V_y=\pi$.

自我检测 4

一、1.B　2.A　3.A　4.D　5.B　6.D　7.C　8.C　9.B　10.A

二、1.0　2.0　3.$\dfrac{1}{2}$　4.$f(x)-f(a)$　5.$\dfrac{\pi}{4}$　6.$\dfrac{17}{6}$　7.0　8.$\dfrac{1}{3}$　9.$\dfrac{1}{27}$

10.$\left(0,\dfrac{1}{9}\right)$

三、1. $\displaystyle\int_1^2 \ln x\,dx < \int_1^2 (1+x)\,dx$　　2.（1）$\sqrt{1+\cos x}$　　（2）$-\dfrac{\sin x}{\sqrt{1+x^2}}$

（3）$\dfrac{1}{\sqrt{2\pi x}}e^{-\frac{x}{2}}$

3.（1）$\dfrac{\pi}{4}-\ln\sqrt{2}$　　（2）$2-\sqrt{3}+\dfrac{\pi}{6}$　　（3）$2-\dfrac{\pi}{2}$　　（4）$\dfrac{8}{3}$　　（5）$2-\dfrac{2}{e}$　　（6）-1

（7）$2-\dfrac{\pi}{2}$　　（8）$\dfrac{1}{3}\ln 7$

4.$f(x)=x-\dfrac{3}{4}$　　5.略　　6.2　　7.略

8.$F(x)=\begin{cases}x^3 & 0\le x<1 \\ -3+5x-x^2, & 1\le x\le 2\end{cases}$,$F(x)$在$[0,2]$上连续　　9.9　　10.$\dfrac{\pi}{2}$

习题 5.1

1.（1）-3；　　（2）16；　　（3）286；　　（4）-9.　　2.略.　　3.$x=2$ 或 $x=3$.

习题 5.2

1.（1）$-a_{12}a_{24}a_{31}a_{43}$；　　（2）0；　　（3）$b^2(b^2-4a^2)$；　　（4）$(a+3b)(a-b)^3$；

（5）160；　　（6）-4.

2.（1）$x_1=1,x_2=2,x_3=7$；　　（2）$x_1=1,x_2=2,x_3=3$；

3.（1）$\lambda=2,\lambda=5$ 或 $\lambda=8$；　　（2）$\lambda=0,\lambda=2$ 或 $\lambda=3$.

习题 5.3

1. $\begin{pmatrix} 1 & 0 & 0 & 3/5 \\ 0 & 1 & 0 & 7/5 \\ 0 & 0 & 1 & 1/5 \end{pmatrix}$　2. (1) 2;　(2) 3.　3. 满秩.

习题 5.4

1. $\begin{pmatrix} 1 & -\dfrac{7}{2} \\ \dfrac{5}{2} & -4 \end{pmatrix}$.　2. $\begin{pmatrix} 8 & -6 & 2 \\ -2 & 2 & 10 \end{pmatrix}$.　3. $\begin{pmatrix} 0 & 17 \\ 14 & 13 \\ -3 & 10 \end{pmatrix}$.　4. (1) $A + 3B =$

$\begin{pmatrix} 3 & 7 & 0 & 0 \\ 8 & 14 & 0 & 0 \\ 0 & 0 & -1 & 7 \\ 0 & 0 & 4 & 6 \end{pmatrix}$;　(2) 84.　5. $|A^8| = 10^{16}$, $A^4 = \begin{pmatrix} 625 & 0 & 0 & 0 \\ 0 & 625 & 0 & 0 \\ 0 & 0 & 16 & 0 \\ 0 & 0 & 64 & 16 \end{pmatrix}$.

习题 5.5

1. 32.　2. $A^{-1} = \begin{pmatrix} -1 & 1 & 2 \\ 1 & 1 & -1 \\ 0 & 1 & 0 \end{pmatrix}$.　3. $\begin{pmatrix} -1 & 13 \\ 1 & 1 \\ 0 & -4 \end{pmatrix}$.　4. (1) $\begin{pmatrix} -\dfrac{1}{2} & -\dfrac{2}{3} \\ \dfrac{3}{2} & \dfrac{7}{3} \end{pmatrix}$;

(2) $\begin{pmatrix} 2 & 1 \\ -11 & 8 \end{pmatrix}$;　(3) $\begin{pmatrix} 4 & -\dfrac{5}{2} \\ -7 & \dfrac{11}{2} \end{pmatrix}$;　(4) $\begin{pmatrix} \dfrac{11}{30} & -\dfrac{13}{30} \\ -\dfrac{1}{5} & -\dfrac{2}{5} \end{pmatrix}$.

习题 5.6

1~3. 略.

4. (1) 当 $\lambda \neq 0$ 且 $\lambda \neq -3$ 时, 方程组有唯一解;

(2) 当 $\lambda = 0$ 时, 方程组无解;

(3) 当 $\lambda = -3$ 时, 方程组有无穷多个解. $\begin{cases} x_1 = -1 + c_1 \\ x_2 = -2 + c_1 \\ x_3 = \quad c_1 \end{cases}$, 其中 c_1 为任意常数.

自我检测 5

一、1. D　2. C　3. D　4. A　5. D　6. B　7. B　8. C　9. A　10. C

二、1.0   2.$a_{11}a_{22}a_{33}a_{44}$ 3.$k \neq -1$ 且 $k \neq 4$ 4.$\lambda^n a$ 5.-8 6.$\begin{pmatrix} \dfrac{4}{5} & -\dfrac{1}{5} \\ -\dfrac{3}{5} & \dfrac{2}{5} \end{pmatrix}$

7.3   8.$\begin{pmatrix} 1 & -2 & 0 & 0 \\ -2 & 5 & 0 & 0 \\ 0 & 0 & -1 & 2 \\ 0 & 0 & 1 & -1 \end{pmatrix}$ 9.2   10.$\begin{pmatrix} 0 & 2 & -1 \\ 1 & -3 & 2 \\ 2 & 1 & 0 \end{pmatrix}$

三、1.-4 2.$x_1 = 1, x_2 = -2, x_3 = 0, x_4 = \dfrac{1}{2}$ 3. 满秩   4.$\begin{pmatrix} -2 & 1 \\ 10 & -4 \\ 10 & 4 \end{pmatrix}$

5.$A^{-1} = \begin{pmatrix} \dfrac{1}{5} & 0 & 0 \\ 0 & 1 & -1 \\ 0 & -2 & 3 \end{pmatrix}$, $|A| = 5$

6.通解 $\begin{cases} x_1 = \dfrac{3}{2}c_1 - \dfrac{3}{4}c_2 + \dfrac{5}{4} \\ x_2 = \dfrac{3}{2}c_1 + \dfrac{7}{4}c_2 - \dfrac{1}{4} \\ x_3 = c_1 \\ x_4 = c_2 \end{cases}$, 其中 c_1, c_2 为任意常数.

7.(1)①当 $a = 2$ 且 $b = 1$ 时,$r(\widetilde{A}) = r(A) = 2 < 3$,方程组有无穷多解;

②当 $a \neq 2$ 时,$r(\widetilde{A}) = r(A) = 3$,方程组有唯一解;

③当 $a = 2$ 且 $b \neq 1$ 时,$r(\widetilde{A}) = 3, r(A) = 2, r(\widetilde{A}) = r(A)$ 方程组无解.

(2)当 $a = 2$ 且 $b = 1$ 时,通解为 $\begin{cases} x_1 = c_1 + 1 \\ x_2 = -c_1 \\ x_3 = c_1 \end{cases}$,其中 c_1 为任意常数.

习题 6.1

1.(1)$A\ \overline{B}\ \overline{C}$;   (2)$AB\overline{C}$;   (3)$ABC$;   (4)$\overline{A}\ \overline{B}\ \overline{C}$ 或 $\overline{A \cup B \cup C}$;

(5)$A \cup B \cup C$;   (6)$\overline{A}\ \overline{B} \cup \overline{A}\ \overline{C} \cup \overline{B}\ \overline{C}$;   (7)$\overline{A} \cup \overline{B} \cup \overline{C}$;   (8)$AB \cup BC \cup AC$.

$2.\dfrac{1}{2}$.　$3.\dfrac{7}{24}$.　4.0.375.　5.(1)0.03;　(2)0.085 5;　(3)0.912 2.

6.0.8.　7.(1)0.060 48;　(2)$\dfrac{4^7}{5^7}$;　(3)0.124.　8.(1)0.46;　(2)$\dfrac{5}{11}$;

$9.1-\dfrac{A_{365}^n}{365^n}$.　$10.\dfrac{2}{3}$.　11.(1)$\dfrac{3}{10}$;　(2)$\dfrac{3}{5}$.　12.(1)$\dfrac{(n-1)^{k-1}}{n^k}$,$k=1,2,\cdots$;

(2)$\dfrac{1}{n}$,$k=1,2,\cdots,n$.　13.083 2.　14.0.4.　15.0.021.

习题　6.2

1.略.　2.$P\{X\le 3\}=1,P\{X=1\}=1/6,P\{X>1/2\}=1/2,P\{2<X<4\}=1/12$.

3.$A=1/2,B=1/\pi$.　4.(1)$\dfrac{1}{4}$;　(2)$\dfrac{9}{16}$;　(3)$\dfrac{3}{4}$.

5.(1)$P\{X=n\}=\dfrac{1}{6}(n=1,2,3,4,5,6)$;　(2)$\dfrac{2}{3}$.　6.(1)$c=0.2$;　(2)略.

7~9.略.

$10.1-6e^{-5}$(或0.950 6).　$11.e^{-\frac{1}{2}}-e^{-\frac{3}{2}}$(或0.384),$e^{-1}$(或0.367 9).　$12.k=$

$6;0.784;F(x)=\begin{cases}0,&x\le 0\\3x^2-2x^3,&0<x\le 1\\1,&x>1\end{cases}$.　13.(1)$a=-0.5,b=1$;　(2)0.25.

14.(1)0.223;　(2)$a>\dfrac{-\ln 0.1}{0.015}=153.5$.　15.(1)0.18;　(2)0.15;　(3)0.67.

$16.1-e^{-1}$.　17.0.135 9,0.682 6,0.158 7.　18.0.838 3.　19.184 cm.

20~21.略

习题　6.3

1.126.　2.甲的成绩比乙的成绩好得多.　3.$ma-mb(1-p)$.　4.5 元.　5.1.

6.(1)$\dfrac{11}{8}$;　(2)$\dfrac{31}{8}$;　(3)$-\dfrac{3}{8}$.　7.0.9.　8.略.　9.(1)0.575;　(2)8 250(万

元)

自我检测　6

一、1.C　2.D　3.D　4.B　5.C　6.C　7.A　8.B　9.B　10.D

二、1.$\dfrac{12}{25}$　2.(1)$\dfrac{5}{18}$　(2)$\dfrac{4}{9}$　3.(1)0.5　(2)$\dfrac{5}{6}$　4.0.7　5.$\dfrac{19}{396}$　6.(1)15

(2)0.4 7.0.1 8.0.2 9.16 10.(1)$\dfrac{1}{2}$ (2)$\dfrac{1}{4}$

三、1.(1)0.188 (2)0.976 (3)0.452 2.0.832 3.(1) 0.09 (2)4/9

4.(1)$A=1$ (2)$f(x)=\begin{cases}xe^{-x}, & x>0 \\ 0, & 其他\end{cases}$ (3)$1-2e^{-1}$ 5.$\dfrac{81}{125}$

6.

ξ	0	1	2	3
p_i	0.9	0.09	0.009	0.0001

7.0.476(万元)

8. (1)

X	1	2	3
p_i	$\dfrac{1}{3}$	$\dfrac{1}{2}$	$\dfrac{1}{6}$

(2)$\dfrac{11}{6}$ 9. (1)0.04;(2)

ξ	7	8	9	10
p_i	0.04	0.21	0.39	0.36

(3)9.07

习题 7.1

1~4.略. 5.0.866 4, 0.966. 6.0.1. 7.16.

习题 7.2

1.(1)$P\{X=k\}=p(1-p)^{k-1}, k=1,2,\cdots$.(2)矩阵估计量,极大似然估计量都

为$\hat{p}=\dfrac{1}{\overline{X}}$. 2.(1)$\dfrac{\overline{X}}{1-\overline{X}}$; (2)$-\dfrac{n}{\sum\limits_{i=1}^{n}\ln X_i}$. 3.略. 4.$T_1, T_3$ 是 θ 的无偏估计量,T_3

较 T_1 有效

习题 7.3

1.(14.821,15.019). 2.(14.782,15.058). 3.(0.016 6,0.104 6). 4.(0.017 7,
0.124 3). 5.(24.824,27.176). 6.(1)(2.121,2.129); (2)(2.117,2.133).

习题 7.4

1.接受 H_0. 2.接受 H_0. 3.否定 H_0. 4.接受 H_0.

习题 7.5

1.$\hat{y}=245.36+5.321\,4x$. 2.$\hat{x}=71.573\,4-0.642\,9y$.

自我检测 7

一、1.C 2.B 3.C 4.B 5.B 6.B 7.B 8.B 9.C 10.A

二、1.(1)4.8 (2)9.23 2.990 3.2$\Phi(1.5)-1$ 4.$\sqrt{n-1}$ 5.$\dfrac{2}{9n}$ 6.$n-1$ 的

t-分布 7.(44.12,5.588) 8.$\overline{X}-1$ 9.$N\left(\dfrac{5}{2},\dfrac{1}{12}\right)$ 10.1.06

三、1.$\dfrac{1}{\overline{X}}$ 2.[3.12,4.12] 3.0.022 8 4.以 95%的把握认为这批产品的指

标的期望值 μ 为 1 600 5. 以 95%的把握认为此项新工艺没有显著地提高产品

的质量. 6.以 95%的把握认为试验物的发热量的期望值不是 12 100.

7.(1)拒绝 (2)接受

习题 8.1

1.略. 2.不能. 3.略. 4.至少有 9 个结点. 5(1)3; (2)3; (3)强

连通; (4)~(5)略. (6)33; (7)11; (8)通路 88 条,其中 22 条为回路.

习题 8.2(略)

习题 8.3

1.均可以一笔画. 2.可以. 3. 最短的路为 $ABCDA$,距离为 36 km.

习题 8.4

1.13. 2.有 3 棵非同构的无向树. 3.$W(T_1)=15,W(T_2)=18$.

4.略. 5.$W(T)=38$

自我检测 8

一、1.C 2.C 3.A 4.D 5.C 6.D 7.B 8.D 9.D 10.C

二、1.(1)28 (2)n 为奇数 2.4 3.15 4.等于出度 5.回路 连通 6.15

7.4 8.10 9.$n-1$ 2$(n-1)$ 10.$k/2$

三、1.9. 2.略. 3.权 = 148. 4.权 = 28. 5.(1)略 (2)略 (3)最小支撑

树的权为12.

习题9.1

1.(1)$P(\varnothing)=\{\varnothing\}$; (2)$P(\{\varnothing\})=\{\varnothing,\{\varnothing\}\}$;

(3)$P(\{a,\{b,c\}\})=\{\varnothing,\{a\},\{\{b,c\}\},\{a,\{b,c\}\}\}$. 2.略.

3.$P(A)\times A=\{<\varnothing,\varnothing>,<\{\varnothing\},\varnothing>\}$. 4—6.略. 7.均不是自反的;$R_4$是对称的;$R_1,R_2,R_3,R_4,R_5$是反对称的;$R_1,R_2,R_3,R_4,R_5$是传递的. 8.$R$是自反的,反对称的,传递的. 9.略.

习题9.2

1.(1)~(4)略.设P:交通阻塞,Q:他迟到,则

(5)$P\rightarrow Q$;(6)$\neg P\rightarrow\neg Q$或$Q\neg P$;(7)$\neg Q\rightarrow\neg P$或$P\rightarrow Q$;(8)$Q\rightarrow P$或$\neg P\rightarrow\neg Q$;(9)$P\leftrightarrow Q$或$\neg P\leftrightarrow\neg Q$.

2.P,Q为真命题,R是假命题,真值分别为0,1,0,0.

3.(1)为矛盾式;(2)为重言式;(3)为可满足式.

4~7.略.

习题9.3

1~4.略. 5.(1)~(4)都不是命题; (5)真; (6)假命题; (7)真命题; (8)真命题; (9)真命题.

自我检测9

一、1.C 2.D 3.B 4.D 5.A 6.B 7.D 8.A 9.C 10.C

二、1.$\{<a,2>,<a,4>\}$ 2.2^{32} 3.$\{\varnothing,\{\{\varnothing,2\}\},\{\{2\}\},\{\{\varnothing,2\},\{2\}\}\}$

4.0 5.$\neg P\rightarrow\neg Q$ 6.$\neg\forall x(F x)\rightarrow G(x))$或$\exists x(F(x)\wedge\neg G(x))$

7.(1)$R=\{<2,2>,<2,3>,<2,4>,<2,5>,<2,6>,<3,2>,<3,3>,<3,4>,$
$<3,5>,<3,6>,<4,5>,<4,6>,<5,2>,<5,3>,<5,4>,<5,5>,<5,6>\}$;

(2)$\begin{pmatrix}1&1&1&1&1\\1&1&1&1&1\\0&0&0&1&1\\1&1&1&1&1\\0&0&0&0&0\end{pmatrix}$. 8.$\forall x(F(x)\wedge L(x,0)\rightarrow\exists y(F(y)\wedge L(y,x)))$

9.1 10.约束变元

三、1.$r(R)=\{<1,2>,<2,1>,<2,3>,<3,4>,<5,4>,<1,1>,<2,2>,<3,3>,$
$<4,4>,<5,5>\}$

$s(R) = \{<1,2>, <2,1>, <2,3>, <3,4>, <5,4>, <3,2>, <4,3>, <4,5>\}$

$t(R) = \{<1,2>, <2,1>, <2,3>, <3,4>, <5,4>, <1,1>, <1,3>, <2,2>, <2,4>, <1,4>\}$

2.略. 3.重言式(1)等值演算法 $A = ((P \to Q) \land (Q \to P)) \leftrightarrow (P \leftrightarrow Q) \Leftrightarrow (P \leftrightarrow Q) \leftrightarrow (P \leftrightarrow Q) \Leftrightarrow T.$ （2）真值表法（略）.

4.设 P:厂方拒绝增加工资;Q:罢工停止;R 罢工超过一年;R:撤换厂长

前提:$P \to (\neg(R \land S) \to \neg Q), P, \neg R$ 结论:$\neg Q$

① $P \to (\neg(R \land S) \to \neg Q)$ P

② P P

③ $\neg(R \land S) \to \neg Q$ T①②I

④ $\neg R$ P

⑤ $\neg R \lor \neg S$ T④I

⑥ $\neg(R \land S)$ T⑤E

⑦ $\neg Q$ T③⑥I

罢工不会停止是有效结论.

5.令 $F(x)$:x 是兔子,$G(y)$:y 是乌龟,$H(x,y)$:x 比 y 跑得快,$L(x,y)$:x 与 y 跑得一样快.这 4 个命题分别符号化为

（1）$\forall x \forall y(F(x) \land G(y) \to H(x,y))$

（2）$\exists x(F(x) \land \forall y(G(y) \to H(x,y)))$

（3）$\neg \forall x \forall y(F(x) \land G(y) \to H(x,y))$ 或 $\exists x \exists y(F(x) \land G(y) \land \neg H(x,y))$

（4）$\neg \exists x \exists y(F(x) \land F(y) \land L(x,y))$ 或 $\forall x \forall y(F(x) \land F(y) \to \neg L(x,y))$

6. $\exists x \forall y(P(x) \land Q(F(x),y)) = \exists x((P(x) \land Q(F(x),2)) \land (P(x) \land Q(F(x),3)))$
$$= ((P(2) \land Q(F(2),2)) \land (P(2) \land Q(F(2),3)))$$
$$\lor ((P(3) \land Q(F(3),2)) \land (P(3) \land Q(F(3),3)))$$
$$= ((0 \land 0) \land (0 \land 1)) \lor ((1 \land 1) \land (1 \land 1))$$
$$= 0 \lor 1$$
$$= 1$$

习题 10.1

1.（1）2.978 2;（2）2.255 3;（3）1.168 6;（4）9.313 2e+020.

2.（1）$\frac{1}{4}(x+2y)^2$;（2）$(x+5)(x+4)(x-3)(x-2)$.

3.（1）$x^3 + 3x^2 y + 3x^2 + 3xy^2 + 6xy + 3x + y^3 + 3y^2 + 3y + 1$;

$(2)x^{10}+5x^8y^3+10x^6y^6+10x^4y^9+5x^2y^{12}+y^{15}.$

4.$(1)x_1=0,x_2=1,x_3=\dfrac{5}{3}$；$(2)x_1=3,y_1=2,z_1=1$ 或 $x_2=2,y_2=3,z_2=1.$　5.略.

习题 10.2

1.$(1)1$；　$(2)-1$；　$(3)e^2$；　$(4)\dfrac{1}{2}$；　$(5)1$；$(6)\dfrac{1}{e}.$

2.$(1)y'=\dfrac{x\cot\sqrt{x^2+1}}{\sqrt{x^2+1}},0$；　$(2)y''=\dfrac{e^{\arctan\frac{1}{x}}(1+2x)}{(1+x^2)^2}$；　$(3)\dfrac{\mathrm{d}y}{\mathrm{d}x}=\dfrac{2y}{x-y}+1.$

3.$(1)2\sqrt{1+\sin^2x}+C$；　$(2)\arcsin\dfrac{x}{2}+C$；　$(3)-\dfrac{2x^2+2x+1}{4e^{2x}}+C$；

$(4)\ln 4+7$；　$(5)-1$；　$(6)0.$

4.$\displaystyle\int_2^t\dfrac{1+\ln x}{(x\ln x)^2}\mathrm{d}x=\dfrac{1}{\ln 2}-\dfrac{1}{t\ln t}$，$\dfrac{1+\ln x}{(x\ln x)^2}.$

5.略.　6.2.　7.略.　8.0.099 6；　0.177 5.　9.$(1)0.008 2$；　$(2)0.954 5.$

习题 10.3

画图略.

自我检测 10

一、1.A　2.A　3.A　4.C　5.C　6.C　7.D　8.C　9.D　10.C

二、1.clc　2.y=sqrt(x)　3.syms　4.plot(x,y)　5.int(s,x,a,b)　6.plot3
(x,y,z)　7.meshc(x,y,z)　8.roots(p)　9.poly2sym(p)　10.factor(f)

三、1.>>syms t; ezpolar(sin(2*t)*cos(3*t),[0,pi])

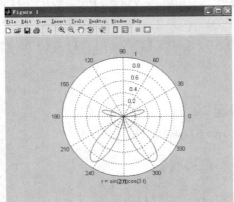

2.(1) >> p1=[3,0,-2,1,0,7];y=polyval(p1,3)

y =

    691

(2) >>p2=[1/3,-1,3,0];x=roots(p2)

x =

    0

    1.500 0 + 2.598 1i

    1.500 0 - 2.598 1i

(3) >>p1=[3,0,-2,1,0,7];limit(poly2sym(p1),2)

ans =

    91

(4) >> [y,min]=fminbnd(@(x)((1/3)*x.^3+x.^2-3*x),-1,2)

y =

    -7.746 0e-006

    min =

         7.000 0

(5) >> clear

syms x

p1=[1/3, -1,3,0];y1=poly2sym(p1);int(y1,x,-1,2)

ans =

11/4

3. >>[x,y]=meshgrid([-2:.2:2]);

>> z=x.*exp(-x.^2-y.^2);

>> mesh(x,y,z)

>> subplot(2,2,1), plot3(x,y,z)

>> title('plot3 (x,y,z)')

>> subplot(2,2,2), mesh(x,y,z)

>> title('mesh (x,y,z)')

>> subplot(2,2,3), surf(x,y,z)

>> title('surf (x,y,z)')

>> subplot(2,2,4), surf(x,y,z), shading interp

>> title('surf (x,y,z), shading interp')

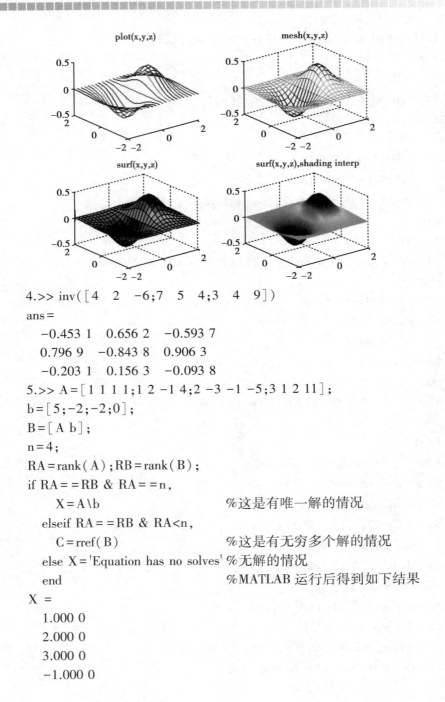

4.>> inv([4 2 −6;7 5 4;3 4 9])
ans =
   −0.453 1   0.656 2   −0.593 7
    0.796 9   −0.843 8   0.906 3
   −0.203 1   0.156 3   −0.093 8
5.>> A=[1 1 1 1;1 2 −1 4;2 −3 −1 −5;3 1 2 11];
b=[5;−2;−2;0];
B=[A b];
n=4;
RA=rank(A);RB=rank(B);
if RA==RB & RA==n,
  X=A\b   %这是有唯一解的情况
 elseif RA==RB & RA<n,
  C=rref(B)   %这是有无穷多个解的情况
 else X='Equation has no solves' %无解的情况
 end   %MATLAB 运行后得到如下结果
X =
 1.000 0
 2.000 0
 3.000 0
 −1.000 0

附　录

附录1　反三角函数与常用的三角函数公式

一、反三角函数

名　称	定　义	理　解	定义域与值域
反正弦函数 $y=\arcsin x$	正弦函数 $y=\sin x$ 在 $\left[-\dfrac{\pi}{2},\dfrac{\pi}{2}\right]$ 上的反函数	$\arcsin x$ 表示一个正弦值为 x 的角,该角的范围在 $[-\pi/2, \pi/2]$ 区间内	$-1\leqslant x\leqslant 1$, $y\in\left[-\dfrac{\pi}{2},\dfrac{\pi}{2}\right]$
反余弦函数 $y=\arccos x$	余弦函数 $y=\cos x$ 在 $[0,\pi]$ 上的反函数	$\arccos x$ 表示一个余弦值为 x 的角,该角的范围在 $[0,\pi]$ 区间内	$-1\leqslant x\leqslant 1$, $y\in[0,\pi]$
反正切函数 $y=\arctan x$	正切函数 $y=\tan x$ 在 $\left(-\dfrac{\pi}{2},\dfrac{\pi}{2}\right)$ 上的反函数	$\arctan x$ 表示一个正切值为 x 的角,该角的范围在 $(-\pi/2, \pi/2)$ 区间内	$x\in R$, $y\in\left(-\dfrac{\pi}{2},\dfrac{\pi}{2}\right)$
反余切函数 $y=\mathrm{arccot}x$	余切函数 $y=\cot x$ 在 $(0,\pi)$ 上的反函数	$\mathrm{arccot}\,x$ 表示一个余切值为 x 的角,该角的范围在 $(0,\pi)$ 区间内	$x\in R$, $y\in(0,\pi)$

二、常用的三角函数公式

1)三角函数六角形记忆法

构造以"上弦、中切、下割;左正、右余、中间 1"的正六边形(如右图所示):

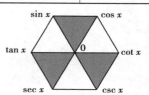

(1)倒数关系:对角线上两个函数互为倒数,即

$$\sec x = \frac{1}{\cos x}, \csc x = \frac{1}{\sin x}, \cot x = \frac{1}{\tan x};$$

（2）商数关系：六边形任意一顶点上的函数值等于与它相邻的两个顶点上函数值的乘积. 比如，$\sin x = \tan x \cdot \cos x, \tan x = \sin x \cdot \sec x$；

（3）平方关系：在阴影的三角形中，上面两个顶点上的三角函数值的平方和等于下面顶点上的三角函数值的平方. 即

$$\tan^2 x + 1 = \sec^2 x, \cot^2 x + 1 = \csc^2 x, \sin^2 x + \cos^2 x = 1.$$

2）倍角公式

$$\sin 2\alpha = 2\sin \alpha \cos \alpha; \cos 2\alpha = 2\cos^2 \alpha - 1 = 1 - 2\sin^2 \alpha; \tan 2\alpha = \frac{2\tan \alpha}{1 - \tan^2 \alpha}$$

3）和差化积

$$\sin x + \sin y = 2\sin \frac{x+y}{2} \cos \frac{x-y}{2}; \quad \sin x - \sin y = 2\cos \frac{x+y}{2} \sin \frac{x-y}{2};$$

$$\cos x + \cos y = 2\cos \frac{x+y}{2} \cos \frac{x-y}{2}; \quad \cos x - \cos y = -2\sin \frac{x+y}{2} \sin \frac{x-y}{2}$$

4）积化和差

$$\sin x \sin y = -\frac{1}{2} \left[\cos(x+y) - \cos(x-y) \right]; \sin x \cos y = \frac{1}{2} \left[\sin(x+y) + \sin(x-y) \right];$$

$$\cos x \sin y = \frac{1}{2} \left[\sin(x+y) - \sin(x-y) \right]; \cos x \cos y = \frac{1}{2} \left[\cos(x+y) + \cos(x-y) \right].$$

附录2 概率预备知识

一、加法与乘法原理

1）加法原理（本质特征是"分类"）

例1 由甲地往乙地,有飞机、动车、汽车三种交通工具.已知每天飞机 2 班机、动车 3 次、汽车 12 趟,问一天中由甲地往乙地有几种走法?

解 从 A 地到 B 地共有 2+3+12,即 17 种走法.

加法原理 完成一件事,有 n 类办法.在第一类办法中有 m_1 种不同方法,在第二类中有 m_2 种不同方法,$\cdots$,在第 n 类办法中有 m_n 种不同的方法,那么完成这件事共有:$N = m_1 + m_2 + \cdots + m_n$ 种不同的方法.

2）乘法原理（本质特征是"分步"）

例2 由 A 地往 B 地有 3 条线路,由 B 地往 C 地有 4 条线路.问由 A 地往 C 地有几种不同的线路?

解 从 A 地到 C 地共有 3×4=12,即 12 种走法.

乘法原理 完成一件事,可以分成 n 步.在第一步中有 m_1 种不同方法,在第二步中有 m_2 种不同方法,$\cdots$在第 n 步中有 m_n 种不同的方法,那么完成这件事共有:$N = m_1 \cdot m_2 \cdot \cdots \cdot m_n$ 种不同的方法.

二、排列与组合

1）排列（本质特征是"与顺序有关"）

若从 n 个人中选 $m(m \leqslant n)$ 个人出来排队,则不同的方法数为

$$（选排列）A_n^m = n(n-1)(n-2)\cdots(n-m+1) = \frac{n!}{(n-m)!}$$

特别地,（全排列）$n! = A_n^n = n(n-1)(n-2)\cdots 2 \cdot 1$

2）组合（本质特征是"与顺序无关"）

例3 从甲、乙、丙、丁四人中选两人参加活动,则不同的方法数为 $C_4^2 = \frac{4 \times 3}{2 \times 1} = 6$.

注 （1）$C_n^m = \frac{A_n^m}{A_n^n} = \frac{n(n-1)(n-2)\cdots(n-m+1)}{m!} = \frac{n!}{m!(n-m)!}$.

（2）$C_n^m = C_n^{n-m}$,$C_{n+1}^m = C_n^m + C_n^{m-1}$,其中 $n \geqslant m$.

附录3　标准正态分布表

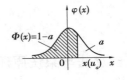

$$\Phi(x) = \int_{-\infty}^{x} \frac{1}{\sqrt{2\pi}} e^{-\frac{t^2}{2}} dt = P\{X \leqslant x\}$$

x	0.00	0.01	0.02	0.03	0.04	0.05	0.06	0.07	0.08	0.09
0.0	0.500 0	0.504 0	0.508 0	0.512 0	0.516 0	0.519 9	0.523 9	0.527 9	0.531 9	0.535 9
0.1	0.539 8	0.543 8	0.547 8	0.551 7	0.555 7	0.559 6	0.563 6	0.567 5	0.571 4	0.575 3
0.2	0.579 3	0.583 2	0.587 1	0.591 0	0.594 8	0.598 7	0.602 6	0.606 4	0.610 3	0.614 1
0.3	0.617 9	0.621 7	0.625 5	0.629 3	0.633 1	0.636 8	0.640 4	0.644 3	0.648 0	0.651 7
0.4	0.655 4	0.659 1	0.662 8	0.666 4	0.670 0	0.673 6	0.677 2	0.680 8	0.684 4	0.687 9
0.5	0.691 5	0.695 0	0.698 5	0.701 9	0.705 4	0.708 8	0.712 3	0.715 7	0.719 0	0.722 4
0.6	0.725 7	0.729 1	0.732 4	0.735 7	0.738 9	0.742 2	0.745 4	0.748 6	0.751 7	0.754 9
0.7	0.758 0	0.761 1	0.764 2	0.767 3	0.770 3	0.773 4	0.776 4	0.779 4	0.782 3	0.785 2
0.8	0.788 1	0.791 0	0.793 9	0.796 7	0.799 5	0.802 3	0.805 1	0.807 8	0.810 6	0.813 3
0.9	0.815 9	0.818 6	0.821 2	0.823 8	0.826 4	0.828 9	0.835 5	0.834 0	0.836 5	0.838 9
1.0	0.841 3	0.843 8	0.846 1	0.848 5	0.850 8	0.853 1	0.855 4	0.857 7	0.859 9	0.862 1
1.1	0.864 3	0.866 5	0.868 6	0.870 8	0.872 9	0.874 9	0.877 0	0.879 0	0.881 0	0.883 0
1.2	0.884 9	0.886 9	0.888 8	0.890 7	0.892 5	0.894 4	0.896 2	0.898 0	0.899 7	0.901 5
1.3	0.903 2	0.904 9	0.906 6	0.908 2	0.909 9	0.911 5	0.913 1	0.914 7	0.916 2	0.917 7
1.4	0.919 2	0.920 7	0.922 2	0.923 6	0.925 1	0.926 5	0.927 9	0.929 2	0.930 6	0.931 9
1.5	0.933 2	0.934 5	0.935 7	0.937 0	0.938 2	0.939 4	0.940 6	0.941 8	0.943 0	0.944 1
1.6	0.945 2	0.946 3	0.947 4	0.948 4	0.949 5	0.950 5	0.951 5	0.952 5	0.953 5	0.953 5
1.7	0.955 4	0.956 4	0.957 3	0.958 2	0.959 1	0.959 9	0.960 8	0.961 6	0.962 5	0.963 3
1.8	0.964 1	0.964 8	0.965 6	0.966 4	0.967 2	0.967 8	0.968 6	0.969 3	0.970 0	0.970 6
1.9	0.971 3	0.971 9	0.972 6	0.973 2	0.973 8	0.974 4	0.975 0	0.975 6	0.976 2	0.976 7
2.0	0.977 2	0.977 8	0.978 3	0.978 8	0.979 3	0.979 8	0.980 3	0.980 8	0.981 2	0.981 7
2.1	0.982 1	0.982 6	0.983 0	0.983 4	0.983 8	0.984 2	0.984 6	0.985 0	0.985 4	0.985 7
2.2	0.986 1	0.986 4	0.986 8	0.987 1	0.987 4	0.987 8	0.988 1	0.988 4	0.988 7	0.989 0
2.3	0.989 3	0.989 6	0.989 8	0.990 1	0.990 4	0.990 6	0.990 9	0.991 1	0.991 3	0.991 6
2.4	0.991 8	0.9920	0.992 2	0.992 5	0.992 7	0.992 9	0.993 1	0.993 2	0.993 4	0.993 6
2.5	0.993 8	0.994 0	0.994 1	0.994 3	0.994 5	0.994 6	0.994 8	0.994 9	0.995 1	0.995 2
2.6	0.995 3	0.995 5	0.995 6	0.995 7	0.995 9	0.996 0	0.996 1	0.996 2	0.996 3	0.996 4
2.7	0.996 5	0.996 6	0.996	0.996 8	0.996 9	0.997 0	0.997 1	0.997 2	0.997 3	0.997 4
2.8	0.997 4	0.997 5	0.997 6	0.997 7	0.997 7	0.997 8	0.997 9	0.997 9	0.998 0	0.998 1
2.9	0.998 1	0.998 2	0.998 2	0.998 3	0.998 4	0.998 5	0.998 5	0.998 5	0.998 6	0.998 6
x	0.0	0.1	0.2	0.3	0.4	0.5	0.6	0.7	0.8	0.9
3	0.998 7	0.999 0	0.999 3	0.999 5	0.999 7	0.999 8	0.999 8	0.999 9	0.999 9	1.000 0

参考文献

［1］刘树利.计算机数学基础［M］.北京:高等教育出版社,2001.

［2］张国勇.计算机数学基础［M］.北京:科学出版社,2012.

［3］李连富.计算机数学基础［M］.大连:东软电子出版社,2011.

［4］周忠荣.计算机数学［M］.2 版.北京:清华大学出版社,2010.

［5］杨文兰.经济应用数学基础［M］.北京:高等教育出版社,2009.

［6］侯风波.应用数学(经济类)［M］.北京:科学出版社,2007.

［7］侯风波,蔡谋全.经济数学［M］.沈阳:辽宁大学出版社,2006.

［8］吴赣昌.微积分 上册(经管类)［M］.4 版.北京:中国人民大学出版社,2011.

［9］吴赣昌.线性代数(经管类)［M］.4 版.北京:中国人民大学出版社,2011.

［10］屈婉玲,等.离散数学［M］.北京:高等教育出版社,2008.

［11］屈婉玲,等.离散数学［M］.北京:清华大学出版社,2008.

［12］邓辉文.离散数学［M］.2 版.北京:清华大学出版社,2010.

［13］龚光鲁.概率论与数理统计［M］.北京:清华大学出版社,2006.

［14］李裕奇.概率论与数理统计［M］.2 版.北京:国防工业大学出版社,2004.

［15］李贤平.概率论基础［M］.北京:高等教育出版社,2004.

［16］龚冬保,王宁.概率论与数理统计典型题·技巧·注释［M］.2 版.西安:西安交通大学出版社,2005.

［17］王瑷.高等数学(二)概率统计［M］.光明日报出版社,2004.

［18］自学考试命题研究组.高等数学(二)［M］.北京:人民日报出版社,2004.

［19］田应辉.经济应用数学——概率论与数理统计［M］.北京:高等教育出版社,2002.

［20］李裕奇.概率论与数理统计习题详解［M］.2 版.西安:西安交通大学出版社,2005.

［21］袁荫棠,范培华.经济数学基础(三)概率论与数理统计习题辅导［M］.北

京:高等教育出版社,2010.

[22] 吴赣昌. 概率论与数理统计(经济类　简明版)[M].北京:中国人民大学出版社,2006.

[23] 上海交通大学数学系. 概率论和数理统计习题与精解.上海:上海交通大学出版社,2004.

[24] 周概容. 概率论与数理统计大讲堂(单项选择题专项突破)[M].大连:大连理工大学出版社,2005.

[25] 上海交通大学数学系. 线性代数试卷剖析[M].上海:上海交通大学出版社,2005.

[26] 腾加俊,罗红,罗剑. 线性代数辅导及习题精解(同济四版)[M].西安:陕西师范大学出版社,2004.

[27] 刘吉佑,徐诚浩.线性代数(经管类)[M].武汉:武汉大学出版社,2006.

[28] 胡显佑.线性代数习题集[M].北京:中国人民大学出版社,2004.

[29] 汪荣伟.经济应用数学[M].北京:高等教育出版社,2006.

[30] 上海高校《高等数学》编写组.高等数学[M].6 版.上海:上海科学技术出版社,2011.

[31] 孙守湖,刘颖.新编经济应用数学(线性代数、概率论与数理统计)[M].5 版.大连:大连理工大学出版社,2002.

[32] 韩明,王家宝,李林.数学实验(MATLAB 版)[M].上海:同济大学出版社,2012.

[33] 李尚志,数学实验[M].2 版.北京:高等教育出版社,2004.8.